机械工人技能速成丛书

铆工

自学·考证·上岗

一本通

邱言龙 王 兵 雷振国 编著

化学工业出版社

·北京·

内 容 简 介

本书根据铆工实际工作的需求，详细讲解了什么是铆工，钣金作图基础，铆工常用量具、工具与夹具，铆工常用设备，铆工放样、号料与下料，铆接展开计算，铆工展开作图与识图；重点介绍了铆工加工工艺，包括铆工手工成形技术，铆工弯曲，铆工模具成形，铆接校平与矫正，铆工焊接与热切割，铆接件连接方法，铆接产品的装配与制造等。

本书附有铆工技能鉴定考核试题库，手机扫码即可答题。

本书以图表为主要载体，介绍大量铆工计算、展开实例，铆接加工制造实例，形式不拘一格，内容浅显易懂，不过于追求系统和理论的深度，以实用和够用为原则，既便于机械工人参考，又可作为求职者就业培训用书，还可供相关院校机械制造专业师生参考。

图书在版编目（CIP）数据

铆工自学·考证·上岗一本通 / 邱言龙，王兵，雷振国编著．—北京：化学工业出版社，2022.2
（机械工人技能速成丛书）
ISBN 978-7-122-40220-2

Ⅰ．① 铆…　Ⅱ．① 邱…②王…③雷…　Ⅲ．① 铆工 - 基本知识　Ⅳ．①TG938

中国版本图书馆 CIP 数据核字（2021）第 223009 号

责任编辑：贾　娜　毛振威　　　　　　装帧设计：刘丽华
责任校对：宋　夏

出版发行：化学工业出版社（北京市东城区青年湖南街13号　邮政编码100011）
印　　刷：北京京华铭诚工贸有限公司
装　　订：三河市振勇印装有限公司
880mm×1230mm　1/32　印张19½　字数641千字
2022年4月北京第1版第1次印刷

购书咨询：010-64518888　　　　　　售后服务：010-64518899
网　　址：http://www.cip.com.cn
凡购买本书，如有缺损质量问题，本社销售中心负责调换。

定　　价：99.00元

前言

当前，我国高端制造业缺乏大量高级技工。权威数据统计，目前我国高级技工的缺口高达 2200 万人。在工业领域，高级技工是生产的中流砥柱。在日本，整个产业工人队伍中高级技工占比 40%，德国更是高达 50%，而我国这一比例仅为 5% 左右。而 2200 万人的人才缺口，也成为我国当前正在进行中的制造业转型的掣肘。

为配合工人自学、培训、考证、上岗的需要，我们组织了一批职业技术院校、技师学院、高级技工学校中有多年丰富理论教学经验和高超的实际操作水平的教师，编写了这套"机械工人技能速成丛书"。该丛书包括:《钳工自学・考证・上岗一本通》《焊工自学・考证・上岗一本通》《铆工自学・考证・上岗一本通》。作为机械工人的专业技能培训、考证上岗指导书，全书各章主要由两大部分组成，第一部分为专业知识，主要介绍各工种工人生产实际中所需要使用的工、量、夹具及机床设备，刀具辅具及磨料、磨具等;第二部分具体介绍各工种的典型加工工艺方法和加工工艺实例，特别介绍了加工工艺分析过程。

丛书力求简明扼要，不过于追求系统及理论的深度、难度，突出实用的特点，而且从材料、工艺、设备及标准等方面都贯穿着一个"新"字，以便于工人尽快与现代工业化、智能化生产接轨，与时俱进，开拓创新，更好地适应未来机械工业发展的需要。

丛书根据人力资源和社会保障部制定的《国家职业技能标准》中初、中级技术工人等级标准及职业技能鉴定规范编写，主要具有以下几个鲜明的特点。

一、突出技能与技巧

1. 归纳典型性、通用性、可操作性强的加工工艺实例。

2. 总结技术工人操作中的工作要求、加工方法、操作步骤等技能、技巧。

二、把握诀窍与禁忌

1. 对"不宜做""不应做""禁止做"和"必须注意""不容忽视"的事情，以反向思维，用具体的实例，加以说明和表达。

2. 理论联系实际，总结操作过程中具有典型性的禁忌问题，在进行必要的工艺分析的基础上，给出适当的预防方法，提出合理的解决措施。

三、助力考证与上岗

1. 对各工种上岗基础理论问题进行详细解答。汇集了工人应知应会的基础理论及安全文明生产等方面的问题，对这些问题进行深入浅出的解答，突出实用性。

2. 按初级工、中级工的上岗、鉴定、考核应知和应会的要求选编了上岗、鉴定、考核试题库并附有参考答案，以供广大读者自学、培训之用，为其顺利上岗提供强有力的技术支持。

《铆工自学·考证·上岗一本通》共 14 章，主要内容包括：什么是铆工；钣金作图基础；铆工常用量具、工具与夹具；铆工常用设备；铆工放样、号料与下料；铆接展开计算；铆工展开作图与识图；铆工手工成形技术；铆工弯曲；铆工模具成形；铆接校平与矫正；铆工焊接与热切割；铆接件连接方法；铆接产品的装配与制造。本书附有铆工技能鉴定考核试题库，供铆工自学、技能鉴定考核参考，手机扫码即可答题。

本书参照《国家职业技能标准》和《职业技能鉴定规范》，由长期工作在生产一线，具有丰富实践经验的技术专家和高级技工学校、技师学院的高级教师、高级技师编写而成，旨在帮助广大铆接技术工人提高操作技能和实际工作的应变能力。

本书以图表为主要载体，介绍大量铆工计算、展开实例，铆接加工制造实例，形式不拘一格，内容浅显易懂，不过于追求系统和理论的深度，以实用和够用为原则，既便于工人参考，又可作为求职者就业的培训用书。本书可供铆接加工技术人员和生产一线的中高级工人、技师使用，也可供相关院校机械制造专业、汽车钣金专业师生参考。

本书由邱言龙、王兵、雷振国编著，由周少玉、魏天普、胡新华担任审稿工作，周少玉任主审。全书由邱言龙统稿。

由于笔者水平所限，书中疏漏在所难免，望广大读者不吝赐教。欢迎读者通过 E-mail（qiuxm6769@sina.com）与笔者联系。

编著者

目录

第3章　铆工常用量具、工具与夹具　　36

第4章　铆工常用设备　　63

第5章 铆工放样、号料与下料   95

第6章 铆接展开计算 139

第7章　铆工展开作图与识图

第8章 铅工手工成形技术 280

第9章 铅工弯曲 320

第10章　铆工模具成形　346

第13章 铆接件连接方法

第 14 章 铆接产品的装配与制造 535

附 录 铆工技能鉴定考核试题库   605

参考文献 606

扫码获取在线题库

第1章

什么是铆工

1.1 铆工的工作内容、技能要求

1.1.1 铆工的工作内容

所谓铆工，就是把板材、型材、线材、管材等通过焊接、铆接、螺纹连接等加工方法制作成钢结构的一种制作工艺。铆工是金属构件施工中的指挥者。按加工工艺又分为：放样、号料、下料、成型、制作、校正、安装等。

铆工的工作内容及要求如下。

① 承担上级部门（车间或班组）布置的全部金属材料结构制造中的放样、号料、下料、加工、预制、组对成型、装配、铆接等工作。

② 上岗前必须按规定穿戴好劳保用品。

③ 生产过程中认真执行"五序法"。

a. 一备：备齐产品图纸、工艺文件和技术标准，明确任务，核对量具、检具和加工对象。

b. 二看：看懂图纸、工艺文件和技术标准，明确任务，核对量具、检具和加工对象。

c. 三提：发现问题及时提请有关部门处理。

d. 四办：照章办事，严格按图纸、工艺文件、技术标准生产。

e. 五检：按规定程序交检，首检合格后方可正式投产。

④ 使用的各种设备，做到定人定机，操作者需经技术考试合格，凭证操作，精心保养设备。

⑤ 坚持安全文明生产。

a. 使用气钻、手电钻、手动砂轮、滚板机、压力机、剪板机、切割机、钻床等设备时，必须严格执行其安全操作规程，以免发生设备、人身事故。

b. 切断料时，工件必须平稳放置，并要注意四周和过道中的行人，防止打飞伤人。

c. 工作场地要随时保持清洁、整齐、规格化，各种零件、余料等分类存放，及时清扫回收余料、废料，做到工完场地净。

⑥ 工具、量具、模具、夹具、材料、毛坯、工件、产品等摆放合理、平稳、可靠。

⑦ 接收到零部件时，要按图纸核对，必须检查材料记录是否清楚。

⑧ 操作必须符合安全操作规程和工艺规程之规定。

⑨ 工具箱内要保持清洁卫生、无杂物，工具要对号入座，摆放整齐，账、卡、物相符。

1.1.2　铆工的技能要求

就铆工主要工作内容来说，铆工的技能要求主要包括以下内容。

① 铆工根据要求做出相应的金属制品，要有识图和制图的知识；常用金属材料及热处理知识；能矫正变形较大或复合变形的原材料及一般结构件；能作出基本形体的展开图，计算展开料长。

② 能使用维护剪床、气割、电焊机等设备；能读懂并装配桁架类、梁柱类、箱壳类、箱门类和低中压容器等图样，并进行全位置定位焊、铆接、螺纹连接，能检验尺寸、形状位置。

1.2　铆工技能鉴定及等级考核

1.2.1　铆工的技能鉴定

铆工没有现行职业技能鉴定标准，可参照冷作钣金工国家职业技能标准执行。

根据《中华人民共和国劳动法》的有关规定，为了进一步完善国家职业技能标准体系，为职业教育、职业培训和职业技能鉴定提供科学、规范的依据，人力资源和社会保障部组织有关专家，制定了《冷作钣金工国家职业技能标准（2009 年修订）》（以下简称《标准》）。

本《标准》依据有关规定将本职业分为五个等级，包括职业概况、基本要求、工作要求和比重表四个方面的内容。

（1）**职业名称**

冷作钣金工（铆工）。

（2）**职业定义**

对金属板材进行冷、热态成形和铆接加工的人员。

（3）**职业等级**

本职业共设五个等级，分别为：初级（国家职业资格五级）、中级（国家职业资格四级）、高级（国家职业资格三级）、技师（国家职业资格二级）、高级技师（国家职业资格一级）。

（4）**职业环境**

室内、外，大部分在常温下工作（个别地区除外）。

（5）**职业能力特征**

具有一定的学习、理解和表达能力，具有较强的计算能力和空间感、形体知觉及色觉，手指、手臂灵活，动作协调。

（6）**基本文化程度**

初中毕业。

（7）**培训要求**

① 培训期限。全日制职业学校教育，根据其培养目标和教学计划确定。晋级培训期限：初级不少于500标准学时；中级不少于400标准学时；高级不少于300标准学时；技师不少于300标准学时；高级技师不少于200标准学时。

② 培训教师。培训初、中、高级冷作钣金工的教师应具有本职业技师以上职业资格证书或本专业中级以上专业技术职务任职资格；培训技师的教师应具有本职业高级技师职业资格证书或本专业高级专业技术职务任职资格；培训高级技师的教师应具有本职业高级技师职业资格证书2年以上或本专业高级专业技术职务任职资格。

③ 培训场地设备。满足教学需要的标准教室及具有相应的设备和工具，通风良好、安全设施完善的实习场地。

（8）**鉴定要求**

1）适用对象

从事或准备从事本职业的人员。

2）申报条件

初级（具备以下条件之一者）：

① 经本职业初级正规培训达规定标准学时数，并取得毕（结）业证书。

② 在本职业连续见习工作 2 年以上。

③ 本职业学徒期满。

中级（具备以下条件之一者）：

① 取得本职业初级职业资格证书后，连续从事本职业工作 3 年以上，经本职业中级正规培训达规定标准学时数，并取得毕（结）业证书。

② 取得本职业初级职业资格证书后，连续从事本职业工作 5 年以上。

③ 连续从事本职业工作 7 年以上。

④ 取得经劳动保障行政部门审核认定的、以中级技能为培养目标的中等以上职业学校本职业（专业）毕业证书。

高级（具备以下条件之一者）：

① 取得本职业中级职业资格证书后，连续从事本职业工作 4 年以上，经本职业高级正规培训达规定标准学时数，并取得毕（结）业证书。

② 取得本职业中级职业资格证书后，连续从事本职业工作 7 年以上。

③ 取得高级技工学校或经劳动保障行政部门审核认定的、以高级技能为培养目标的高等职业学校本职业（专业）毕业证书。

④ 取得本职业中级职业资格证书的大专以上本专业或相关专业毕业生，连续从事本职业工作 2 年以上。

技师（具备以下条件之一者）：

① 取得本职业高级职业资格证书后，连续从事本职业工作 5 年以上，经本职业技师正规培训达规定标准学时数，并取得毕（结）业证书。

② 取得本职业高级职业资格证书后，连续从事本职业工作 8 年以上。

③ 取得本职业高级职业资格证书的高级技工学校本职业（专业）毕业生和大专以上本专业或相关专业毕业生，连续从事本职业工作满 2 年。

高级技师（具备以下条件之一者）：

① 取得本职业技师职业资格证书后，连续从事本职业工作 3 年以上，经本职业高级技师正规培训达规定标准学时数，并取得毕（结）业证书。

② 取得本职业技师职业资格证书后，连续从事本职业工作 5 年

以上。

3）鉴定方式

分为理论知识考试和技能操作考核。理论知识考试采用闭卷笔试方式，技能操作考核采用现场实际操作方式。理论知识考试和技能操作考核均实行百分制，成绩皆达 60 分以上者为合格。技师、高级技师鉴定还须进行综合评审。

4）考评人员与考生配比

理论知识考试考评人员与考生配比为 1：15，每个标准教室不少于 2 名考评人员；技能操作考核考评员与考生配比为 1：5，且不少于 3 名考评员。

5）鉴定时间

理论知识考试时间不少于 120min；技能操作考核时间为初级不少于 240min，中、高级均不少于 300min，技师、高级技师均不少于 240min；论文答辩时间不少于 45min。

6）鉴定场所设备

理论知识考试在标准教室进行；技能操作考核在具有必备的设备、工具、夹具、胎具和其他设施以及通风条件、安全措施完善的场所进行。

1.2.2　铆工的等级考核

（1）基本要求

1）职业道德

① 职业道德基本知识。

② 职业守则。

a.遵守法律、法规和有关规定。

b.爱岗敬业，具有高度的责任心。

c.严格执行工作程序、工作规范、工艺文件和安全操作规程。

d.工作认真负责，团结合作。

e.爱护设备及工具、夹具、刀具、量具。

f.着装整洁，符合规定；保持工作环境清洁有序，文明生产。

2）基础知识

① 基础理论知识。

a.识图知识。

b. 公差与配合。

c. 常用金属材料及热处理知识。

d. 常用非金属材料知识。

② 冷作钣金加工基础知识。

a. 冷作、钣金图样的特点。

b. 基本作图方法。

c. 展开基本原理。

d. 展开方法。

e. 冷作钣金加工常用设备知识（如剪床、卷板机、压弯设备、压力机、弯管机、钻床等的分类、用途、基本结构及维护保养方法）。

f. 气割设备、工具及砂轮切割机的使用。

g. 装配工具、夹具、吊具的种类和使用方法。

h. 手工电弧焊、气焊设备及工具的知识。

i. 铆接工具及用途。

j. 设备润滑知识。

③ 钳工基础知识。

a. 划线知识。

b. 钳工操作知识（锉、锯、錾、钻、铰孔、攻螺纹、套螺纹）。

④ 电工知识。

a. 通用设备常用电器的种类和用途。

b. 电力拖动基础知识。

c. 安全用电知识。

⑤ 安全文明生产与环境保护知识。

a. 现场文明生产要求。

b. 安全操作与劳动保护知识。

c. 环境保护知识。

⑥ 质量管理知识。

a. 企业的质量方针。

b. 岗位的质量要求。

c. 岗位的质量保证措施与责任。

⑦ 相关法律、法规知识。

a. 劳动法相关知识。

b. 合同法相关知识。

（2）工作要求

《标准》对初级、中级、高级、技师、高级技师的技能要求依次递进，高级别包括低级别的要求。限于篇幅，本书仅列出五级/初级工工作要求，如表 1-1 所示。

表 1-1　五级/初级工工作要求

职业功能	工作内容	技能要求	相关知识
一、备料	（一）读图与绘图	能读懂简单框架、壳体、常压容器等零件和简单构件的图样	1. 常用零件的规定画法与读图知识 2. 简单装配图的读图知识
	（二）矫正、划线和展开放样	1. 能矫正一般原材料的变形 2. 能划出简单平面结构的样图 3. 能作出圆管、棱管、正圆锥管或正棱锥管等简单件的展开图 4. 能计算简单弯曲件的展开料长	1. 原材料产生变形的原因 2. 矫正方法 3. 钣金划线基本规则和常用符号 4. 判断可展与不可展表面的方法 5. 圆管、棱管、正圆锥管、正棱锥管等简单构件的展开方法
	（三）切割（锯削、錾切、剪切、气割、砂轮切割、冲裁）	1. 能使用手锯、錾子、手剪等手工具切割原材料 2. 能使用剪床、常规气割设备、砂轮切割机等设备切割原材料	1. 锯削应用和锯削工艺 2. 錾子的种类 3. 錾切工艺 4. 剪切原理和剪切工艺 5. 冲裁原理和工艺 6. 气割原理和条件 7. 气割方法 8. 砂轮切割原理 9. 砂轮切割方法

铆工自学·考证·上岗一本通

职业功能	工作内容	技能要求	相关知识
二、成形	（一）手工成形	能使用手工工具和胎具进行简单构件的冷、热成形	1. 手工弯曲成形工艺 2. 放边与收边工艺
	（二）机械成形（卷弯、压弯、压延、弯管）	能使用弯板机、弯管机、压力机、压弯机等专用或通用成形机械进行一般构件的成形	1. 卷弯原理及工艺 2. 压弯原理和材料变形过程 3. 压弯工艺 4. 压延基本原理及工艺 5. 弯管的变形过程和弯管方法 6. 一般弯管的手工弯曲工艺 7. 有芯弯管和无芯弯管工艺
三、装配	零、部件组合	1. 能装配简单平面框架、简单壳体、常压容器等构件 2. 能使用夹具装配定型产品	1. 简单框架、壳体、箱门、常压容器等的装配工艺 2. 夹具装配的定位、夹紧原理，装配基准和装配方法
四、连接	（一）连接（焊接、铆接、胀接、咬接、螺纹连接）	1. 能进行一般构件的定位焊 2. 能进行一般要求的构件铆接 3. 能咬接一般要求的平、角咬缝 4. 能进行常规要求的螺纹连接 5. 能按工艺规程进行胀接	1. 焊接原理和分类 2. 手工电弧焊原理和工艺 3. 气焊原理和工艺 4. 钎焊原理和工艺及工具 5. 铆接原理和分类 6. 铆接连接形式与工艺 7. 胀接原理和分类 8. 胀接结构形式与胀接工具 9. 常压构件的胀接方法 10. 螺纹连接结构形式 11. 螺纹连接工具与工艺 12. 咬接原理和结构形式 13. 咬接工具 14. 平角单咬缝的咬接方法
	（二）连接后矫正	能矫正简单连接构件的变形	矫正简单连接构件变形的原理
五、质量检验	尺寸、形状位置等检验	能根据有关质量标准及技术要求对简单构件进行尺寸、形状等质量检验	1. 线性尺寸的检测方法 2. 用样板进行检测的方法

（3）比重表

① 理论知识（表1-2）。

表 1-2　理论知识比重表

项目		初级/%	中级/%	高级/%	技师/%	高级技师/%
基本要求	职业道德	5	5	5	5	5
	基础知识	25	25	20	20	20
相关知识	备料	25	25	25	20	20
	成形	20	20	18	10	10
	装配	10	10	10	10	10
	连接	10	10	17	15	13
	质量检验	5	5	5	5	5
	新技术应用				5	7
	培训指导				5	5
	管理				5	5
合计		100	100	100	100	100

注：高级技师"管理"模块内容按技师标准考核。

② 技能操作（表1-3）。

表 1-3　技能操作比重表

项目		初级/%	中级/%	高级/%	技师/%	高级技师/%
技能要求	备料	40	40	37	30	28
	成形	25	25	25	20	16
	装配	15	15	15	13	10
	连接	15	15	15	13	10
	质量检验	5	5	8	10	14
	新技术应用				4	7
	培训指导				5	10
	管理				5	5
合计		100	100	100	100	100

注：高级技师"管理"模块内容按技师标准考核。

1.3　铆工的岗位职责及就业方向

1.3.1　铆工的岗位职责

①熟悉所加工的产品图样、工艺规程及相关标准，坚持"三按"生产作业，做到"三自一控"。

②按照生产计划进行割料、剪切、压型，保证下料压型的尺寸及精度，达到规定的要求，认真清除飞边毛刺。

③矫平板料时要充分考虑内应力的释放，以减小变形。

④拼装结构件时，要检查上道工序转来的零件是否合格，拼焊工件要符合图纸要求，控制好拼缝间隙，便于下道工序焊接。

⑤首件主动交检，认真自检，做好零部件的标识，填好质量记录单。

⑥合理有序地摆放零部件，及时清理工作现场的废弃物，使其达到现场管理的要求。

⑦按时完成所承担的生产、质量、安全指标。

⑧遵守安全文明生产规程，提高安全意识，搞好文明生产。

1.3.2　铆工安全操作规程及注意事项

（1）铆工安全操作规程

①工作前必须检查工具、设备，并使其处于良好状态，如锤类、冲子及其他承受锤击工具的顶部无毛刺，无伤痕，锤把无裂纹，安装要结实，锤头上必须加铁楔，而且各种承受锤击工具顶部严禁淬火。

②使用大锤时应注意锤头甩落范围，打锤时要瞻前顾后，对面不准有人，打锤时严禁戴手套。

③进行铲、刹、铆焊等操作时要戴好防护眼镜，不得对着人操作。使用气铲时要遵照"气铲安全技术规程"执行。

④使用铆工、钳工设备及钳工常用工具如砂轮机、气动工具、手提电动和手提气动工具及手锤、扁铲等应按各安全技术规程执行。

⑤使用天车吊件时，必须遵守"桥式起重机安全技术规程"。检查吊具安全可靠，吊物下不准有人行走和停留，要正确指挥，精心配合。

⑥用加热炉工作时，要远离电线或易燃物品。下班后必须熄灭炉火，熄火后必须详细检查，以免复燃起火。

⑦加热后的物料要定点存放。搬动时，要采取防烫伤措施。

⑧铆焊件组对时，不准用手摸物体的对口处，以防将手刺破和挤伤。

使用楔子和撬棍时，支点要牢固，对面不准有人，以防滑脱。

⑨ 到现场进行设备检修时，工作前必须办理"安全检修证"；进入设备内检修，必须办理"进入设备检修证"。进入易燃易爆区检修，必须办理"动火许可证"。并按各自的安全技术规程执行，无许可手续者严禁施工。

⑩ 进行设备检修作业时。要办理"设备检修停送电联系单"，并由电工停送电及采取安全措施。不需经过电工时，可由操作工直接停机、断电的设备，必须经操作工同意，在停机断电后闸刀开关盒上必须加锁，或在闸刀开关上悬挂"严禁合闸"的标志牌，必要时设专人监护。

⑪ 在设备塔罐内部进行铆焊作业时，应遵守"安全生产检修制度"中的有关规定。使用行灯应遵守"行灯安全技术规程"。

⑫ 捻钉及捻缝时，必须戴好防护镜。

⑬ 登高作业时，必须遵守"高处作业安全技术规程"。

⑭ 凡铆工作业人员必须遵守本规程和有关铆工作业的各种机械设备的安全技术规程。

⑮ 时刻牢记安全文明生产，积极参加安全学习，提高安全意识，搞好文明生产。

(2) 铆工安全注意事项

① 工作中，在使用油压机、摩擦压力机、刨边机、剪板机等设备时，应先检查设备运转是否正常，并严格遵守该设备安全操作规程。

② 凿冲钢板时，不准用圆的东西（如铁管子、铁球，铁棒等）做下面的垫铁，以免滚动将人砸伤。

③ 用行车翻转工作物时，工作人员必须离开危险区域，所用吊具必须事先认真检查，并必须严格遵守行车起重安全操作规程。

④ 装铆工件时，若孔不对也不准用手探试，必须用尖顶穿杆找正，然后穿钉，打冲子时，在冲子穿出的方向不准站人。

⑤ 高处作业时，要系好安全带，遵守高处作业的安全规定，并详细检查操作架、跳板的搭设是否牢固。在圆形工件工作时，必须把下面垫好。有可能滚动时上面不准站人。

⑥ 远距离扔热铆钉时，要注意四周有无交叉作业的其他工人。为防止行人通过，应在工作现场周围设置围栏和警示牌。接铆钉的人要在侧面接。

⑦ 连接压缩空气管（带）时，要先把风门打开，将气管（带）内的脏

物吹净后再接。发现堵塞要用铁条透通时，头部必须避开。气管（带）不准从轨道上通过。

⑧ 使用射钉枪时，应先装射钉，后装钉弹。装入钉弹后，不得用手拍打发射管，任何时候都不准对着人体。若临时不需射击，必须立即将钉弹和射钉退出。

1.3.3 铆工的就业方向

铆工俗称"铁裁缝"，主要任务是把两种或两种以上金属连接在一起，即铆接。铆接根据加工环境和方式不同，分冷铆和热铆，冷铆由铆接机代替人工力铆，而热铆就是将要铆接的产品加热进行力量铆接，都是技术含量比较高的工种。

铆工的就业方向明确，就业前景很乐观，其工作面很广，属于机械行业不可缺失的部分。

铆工是中国工业建设不可或缺的主力军之一。所有工业设备的外壳、框架、支承、管道、钢构、容器、储罐，以及桥梁、船舶、车辆、航空、航天等行业都离不开铆工。中国的铆工已经从传统的放样、计算，飞跃到电脑时代的CAD自动展开、下料、排版，甚至数控电火花、线切割、焊接、铆接加工。这标志着中国的铆工已经进入了一个崭新的时代，它将加快中国工业建设前进的步伐，尽快与世界先进智能制造技术接轨。

2020年7月21日，人力资源和社会保障部发布2020年第二季度全国招聘求职100个短缺职业排行，金属热处理工、铸造工、工具钳工、冲压工、铆工等传统制造业相关职业短缺程度有所加大。

1.3.4 如何成为一个"好铆工"

（1）什么是"好铆工"

一个好的铆工所应具备的条件，一方面是对操作技术人员的行为要求，另一方面也是机械加工行业对社会所应承担的义务与责任的概括。

① 有良好的职业操守和责任心，爱岗敬业，具备高尚的人格与高度的社会责任感。

② 遵守法律、法规和行业、企业与公司等有关的规定。

③ 着装整洁，符合规定，工作认真负责，有较好的团队协作和沟通能力，并具有安全生产常识、节约环保意识和文明生产的习惯。

④ 有持之以恒的学习态度，并能不断更新现有知识。

⑤ 有较活跃的思维能力和较强的理解能力以及丰富的空间想象能力。

⑥ 能成功掌握和运用机械加工的基本知识，贯彻铆工加工理论知识与实践技能，做到理论与实践互补与统一。

⑦ 严格执行工作程序，并能根据具体加工情况做出正确评估并完善生产加工工艺。

⑧ 保持工作环境的清洁，具备独立的生产准备、设备维护和保养能力，能分析判断加工过程中的各种质量问题与故障，并加以解决。

（2）"好铆工"需要哪些技术积累

① 铆工要求的知识结构。铆工要根据要求作出相应的金属制品，主要知识及能力有：识图和制图的知识；常用金属材料及热处理知识；能矫正变形较大或复合变形的原材料及一般结构件，能作成基本形体的展开图，计算展料长；能使用维护剪床、气割、电焊机等设备；能读懂并装配桁架类、梁柱类、箱壳类、箱门类和低中压容器等图样，并进行全位置定位焊、铆接、螺纹连接，检验尺寸、形状位置。

② 铆工培养目标。在熟练掌握基础知识和技能的基础上，能作出复杂结构件的展开图、计算展开料长；制订工艺流程，编写工艺规程；能根据图样的技术要求制订装配、焊接、铆接和矫正工艺方案，设计工装夹具；熟悉质量管理和生产管理的相关知识；熟悉新技术、新材料和新工艺以及相关工种的知识等。

③ 铆工主干课程。中等职业技术院校、技工院校、技师学院相关专业开设的主要课程：机械制图、机械原理和机械零件、机械制造工艺学、公差与配合、工程力学、电工基础、金属材料与热处理、液压与气压传动、夹具设计、数控编程基础、焊接基础知识、钳工基础知识、质量和生产管理、本专业工艺课、技能训练和生产实习。

课程内容包括铆工在铆焊结构的整个制造过程中，从号料到加工成形，直至装配的多道工序和多种操作技能。有工具、卡具、量具的正确使用；实用的简单几何作图和识图以及基本展开方法；放样，号料和样板制作；材料的冲压、剪裁、气割设备的介绍、调度、安装和正确的操作使用；材料矫正、材料的弯曲成形，压延成形、铆接、焊接的设备和操作技术的演示。通过不同类型结构件装配的典型案例，来详细讲解铆工操作技能。

（3）好铆工如何拿到"职场通行证"

一般来讲，获得职场通行证，应该做好下面几步。

① 取得相应职业技术资格（等级）证书。职业技术资格（等级）证书是一个人相应专业水平的具体表现形式，铆工专业技术资格证书有初级工（五级）、中级工（四级）、高级工（三级）、技师（二级）、高级技师（一级），只有取得了这些职业资格证书时，才能证明其接受过专门的专业技术训练，并达到了所掌握的相应专业技术能力，才有可能去适应和面对相应的专业技术要求，做好相应的准备，为进军职场打下一个扎实的技术基础。

② 创造完善职场生存智慧。

a. 诚恳面试。面试是一种动态的活动，随时会发生各种各样的情况，且时间又非常短促，可能还来不及考虑就已经发生了。因此，事先要经过充分调查，对用人单位的招聘岗位需要有足够的了解，也一定要意识到参加面试时最重要工作是用耳朵听，然后对所听到的话做出反应。这样就能很快地把自己从一个正在求职的人，转变成一个保证努力工作和解决问题的潜在合作者。

b. 突出特性。要主动用各种方法来引起对方的注意，如形体语言、着装、一句问候语，都会在有限的时间里引起对方的关注。以期能让对方记住你的姓名和你的特点，其目的是在短短的面试期间，给聘用者留下深刻的印象。

c. 激发兴趣。要说服人是一件比较难的事情，必须能不断地揣摩对方说话的反应，听出"购买信号"。证明自己作为受聘者的潜在价值，从某方面来激发聘用者的兴趣。努力把自己想说的话表达出来，才能达到目的。

③ 具备完善的职业性格。

a. 尽忠于与自己相关的人和群体，并忠实地履行职责，以充沛的精力，准时并圆满地完成工作。

b. 在认为有必要的时候，会排除万难去完成某些事情，但不会去做那些自己认为没有意义的事情。

c. 专注于人的需要和要求，会建立起有次序的步骤，去确保那些需要和要求被得以满足。

d. 对于事实抱有一种现实和实际的尊重态度，非常重视自己的岗位和职责，并要求他人也如此。

第2章

钣金作图基础

　　按几何学上各种不同线条的作图方法和连接规则作图，称为几何作图。

　　几何作图的准确度，取决于作图方法的正确性、工具质量、工作条件、作图技巧、经验、视觉的敏锐程度和工作的责任心等因素。正确的作图方法必须符合几何学原理。

2.1　直线的画法

　　直线长不超过 1m 时，可用直尺画；直线长不超过 8m 时，可用粉盒或墨斗弹线法画；直线长超过 8m 时，用拉钢丝的方法画。

2.2　垂线的画法

　　垂线的画法见表 2-1。

表 2-1　垂线的画法

已知条件和作图要求	图示	作图步骤
作过已知 $\overline{AB}$ 上任意点 C 的垂线		① 以 C 点为圆心，取 R_1（$<\overline{AC}$ 或 $<\overline{BC}$）为半径画弧，交 $\overline{AB}$ 于 E、F 点 ② 分别以 E、F 点为圆心，取 R_2（$>R_1$）为半径画弧，两弧相交得 G、H 点 ③ 连接 H、G 点，则 $\overline{HG}$ 为过 $\overline{AB}$ 上 C 点垂线（C 点即为垂足点）

已知条件和作图要求	图示	作图步骤
作过 $\overline{AB}$ 任一端点的边垂线（图中为过 A 点）		① 以 A 点为端点量取 $\overline{AC}=4L$（L——任意计量长度单位） ② 以点 A、C 为圆心，分别取长为 $3L$ 与 $5L$ 为半径画弧，两弧相交于 D 点，连接 AD，则 $\overline{AD} \perp \overline{AB}$，即得过 A 点的边垂线（勾三股四弦五法）
作过 $\overline{AB}$ 外任意点 C 的垂线		① 以 C 点为圆心，取 R_1（大于 C 点到 $\overline{AB}$ 的垂直距离）为半径画弧，交 $\overline{AB}$ 于 E、F 点 ② 分别以 E、F 点为圆心，另取 R_2 为半径画弧，相交两弧得 H、G 点 ③ 连接 H、G 点，则 $\overline{HG} \perp \overline{AB}$，且过外 C 点
作过 $\overline{AB}$ 外（单边）任意 C 点的垂线，又称半圆法		① 过 C 点作 $\overline{AB}$ 的任意倾斜线 $\overline{HG}$，交 $\overline{AB}$ 于 D 点 ② 作 $\overline{CD}$ 的中垂线，得垂足点 O ③ 以 O 点为圆心，取 $R=\overline{CO}$ 画弧，交 $\overline{AB}$ 于 E 点 ④ 连接 CE，则 $\overline{CE} \perp \overline{AB}$，且过 $\overline{AB}$ 外的 C 点

2.3 平行线的画法

平行线的画法见表 2-2。

表 2-2 平行线的画法

已知条件和作图要求	图示	作图步骤
作 $\overline{AB}$ 的平行线，相距为 R		① 在 $\overline{AB}$ 上任取三点 a、b、c ② 分别以 a、b、c 点为圆心，取 R 为半径向同一侧画弧 ③ 作三圆弧的分切线 $\overline{EF}$，则 $\overline{EF} /\!/ \overline{AB}$

已知条件和作图要求	图示	作图步骤
作过 $\overline{AB}$ 外任意点 O 的平行线（画法一）		①以 O 点为圆心，取 R（大于 O 点到 $\overline{AB}$ 的垂直距离）为半径画弧，交 $\overline{AB}$ 于 a、b 点 ②以 a 点为圆心，以 $\overline{aO}$（R）为半径画弧交 $\overline{AB}$ 于 C 点 ③以 C 点为圆心，仍取 R 为半径画弧交原弧于 E 点 ④连接 OE，则 $\overline{OE}$ ∥ $\overline{AB}$ ⑤图中 $\overline{Oa}=\overline{aC}=\overline{CE}=\overline{EO}$，$OaCE$ 为菱形，即称菱形法作平行线
作过 $\overline{AB}$ 外任意点 O 的平行线（画法二）		①以 O 点为圆心，取 R_1（大于 O 点到 $\overline{AB}$ 的垂直距离）为半径画弧交 $\overline{AB}$ 于 a 点 ②以 a 点为圆心，同取 R_1 为半径画弧交 $\overline{AB}$ 外任意点 O ③以 a 点为圆心，取 R_2 等于 $\overline{Ob}$ 为半径画弧交于 E 点 ④连接 OE，则 $\overline{OE}$ ∥ $\overline{AB}$ ⑤图中 $\overline{OE}=\overline{ba}$、$\overline{Ob}=\overline{Ea}$，$ObaE$ 为平行四边形，即称平行四边形法作平行线

2.4　角和三角形的画法

角和三角形的画法见表 2-3。

表2-3　角和三角形的画法

已知条件和作图要求	图示	作图步骤
作一角等于∠bac		①取点 a_1 为角的顶点，且过 a_1 点作 $\overline{a_1c_1}$ ②以 a 点为圆心，任意长（R）为半径画弧交两角边于 d、e 点 ③以 a_1 为圆心，R 为半径，画弧与 $\overline{a_1c_1}$ 交于 e_1 点 ④以 e_1 为圆心，取 $\overline{ed}$（$=R_1$）为半径，画弧交于 d_1 点 ⑤连接 a_1、b_1，则得 $\angle b_1a_1c_1=$ $\angle bac$
已知三角形的三边长，求作三角形		①任作线段 $\overline{de}$ 等于边长 c ②分别以 d、e 点为圆心，a、b 边长为半径画弧，两弧相交得交点 f ③连接 d、f 和 e、f，即得 $\triangle def$，其边长：$\overline{fd}=a$，$\overline{de}=c$，$\overline{ef}=b$
已知三角形的二边长和夹角（60°），求作三角形		①任作线段 $\overline{de}$ 等于边长 b ②分别以 d、e 点为圆心，$\overline{de}$ 为半径画弧，得交点 f ③连接 df，并延长，得 $\angle fde=60°$ ④以 d 为圆心，在 $\overline{df}$ 延长线上量取 a 边长交点 g ⑤连接 eg，即得 $\triangle deg$

已知条件和作图要求	图示	作图步骤
已知三角形一边长（a）和二夹角（30°、45°），求作三角形		① 任作线段 $\overline{bc}$ 等于边长 a ② 分别过 b、c 点作 30°、45°，得点 K ③ 连接 bK、cK，即得 △bcK
用经验作图法作任意角度（图中为 17°）		① 以 $\overline{AB}$ 上 O 点为圆心，取 $R=57.3\text{mm}$ 长为半径画弧 ② 由于弧线上每 1mm 与 O 点的连线，其夹角为 1°（理由：$57.3\times2\times3.1416\approx360°$），所以在弧线上量取 17mm，即得夹角 17° ③ 作其他任意角度，均可用此方法 ④ 若取 $R=573\text{mm}$ 画弧，弧长 10mm，其中心角仍为 1°，作任意角更准确

2.5　圆弧的画法

各种圆弧的画法见表 2-4。

表 2-4　圆弧的画法

已知条件和作图要求	图示	作图步骤
已知圆弧的弦长和弦高，画圆弧（用小直径圆弧画法）		① 连接 ac、bc，且作其中垂线，得交点 O ② 以 O 点为圆心，$\overline{Oa}$ 长为半径画弧即可

续表

已知条件和作图要求	图示	作图步骤
已知圆弧的弦长和弦高，画圆弧（准确画法，大直径圆弧画法之一）		① 连接 ab、bc、ac ② 过 a 点作 $\overline{ab}$、$\overline{ac}$ 的边垂线 ③ 过 c 点作 $\overline{ab}$ 的平行线，且与边垂线相交于 d、e 点 ④ 将线段 $\overline{ab}$、$\overline{ae}$、$\overline{cd}$ 各取相同的等分（图中四等分），按图连线，得交点 Ⅰ、Ⅱ、Ⅲ ⑤ 圆滑连接 c、Ⅰ、Ⅱ、Ⅲ、a 点即圆弧
已知圆弧的弦长和弦高，画圆弧（四分之一弧高法，大直径圆弧画法之二）		① 线段 $\overline{ef}$、$\overline{hg}$ 和 $\overline{mn}$ 均为弦垂直等分线 ② 使 $\overline{ef}=(1/4)\overline{bc}$，$\overline{hg}=\overline{mn}=(1/4)\overline{ef}$，… ③ 无限地画折线，此折线接近圆弧 ④ 此法适用弦长与弦高之比大于10
已知圆弧的弦长和弦高，画圆弧（近似画法，大直径圆弧画法之三）		① 以 b 点为圆心，弦高 $\overline{bc}$ 为半径画圆 ② 将 1/4 圆周和 1/2 弦长（$\overline{ab}$）取相同等分（图中三等分）得点1、2 ③ 圆滑连接各点即得所求圆弧（图中只画一半）

2.6 椭圆的画法

椭圆的画法见表2-5。

表 2-5 椭圆的画法

已知条件和 作图要求	图示	操作要点
已知长轴 $\overline{ab}$ 和短轴 $\overline{cd}$，作椭圆（用四心作法）		① 作 $\overline{cd}$ 垂直平分 $\overline{ab}$，并交于 O 点 ② 连接 $\overline{ac}$，以 O 为圆心，取 $\overline{aO}$ 为半径画弧交 $\overline{Oc}$ 延长线于 e 点 ③ 以 c 为圆心，$\overline{ce}$ 为半径画弧交 $\overline{ac}$ 于 f 点 ④ 作 $\overline{af}$ 的垂直平分线，并分别交 $\overline{ab}$ 于点 1、$\overline{cd}$ 于点 2 ⑤ 在 $\overline{Ob}$ 和 $\overline{Oc}$ 线上，分别截取 $\overline{O1}$、$\overline{O2}$ 的长度得 3、4 两点 ⑥ 分别以点 2、4 为圆心，以 $\overline{c2}$ 为半径画弧得 $\overparen{56}$ 和 $\overparen{78}$。分别以点 1、3 为圆心，以 $\overline{a1}$ 为半径画弧得 $\overparen{57}$ 和 $\overparen{68}$，即完成所作的椭圆
已知长轴 $\overline{ab}$ 和短轴 $\overline{cd}$，作椭圆（用同心作法）		① 以 O 为圆心，$\overline{Oa}$ 和 $\overline{Oc}$ 为半径作两个同心圆 ② 将大圆等分（图中 12 等分）并作对称连线 ③ 将大圆上各点分别向 $\overline{ab}$ 作垂线与小圆周上对应各点作 $\overline{ab}$ 的平行线相交 ④ 用圆滑曲线连接各交点得所求的椭圆
已知长轴 $\overline{ab}$ 作椭圆（长轴三等分法）		① 将 $\overline{ab}$ 三等分。等分点为 O_1 和 O_2，分别以 O_1 和 O_2 为圆心，取 $\overline{aO_1}$ 为半径画两圆，且相交于 1、2 两点 ② 分别以 a 和 b 为圆心，仍取 $\overline{aO_1}$ 为半径画弧交两圆于 3、4、5、6 各点 ③ 分别以 1 和 2 为圆心，取 $\overline{25}$ 线段长为半径画弧 $\overparen{35}$、$\overparen{46}$，即得所求的椭圆

铆工自学·考证·上岗一本通

已知条件和作图要求	图示	操作要点
已知长轴 $\overline{ab}$ 作椭圆（长轴四等分法）		① 将 $\overline{ab}$ 四等分并分别以 O_1 和 O_2 为圆心，取 1/4 $\overline{ab}$ 长轴为半径，作两圆 ② 分别以 O_1 和 O_2 为圆心，取 $\overline{O_1O_2}$ 为半径画弧相交于 1、2 两点 ③ 连接 $\overline{1O_1}$ 并延长交圆周于点 3，同理求出 4、5、6 三点 ④ 分别以 1 和 2 为圆心，取 $\overline{13}$ 为半径画圆弧 $\overset{\frown}{34}$ 和 $\overset{\frown}{56}$，即得所求的椭圆
已知短轴 $\overline{cd}$ 作椭圆		① 取 $\overline{cd}$ 的中点为 O，过 O 作 $\overline{cd}$ 的垂线与以 O 为圆心，$\overline{cO}$ 为半径的圆相交于 a、b 两点 ② 分别以 c 和 d 为圆心，取 $\overline{cd}$ 为半径画弧交 $\overline{ca}$、$\overline{cb}$ 和 $\overline{da}$、$\overline{db}$ 的延长线于 1、2、3、4 各点 ③ 分别以 a 和 b 为圆心，取 $\overline{a1}$ 为半径画弧 $\overset{\frown}{13}$ 和 $\overset{\frown}{24}$，即完成所求之椭圆
已知大小圆半径 R、r，作心形圆		① 以 O_1 为圆心，取 $R-r$ 为半径画弧交 O_2 于 1、2 两点 ② 连接 $O_1$1 和 $O_1$2 并延长与圆 O_1 交于 3、4 两点 ③ 分别以 1 和 2 为圆心，取 r 为半径画弧 $\overset{\frown}{3O_2}$、$\overset{\frown}{4O_2}$，即由 34、$\overset{\frown}{4O_2}$、$\overset{\frown}{3O_2}$ 组成一个心形圆
已知两圆心距 $\overline{O_1O_2}$，半径为 r、R 作蛋形圆		① 过 O_2 作 $\overline{O_1O_2}$ 垂线交圆 O_2 圆周于 c、d 两点 ② 截取 $\overline{ce}=r$，连接 $\overline{eO_1}$ 的垂直平分线交 $\overline{cd}$ 延长线于点 1。同理得点 2 ③ 连接 $\overline{1O_1}$ 和 $\overline{2O_1}$ 并延长交圆 O_1 于 3、4 两点 ④ 分别以 1 和 2 为圆心，取 $\overline{1c}$ 为半径画圆弧 $\overset{\frown}{3c}$、$\overset{\frown}{4d}$，即得所求蛋形圆

续表

已知条件和作图要求	图示	操作要点
已知长轴 $\overline{ab}$，短轴 $\overline{cd}$ 作椭圆		① 长轴 $\overline{ab}$ 和短轴 $\overline{cd}$ 相交于 O 点 ② 分别过 a、b 和 c、d 点作 $\overline{cd}$ 和 $\overline{ab}$ 的平行线，交成矩形，交点为 e、f、g、h ③ 把 $\overline{aO}$ 和 $\overline{ae}$ 线上各等分点的连线和从 d 点作 $\overline{aO}$ 线上的各等分点的连线并延长，各对连线交于 1、2、3 各点 ④ 用光滑曲线连接各点得 1/4 的椭圆，同理求出其他三连曲线

2.7　其他曲线的画法

其他曲线的画法见表 2-6。

表 2-6　其他曲线的画法

已知条件和作图要求	图示	操作要点
已知导线和焦点求作抛物线		如图所示，通过焦点 f 作垂直于直线 mn 的轴线且与 mn 相交于点 b；求出 bf 的中点 d，则 d 点就是抛物线的顶点；从 d 点沿焦点方向取任意数目的点 1、2、3 等（图中为 1～5 点），并通过这些点作 mn 的平行线；再以 f 点为圆心，以 $b1$、$b2$、$b3$ 等的距离为半径画圆弧与上述的平行线对应相交于 I、I$_1$、II、II$_1$、III、III$_1$ 等，把所得各交点圆滑连接即为所求抛物线

已知条件和作图要求	图示	操作要点
已知宽和高求作抛物线		如图所示，图中只作抛物线的一半。过 a 和 c 点作 ad 和 cd 的平行线得一矩形，交点为 e；分别将 ad、ce 和 ae 线作相同的等分，把 ad 和 ce 上的等分点对应相连且与从 c 点到 ae 上等分点的连线对应相交得出各点；用曲线将这些点圆滑连接，即得出所求的抛物线
已知任意角求作抛物线		如图所示，把角的两边作相同等分，并按图上位置依次记入各等分点的数字，如 1、2、3 等用直线连接号数相同的点，即 1-1、2-2、3-3 等从 c 点到 a 点画曲线同所有的直线段相切，所得曲线就是已知角两边且相切于 a、c 两点的抛物线
已知双曲线顶点间和焦点间的距离，双曲线的画法		如图所示，先沿着轴线在焦点 f 的左面任意截取 1、2、3 等点，离焦点越远，截点间隔应越大。再以焦点 f 和 f_1 为圆心，分别用 a1 和 $a_1$1 为半径画两次圆弧，其交点 I、I、I_1、I_1 就是双曲线上的点；用同样的方法还可求出 II、II 和 II_1、II_1 及 III、III 和 III_1、III_1 等点。用曲线圆滑连接上述各点，即完成所求双曲线

已知条件和作图要求	图示	操作要点
已知转圆半径和导线长画普通摆线		如图所示，以 O 为圆心，以 R 为半径作转圆，与直线 aa_1 相切在 a 点；从 a 点起将圆周适当等分（图中 $n=12$），得等分点 1、2、…、12；在直线上截取 aa_1 等于圆周伸直长度，同时把 aa_1 作 12 等分，得等分点 $1'$、$2'$、…、$12'$。通过转圆圆心 O 作直线的平行线 OO_{12}，并从直线上各等分点向上作直线的垂线，与直线 OO_{12} 相交为 O_1、O_2、…、O_{12} 等点；过转圆的各等分点向右引直线的平行线，然后以 O_1 为圆心以 R 为半径画圆弧，同经过点 1 所作的直线的平行线交于点 Ⅰ；同理可求出 Ⅱ、Ⅲ、…、Ⅺ 各点，将所求各点圆滑连接，即得出所求的普通摆线

已知条件和作图要求	图示	操作要点
已知转圆半径 R 和导圆半径 R' 画外摆线		如图所示，以 O' 为圆心，以 R' 为半径画导圆圆弧，并在周弧上任取一点 a，连接 $O'a$ 并延长，在 $O'a$ 延长线上截取 $Oa=R$（转圆半径）；以 O 为圆心，R 为半径画转圆，且从 a 点起把转圆周适当等分（图中 $n=12$），得等分点 1、2、3、…、12。画 O' 的中心角 $\alpha=\dfrac{360R}{R'}$，可得到导圆弧 aa'；并把圆弧 aa' 12 等分，得等分点为 1′、2′、3′、…、12′。用直线将 O' 点与各等分点（1′～12′ 点）相连并延长，与以 O' 为圆心，$OO'=R'+R$ 为半径所画圆弧相交于点 O_1、O_2、…、O_{12} 等。再以 O' 为圆心，作通过转圆上各等分点的辅助圆弧；然后以 O_1 为圆心，R 为半径画圆弧，与通过点 1 的辅助圆弧相交在 I 点；用 O_2 作中心，R 作半径画圆弧同通过点 2 的辅助圆相交于 II 点；用同样的方法可求得 III、IV、…、XI 点。将各点圆滑连接，即为外摆线

已知条件和作图要求	图示	操作要点
已知转圆半径 R 和导圆半径 R' 画内摆线		如图所示，内摆线的求法与外摆线的求法是相仿的，只是转圆各位置的圆心 O_1、O_2、…、O_{12}，是以 O' 为圆心，用 $OO'=R'-R$ 为半径画圆弧来求取的；其余作法均同外摆线
渐开线画法		如图作圆的等分，过 1、2、…各等分点作圆的切线 $\overline{1L}$、$\overline{2A}$、…，在切线上截取对应弧长的同样长度，得到 A、B、…各点，光滑连接各点即得到圆的渐开线
阿基米德螺旋线画法		如图所示，以 O 为圆心以 $\overline{O1}$ 和 $\overline{O9}$ 为半径画同心圆，同样等分线段 $\overline{19}$ 和圆周，再以曲线光滑连接对应交点得阿基米德螺旋线，它也是圆锥螺旋线的平面投影

2.8 各种圆弧连接的作法

各种圆弧连接的作法见表 2-7。

表 2-7　圆弧连接的作法

已知条件与要求	图示	操作要点
用已知半径为 R 的圆弧连接锐角两边		① 分别在两边内侧作与两边相距为 R 的平行线，得交点 O ② 过 O 点分别作两边的垂线得点 1、2 ③ 以 O 为圆心，用已知的 R 为半径画圆弧$\overset{\frown}{12}$，即得到连接圆弧
用半径为 R 的圆弧连接直角边		① 以 b 为圆心，用已知 R 为半径画圆弧交 ab、bc 于 1、2 两交点 ② 分别以 1、2 为圆心，以 R 为半径画弧交于 O 点，再以 O 为圆心，以 R 为半径画弧$\overset{\frown}{12}$即得
用半径为 R 的圆弧连接半径为 R_1 的圆弧和 ab 直线		① 以 O_1 为圆心，R_1+R 为半径画弧与距 ab 线为 R 的平行线相交于 O 点 ② 连接 O_1O 且过 O 作 ab 的垂线，得 d、c 两交点 ③ 以 O 为圆心，R 为半径画弧$\overset{\frown}{cd}$即得
用半径为 R 的圆弧连接已知的半径为 R_1 和 R_2 的两圆弧（两外弧连接）		① 分别以 O_1 和 O_2 为圆心，以 R_1+R 和 R_2+R 为半径画圆弧相交于 O 点，分别连接 OO_1 和 OO_2 得 1、2 两交点 ② 以 O 为圆心，以 R 为半径画圆弧$\overset{\frown}{12}$，即得到外连接弧
用半径为 R 的圆弧连接两已知圆弧（内、外弧连接）		① 分别以 O_1 和 O_2 为圆心，以 $R-R_1$ 和 $R+R_2$ 为半径画圆弧相交于 O 点，分别连接 OO_1 和 OO_2 得 1、2 两交点 ② 以 O 为圆心，以 R 为半径画圆弧$\overset{\frown}{12}$，即得到用半径为 R 的圆弧连接两圆弧的外连接弧

已知条件与要求	图示	操作要点
用半径为 R 的圆弧连接两已知圆弧（两内弧连接）		① 分别以 O_1 和 O_2 为圆心，以 $R-R_1$ 和 $R-R_2$ 为半径画圆弧相交于 O 点，分别连接 OO_1 和 OO_2 得 1、2 两交点 ② 以 O 为圆心，以 R 为半径画圆弧 $\overset{\frown}{12}$，即得到用半径为 R 的圆弧连接两圆弧的外连接弧
从圆外一点 P 作圆的切线		① 连接 OP，取 OP 的中点为 O_1，再以 O_1 为圆心，OO_1 为半径画圆弧交圆 O 于点 1 和 2 ② 连接 $P1$、$P2$，即得切线
作圆 O_1 和圆 O_2 的切线		① 以 O_1 为圆心，取 $R=R_1-R_2$ 为半径画圆 ② 连接 O_1O_2 并取中点 O，再以 O 为圆心，O_1O 为半径画弧得 1、2 两交点 ③ 连接 $1O_1$、$2O_1$ 并反向延长得 3、4 两点 ④ 分别过 3、4 两点作 $1O_2$ 和 $2O_2$ 的平行线 $\overline{35}$、$\overline{46}$，即为所求切线
		① 连接 O_1O_2 且过这两点作其垂线得 a、b 两交点，再连接 ab 交 O_1O_2 于 P 点 ② 分别取 PO_1 和 PO_2 的中点为 O_3、O_4 两点，分别以 O_3 和 O_4 为圆心，以 O_1O_3 和 O_4O_2 为半径画圆弧得点 1、2、3、4 ③ 连接 $\overline{14}$、$\overline{23}$ 即为所求

2.9 线段和角的等分方法

线段和角的等分见表 2-8。

表 2-8　线段和角的等分

名称	作图条件与要求	图示	操作要点
线段的等分	作 $\overline{ab}$ 的二等分		① 分别以 a、b 为圆心，任取 $R\left(>\dfrac{1}{2}\overline{ab}\right)$ 为半径画弧，得交点 c、d 两点 ② 连接 $\overline{cd}$ 并与 $\overline{ab}$ 交于 e，则 $ce=be$，即 $\overline{cd}$ 垂直平分 $\overline{ab}$
	作 $\overline{ab}$ 的任意等分（本例为五等分）		① 过 a 作倾斜线 $\overline{ac}$，以适当长在 $\overline{ac}$ 上截取五等分，得 1、2、3、4、5 各点 ② 连接 $\overline{b5}$，过 $\overline{ac}$ 线上 4、3、2、1 各点，分别作 $\overline{b5}$ 的平行线交 $\overline{ab}$ 于 4′、3′、2′、1′ 各点，即把 $\overline{ab}$ 五等分
角度的等分	$\angle abc$ 的二等分		① 以 b 为圆心，适当长 R_1 为半径，画弧交角的两边于 1、2 两点 ② 分别以 1、2 两点为圆心，任意长 $R_2\left(>\dfrac{1}{2}\overline{12}\text{距离}\right)$ 为半径相交于 d 点 ③ 连接 $\overline{bd}$，则 $\overline{bd}$ 即为 $\angle abc$ 的角平分线
	作无顶点角的角平分线		① 取适当长 R_1 为半径，作 $\overline{ab}$ 和 $\overline{cd}$ 的平行线交于 m 点 ② 以 m 为圆心，适当长 R_2 为半径画弧交两平行线于 1、2 两点 ③ 以 1、2 两点为圆心，适当长 R_3 为半径画弧交于 n 点 ④ 连接 $\overline{mn}$，则 $\overline{mn}$ 即为 $\overline{ab}$ 和 $\overline{cd}$ 两角边的角平分线

续表

名称	作图条件与要求	图示	操作要点
角度的等分	90°角∠abc 的三等分		①以 b 为圆心，任意长 R 为半径画弧，交两直角边于1、2 两点 ②分别以1、2点为圆心，用同样 R 为半径画弧得3、4 点 ③连接 $\overline{b3}$、$\overline{b4}$，即三等分 90°角
	∠abc 的三等分		①以 b 为圆心，适当长 R 为半径画弧交角边于1、2 两点 ②将$\overset{\frown}{12}$用量规截取三等分为3、4两点 ③连接 $\overline{b3}$、$\overline{b4}$，即三等分∠abc
	90°角五等分		①以 b 为圆心，取适当长 R 半径画弧交 $\overline{ab}$ 延长线于点1和 $\overline{bc}$ 于点2，量取点3使 $\overline{23}=\overline{b2}$ ②以 b 为圆心，$\overline{b3}$ 为半径画弧交 $\overline{ab}$ 于点4 ③以点1为圆心 $\overline{13}$ 为半径画弧交 $\overline{ab}$ 于点5 ④以点3为圆心 $\overline{35}$ 为半径画弧交$\overline{34}$于点6 ⑤以$\overline{a6}$长在$\overline{34}$上量取7、8、9各点 ⑥连接 $\overline{b6}$、$\overline{b7}$、$\overline{b8}$、$\overline{b9}$，即五等分90°角∠abc

2.10　圆的等分

圆的等分见表2-9。

表 2-9　圆的等分

作图条件与要求	图示	操作要点
求圆的 3、4、5、6、7、10、12 等分的长度	等分长度圆	① 过圆心 O 作 $\overline{ab} \perp \overline{cd}$ 的两条直径线 ② 以 b 为圆心、R 为半径画弧交圆周于 e、f，连接 $\overline{ef}$ 并交 $\overline{ab}$ 于 g 点 ③ 以 g 为圆心，$R_1=\overline{cg}$ 为半径画弧交 $\overline{ab}$ 于 h ④ 则 $\overline{ef}$、$\overline{bc}$、$\overline{ch}$、$\overline{bO}$、$\overline{eg}$、$\overline{hO}$、$\overline{ce}$ 长分别为该圆周的 3、4、5、6、7、10、12 等分长
作圆 O 的任意等分（图中七等分）		① 把圆的直径 $\overline{cd}$ 七等分 ② 分别以 c、d 为圆心，取 $R=\overline{cd}$ 为半径画弧得 p 点 ③ p 点与直径等分的偶数点 $2'$ 连接，并延长与圆周交于 e 点，则 $\overline{ce}$ 即是所求的等分长 ④ 用 $\overline{ce}$ 长等分圆周，然后连接各点，即为正七边形
作 $\overset{\frown}{ab}$ 半圆弧的任意等分（图中五等分）		① 将直径 $\overline{ab}$ 五等分 ② 分别以 a、b 为圆心，以 $R=\overline{ab}$ 为半径，画弧得 p 点 ③ 分别连接 $p1'$、$p2'$、$p3'$、$p4'$，并延长与圆周得交点为 $1''$、$2''$、$3''$、$4''$ 点，即各点将半圆弧五等分

圆的等分也可用计算法求得，其计算的公式如下

$$S=KD$$

式中　S——等分圆周的弦长；

　　　K——圆周等分的系数；

　　　D——圆的直径。

　　K 的数值是随正多边形的边数的增减而变化的，如果边数由少变多，K 的数值就由大变小。正多边形的边数（用 N 代表）与系数（K）的关系，见表 2-10。

表 2-10　圆内接正多边形的边数（N）与系数（K）的关系

N	K	N	K	N	K	N	K	N	K
1	—	21	0.14904	41	0.07655	61	0.05148	81	0.03878
2	—	22	0.14231	42	0.07473	62	0.05065	82	0.03830
3	0.86603	23	0.13617	43	0.07300	63	0.04985	83	0.03784
4	0.70711	24	0.13053	44	0.07134	64	0.04907	84	0.03739
5	0.58779	25	0.12533	45	0.06976	65	0.04831	85	0.03693
6	0.50000	26	0.12054	46	0.06824	66	0.04758	86	0.03652
7	0.43388	27	0.11609	47	0.06679	67	0.04687	87	0.03610
8	0.38268	28	0.11196	48	0.06540	68	0.04618	88	0.03559
9	0.34202	29	0.10812	49	0.06407	69	0.04551	89	0.03529
10	0.30902	30	0.10453	50	0.06279	70	0.04486	90	0.03490
11	0.28173	31	0.10117	51	0.06156	71	0.04423	91	0.03452
12	0.25882	32	0.09802	52	0.06038	72	0.04362	92	0.03414
13	0.23932	33	0.09506	53	0.05924	73	0.04302	93	0.03377
14	0.22252	34	0.09227	54	0.05814	74	0.04244	94	0.03341
15	0.20791	35	0.08964	55	0.05700	75	0.04188	95	0.03306
16	0.19509	36	0.08716	56	0.05607	76	0.04132	96	0.03272
17	0.18375	37	0.08481	57	0.05509	77	0.04079	97	0.03238
18	0.17365	38	0.08258	58	0.05414	78	0.04027	98	0.03205
19	0.16459	39	0.08047	59	0.05322	79	0.03976	99	0.03173
20	0.15643	40	0.07846	60	0.05234	80	0.03926	100	0.03141

注：$K=\sin\dfrac{180°}{N}$。

2.11　正多边形的作法

　　正多边形的作法见表 2-11。

表 2-11 正多边形的作法

已知条件和作图要求	图示	操作要点
圆内接正四边形边长的求法		如图所示，以圆的半径为半径，以圆周上任意一点 a 为圆心画圆弧交圆周于 b 点；再以 b 为圆心，同样的半径画圆弧可得到 c 点；又以 c 为圆心，并以相同的半径画圆弧而得到 d 点；然后连接 bd，可得 e 点；Oe 则为所求的边长
已知边长作正五边形		如图所示，画一条直线 $\overline{12}$ 为已知边长，以其为半径，分别以 1、2 为圆心作两个圆，得交点 a、b；再以 a 为圆心，以相同的半径画圆得交点 c、e；连接直线 ab 得交点 d，然后连接 cd、ed 且延长得交点 3 和 5；以 3、5 点为圆心，$\overline{12}$ 长为半径画圆弧可得到 4 点；将所求的数字各点依次用直线连接，即完成所求五边形
作圆的内接正五边形（边长求法一）		如图所示，以圆 O 的横轴一端 A 点为圆心，OA 为半径画圆弧交于 m、k 两点，连接 mk 交 OA 于 B 点，即为 OA 的中心；以 B 点为圆心，OB 为半径画圆，与 CB 的连线交于 D 点；以 C 为圆心，CD 为半径画圆弧可得 1、2 两点；则 1、2 两点的连线即为正五边形的边长
作圆的内接正五边形（边长求法二）		如图所示，用同上例一样的方法求出 OA 的中点 b；以 b 为圆心，bc 为半径画圆弧可得 d 点，cd 即为所求的边长

已知条件和作图要求	图示	操作要点
作任意正多边形		如图所示，分别以已知边 ab 线上的 a、b 点为圆心，以 ab 长为半径画圆弧与曲线的垂直平分线交于点 6；连接 $\overline{b6}$ 且将其六等分，得等分点 1、2、3、4、5；从 6 点起，沿垂直平分线向上截取 $\overline{b6}$ 线上 1 等分的长度（如 $\overline{b1}$），依次可得 7、8、9、10 等各点。如要作正六边形，则以点 6 为圆心，以 $\overline{a6}$ 为半径画圆；如要作正七边形，则以点 7 为圆心，以 $\overline{a7}$ 为半径画圆，以此类推。然后用长等分圆周，连接各等分点，即得所求的正多边形

第3章

铆工常用量具、工具与夹具

3.1 铆工常用测量量具

3.1.1 测量方法的分类

广义的测量方法是指测量时所采用的测量器具和测量条件的综合,而在实际工作中往往从获得测量结果的方式来理解测量方法,即按照不同的出发点,测量方法有各种不同的分类。

（1）根据所测的几何量是否为要求被测的几何量分类

① 直接测量。直接用量具和量仪测出零件被测几何量值的方法。例如,用游标卡尺或者比较仪直接测量轴的直径。

② 间接测量。通过测量与被测尺寸有一定函数关系的其他尺寸,然后通过计算获得被测尺寸量值的方法。如对图 3-1 所示零件,显然无法直接测出中心距 L,但可通过测量 L_1(或 L_2)、ϕ_1 和 ϕ_2 的值,并根据关系式

$$L = L_1 - \frac{\phi_1 + \phi_2}{2} \text{ 或 } L = L_2 + \frac{\phi_1 + \phi_2}{2}$$

计算,间接得到 L 的值。间接测量法存在着基准不重合误差,故仅在不能或不宜采用直接测量的场合使用。

（2）根据被测量值获得方式分类

根据被测量值是直接由计量器具的读数装置获得,还是通过对某个标准值的偏差值计算得到,测量方法可分为以下两种。

① 绝对测量。测量时,被测量的全值可以直接从计量器具的读数装置获得。例如用游标卡尺或测长仪测量轴颈。

图 3-1 用间接测量法测两轴中心距

② 相对测量（又称比较测量或微差测量）。将被测量与同它只有微小差别的已知同种量（一般为标准量）相比较，通过测量这两个量值间的差值以确定被测量值。例如用机械式比较仪测量轴颈，测量时先用量块调整零位，再将轴颈放在工作台上测量。此时指示出的示值为被测轴颈相对于量块尺寸的微差，即轴颈的尺寸等于量块的尺寸与微差的代数和（微差可以为正或为负）。

（3）根据工件上同时测量的几何量的多少分类

① 单项测量。对工件上的每一几何量分别进行测量的方法，一次测量仅能获得一个几何量的量值。例如用工具显微镜分别测量螺纹单一中径、螺距和牙侧角的实际值，分别判断它们是否合格。

② 综合测量。能得到工件上几个有关几何量的综合结果，以判断工件是否合格，而不要求得到单项几何量值。例如用螺纹通规检验螺纹的作用中径是否合格。实质上综合测量一般属于检验。

单项测量便于进行工艺分析，找出误差产生的原因，而综合测量只能判断零件合格与否，但综合测量的效率比单项测量高。

（4）根据被测工件表面是否与计量器具的测量元件接触分类

① 接触测量。测量时计量器具的测量元件与工件被测表面接触，并有机械作用的测量力。例如用机械式比较仪测量轴颈，测头在弹簧力的作用下与轴颈接触。

② 非接触测量。测量时计量器具的测量元件不与工件接触。例如，用光切显微镜测量表面粗糙度。

接触测量会引起被测表面和计量器具的有关部分产生弹性变形，因而影响测量精度，非接触测量则无此影响。

（5）根据测量在加工过程中所起的作用分类

① 主动测量。是指在加工过程中对工件的测量，测量的目的是控制加工过程，及时防止废品的产生。

② 被动测量。是指在工件加工完后对其进行的测量，测量的目的是发现并剔除废品。

主动测量常应用在生产线上，使测量与加工过程紧密结合，根据测量结果随时调整机床，因而是检测技术发展的方向。

（6）根据测量时工件是否运动分类

① 静态测量。在测量过程中，工件的被测表面与计量器具的测量元件处于相对静止状态，被测量的量值是固定的。例如，用游标卡尺测量轴颈。

② 动态测量。在测量过程中，工件被测表面与计量器具的测量元件处于相对运动状态，被测量的量值是变动的。例如，用圆度仪测量圆度误差和用偏摆仪测量跳动误差等。

动态测量可测出工件某些参数连续变化的情况，经常用于测量工件的运动精度参数。

3.1.2 计量器具的基本计量参数

计量器具的计量参数是表征计量器具性能和功用的指标，是选择和使用计量器具的主要依据。基本计量参数如下。

（1）刻度间距

刻度间距是指标尺或刻度盘上两相邻刻线中心的距离。一般刻度间距在 1 ~ 2.5mm 之间，刻度间距太小，会影响估读精度；刻度间距太大，会加大读数装置的轮廓尺寸。

（2）分度值

分度值又称刻度值，是指标尺或刻度盘上每一刻度间距所代表的量值。常用的分度值有 0.1mm、0.05mm、0.02mm、0.01mm、0.002mm 和 0.001mm 等。一般来说，分度值越小，计量器具的精度越高。

（3）示值范围

示值范围是指计量器具标尺或刻度盘所指示的起始值到终止值的范围。

（4）测量范围

测量范围是指计量器具能够测出的被测尺寸的最小值到最大值的范围，如千分尺的测量范围就有 0 ~ 25mm、25 ~ 50mm、50 ~ 75mm、

75 ～ 100mm 等多种。

图 3-2 以机械式比较仪为例说明了以上 4 个参数。该量仪的刻度间距是图中两条相邻 刻线间的距离 c，分度值为 1μm，即 0.001mm，标尺的示值范围为 ±15μm，测量范围如图中标注所示，其数值一般为 0 ～ 180mm。

图 3-2　刻度间距、分度值、示值范围、测量范围的比较

（5）示值误差

示值误差是指计量器具的指示值与被测尺寸真值之差。示值误差由仪器设计原理误差、分度误差、传动机构的失真等因素产生，可通过对计量器具的校验测得。

（6）示值稳定性

在工作条件一定的情况下，对同一参数进行多次测量所得示值的最大变化范围称为示值的稳定性，又可称为测量的重复性。

（7）校正值

校正值又称为修正值。为消除示值误差所引起的测量误差，常在测量结果中加上一个与示值误差大小相等符号相反的量值，这个量值就称为校正值。

（8）灵敏阈

能够引起计量器具示值变动的被测尺寸的最小变动量称为该计量器具的灵敏阈。灵敏阈的高低取决计量器具自身的反应能力。灵敏阈又称为鉴别力。

（9）灵敏度

灵敏度是指计量器具反映被测量变化的能力。对于给定的被测量值，

计量器具的灵敏度用被观察变量（即指示量）的增量 ΔL 与其相应的被测量的增量 ΔX 之比表示，即 $\Delta L/\Delta X$。当 ΔL 与 ΔX 为同一类量时，灵敏度也称为放大比，它等于刻度间距与分度值之比。

灵敏度和灵敏阈是两个不同的概念。如分度值均为 0.001mm 的齿轮式千分表与扭簧比较仪，它们的灵敏度基本相同，但就灵敏阈来说，后者比前者高。

（10）测量力

测量力是指计量器具的测量元件与被测工件表面接触时产生的机械压力。测量力过大会引起被测工件表面和计量器具的有关部分变形，在一定程度上降低测量精度；但测量力过小，也可能降低接触的可靠性而引起测量误差。因此必须合理控制测量力的大小。

3.1.3　常用测量量具

（1）游标量具

① 常用游标卡尺的结构和用途。游标卡尺的结构种类较多，最常用的三种游标卡尺的结构和测量指标见表 3-1。

表 3-1　常用游标卡尺的结构和测量指标

种类	结构图	测量范围 /mm	游标读数值 /mm
三用卡尺 （Ⅰ型）	刀口内测量爪　紧固螺钉　深度尺 尺框　游标 尺身 刀口外测量爪	0 ～ 125 0 ～ 150	0.02 0.05
双面卡尺 （Ⅲ型）	刀口外测量爪 尺身　尺框　游标　紧固螺钉 微动装置 内外测量爪 b	0 ～ 200 0 ～ 300	0.02 0.05

种类	结构图	测量范围 /mm	游标读数值 /mm
单面卡尺（Ⅳ型）	尺身 尺框 游标 紧固螺钉 微动装置 内外测量爪	0～200 0～300	0.02 0.05
		0～500	0.02 0.05 0.1
		0～1000	0.05 0.1

从结构图中可以看出，游标卡尺的主体是一个刻有刻度的尺身，其上有固定量爪。有刻度的部分称为尺身，沿着尺身可移动的部分称为尺框。尺框上有活动量爪，并装有游标和紧固螺钉。有的游标卡尺上为调节方便还装有微动装置。在尺身上滑动尺框，可使两量爪的距离改变，以完成不同尺寸的测量工作。游标卡尺通常用来测量内外径尺寸、孔距、壁厚、沟槽及深度等。由于游标卡尺结构简单，使用方便，因此生产中使用极为广泛。

② 其他游标量具的类型及作用。其他游标量具的类型及作用见表3-2。

表3-2　其他游标量具的类型及作用

种类	结构图	使用特点
游标深度尺		游标深度尺（也叫深度游标尺），主要用于测量孔、槽的深度和台阶的高度

种类	结构图	使用特点
游标高度尺		游标高度尺（也叫高度游标尺），主要用于测量工件的高度尺寸或进行划线
游标齿厚尺		游标齿厚尺，结构上是由两把互相垂直的游标卡尺组成，用于测量直齿、斜齿圆柱齿轮的固定弦齿厚
带表卡尺	量爪　百分表　毫米标尺 TESK　0.02mm	有的卡尺上还装有百分表，成为带表卡尺。由于这种卡尺采用了新的更准确的百分表读数装置，因而减小了测量误差，提高了测量的准确性
数显卡尺	上量爪　游框显字机构　尺身 19.85 mm　DIGIT-CAL　05.300 00 下量爪	有的卡尺上还装有数显装置，成为数显卡尺。由于这种卡尺采用了新的更准确的数显读数装置，因而减小了测量误差，提高了测量的准确性

（2）铆工常用量具

铆工常用的普通量具种类很多，主要有钢直尺、钢卷尺、卡钳、90°角尺、游标卡尺和万能角尺等，见表3-3。

表 3-3　铆工常用量具　　　　　　　　　　mm

名称	简图	规格	说明
钢直尺		测量范围：150，300，500，1000 测量精度值：0.5	用来测量较短工件的长度、内外径等尺寸。通常钢直尺正面刻度为公制单位，背面有公、英制换算 钢尺尾端有孔，用后擦净尺面，把钢尺悬挂，防止变形
钢卷尺		测量范围：1m，2m，3m，5m，…，100m 测量精度值：1	用来测量较长工件的尺寸与距离，条带上刻度以公制单位为多，也有公英制并存的。使用和携带方便
游标卡尺		测量范围：0～200 测量精度值：0.02	游标卡尺属中等测量精度的量具。常用来测量工件的内外径，带深度尺的还可测量深度，带划线脚的既可测得内孔尺寸，还可用脚尖作少量的划线
深度游标卡尺		测量范围：0～200，0～300，0～500 测量精度值：0.02，0.05	深度游标卡尺是利用游标原理，对尺框测量面和尺身测量面相对移动分隔的距离进行读数的一种测量工具 用来测量孔的深度、台阶的高低和槽的深度，其读数方法和读数值与游标卡尺相同
高度游标卡尺		测量范围：0～200，0～300，0～500，0～1000 测量精度值：0.02，0.05	高度游标卡尺是利用游标原理，对装置在尺框上的划线量爪工作面与底座工作面相对移动分隔的距离进行读数的一种测量工具 用来测量零件高度或对零件划线，其读数方法和读数值与游标卡尺相同

名称	简图	规格	说明
卡钳		100～600	卡钳是一种间接测量的量具。与钢直尺配合测量工件的内外尺寸
90°角尺		测量范围：0～300 测量精度值：0.5	90°角尺是一种定值的角尺量具。常用于测量、检验工件的垂直度和划垂线
万能角尺（Ⅰ型）	1,5—直尺；2—支架；3—游标；4—主尺；6—直角尺	测量范围： 外 角：0°～180° 内 角：40°～130° 测量精度值：2′或5′	万能角尺属中等测量精度的量具。主刻线刻在主尺上，每一小格为1°。游标上刻线共30格，此30格的总角度为29°，所以游标上每格为29°/30=58′，主尺上1格和游标上1格相差1°-58′=2′，即得读数值为2′
活动量角器	1—中心角规；2—活动量角器；3—固定角规；4—钢直尺	测量范围： 钢直尺：0～300 活动量角器：0°～180° 固定角规：45°；90°附水准器测量精度：1或1°	活动量角器由钢直尺、活动量角器、中心角规和固定角规组成，用来测量一般的角度、长度、深度、水平度及在圆形工件上定中心等

3.2 铆工常用工具和夹具

3.2.1 成形工具及其应用

（1）锤子

铆工常用锤子有铆工钣金锤、钳工锤和大锤等，其规格和用途见表3-4。

表 3-4 锤子

名称	简图	规格 /kg	用途
圆头锤		0.25、0.5、0.75、1、1.25、1.5	作一般锤击用，如錾削、矫正、铆接等
斩口锤		0.0625、0.125、0.25、0.5	用于金属薄板的敲平及翻边等
八角锤		0.9 ~ 10.9	用于手工自由锻锤击工件，如原材料的矫正、弯形等
钣金锤		0.25 ~ 0.75	用于金属薄板的放边与收边加工
专用手锤		0.25 ~ 0.75	用于薄板的弯曲、放边、收边、拔缘和拱曲加工
铜锤		0.25、0.5、0.75、1.0、1.25	用于零部件组装和模具装配等
木锤		0.25 ~ 1.5	用于锤击薄钢板、有色金属板材及表面粗糙度要求较高的金属表面，可防止产生锤痕
方木锤		45mm×400mm	用于金属薄板的卷边与咬缝连接

（2）衬垫工具

铿工常用的衬垫工具主要有方杠、圆杠、型胎和平台等，其用途见表 3-5。

表 3-5　铿工常用的衬垫工具

名称		简图	用途
方杠			用于薄板弯曲成形、咬缝等，其端部用于板边的放边、拔缘等
圆杠			用于薄板弯曲成形等，其端部用于拱曲等
型胎			用于薄板拱曲等
平台	平台		用于工件的矫形或装配
	带孔平台		在孔中插入卡子，固定工件，用于型材或管材的矫形或成形
	带T形槽平台		在T形槽中，插入螺栓固定工件，用于工件矫形或成形及装配、焊接等

（3）手锻工具

铿工常用的手锻工具可分为打击工具，如大锤和手锤（见表 3-4 中的圆头锤）；成形工具，如冲子、摔子等；支持工具，如铁砧等。铿工常用的手锻工具见表 3-6。

表 3-6　铆工常用手锻工具

名称		简图	规格	用途
大锤	直头		一般是 3.6 ～ 7.2kg B=60 ～ 80mm H=（2 ～ 2.5）B	打击
	横头			
	平头			
型锤	平面型锤		0.75 ～ 2kg	用于表面质量要求较高工件的矫形或成形，可防止留下锤痕
	外圆型锤			
	内圆型锤			
	上型锤			卡脖压槽
	下型锤			

名称		简图	规格	用途
冲型锤	冲子		a=32mm L=90mm	冲孔
	窝子			倒角
	埋头冲			锻埋头螺钉
	摔子			摔圆修光

名称		简图	规格	用途
剁子	冷剁		$\alpha_1=45°\sim60°$ $\alpha_2=70°\sim80°$ （有时不做成角度，直接做成 2mm 宽的平口刃）	切断
	热剁			
	圆弧剁			
铁砧	羊角砧		一般是 $100\sim150$kg	支承锻造毛坯
	双角砧			

续表

名称		简图	规格	用途
铁砧	球面砧		一般是100～150kg	支承锻造毛坯
	花砧			

铆工手锻用的钳子形状是多种多样的，图 3-3 所示是最常用的几种形状，钳子的材料一般采用 Q255 或 40 钢，手锻用的钳杆长度一般为 500～800mm。

图 3-3　锻造用的钳子

1—圆钳子；2—方钳子；3—扁钳子；4—方钩钳子；5—大口尖钳子；
6—圆钩钳子；7—小尖口钳子；8—圆尖口钳子

3.2.2　划线工具及其应用

铆工在划线过程中常用的划线工具包括划针、划规、样冲、划线盘及弓形夹头等，其应用见表 3-7。

表 3-7　划线工具及其应用

名称		简图	用途
划针			在原材料上划直线或曲线
粉线			在板料上弹出白色的长直线
墨斗			在板料上弹出黑色或彩色的长直线
样冲			划线后为了防止线被抹掉，用样冲在划好的线上打出一些小而均匀的冲眼作为标记；钻孔时在孔的中心处也要打冲眼，便于钻头对准，防止滑移
划规			划中小直径的圆、弧线或等分线段 规格有 100mm、150mm、200mm、250mm、300mm、350mm、400mm 等
长杠划规			划大直径的圆或弧线
划线盘			在制件的几个不同表面上划线或校正位置，规格有 200mm、250mm、300mm、400mm、500mm 等
划线规	固定划线规		用于划平行于边缘的平行线
	可调划线规		

续表

名称	简图	用途
弓形夹头		夹持工件用
V形块		用于安放圆柱形工件，以便找中心和划线，通常成对使用
划线平台		作为划线的基准面，或放样用，通常用铸铁或厚钢板拼焊而成，表面经切削加工

3.2.3　气动工具及其应用

铆工常用的气动工具也叫风动工具，是以压缩空气为动力的工具，包括气砂轮、气钻、气铲（镐）、气剪、气动扳手和拉铆枪等，其应用见表3-8。

表3-8　气动工具及其应用

名称	简图	使用特点
气砂轮		磨修焊缝、除锈、抛光等
气砂轮（直角携带式）		修磨大型机件、模具、焊缝和钢材边缘的飞边、毛刺和浮锈等
气钻		钻孔、扩孔、攻螺纹、胀管等，气钻适用于易燃、易爆等特殊场合

名称	简图	使用特点
气铲		开焊缝坡口、挑焊根
铆钉枪		铆接工作用
拉铆枪		铆接工作用
气剪		剪切薄板用
气动扳手		拧紧或拆卸螺栓、螺母用

3.2.4　电动工具及其应用

　　铆工常用电动工具包括电动砂轮、电钻、电剪刀、电动扳手、电动型材切割机和角向磨光机等，其应用见表 3-9。

表 3-9　电动工具及其应用

名称	简图	使用特点
电钻		钻孔、扩孔、铰孔、攻螺纹用
角向磨光机		金属铸件、零部件的清理、去毛刺，焊缝的打磨、抛光、砂光和除锈等
电动扳手		扳旋螺栓、螺母
电动螺钉旋具		拆装螺钉
电剪刀		剪切薄钢板或其他金属板材

名　称	简图	使用特点
电动型材切割机		切割各种型材、管材
电动割管机		切割大尺寸管子

3.2.5　起重工具及其应用

（1）起重工具的作用

起重工具是指起吊和提升重物时所用的工具。铆工常用的起重工具有千斤顶与起重滑车、起重绳索和吊具等，其应用见表 3-10 ～表 3-12。

表 3-10　千斤顶与起重滑车

名称	简图	用途与规格
螺旋式千斤顶		用于顶举重物；型号为"LQ"，起重量 $(5 \sim 50) \times 10^3$ kg

续表

名称	简图	用途与规格
齿条式千斤顶		齿条式千斤顶具有导杆顶和钩脚。导杆顶用于顶升离地面较高的重物，钩脚用于顶升离地面较低的重物 起重量 $3×10^3kg/15×10^3kg$ 的齿条式千斤顶，即导杆顶起重量 $15×10^3kg$，钩脚起重量 $3×10^5kg$
液压式千斤顶		型号为"YQ"，起重量（3～320）$×10^3kg$
分离式液压起顶机		它由主体和油泵两部分组成，可远离重物1.5m左右进行操作，可用于起重，安装附件后还可做拉、压、扩张及夹紧等动作，有 $5×10^3kg$ 和 $10×10^3kg$ 两种
起重滑车		有吊钩型、吊环型、链环型和吊梁型。应用时与其他起重机械配合使用

（2）起重时的注意事项与操作禁忌

① 检查索具和吊具是否完好无损，当发现有裂纹、变形、锈蚀等缺陷时，应禁止使用。

② 按重物的形状采用合理的捆绑方式，未牢固捆绑的重物严禁挂钩

起吊。

③ 严禁绳索与重物的棱角相接触，以避免绳索受力而被切断。吊运带有棱角的重物时，可在棱角与绳索之间用木板衬垫。

④ 吊运已精加工的工件时，为防止加工表面被擦伤，可用麻袋布或橡胶衬垫在工件与绳索之间。

⑤ 吊运途中要避开人和障碍物，提升或下降要平稳，不要产生冲击振动等现象，重物严禁悬空过夜。

⑥ 对有防火、防爆、防振等特殊要求的部件的吊运，要有专人负责，要严格听从指挥，并做好防火、防爆等准备工作。

表 3-11　起重绳索与附件

名称	简图	使用特点
麻绳		按使用的原材料不同，分印尼棕绳、白棕绳、混合绳和线麻绳四种。麻绳具有轻便、容易捆绑等优点，但强度低、容易磨损和腐蚀，可用于吊运小于 500kg 的工件
钢丝绳		具有强度高、耐磨损、工作可靠、成本低等优点。其缺点是不能折弯，吊运温度较高的工件 型号含义：如"6×19+1"表示共有 6 股，每股有 19 根钢丝，1 根绳芯
吊索		按结构不同分万能吊索、单钩吊索、双钩吊索等 钢丝绳吊索具有牢固、经济、使用方便等优点，应用较广
吊链		按结构不同分万能吊链、单钩吊链、双钩吊链及多钩吊链等 吊链自重大、挠性好，在不便于使用钢丝绳的条件下代替钢丝绳吊索，用于起吊沉重和高温的重物。使用吊链时，应定期检查链环的磨损程度

续表

名称	简图	使用特点
钢丝绳夹		用于夹紧钢丝绳末端的一种绳索附件,其特点是夹持牢固、装拆方便,使用钢丝绳夹时,其数目不得少于 3 个,不能超过 6 个
卸扣		用于连接被吊重物和吊索、卸扣的横销以螺纹形式最常用,连接后要卸开非常容易
索具螺旋扣(花篮螺丝)		在受静止、固定拉力的场合,作调节绳索拉伸的松紧程度之用
钢丝绳用套环		装置在钢丝绳的连接端,保护钢丝绳索不致被磨损和折损

表 3-12 常用吊具

名称	简图	使用特点
偏心吊具		结构形式如图所示,主要用于吊运垂直或水平钢板。为减小吊索起吊时的受力,两吊索的夹角越小越好,最好不大于 120°

续表

名称	简图	使用特点
槽钢吊具		吊运单根的槽钢。吊具上的缺口挂住槽钢的翼板，可回转的安全挡铁挡住槽钢，防止它从缺口中滑出
工字钢吊具		吊运单根的工字钢。将吊钩吊住工字钢翼板的下端，起吊杠杆受力旋转时，其弯曲的两点与工字钢接触，使其顶牢在吊具上被吊起
厚钢板吊具		吊运厚钢板时，先将槽形板点焊在钢板上，吊环的一端钩住槽形板，钢丝绳穿入吊环另一端，拧紧压紧螺杆后，即可将钢板吊起
平衡梁		吊运各种长尺寸的型钢、管子和轴类等零件。吊运中具有保持物体平衡、不被绳索擦坏及无需捆绑等优点
手拉葫芦		是一种以索链为挠性零件的手动起重机具，主要用在野外和工地等无起重设备的场合，用于起升重物。其特点是重量轻、体积小，便于携带并且使用方便。起重量为 $(0.5 \sim 10) \times 10^3 kg$，起升高度在 $2.5 \sim 5m$ 之间

续表

名称	简图	使用特点
电动葫芦		一般安装在直线或曲线工字梁轨道上，用以起升和运输重物。起重量为 $(0.5 \sim 10) \times 10^3 kg$，起升高度在 6m 以上
卷扬机		当卷扬机上的电动机运转时，经减速后带动卷筒旋转，卷筒上的钢丝绳产生牵引力，以起升和运移重物

3.3　铆工常用夹具

　　在铆工划线、装配和焊接工作中，夹具用于工件的定位和夹紧等。按夹具的动作分类，可分为手动夹具和动力夹具两大类。铆工常用夹具使用方法与技巧见第 13 章、第 14 章。

3.3.1　铆工常用手动夹具

　　铆工常用手动夹具有杠杆式、楔条式、螺旋式、肘节式和偏心式等，见表 3-13。

3.3.2　铆工常用动力夹具

　　除手动夹具外，铆工常用夹具还有其他方式驱动的动力夹具，如气动、液压和磁力夹具等，见表 3-14。

表 3-13　手动夹具

名称	简图	用途
杠杆夹具		利用杠杆原理夹紧工件，又能用于矫形和翻转工件

名称	简图	用途
楔条夹具		利用开口或开孔的夹板和楔条配合，将工件夹紧。将楔条打入时，楔条的斜面可产生夹紧力，从而达到夹紧的目的
螺旋夹具		利用螺杆的作用起到夹、拉、顶、撑等多种功能。弓形螺旋夹具是夹紧器中常用的一种
		借助Ⅱ形和L形铁及螺杆起压紧作用
		利用螺栓两端相反方向的螺纹，旋转螺栓时，只要改变两弯头的距离，即可达到拉紧目的
		推撑器螺杆具有正反方向的螺纹，旋转螺杆时，起到顶紧或撑开的作用
肘节夹具	压紧螺钉	用于中、薄板的拼装，其特点是夹紧快、夹紧厚度的调节范围大

名称	简图	用途
偏心夹具	*e*	用手柄旋转偏心轮,从而改变偏心距 *e*,达到夹紧目的 偏心夹具的优点是动作快,缺点是夹紧力小

表 3-14　动力夹具

名称	简图	用途
气动夹具		气动夹具利用压缩空气的压力,推动活塞杆往复移动,从而达到夹紧目的。适用于中、薄板构件的夹紧
液压夹具		液压夹具主要由液压缸、活塞和活塞杆等组成。液压缸使活塞杆产生直线运动,推动杠杆装置来夹紧工件 液压夹具的优点是夹紧力大,工作可靠;缺点是液体易泄漏,维修不便
磁力夹具	电磁压马　电磁铁　电磁铁　电磁铁	磁力夹具有永磁式和电磁式两种类型,如图所示为磁力夹具的应用情况。这种夹具是利用磁铁吸住钢板,依靠磁力或旋转压马(夹具)上的丝杠或杠杆来夹紧工件

第4章

铆工常用设备

4.1 常用锻压机械型号编制方法

《锻压机械 型号编制方法》（GB/T 28761—2012）规定了锻压机械的型号分类和构成、型号、代号表示方法、名称及组、型（系列）的划分，适用于锻压机械产品的型号编制和命名。

4.1.1 锻压机械型号的类型和构成

锻压机械型号分为通用锻压机械型号、专用锻压机械型号、锻压生产线型号、联动产品型号等。专用锻压机械和锻压生产线类型由生产厂自定。

按照《锻压机械 型号编制方法》（GB/T 28761—2012）规定，锻压机械型号是锻压机械名称、主参数、结构特征及工艺用途的代号，由汉语拼音正楷大写字母（以下简称字母）和阿拉伯数字（以下简称数字）组成。型号中的汉语拼音字母按其名称读音。

4.1.2 通用锻压机械型号

（1）通用锻压机械型号表示方法

通用锻压机械型号表示方法如图 4-1 所示。

型号示例和标注示例如下：

① 1000kN/3200mm 五轴数控液压板料折弯机型号表示为：W67KY-100/320015。

② 1600kN 闭式单点高速精密压力机型号表示为：J75GM-160。

③ 经第三次重大改进、行程可调的、带自动送料装置的 2000kN 开式固定台式压力机型号表示为：JC21Z-200D。

图4-1　通用锻压机械型号表示方法

注：1.有"（）"的代号，如无内容时则不表示，有内容时则无括号。

2.有"△"符号的，为大写汉语拼音字母。

3.有"□"符号的，为阿拉伯数字。

4.有"○"符号的，为大写汉语拼音字母或/和阿拉伯数字。

（2）锻压机械分类及其类代号

锻压机械分为机械压力机，液压机，自动锻压（成形）机，锤，锻机，剪切与切割机，弯曲矫正机，其他、综合类，用大写汉语拼音字母表示，字母一律用正楷大写。锻压机械分类及其字母代号见表4-1。

表4-1　锻压机械的分类及字母代号（GB/T 28761—2012）

类别	机械压力机	液压机	自动锻压（成形）机	锤	锻机	剪切与切割机	弯曲矫正机	其他、综合类
字母代号	J	Y	Z	C	D	Q	W	T

注：对于有两类特征的机床，以主要特征分类为主。

分类中未能包含的锻压机械产品应根据其锻压工艺接近的类型产品进行分类命名。

（3）锻压机械系列或产品重大结构变化或重大改进代号

当锻压机械的结构、性能指标有重大变化或更高的要求，并按新产品设计、试制和鉴定时，按改进的先后顺序选用正楷大写字母A、B、C、D等区别（I、O字母除外），位于类代号之后。凡属局部的小改进或增减某些附属装置等，未对锻压机械的结构、性能做重大的改进，其型号不变。

（4）锻压机械的组、型（系列）代号及主参数

① 每类锻压机械分为10组，每组分为10个型（系列），用两位数字

表示，位于类代号或结构变化代号之后。

② 主参数采用实际数值或实际数值的十分之一（仅限于公称力 kN 或能量 kJ）表示，位于组、型（系列）或特性代号之后，并用短横线"–"隔开。

③ 组、型（系列）的划分及型号中主参数的表示方法必须符合相关要求。

④ 具有两类产品特征的产品，分类应以主要特征为准，次要特征用其他特性代号表示。

⑤ 没有组、型（系列）的新产品，应根据产品用途、工艺和结构特点选定。

（5）锻压机械通用特性或结构特性代号

① 通用特性代号有统一的规定含义，在各类锻压机械中表示的意义相同。

② 当某类锻压机械有某种通用特性时，则在组、型（系列）代号之后加通用特性代号。

③ 当需要排列多个通用特性代号时，应按重要程度顺序排列。

④ 通用特性或结构特性代号见表 4-2。通用特性代号在各类锻压机械设备型号中所表示的意义相同。

表 4-2 通用特性或结构特性字母代号（摘自 GB/T 28761—2012）

名称	功能	代号	读音
数控	数字控制	K	控
自动	带自动送卸料装置	Z	自
液压传动	机器的主传动采用液压装置	Y	液
气动传动	机器的主传动（力、能来源）采用气动装置	Q	气
伺服驱动	主驱动为伺服驱动	S	伺
高速	机器每分钟行程次数或速度显著高于同规格普通产品，有标准的以标准为准，没有标准的按高出同规格普通产品的 100% 以上计	G	高
精密	机器运动精度显著高于同规格普通产品，有标准的以标准为准，没有标准的按高出同规格普通产品的 25% 以上计	M	密
数显	数字显示功能	X	显
柔性加工	柔性加工功能	R	柔

⑤ 对主参数相同而结构、性能不同的锻压机械，可加结构特性代号予以区分，在型号中无统一的含义，并应排在通用特性代号之后。按结构不同选用正楷大写字母 A、B、C 等或这些字母的组合（I、O 字母除外），通用特性代号已用的字母不能再使用。

（6）主参数

① 主参数为公称力（单位为 kN）的，表示主参数的数值为公称力实际数值的十分之一。

② 主参数为公称打击能量（单位为 kJ）的，表示主参数的数值为公称打击能量（单位为 kJ）实际数值的十分之一。

③ 主参数的单位为 mm、kg 的，表示主参数的数值为主参数的实际值。

④ 表示主参数的数值位于组、型（系列）或特性代号之后，并用短横线"–"隔开。

⑤ 在两个或多个主参数的，中间以"×"或"/"分开。

（7）产品重要基本参数变化代号

① 凡是主参数相同而重要的基本参数不同者，用 A、B、C、D 等（I、O 字母除外）正楷大写字母加以区别，位于主参数之后。

② 凡是次要基本参数略有变化的，可不改变其原型号。

（8）其他特性代号

① 其他特性代号置于型号之后。

② 其他特性代号用以表示各类锻压机械的辅助特性，如不同的数控系统，反映锻压机械的控制轴数，移动工作台等。

③ 其他特性代号用 A、B、C、D（I、O 两个字母不得选用）等正楷大写字母表示，如 L 表示数控轴数，F 表示复合等。

（9）锻压机械产品名称

① 锻压机械分类、系列产品可根据组、型（系列）的划分、通用特性和其他特性组合命名产品名称，如五轴数控液压折弯机。

② 特定的产品名称应包括主参数，如 1600kN 闭式单点高速精密压力机。

4.1.3　专用锻压机械型号

（1）专用锻压机械型号表示方法

专用锻压机械型号表示方法如图 4-2 所示。

图 4-2　专用锻压机械型号表示方法

① 专用锻压机械系指为完成某项特定工艺、生产加工某种专门产品而设计制造的机器。

② 专用锻压机械的型号由生产单位参照通用产品型号自定。

③ 专用锻压机械型号由生产厂代号、相近的类代号和组、型代号或编号及主参数组成，在名称中可加"专用"二字。

（2）专用锻压机械型号示例或标记示例

【例 4-1】　×× 单位生产的钻头热挤压液压机，型号表示为：××-Y61W-125。名称为：1250kN 专用钻头热挤压液压机。

【例 4-2】　×× 单位生产的专用冷挤压机，型号表示为：××-J87-500。名称为：5000kN 专用冷挤压机。

4.1.4　锻压生产线型号

（1）锻压生产线型号表示方法

锻压生产线型号表示方法如图 4-3 所示。

图 4-3　锻压生产线型号示例或标记示例

（2）锻压生产线类型代号

锻压生产线类型代号见表 4-3。

表 4-3　锻压生产线类型代号（摘自 GB/T 28761—2012）

锻压生产线名称	生产线	半自动线	自动线	柔性生产线	数控生产线
锻压生产线代号	S	BS	ZS	RS	KS

图内标注：
主参数
类似、相近的组、型代号
相近的类代号
生产单位代号

图4-3内标注：
线中主机型号
线的类型代号

（3）锻压生产线的构成

锻压生产线、半自动线及自动线（机组）的型号，由该线类代号、线中主要单机型号组成。线中单机型号仍用原型号。

（4）锻压生产线的型号

锻压生产线的型号由生产单位参照通用产品型号自定。

4.1.5　数台单机组成的联动产品型号

由两台或两台以上相同锻压机械产品组成的同步联动机械，其型号由组成的台数及相应单机的通用产品型号组成。型号表示示例如下。

【例4-3】　两台联动液压板料折弯机，型号表示为：2-WC67Y-250/4000。名称为：2-2500kN/4000mm 联动液压板料折弯机。

【例4-4】　4台联动四柱液压机，型号表示为：4-YA32-500。名称为：4-5000 kN 联动四柱液压机。

4.2　铆工常用设备

铆工加工制作中常用的机械设备主要有压力机床、剪板（切）机及弯曲校正机、刨边机和锻机等锻压机械。

4.2.1　压力机

压力机床，简称压力机或冲床，主要用于将板料压弯成各种形状，也可用于压延、冲裁、落料、切边等工作。压力机有机械压力机、液压压力机和数控转塔冲床等。

（1）机械压力机

机械压力机中最常用的有曲柄压力机、偏心压力机（冲床）和折弯压力机（折边机）。

1）曲柄压力机和偏心压力机（冲床）

曲柄压力机按其机架形式可分为开式和闭式两种。开式压力机的工作台结构有固定式、可倾式和升降台三种（如图4-4）。开式固定台压力机的刚性和抗振稳定性好，适用于较大吨位；可倾式压力机的工作台可倾斜20°～30°，工件或废料可自动滑下；升降台压力机适用于模具高度变化的冲压工作。

开式曲柄压力机在受力时会产生角变形，所以吨位不能太大，一般公称压力为40～4000kN。闭式曲柄压力机所受的负荷较均匀，所以能承受较大的冲压力，一般压料力为 1600 ～ 20000kN。

(a) 固定台　　　(b) 可倾式　　　(c) 升降台

图 4-4　开式曲柄压力机

这两种压力机的主要功能是落料、冲裁、压延、压弯等。曲柄压力机的结构如图 4-5 所示；偏心压力机的结构如图 4-6 所示。两种压力机的主要差异在于曲柄压力机的滑块运动是由曲轴带动，而偏心压力机的滑块运动则由偏心轴的回转而得到。

图 4-5　曲柄压力机

1—电动机；2—减速带轮；3—皮带；4—飞轮；5—离合器；6—脚踏操纵系统；7—台面；8—床身；9—滑块；10—连杆；11—滑块导轨；12—曲轴；

图 4-6　偏心压力机

1—床身；2—主轴；3—制动装置；4—离合器；5—飞轮；6—减速轮；7—电动机；8—脚踏操作系统；9—滑块；10—连杆

① 开式压力机。如图 4-7 所示是 JB23-63 压力机传动原理图。电动机通过 V 带传动把运动传给大带轮 3，再经小齿轮 4、大齿轮 5 传给曲轴 7。连杆上端装在曲轴上，下端与滑块 10 相连接，把曲轴的旋转运动变为滑块的直线往复运动。上模 11 装在滑块上，下模口装在垫板 13 上。因此，当板料在上下模之间时，能进行冲裁或其他冲压变形工艺。离合器 6 和制动器 8 能够有效地控制滑块的运动、停止。飞轮（即大带轮 3）能够使电动机的负荷均匀，有效地利用能量。这种压力机叫开式压力机，就是机身三面敞开，操作者能够从压力机的前方和左右两侧接近模具。

图 4-7　JB23-63 压力机传动原理图

1—电动机；2—小带轮；3—大带轮；4—小齿轮；5—大齿轮；6—离合器；7—曲轴；
8—制动器；9—连杆；10—滑块；11—上模；12—下模；
13—垫板；14—工作台；15—机身

② 闭式压力机。如图 4-8 所示是 J31-315 压力机传动原理图。它的工作原理与 JB23-63 相同，只是它的工作机构采用了偏心齿轮 9 驱动的曲轴连杆机构，即在最末的一个齿轮上铸有一个偏心轮，构成偏心齿轮 9。连杆 12 套在偏心轮上。偏心轮可以在芯轴 10 上旋转。芯轴两端固定在机身 11 上。因此当小齿轮 8 带动偏心齿轮旋转时，连杆即可摆动，带动滑块 13 上下运动。18 为安装在工作台上下的液压气垫，可作顶出工件的顶出器用。

图 4-8 J31-315 压力机传动原理图

1—电动机；2—小带轮；3—大带轮；4—制动器；5—离合器；6，8—小齿轮；7—大齿轮；9—偏心齿轮；10—芯轴；11—机身；12—连杆；13—滑块；14—上模；15—下模；16—垫板；17—工作台；18—液压气垫

2）折弯压力机（折边机）

① 折弯压力机。折弯压力机主要是用来对条料或板料进行直线弯曲的机床，其构造如图 4-9 所示。折弯压力机上用的弯曲模可分为通用模和专用模两类。常用的通用弯曲模端面形状如图 4-10 所示。上模一般是 V 形的，有直臂式和曲臂式两种。

图 4-9 折弯压力机

(a) 下模　　(b) 上模

图 4-10 通用弯曲模

71

② 折边机。利用折弯机可以弯折各种几何形状的金属箱、柜、盒壳、翼板、肋板、矩形管、U形梁和屏板等薄板制件，以提高结构的强度和刚度，广泛应用于各种钣金加工。

常用的折边设备按驱动方式分为三类，即机械折弯机、液压折弯机和气动折弯机。机械折弯机又可分为机械式折板机和机械式板料折弯机（或板料折弯压力机）。前者简称折板机，结构比较简单，适用于简单、小型零件的生产；后者简称压弯机，结构比较复杂，适用于复杂、大中型零件的生产。

a.折板机。按传动方式可分为手动和机动两种，一般都使用机动折板机。

机动折板机由床架、传动丝杠、上台面、下台面和折板等组成。折板机的工作部分是固定在台面和折板上的镶条，其安装情况如图4-11所示。上台面和折板镶条一般是成套的，具有不同角度和弯曲半径，可根据需要选用。

图 4-11　折板机上镶条的安装情况
1—上台面；2—上台面镶条；3—折板镶条；
4—下台面镶条；5—上台面；6—折板；

图 4-12　折板机上镶条的使用情况
1—上台面镶条；2—特种垫板；3—上台面；
4—挡板；5—下台面镶条；6—下台面；7—
折板；8—折板镶条

折板机的操作过程如下。

a）升起上台面，将选好的镶条装在台面和折板上。若所弯制零件的弯曲半径比现在的镶条稍大时，可加特种垫板，如图4-12所示。这时在工作时，垫板要垫在坯料的下边。

b）下降上台面，翻起角板至90°角，调整折板与台面的间隙，以适应材料厚度和弯曲半径。为以免折弯时擦伤坯料，间隙应稍大些。

c）退回折板，升起上台面，放入的坯料靠紧后挡板。若弯折较窄的零件、或不用挡板时，坯料的弯折线应对准上台面的外缘线。

d）下降上台面，压住坯料。

e）翻转折板，弯折至要求的角度。为得尺寸准确的零件，应考虑回弹，必须控制好弯折角度。

f）退回折板，升起上台面，取下零件。

b. 机械式板料折弯机。机械式板料折弯机采用曲柄连杆滑块机构，将电动机的旋转运动变为滑块的往复运动。只要传动系统和机构具有足够的刚度和精度，应能保证加工出来的工件具有相当高的尺寸重复精度。它的每分钟行程次数较高，维护简单，但体积庞大，制造成本较高，多数用于中、小型工件的折弯加工。

机械式板料折弯机的结构类似于普通开式双柱双点压力机，其一般传动系统如图 4-13 所示。工作时，滑板的起落和上下位置的调节，是两个独立的传动系统。滑板位置的调整，是由电动机 21，通过齿轮 22、20、19、23 带动轴 25 转动，装在轴 25 上的蜗杆 25 使连杆螺纹 2 旋入连杆 3 内，通过电动机换向，可上下调节滑板位置。滑板的起落是靠电动机 13，通过带轮 16、齿轮 10、8 带动传动轴 7 转动，通过齿轮 6 和 5 带动曲轴 4 转动，使连杆 3 带动滑板起落，进行工件折弯。

机械式板料折弯机的操作过程如下。

a）将滑板降到最低位置，调整滑板的最低点到工作台面的垂直距离（即闭合高度）比上下两个弯曲模总高度大 20 ～ 50mm。

b）升起滑板，安装上模和下模，一般先把下模放在工作台上，然后下降滑板再装上模。在安装上模时，从滑板固模槽的一端，一边活动一边往里推至滑板的中间位置，使板料折弯机受力均衡，并用螺钉紧固。

c）开动滑板的调整机构，使上模进入下模槽口，并移动下模，使上模顶点的中心线对正下模口的中心线，固定下模。

d）升起滑板，按弯曲尺寸调整挡板，如图 4-14 所示。

$$A = L + \frac{B}{2} + C$$

式中　A——下模侧面至挡板距离，mm；

B——下模槽口宽度，mm；

C——下模侧面至下模槽口边缘的距离，mm；

L——弯曲线至坯料边缘线的距离，mm。

图 4-13　机械式板料折弯机传动系统

1—滑板；2—连杆螺纹；3—连杆；4—曲轴；5, 6, 8, 10, 19, 20, 22, 23—齿轮；7—传动轴；9—止动器；11, 12, 14, 15—变速箱齿轮；13, 21—电动机；16—带轮；17—主轴；18—齿轮变速齿条；24—蜗杆；25—轴；26—工作台

工作时，一般标出 A 值，经过试弯作适当调整后确定下来。

e）按要求调整弯曲角度，根据弯曲角度选用对应的上、下模，然后只需调整上模进入下模的深度，就能很容易地达到要求。

3）液压板料折弯机

液压板料折弯机采用液压泵驱动，由于液压系统能在整个行程中对板料施加压力，能在过载时自动卸荷保护，自动化程度很高，使用方便，因此液压板料折弯机是一种常用的折弯设备。一般它由两个竖直液压缸推动滑块运动。为了防止滑块在运动过程中产生过大偏斜，设有同步控制系统。

液压板料折弯机有下列四种结构形式。

① 液压下传动式折板机。这种结构的折板机，最适合加工金属箱体。它的液压系统一般都安装在底座内，如图 4-15 所示，这使得它在实施"包围式弯折"，即加工只有一个接头箱体时不致受到液压装置的阻碍。

图 4-14 挡板位置的调整与确定

图 4-15 液压下传动式折板机

这种下传动式折板机上横梁是固定不动的，工作台往上升而完成任务闭合行程，工件随着工作台一起上升。液压装置在应用单面作用液压缸的底座中。工作台依靠自身的重量完成返回行程。因而，这种折弯机由于缺少可脱卸的上模，一般不能用来实施各种冲切加工。

这类折弯机比较擅长加工小规格的材料，与同等规格的其他折板机相比，操作方便、灵巧。

② 液压上传动式折板机（机械挡块结构）液压上传动式折板机比下传动式折板机应用范围要广泛得多，从 15～2000t 压力规格的上传动式折板机都具有精确的控制机构。上传动式折板机采用了能操纵闭合和开启行程的双向作用缸，因而它具备了脱模功能，适应于在额定压力范围内的冲切加工。

在折弯各种角度时，机械挡块结构能够精确地控制上模插入下模槽的深度，以得到准确的折弯角度。

挡块装置有两种样式，一种是外装式，另一种是内装式，如图 4-16 所示。小吨位折板机采用手动调节，大吨位折板机采用机械调节。调节装置一般采用蜗轮副或圆锥齿轮副。

③ 液压机械折板机。液压机械折板机结构如图 4-17 所示。它汇集了

机械式和液压式折板机的各自优点,特别是在平行度、压力吨位控制和可变行程机构上,更具有优越性。

图 4-16　液压上传动式折板机（机械挡块结构）　　图 4-17　液压机械折板机结构

　　液压机械折板机滑块由液压系统操纵,具有快速趋近、慢速折弯和控制压力吨位等功能。滑块通过坚固的枢轴结构与机架连接,从而保证了它上下运动的平行性,不再需要安装一个复杂且效果不理想的液压缸平衡系统。

　　肘杆式折弯机结构如图 4-18 所示,在通过机械装置保证滑块平行度的同时,联动机械还能有力地驱动滑块,以较小规格的油缸产生足够大的工作压力,从而节约了成本。

　　④ 电子控制折板机。电子控制折板机结构如图 4-19 所示,其整体式开关以其瞬时反应的灵敏度及交替控制的可靠性代替了继电器和限位开关。在最新的电子控制折板机上,其控制机构已能与精确度极高、运转速度很快的 CNC（计算机数字控制系统）相匹配。电子控制器使液压折板机成了一种可靠性好、调节简单、生产效率高的精密加工设备。

　　电子控制折板机的主要特点是能够通过输入数据,用电子装置操纵滑块定位,达到平行度很高的控制程度,以保证准确的折弯角度。

　　此系统有一个装在折板机床身两端的扫描装置,它的扫描范围就是模具的周围区域。这些扫描头由一个附装在滑块上的电子控制器构成,并随着滑块一起上下运动。扫描头工作时,通过一个装置把信号传递给液压阀,滑块会立即停止运动。此阀为特殊结构,由控制器操纵,动作反应极为灵敏。此系统能测量和控制滑块与工作台之间的距离。工作时，它不受机架产生挠曲的影响，同样能达到精确测量和控制折弯深度的目的。

图 4-18　肘杆式折弯机结构

图 4-19　电子控制折板机结构

由于液压机械折板机滑块机械联动装置提供了一种正确的模式，每台板料折弯机上只需装一个扫描头，因此降低了电气成本。

（2）液压压力机

液压压力机主要用于中（厚）钢板的冷（热）弯曲、成形、压制封头、折边、拉延和板材与结构件矫正等工作。单臂冲压液压机见图4-20。

液压压力机分油压机和水压机两大类。

油压机主要用于成形类的冲压工艺，其优点是结构简单、使用方便。单缸油压机适用汽车等的钣金维修，大吨位的油压机在汽车制造业常用于压制门板等大型钣金件。油压机的结构如图4-21所示。

图4-20　单臂冲压液压机

图4-21　油压机结构

1—充油缸；2—工作缸；3—上横梁；4—立柱；
5—活动横梁；6—限位套；7—操纵箱；8—高压油泵；
9—工作平台；10—顶出缸

（3）数控转塔冲床

数控转塔冲床是一种由计算机控制的高效、高精度、高自动化的板材加工设备，如图4-22所示。板材自动送进，只要输入简单的工件加工程序，即可在计算机的控制下自动加工，也可采用步冲的方式，用小冲模冲出大的圆孔、方孔及任意形状的曲线孔。广泛用于电器开关、电子电工仪表、家用电器、纺织机械、粮食机械及计算机等行业，特别适用于多品种、中小批量复杂多孔板件的冲裁加工。

图 4-22 数控转塔冲床

图 4-23 龙门剪板机

4.2.2 剪板机

剪板机的结构形式很多，按传动方式分为机械式和液压式两种；按其工作性质又可分为剪直线和剪曲线两大类。剪板机的生产效率高，切口光洁，是应用广泛的一种切割方法。

机械剪板机有剪切直线的龙门剪板机以及既可剪切直线又可剪切曲线的振动剪床和圆盘剪切机等，此外，还有数控液压剪板机。

（1）龙门剪板机

龙门剪板机是最常用的一种机械式剪切设备，如图 4-23 所示，主要用于板料的直线剪切，剪切板厚受剪切设备功率的限制，剪切板宽受剪刀刃长度的限制。机床型号有 Q11-3×1200、Q11-4×2000、Q11-13×2500等。例如，型号为 Q11-4 ×2500 的剪板机表示可剪钢板厚度为 4mm，可剪钢板宽应为 2500mm。

剪板机的使用和维护保养应注意以下几点。

① 剪板机必须有专人负责使用和维护，操作人员必须熟悉设备的技术性能和特点。

② 剪板机切片刃口应保持锋利，发现损坏应及时调换。

③ 开机前应检查板料表面质量，如果有硬疤、电焊渣等缺陷，则不能进行剪切。

④ 使用剪板机应严格遵守操作规程，严禁过载剪切。

⑤ 使用中如发生不正常现象，应立即停车并检查修理。

⑥ 使用完毕后，应立即切断电源。

⑦ 机器检修完毕后，应开车试运行，并注意电动机转向和规定转向是否一致。

（2）冲型剪切机（振动剪床）

冲型剪切机简称冲型剪，又名振动剪（或振动剪床），外形结构如图 4-24 所示。它是利用高速往复运动的冲头（每分钟行程次数最高可达数千次）对被加工的板料进行逐步冲切，以获得所需要轮廓形状的零件。冲型剪切机除用于直线、曲线或圆的剪切外，还可以用来切除零件内外余边、冲孔、冲型、冲槽、切口、翻边、成形等工序，用途相当广泛，是一种万能性的钣金加工机械。但冲型剪切机剪切的板料，其断面一般比较粗糙，所以在剪切后还需要进行修边，即对边缘进行修光。

振动剪床结构如图 4-25 所示，振动剪床的规格是以最大剪切厚度表示的，例如，Q21 - 2A×1040 的振动剪床，最大剪切厚度为 2mm，最大剪切直径为 1040mm。

图 4-24 冲型剪切机外形

图 4-25 振动剪床结构

1—下刀头；2—上刀头；3—滑块；4—偏心轴；5—外壳；6—带；7—电动机；8—底座

冲型剪切机的使用和维护保养应注意以下几点。

① 工作前应清理场地，将与工作无关的物件收拾干净。

② 检查机床配合部位的润滑情况，加足润滑油。

③ 开机前要紧固上下刀片，并使上刀片与下刀片相对倾斜成 20°~30° 的夹角。上刀片走到下止点时应与下刀片重叠 0.1 ~ 0.2mm，并应根据板料厚度进行调整。重叠量过小则板料剪不断，重叠量过大，则会使送料费力。同时，上、下刀片的侧面之间，应保持相当于板料厚度 0.25 倍的间隙。调好后，应作空载试车。

④ 振动剪床不得剪切超过技术参数中规定的最大剪切厚度的板料。

⑤ 使用中如发生不正常现象，应立即停车并检查修理。

⑥ 剪切内孔时，需操纵杠杆系统，将上刀片提起，板料放入后再对合上、下刀片。

⑦ 剪切一般工件时，应先在板料上划线。开动剪床后，两手应平稳地把握板料，按照划线方向保持板料沿水平面平行移动。

⑧ 工作完毕后，应立即关闭电源，清理场地，并将剪切下来的废料进行妥善处理。

⑨ 将工件码放整齐，并擦拭维护好机床。

（3）圆盘剪切机（滚剪机）

圆盘剪切机由剪切轮盘形成两剪切刃，所以又称为圆盘滚剪机，或称为双盘滚剪机，主要用于剪切直线、圆、圆弧或曲线钣金件。双圆盘剪切机外形如图 4-26 所示。

图 4-26　双圆盘剪切机外形

圆盘剪切机的剪切轮盘通常有水平轮和倾斜轮两种，其操作如图 4-27 所示。圆盘剪切机的规格是以剪切钢板的最大厚度和剪切直径表示的。例如，型号为 Q23-3×1500 的圆盘剪切机的剪板厚度为 3mm，剪切板料的最大直径为 1500mm。

1）圆盘剪切机的操作方法和技巧

① 根据被剪切钢板的厚度调整剪切刃间隙和重叠量。剪切刃间隙根据被剪切钢板厚度进行调整。剪切刃重叠量则要根据被剪切圆弧曲线的曲率来确定：曲线的曲率小，剪切刃的重叠量可取大一些；曲线的曲率大，则剪切刃的重叠量应取小一些，这样可使转动操作灵活。

(a) 圆盘剪切机　　　　　(b) 水平轮　　　　　(c) 倾斜轮

图 4-27　圆盘剪切机操作

实际工作中，常用试剪切的方法来调整剪切刃间隙和剪切刃重叠量，即取一块与被工件等厚的钢板进行试剪，检查钢板剪口有无飞边、毛刺，是否平齐，转动钢板进行圆弧剪切是否灵活等。如果都合乎要求，即可认为调整合适。

② 用工件进行试剪切。双手持平钢板，板边搭在下剪刀的前部，使用划好的剪切线对准刃口，向前推进。当上、下剪切刃剪住钢板后，由于具有自动进料功能，不必再向前推进。只要控制进料方向，使剪刃始终沿划好的剪切线剪进即可。检查最初几件钣金件，各方面都符合要求时，就可进行正式生产了。

③ 进料技巧。手工操作进料时，站立姿势要平稳，钢板要端平。一旦钢板停止进给时，可稍向前用力推进并上下掀动钢板；切不可左右晃动，以免剪进后偏离剪切线。

④ 注意操作安全。手工操作圆盘剪切机剪切，对操作技能要求较高。安全方面也应特别注意，如劳保手套，既要厚实，可防止工件棱边、毛刺划伤手，又要宽大，当被行进的钢板毛刺钩住时，可使手顺利脱开。

⑤ 批量剪切整圆钢板技巧。批量剪切整圆钢板时，可采用辅助机架进行定位。当不允许在圆钢板工件中心开孔时，可用顶尖或其他方法将其压紧在转动轴上。当圆钢板工件中心需要开孔时，可利用中心孔或先钻合适的中心孔，用螺栓定位。对辅助机架的要求是：使被剪切钢板转动自如，不能产生水平方向的位移。使用辅助机架时，为了将钢板顺利地放进剪切刃间，可预先在钢板的剪切线上切出一个口来。如果辅助机架使用得当，就可以获得较高的剪切质量。

2）圆盘剪切机使用和维护保养注意事项

① 剪切机要有专人负责使用和维护，操作人员必须熟悉设备的技术性能和特点。

② 工作前应清理场地，清除与工作无关的物件。

③ 检查机床配合部位的润滑情况，定期加注润滑油。

④ 工作前应检查剪切刃口是否保持锋利，发现损坏应及时调换。

⑤ 检查板料牌号、厚度和质量是否符合工艺要求。板料表面如果有硬疤、电焊渣等缺陷，则不能进行剪切。

⑥ 应根据板料厚度调整机床转速和滚刀间隙。

⑦ 剪切时，虽然滚刀在滚动剪切过程中也起着自动送料的作用，但操作者仍要平稳托住板料，按划线方向严格控制进料方向。否则，易使所剪切工件报废。

⑧ 两人或两人以上进行操作时，要注意密切配合。

⑨ 在使用过程中如发生不正常现象，应立即停车并检查修理。

⑩ 机床使用完毕后，应立即切断电源，将工件码放整齐，清理场地，并擦拭维护好机床。

（4）联合冲剪机

联合冲剪机主要用于板材或型材的剪切和冲孔。联合冲剪机型号主要有 Q34-10、Q34-16 和 Q34-25 等，联合冲剪机外形结构如图 4-28 所示。

图 4-28　联合冲剪机外形结构

图 4-29　数控液压剪板机

（5）数控液压剪板机

数控液压剪板机，如图 4-29 所示，是传统的机械式剪板机的更新换代产品。其机架、刀架采用整体焊接结构，经振动消除应力，确保机架的刚度和加工精度。该剪板机采用先进的集成式液压控制系统，提高了整体的稳定性与可靠性。同时采用先进的数控系统，剪切角和刀片可以无级调节，使工件的切口平整、均匀且无毛刺，能取得最佳的剪切效果。

4.2.3 卷板机与钢板矫正机

（1）卷板机

卷板机主要用于将板材卷弯成单向曲率或双向曲率的制件，也可将板材卷弯成任意形状的柱面，如圆柱面、圆锥面等，常用的三辊卷板机如图4-30所示。

图4-30 三辊卷板机
1—前进、停止、后退按钮；2—安全杆（脚踏板）；
3—底辊调整轮；4—放松端轴承；5—成形辊调整轮

卷板机按辊筒的数目及布置形式可分为三辊卷板机和四辊卷板机两类；三辊卷板机又分为对称式与不对称式两种。卷板机的规格是以所能卷弯钢板的最大厚度和宽度表示的，例如，19×2000型三辊卷板机能卷钢板的最大厚度为19mm，卷弯钢板的最大宽度为2000mm。机械调节的对称式三辊卷板机如图4-31所示。

（2）钢板矫正机

钢板矫正机通过重复进行正、反弯曲，用形成的波浪来消除板材的凹凸不平，是矫正较大面积、较厚钢板平直度的大型矫正设备。其种类很多，一般按工作辊轴的数目区分，有5个工作辊轴的叫五轴辊平机，有7个工作辊轴的叫七轴辊平机，目前使用最多的为29个辊轴的。钢板矫正机的构造如图 4-32 所示。

图 4-31　机械调节对称三辊卷板机

图 4-32　钢板矫正机

1—机体；2—压辊轮；3—下矫正辊；4—上矫正辊

　　钢板矫正机的规格是以所能矫正钢板的最大厚度和宽度表示的。例如，型号为 W43-10×2000 的 13 辊轴钢板矫正机，所能矫正板料的厚度为 10mm，宽度为 2000mm。

　　（3）板料矫平机

　　板料矫平机，如图 4-33 所示，是金属板材、带材的冷态矫平设备。当板料经多对呈交叉布置的轴辊时，板料会发生多次反复弯曲，使短的纤维在弯曲过程中伸长，从而达到矫平的目的。根据矫平机辊轴数目不同，有 3、5、7、9、11 辊或更多的形式。一般轴辊数目越多，矫平质量越好。通常 5～11 辊用于矫平中、厚板；11～29 辊用于矫平薄板。

图 4-33　板料矫平机

（4）管材矫正机

管材及棒材矫正可用斜辊机、正辊机和压力机矫正，其中斜辊机矫正效率和精度最高，应用最广泛。

（5）型材矫直机

型材矫直机用于矫直角钢、圆钢、方钢和扁钢等型材。型材可用带成型辊的多辊型材矫直机或弯曲压力矫正机矫正。

图 4-34 为 W51-63 型多辊型材矫直机，其主要技术参数如下：

可矫杆（棒）料（最大直径 / 最小直径）/mm：	63/20
可矫方钢（最大边长 / 最小边长）/mm：	63/20
可矫六角钢（最大内切圆直径 / 最小内切圆直径）/mm：	63/25
可矫扁钢（最大厚度 × 宽度 / 最小厚度 × 宽度）/mm×mm：	
	20×63/16×120
矫直速度 /（mm/min）：	38
电动机功率 /kW：	30

图 4-34　W51-63 型多辊型材矫直机

4.2.4　弯曲机和刨边机

（1）型材弯曲机

型材弯曲机（也称卷弯机）用于将型材弯曲成各种形状。卷弯机的工作原理与卷板机基本相同，工作部分通常采用 3 或 4 只辊轮。三辊型材卷弯机的工作原理如图 4-35 所示，弯曲时只需调节中间辊轮的位置，即可将型材成不同的曲率半径。

图 4-35　卷弯机的工作原理

图 4-36　型材弯曲机结构

型材弯曲机结构如图 4-36 所示，是一种专用于卷弯角钢、槽钢、工字钢、扁钢、方钢和圆钢等各种异型钢材的高效加工设备，可一次上料完成卷圆、校圆工序加工，广泛用于石化、水电、造船及机械制造等行业。

W24-160 型三辊型材弯曲机的主要技术参数如下：

压紧辊公称压力 /kN：　　　　　　　　　　　　　　　　1600

压紧辊调整行程 /mm：	90
弯曲角钢的最大规格 /mm×mm：	75×8
弯曲槽钢的最大规格 /mm×mm：	140×58
最小卷曲半径 /mm：角钢	500
槽钢	500
压紧辊调整量 /mm：	90
电动机功率 /kW：	15

（2）弯管机

弯管机用于管材的弯形。弯管机按传动方式可分为机械传动、液压传动；按控制方式分为半自动、自动控制和数控。

机械传动弯管机如图 4-37 所示，是在常温下对金属管材进行有芯或无芯弯曲的缠绕式弯管设备。广泛用于现代航空、航天、汽车、船舶、锅炉、石化、水电及机械制造等行业。

图 4-37　机械传动弯管机

（3）板料折弯机

板料折弯机如图 4-38 所示，用于对板料弯曲成各种形状，还可用于剪切、压平和冲孔等工序加工。板料折弯机通常有机械折弯机、液压折弯机和数控折弯机等类型。

（4）刨边机

刨边机如图 4-39 所示，用于板料边缘的加工，如加工焊接坡口，刨掉钢板边缘毛刺、飞边和硬化层等。

图 4-38 板料折弯机　　　　　　图 4-39 刨边机

4.2.5 常用压力机使用维护诀窍与禁忌

（1）压力机的正确使用及维护保养诀窍

曲柄压力机同其他机械设备一样，只有操作者正确使用和切实地做好维护保养工作，才能减少机械故障，延长其使用寿命，同时充分发挥其功能，保证产品质量，并最大限度地避免事故的发生。

1）压力机的正确使用方法与诀窍

① 钣金冲压工必须了解所操作冲床的型号、规格、性能及主要构造。曲柄压力机滑块的压力在整个行程中不是一个常数，而是随曲轴转角的变化而变化的。选用压力机时，必须使所用压力机的公称压力大于冲压工序所需压力。当进行钣金弯曲或拉深时，其压力曲线应位于压力机滑块允许负荷曲线的安全区内。如图 4-40 所示为曲柄压力机滑块所允许的负荷曲线。

图 4-40 曲柄压力机滑块所允许的负荷曲线

超负荷使用压力机，对压力机、模具及工件等均有不良影响。操作人员可根据加工中是否出现了以下现象来判断使用的设备是否出现了超负荷，如作业声音异常高、振动大；曲柄弯曲变形，连杆破损，机身出现裂纹；有过载保护装置的，则保护装置产生动作。出现上述超负荷现象时应立即停机，并停止手中零件的加工，同时告知车间主管领导及技术人员，并立即向设备维修主管部门汇报。对所加工的冲压件，经技术人员分析处理可调整到其他压力机上加工。

② 压力机滑块行程应满足工件高度上能获得所需尺寸，并在冲压后能顺利地从模具上取出工件。

③ 压力机的闭合高度、工作台尺寸和滑块尺寸等应满足模具的正确安装，尤其是压力机的闭合高度应与冲模的闭合高度相适应。

模具的闭合高度 H_0 是指上模在最低的工作位置时，下模板的底面到上模板顶面的距离。

我国目前生产的大多数压力机连杆长短均能调节，也就是说压力机的闭合高度能调节，因此压力机就有最大闭合高度 H_{max} 和最小闭合高度 H_{min} 两个参数。

设计模具时，模具的闭合高度 H_0 的数值应满足：

$$H_{min} + 10 \leqslant H_0 \leqslant H_{max} - 5$$

如果连杆调节过长，会导致螺纹接触面积过小而被压坏。如果模具闭合高度实在太小，可以在压力机台面上加一个磨平的垫板。一般工厂都预先制作了用于解决该类问题的通用垫板，如图 4-41 所示。图中所示尺寸 l 即为连杆的调节量，又称封闭高度调节量或装模高度调节量。

图 4-41　压力机和模具的闭合高度

④ 单点压力机在偏心载荷的作用下会使滑块承受附加力矩，附加力矩使滑块倾斜，加快了滑块与导轨间的不均匀磨损。因此，进行偏心负荷较大的冲压加工时，应避免使用单点压力机，而应使用双点压力机。

压力机各活动连接处的间隙不能太大，否则将降低精度。间隙是否合理可用下面的方法检验：在滑块下行进行冲压时，用手指触摸滑块侧面，在下止点如有振动，说明间隙过大，必须进行调整。进行滑块导向间隙调整时，注意不要过分追求精度而使滑块过紧，过紧将发热磨损，而且适当的间隙对改善润滑、延长使用寿命是必要的。

⑤ 离合器、制动器是确保压力机安全运转的重要部件。离合器、制动器发生故障，必然会导致大的事故发生。因此，操作者应充分了解所使用压力机离合器、制动器的结构，每天开机前都要检查离合器、制动器及其控制装置是否灵敏可靠，气动摩擦离合器、制动器使用的压缩空气是否达到要求的压力标准。如果压力不足：对离合器来说，将产生传递转矩不足；对制动器来说，将产生摩擦盘脱离不准确，造成发热和磨损加剧。

2）压力机的维护保养诀窍

压力机维护保养的目的就是通过每日、每周、每月、每季、每年的检查、维修和保养，使压力机始终保持良好的状态，以保证压力机的正常运转并确保操作者的人身安全。

① 离合器、制动器的保养诀窍。要保证离合器、制动器动作顺利准确，摩擦盘的间隙必须调准。间隙过大将使动作时间延迟，密封件磨损，需气量增大，造成不良影响；间隙过小或摩擦盘的齿轮花键轴滑动不良、返回弹簧破损等，将造成离合器、制动器脱开时，摩擦盘相互碰撞，产生摩擦声，引起发热，使摩擦片磨损，甚至会出现滑块两次下落现象。

离合器、制动器动作要准确，制动停止位置的误差在 ±5° 以内，如果超出就必须调整。这时就应该检查制动器摩擦片有无磨损，动作是否不良，离合器、制动器摩擦片是否附着油污。

② 拉紧螺栓的检修技巧。经过长时间使用或超负荷工作，会使拉紧螺栓松动。此时只要在压力机接受负荷后，观察机架的底座和立柱的结合面是否有油渗出，如果有油渗出，说明拉紧螺栓松动。在拉紧螺栓松动的状态下进行压力机作业是很危险的，必须重新紧固。

③ 给油装置的检修技巧。压力机各相对旋转和滑动部分如果给油不足，易引起烧损，出现故障。因此，应该经常认真检查给油情况，使其保持良好状态。

首先应检查油箱、油池、油杯和液压泵等油量是否充足，有无污物。其次，检查各注油部位、输油管和接头有无漏油，如有漏油需立即更换密封件。

④ 供气系统的检修技巧。供气系统一旦漏气，必使气压降低，导致气

动部分动作不良。因此，要经常检查并更换密封件，保持空气管路正常。

⑤ 压力机的润滑保养技巧。冲床各活动部位都需要添加和保持润滑剂，以进行润滑。润滑保养是压力机保养的重要内容之一。润滑的作用是减少摩擦面之间的摩擦阻力和金属表面之间的磨损。有的冲床采用循环稀油润滑（例如滑块导轨处），同时起到冲洗摩擦面间固定杂质和冷却摩擦表面的作用。润滑对保持设备精度和延长使用寿命有一定作用。

润滑方式分为集中润滑和分散润滑两种。小型曲柄冲床多采用分散润滑的方式，利用油枪、油杯或分散式液压泵对各润滑点供油，中、大型曲柄冲床和高速冲床常采用集中润滑的方式，用手揿式或机动液压泵供油。

各类冲床的润滑点、使用的润滑剂和润滑方式，在冲床使用说明书内有详细的规定。图 4-42 为 J23-40 型冲床润滑系统，它由手揿式液压泵 1、配油器 2、输油管 3 及直通式注油器 4 等组成，以对滑块导轨 Ⅰ、曲柄支承轴瓦 Ⅱ 和曲柄轴瓦 Ⅲ 进行润滑。而对离合器、传动齿轮、传动轴承和调节螺杆等处的润滑，则需冲床操作人员按说明书的要求定时给予人工润滑、床面擦拭及日常维护保养。

图 4-42　J23-40 型冲床润滑系统
1—手揿式液压泵；2—配油器；3—输油管；4—直通式注油器

润滑剂分稀油（润滑油）和浓油（干油、润滑脂）两大类。冲床多数活动部位的速度较低、负载较大并经常起动或停止，所以常选用润滑脂或黏度较大的润滑油，有时也采用稀油和干油的混合润滑剂。

冲床上常用的润滑油为 40 号、50 号、70 号全损耗系统用油，常用润滑脂为 1 号、2 号、3 号钙基润滑脂和 2 号、3 号锂基润滑脂。润滑剂具有以下性质：

① 能形成有一定强度而不破裂的油膜层，用以担负相当的压力。

② 不会损伤润滑表面。

③ 能很均匀地附着在润滑表面。

④ 容易清洗干净。

⑤ 有很好的物理化学稳定性。

⑥ 无毒，不会造成人身伤害。

（2）压力机常见故障维修诀窍与禁忌

压力机在使用中，由于维护不当或正常损耗，常会出现一些故障，影响正常的工作。曲柄压力机常见的故障和排除方法，维修诀窍与禁忌如下。

① 轴承（连杆支承、曲轴支承）发热。原因是轴承配合间隙太小或润滑不良，应重新调整配合间隙或刮研轴承，检查润滑情况。

② 连杆球头配合松动。应拧紧连杆球头处的调整螺母，控制配合间隙到正常值。

③ 滑块导轨发热。原因是润滑不良，导轨面拉毛或配合间隙太小，应检查润滑情况，调整配合间隙到正常值，并将拉毛的导轨面重新刮研修理。

④ 停机后滑块自动下滑。原因是滑块导轨间隙太大或制动力不足，应调整间隙或制动力。

⑤ 开、停机时滑块动作不灵，或停机位置不准。主要原因是离合器和制动器失灵，或是调整不适当，或是摩擦面有油污（对摩擦式结构而言），或是易损件（如刚性离合器中的转键和轴键，摩擦离合器中的摩擦片、块）损坏，应分析原因加以解决。

⑥ 冲压过程中，滑块速度明显下降。主要原因是润滑不足，导轨压得太紧，电动机功率不足。此时应加足润滑油，放松导轨重新调整或维修电动机。

⑦ 润滑点流出的油发黑或有青铜屑。主要原因是润滑不足，此时应

检查润滑油流动情况，清理油路、油槽及刮研轴瓦。

⑧ 连杆球头部分有响声。原因可能为球形盖板松动，压力机超载，压塌块损坏，此时应旋紧球形盖板的螺钉，或更换新的压塌块。

⑨ 调节闭合高度时，滑块无止境地上升或下降。原因可能为限位开关失灵，此时应修理限位开关，但必须注意调节闭合高度的上限位和下限位行程开关的位置，不能任意拆掉，否则可能发生大事故。

⑩ 挡头螺钉和挡头座被顶弯或顶断。产生原因可能是调节闭合高度时，挡头螺钉没有做相应的调整，此时应更换损坏的零件。同时注意以后调节闭合高度时，首先将挡头螺钉调到最高位置，待闭合高度调好之后，再降低挡头螺钉到需要的位置。

⑪ 气垫柱塞不上升或上升不到顶点。产生原因可能是密封圈太紧，压紧密封圈的力量不均，气压不足，导轨太紧，废料或顶杆卡在托板与工作台板之间等。此时排除的方法分别为放松压紧螺钉或更换密封圈，将压紧密封圈的力量调整均匀，放大导轨间隙，消除废料，用堵头堵上工作台上不用的孔。

⑫ 气垫柱塞不下降。产生原因可能是密封圈压紧力不均匀或太紧，气垫缸内的气排不出，以及托板导轨太紧等。排除方法主要是：调整密封圈的压紧力，修理气垫缸，调整托板导轨的间隙。

⑬ 气垫柱塞上升不平稳，甚至有冲击上升。产生原因可能是缸壁与活塞润滑不良，摩擦力大或液压气垫油液中混入过多的冷凝水而变质，以及密封圈压紧力不均匀等。排除方法主要是：清洗除锈，加强润滑，更换油液，并加强日常检查和放水，以及调整密封圈的压紧力。

⑭ 液压气垫得不到所需的压料力。产生原因可能是油不够，控制缸活塞卡住不动或气缸不进气等。排除方法主要是：加油，清洗气缸并检查气管路或气阀。

⑮ 液压气垫能产生压紧力，但拉伸不出合格的零件。产生原因可能是控制凸轮位置不对，压紧力产生不及时；气垫托板与模具的压边圈不平行，压料力不均匀。排除方法主要是：调整凸轮位置，调整气垫托板与模具压边圈的平行度。

第5章

铆工放样、号料与下料

5.1 放样

5.1.1 放样分类及其作用

（1）铆接钣金放样及分类

铆接钣金放样是根据铆接钣金产品总图样或零部件图样要求的形状和尺寸，还要在施工图的基础上，结合产品的结构特点、施工需要等条件，按照 1：1 的比例关系把产品或零部件的实形划在放样台上（或平板上）的过程，有时还要进行展开和必要的计算，最后获得施工所需要的数据、样板、样杆和草图。

对比较复杂的壳体、部件，还要展开作图，有时也可用计算展开法。展开是将各种形状零部件的表面，按其实际形状和大小，摊开在一个平面上的过程。

按照不同产品的结构特点，放样可分为结构放样和展开放样两大类，且后者是在前者基础上进行的。结构放样，就是在绘制出投影线图的基础上，只进行工艺性处理和必要的计算，而不需要做展开，例如椅架类构件的放样等。展开放样，就是在结构放样的基础上，再对构件进行展开处理的放样。

在实际工作中，大部分构件的放样过程是两者兼有，并无严格分界。

（2）铆接钣金放样的作用

钣金放样（展开）是冷作钣金工（铆工）作业的第一道工序。钣金放样的主要作用如下：

① 根据放样所得的零部件的实际形状和尺寸直接在钢材上号料；

② 根据放样所得的零部件的实际形状和尺寸制作划线用的样板，用样板去号料，样板可用来检查零部件或产品的形状和尺寸；

③ 利用放样图样装配部件或产品；

④ 利用放样图线检查零部件的形状和尺寸。

（3）铆接钣金放样的任务

① 详细复核施工图。详细复核施工图所表现的构件各部分投影关系、尺寸及外部轮廓形状（曲线或曲面）是否正确，并符合设计要求。

施工图一般是按缩小比例绘成的，各部分投影及尺寸关系未必十分准确，外部轮廓形状（尤其为一般曲面时）能否完全符合设计要求较难确定。而放样图因可采用 1：1 比例绘制，剖切面多少亦不受限制，故设计中的问题将充分显露出来，并得到解决。这类问题在大型产品放样和新产品试制中比较突出。

② 必要的结构处理。在不违背原设计要求的前提下，依工艺要求进行结构处理，这是每一产品放样时都必须要解决的问题。

结构处理主要是考虑原设计结构从工艺性看是否合理、是否优越，并处理因受所用材料、设备能力和施工条件等因素影响而出现的结构问题。结构处理涉及面较广，有时还很复杂。放样过程中的结构处理实例见表 5-1。

表 5-1　放样过程中的结构处理实例

实例	图示		处理说明
容器局部结构处理	改进前	容器壁 角钢圈 容器壁	圆锥台容器的端部结构，用角钢圈内衬对角部焊缝内侧进行加固连接，但须将角钢圈断面进行"劈八字"形状处理，而这种处理只有在加工时进行加热才能弯曲成形。若将角钢圈改为两件焊接组合形式，就可在机器上进行冷加工成形，节省了加热工艺，提高了效率
	改进后	钢板或型钢 钢板或型钢	

续表

实例	图示	处理说明
大圆筒件结构处理	视图 拼接位置与坡口形式 	产品原设计中只给出了各部件尺寸要求，但由于此圆筒部件尺寸较大，需由几块拼制而成，所以在放样时采用焊缝Ⅰ、Ⅱ、Ⅲ的拼接位置及坡口形式，并考虑其中性层位置、接口线及展开形状等问题，同时还要根据产品的具体情况和工厂条件进行妥善处理

③ 利用放样图，确定复杂构件在缩小比例图样中无法表达，而在实际制造中又必须明确的尺寸。

④ 利用放样图，结合必要的计算，求出构件用料的真实形状和尺寸，有时还要划出与之连接的构件的位置线（即算料与展开）。

⑤ 依据构件的工艺需要，利用放样图设计加工或装配所需的胎具和模具。为后续供需提供施工依据，即绘制供号料划线用的草图，为制作各类样板、样杆和样箱准备数据资料等。

⑥ 某些构件还可以直接利用放样图进行装配时的定位，即所谓的"地样装配"。桁架类构件和某些组合框架的装配，经常采用这种方法。这时，放样图就可直接划在钢质的装配平台上。

5.1.2 放样程序

在长期的生产实践中，铆接钣金放样形成了以实尺放样为主的多种放样方法。随着科学技术的发展，又出现了光学比例放样、电子计算机放样等新工艺，并且逐步得到推广应用。但目前广泛应用的仍然是实尺放样。

（1）放样间与放样台

① 实尺放样要在放样间的放样台上进行。

放样台有钢质的和木质的两种：

a. 钢质放样台是用铸铁或由厚度 12mm 以上的低碳钢板所制成的。钢板接缝处应铲平磨光，板面要平整，板下面需用枕木或型钢垫起。放样时，为使线型清晰，常在板面涂上带胶的白粉。

b. 木质放样台是用厚木板拼制的，要求表面光滑平整，无裂缝；木材纹理要细，疤节少。为使木板具有足够的刚度，以保证放样精度，地板厚度要求为 70 ～ 100mm，接缝错开，连接紧密。放样台使用时，表面要涂上二、三道底漆，最后涂以暗灰色的无光漆，以免台面反光刺眼，同时该面漆应能鲜明地衬出多种颜色的线条。

放样台局部不平度，在 5m² 面积允许误差在 ±3mm 以内。

② 放样间应光线充足，便于看图和划线。其采光或照明应保证在任何位置划线时都不致出现阴影。

放样间除放样台外，一般还备有加工样板时所需的工具和其他设备。

（2）实尺放样程序与注意事项

实尺放样就是采用 1∶1 的比例进行放样。对于不同的行业，如机械、船舶、车辆、化工、冶金、飞机制造等，所采用的实尺放样工艺各具特色，但就其基本程序而言，却大体相同。这里以普通金属结构件为主，介绍实尺放样的程序如下。

1）线型放样技巧

线型放样就是根据施工需要，绘制构件整体或局部轮廓的投影基本线型。

铆工进行线型放样要注意以下几点。

① 根据所要绘制的图样的大小和数量多少，安排好各图在放样台上的位置。为了节省放样台面积和减轻放样劳动量，大型结构的放样也允许采用部分视图重叠或单向缩小比例的方法。

② 选定放样划线基准的技巧。放样划线基准就是放样划线时，用以确定其他点、线、面的位置的依据。施工图上本身就有确定点、线、面相对位置的基准，称为设计基准。放样划线基准通常与设计基准一致。

a. 对称件放样时一般先划中心线和垂直线，作为其他划线的基准。如图 5-1 所示的零件，圆柱尺寸以中心线对称分布，两个线性尺寸以底面为基准，则将中心线和底面为作为放样基准。

图 5-1　对称件放样实例

b.非对称件加工至少要作出两个方向的基准线，如图 5-2 所示的零件，尺寸由两个相互垂直的平面确定，则将这两个平面作为放样基准。

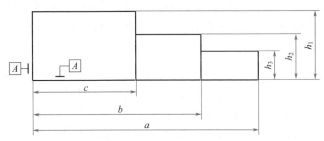

图 5-2　非对称件放样实例

应当指出，较短的基准线可以直接用钢尺或弹粉线划出，而对于外形尺寸长达几十米甚至超百米的大型金属结构，可用拉钢丝配合角尺或悬挂线锤的方法划出基准线。目前有些工厂和企业已采用激光经纬仪作出大型构件的放样基准线，可以获得较高的精确度。无论采用何种方法，各视图中的基准线必须作得十分准确，保证必要的精确度。作好的基准线要经过必要的检验。

③线型放样以划出设计要求必须保证的轮廓（或其他）线型为主，而那些因工艺要求而可能变动的线型则可暂时不划。

④放样图线条的粗细无关紧要，但常需要添加各种与展开有关的必要辅助线条，而去掉视图中与放样无关的线条，甚至可以去掉与展开下料无关的视图。

如图 5-3 所示的圆锥管放样图与施工图，其差别就很大，在放样图主视图上添加划出了圆锥管头部的圆锥顶点，并按照中性层法将锥管主、俯视图仅划成了单线图并标注必要的尺寸。尤其在展开图上去掉了与展开下料无关的俯视图，并仅标注锥管的展开长度尺寸。

(a) 施工图

(b) 放样图与展开图

图 5-3　圆锥管的放样与展开图

⑤ 进行线型放样，必须严格遵循正投影规律。放样时，究竟划出构件的整体还是局部，可依施工需要决定。但无论整体还是局部，所划出的几何投影必须符合正投影关系，就是所谓保证投影的一致性。否则，将不能正确反映构件的形状和大小，更谈不上进行结构放样和展开放样了。

a. 放样图是以 1∶1 的实际比例进行绘制，并按构件中性层弯曲半径或里皮尺寸进行必要的计算及展开，以获得产品制造过程中所需要的放样图、数据、样杆、样板和草图等，然后完成在钢板或型钢上的划线号料等工作。它依据的施工图是将产品立体形状按一定比例放大或缩小绘制，如图 5-4（a）所示。

b. 放样图上 1∶1 的比例不仅能精确反映实物的尺寸和形状，还可直接用于展开，而且不必标注中性层、里皮以外的尺寸，也无须划出板厚，如图 5-4（b）所示。

c. 施工图上不仅需表明投影关系，内部或局部的关系，绘画两个以上视图或剖视图及局部放大图等，还需标注构件的全部尺寸与形位公差、表面粗糙度、标题栏及有关技术说明等才能加工成形。

⑥ 对于具有复杂曲面的金属结构，如船舶、飞行器、车辆等，则往往采用平行于投影面进行剖切，划出一组或几组线型来表示结构的完整形状和尺寸。所划出的线型图必须满足光顺性和协调性的要求。

技术要求：
1. 用卡形板测量圆度，间隙最大值应小于1mm
2. 两立边应能同时与平台面贴合
3. 表面不得有硬伤

技术要求：
1. 内圆圆度公差为1mm
2. 上、下两面平面度公差为1mm
3. 外观检查表面不得有硬伤痕

(a) 圆锥管接头　　　　　　　　　　　　　(b) 扁钢圆环

图 5-4　简单曲面构件的放样施工图

2）结构放样技巧

结构放样就是在线型放样的基础上，依施工要求进行工艺性结构处理的过程。

结构放样一般包含的内容及注意事项如下。

① 确定各种结合位置及连接形式。在实际生产中，由于材料规格及加工条件等限制，往往需要将原设计中的整件分为几部分加工、组合（或拼接）。这时，就需要施工者根据构件实际情况，正确、合理地确定结合部位置及连接形式。此外，对原设计中的连接部位结构形式也要进行工艺分析，其不合理的部分应加以修改。

② 根据加工工艺及工厂实际生产加工能力，对结构中的某些部位或部件给以必要的改动。

③ 计算或量取零部件料长及平面零件的实际形状，绘制号料草图，制作号料样板、样杆及样箱；或按一定格式填写数据，供数控切割使用。

④ 根据各加工工序的需要，设计胎具或胎架，绘制各类加工、装配草图，制作各类加工、装配用样板。

这里要强调的是：进行结构的工艺性处理，一定要在不违背原设计要求的前提下进行。对设计上有特殊要求的结构或结构上的某些部位，即便加工有困难，也要尽量满足设计要求。还需指出：凡是对结构做较大的改动，需经设计部门或产品使用单位有关技术部门同意，并由本单位技术负责人批准，方可进行。

3）展开放样技巧

展开放样是在结构放样的基础上，对不反映实形或需展开的部件进行展开，以求取实形的过程。其具体包括如下内容。

① 板厚处理。根据施工中的各种因素合理考虑板厚的影响，划出欲展开构件的单线图（即所谓理论线），以便据此作展开图。

② 展开作图。即利用已划出的构件单线投影图，运用投影理论和钣金展开的基本方法，作出构件的展开图。

③ 根据已作出的构件展开图，制作号料样板。

（3）铆工钣金放样基准的选择技巧

铆工钣金图样放样时，划线要遵守一个基本规则，即从基准开始。在设计图样上，用来确定其他点、线、面位置的基准，称为设计基准。放样时，通常也都是选择图样的设计基准来作放样基准的。

放样划线基准一般有如下三种类型。

① 以两个相互垂直的平面（或直线）为基准，如图 5-5（a）所示，该零件上有垂直两个方向的尺寸，外缘线为确定这两个方向的划线基准。

(a) 垂直轮廓线作基准　　(b) 对称中心线作基准

(c) 垂直中心线作基准

图 5-5　放样划线基准

② 以一个平面（或直线）和一条中心线为基准，如图5-5（b）所示。该工件上高度方向的尺寸是以底面为依据的，而宽度方向的尺寸对称于中心线，所以，底平面和中心线分别为该零件两个方向上的划线基准。

③ 以两条相互垂直的中心线为基准，如图5-5（c）所示。该工件上两个方向的尺寸与其中心线具有对称性，并且其他尺寸也从中心线起始标注，此时，两条中心线分别为两个方向的划线基准。

划线时在零件的每个方向都需要选择一个基准，因此，平面划线时要选择两个划线基准，立体划线时要选择三个划线基准。

（4）工艺余量与放样允许误差的选择诀窍

① 工艺余量的选择诀窍。产品在制造过程中，要经过许多工序。由于产品结构的复杂程度、参与作业的工种多少、施工设备的先进程度、操作者的技术水平和所采取的工艺措施都不会完全相同，因此在各道工序中都会存在一定的施工误差。此外，某些产品在制造过程中还不可避免地产生一定的加工损耗和结构变形。为了消除这些误差、变形和损耗对施工的影响，保证产品制成后的形状和尺寸达到规定的精度，就要在施工过程中，采取加放余量的措施，即所谓的工艺余量。

在确定工艺余量时，主要考虑的因素及注意事项如下。

a. 放样误差的影响。包括放样过程和号料过程中的误差。

b. 零件加工过程中误差的影响。包括切割、边缘加工及各种成形加工过程中的误差。

c. 装配误差的影响。包括装配边缘的修整、装配间隙的控制、部件装配和总装的装配公差以及必要的反变形值等。

d. 焊接变形的影响。拼接板的焊缝收缩量、构件之间的焊缝收缩量，以及焊后引起的各种变形。

e. 火焰矫正的影响。进行火焰矫正变形时所产生的收缩量。

放样时，应全面考虑上述因素并参照经验合理确定余量应放的部位、方向及数值。

② 放样允许误差的选择诀窍。放样过程中，由于受到放样量具及工具精度以及操作水平等因素的影响，实样图会出现一定的尺寸偏差。把这种偏差限制在一定的范围内，就叫做放样的允许误差。

实际生产中，放样允许误差值往往随产品类型、尺度大小和精度要求而异。表5-2给出的允许误差值可供参考。

表 5-2　常用放样允许误差值

序号	名称	允许误差 /mm	序号	名称	允许误差 /mm
1	十字线	±0.5	6	两孔之间	±0.5
2	平行线和基准线	±（0.5～1）	7	样杆、样条和地样	±1
3	轮廓线	±（0.5～1）	8	度板和地样	±1°
4	结构线	±1	9	加工样板	±（1～2）
5	样板和地样	±1	10	装配用样杆、样条	±1

5.1.3　放样作业技巧

（1）平面图形的放样技巧

平面图形放样可直接在坯料上号料或进行样板制作。放样时，要结合零件的使用及加工方法，按前面介绍的判断图样设计基准的方法来确定放样基准。

① 加强肋板的放样技巧。图 5-6 为钢板制加强肋板的图样和放样顺序。从图样显示的零件形状及实际应用情况分析，并结合判断图样的设计基准，其轮廓线 AOB 段显然是放样基准。其放样步骤如下。

a. 划出放样基准线 $AO \perp OB$，如图 5-6（b）所示。

(a) 图样　　(b) 划基准线　　(c) 截取各线段　　(d) 完成放样

图 5-6　加强肋板的放样划线实例

b. 截取 AO=450mm，截取 OB=300mm。过 A 点作 AO 的垂线并截 AD=100mm；过 B 点作 OB 的垂线并截 BC=100mm，如图 5-6（c）所示。

c. 连接 CD，即完成该零件的放样，如图 5-6（d）所示。

② 圆盖板的放样技巧。图 5-7 为一钢板制圆盖板图样和放样顺序。一

般情况下，圆形零件的图样设计基准和放样基准就是圆的十字中心线。其放样步骤如下。

a. 划出十字中心线作放样基准，如图 5-7（b）所示。

b. 划同心圆 D、D_1，并对 D_1 圆周进行等分，如图 5-7（c）所示。在各等分点打上样冲眼。

c. 以十字中心线为基准，划出 A、B 孔的位置并打上中心样冲眼，如图 5-7（d）所示。

d. 由大至小依次划出 A、B 孔和 D_1 圆周上各小孔，即完成放样，如图 5-7（e）所示。

(a) 图样　　　(b) 划十字线作放样基准　　　(c) 划外轮廓

(d) 确定各小孔的位置　　　(e) 完成放样

图 5-7　圆盖板的放样实例

③ 对称图样的放样图。图 5-8 为一钢板翻座板的图样和放样顺序。从其形状特点和尺寸标注的情况分析，其底边轮廓线和与其垂直的中心线是图样的设计基准，也是放样基准。其放样步骤如下。

a. 划出零件的底边轮廓线和垂直中心线作为放样基准，如图 5-8（b）所示。

b. 量取决定零件外轮廓的几个尺寸：在底边轮廓线上对称量取线段长 500mm，过线段两端划垂线并量取高 240mm 的点，在中心线上量取高 600mm 的点，如图 5-8（c）所示。

c. 划半圆弧 $R100$，垂直底边划 $R100$ 半圆弧的两条切线，再确定

*R*150 圆弧的圆心并划 *R*150 圆弧；确定 90mm×300mm 方孔的位置，如图 5-8（d）所示。

　　d. 划出方孔，划出 φ90 小孔，完成该零件图样的放样。

图 5-8　座板的放样实例

（2）展开基准图样的放样技巧

　　许多构件是由钢板制成的单一几何形体或由多个几何形体相贯而构成的。制作时，必须对几何体的表面进行展开，取得其展开后的平面形状和尺寸，才能制取样板和号料。展开前，又必须先划出几何体的实样来，以作为展开的依据。

　　展开基准图的放样，除要遵循前面介绍的选择放样基准外，还要根据所用展开方法的特点来选择视图和精简作图，以提高展开图的精确度。

　　① 等径圆管直交弯头的放样技巧。图 5-9 为等径圆管直交弯头的图样及放样顺序。因两节圆管相同，故只划出一节。由于展开方法用的是平行线法，还需要划出圆管的口形图，这里取俯视图的一半，并直接在管底口处划出。这样做可减少划线的工作量，有利于提高展开图的精度。

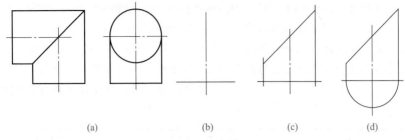

图 5-9 等径圆管直交弯头的放样

其放样步骤如下。

a. 划十字基准线，如图 5-9（b）所示。

b. 以十字线为基准，划出单节圆管的轮廓线，如图 5-9（c）所示（这里略去了圆管的壁厚因素，以下各图同）。

c. 在单节管的底口上，划出其俯视图的一半（也称划出圆管的截面、口形），即完成等径圆管直交弯头的放样。此实样即可作为展开基准图样，如图 5-9（d）所示。

② 斜截正圆锥台的放样技巧。图 5-10 为斜截正圆锥台的图样及放样顺序。圆锥底口与圆锥轴线互相垂直，是该形体的设计基准和放样基准。但上斜口的倾斜角度将直接影响到展开图的形状，故也应加以重视。

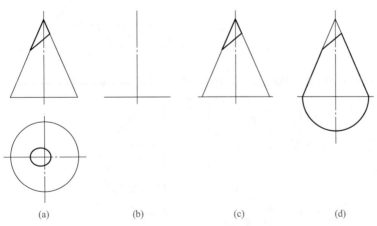

图 5-10 斜截正圆锥台的放样

该形体采用的展开方法为放射线法，也需划出底口的口形，这里也是选其俯视图大口的一半，直接在圆锥底口上划出。俯视图中小口的图形在展开过程中无用，故省略不划。其放样步骤如下。

a. 划十字线作放样基准线，如图5-10（b）所示。

b. 以十字线为基准，划出圆锥台的轮廓线，如图5-10（c）所示。

c. 在圆锥台的底口上，划出俯视图大口的一半，即完成斜截正圆锥台的放样。此实样即可作为展开基准图样，如图5-10所示。

③ 上圆下方（天圆地方）接头的放样技巧。图5-11为上圆下方接头的图样和放样顺序。因本例采用三角形法展开，需用图样中的俯视图和主视图中的高 h。又由于该形体的俯视图前后对称，左右也对称，故只划出俯视图的1/4，高 h 可直接根据图样给定的尺寸量取。其放样步骤如下：

a. 划一直角，以其两直角边作放样基准，如图5-11（b）所示。

b. 以两直角边作基准，划出俯视图的1/4，即完成上圆下方接头展开基准图的放样，如图5-11（c）所示。

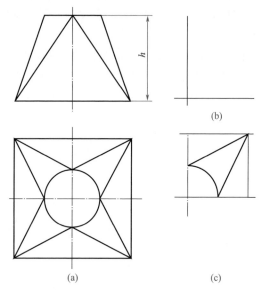

图 5-11　上圆下方接头的放样

（3）装配基准的放样技巧

装配基准放样的作用之一，就是将划出的实样作为装配基准使用。

装配基准的放样，多在工作平台上用石笔来划，当实样图使用时间较长或重复使用时，可在基准点、划线处以及重要的轮廓线上打上样冲眼，以便看不清时重新描划。

装配基准的放样划法与前面介绍过的放样划法一样，也是先判断出图样的设计基准，作放样基准，再依先外后内、先大后小的顺序来划线。

图 5-12 为一构件底座的图样和放样顺序。该底座由槽钢构成，从其图样标注的尺寸和图样特点来看，其右框轮廓边和水平中心线是图样的设计基准和放样基准。这类构件往往采用地样装配法来进行装配。即在平台上划出构件的实样，然后将各槽钢件按轮廓线和结合位置进行拼装。放样步骤如下。

① 划出右框轮廓边与之垂直的水平中心线，作放样基准，并依据此基准划出方框的外轮廓线，如图 5-12（b）所示。

② 以右框轮廓边和水平中心线为基准，划出框内各槽钢的位置，如图 5-12（c）所示。

③ 划出槽钢的朝向，划清楚所有交接位置的交接关系，即完成该框架装配基准的放样，如图 5-12（d）所示。

图 5-12　槽钢底座的放样

5.1.4　放样注意事项与操作禁忌

（1）铆工钣金放样注意事项

① 放样一般是在放样工作台上进行，放样前首先熟悉图纸，核对图

纸各部尺寸是否正确，如无问题方可进行放样工作。

② 放样时准备好划线工具，应考虑需要划几个投影面才能反映出其零部件的形状和大小，根据施工图中具体的技术要求，按照 1：1 的比例和划线基准以及正投影的作图步骤，划出零部件或构件相互之间的尺寸和真实图形，完成放样工作。图形经检查核对无差错后，即用 0.32～1mm 的薄钢板（镀锌板、马口铁），以实样为依据制作出零部件的样板。

③ 样板制作后，必须在样板上标明图号、名称、件数、库存编号等，以便于管理和下料时使用。零部件的形状不同，所制作出的样板的用途也就不同。表 5-3 列出了几种常用样板的名称和用途。

④ 对于一些比较复杂的零件，如在三面视图中不能反映出真实尺寸和形状，则需要增加辅助线，按几何作图、几何展开及近似展开法，求出零部件的实际尺寸和形状。

表 5-3 常用样板的名称和用途

序号	样板名称	用途
1	平面样板	在板料及型材上一个平面进行划线下料
2	弧形样板	检查各种圆弧及圆的曲率大小
3	切口样板	各种角钢、槽钢切口、煨弯的划线标准
4	展开样板	各种板料及型材展开零件的实际料长和形状
5	号孔样板	确定零部件全部孔的位置
6	弯曲样板	各种压型零件及制作胎模零件的检查标准

（2）铆工钣金放样操作禁忌

① 量具要保持规定的精度，否则将直接影响产品质量。因此，除按规定定期检查量具精度外，在进行质量要求较高的重要构件施工前，还要进行量具精度的检验。

② 要依据产品的不同精度要求，选择相应精度等级的量具。对于尺寸较大而相对精度又较高的结构，还要求在同一产品的整个放样过程中使用同一套量具。

③ 要学会正确的测量方法，减少测量操作误差。

④ 在使用划针时，划针的尖部必须进行淬火，以便提高硬度。为使所划线条清晰准确，划针尖必须磨得锋利，其角度约为 15°～20°，划针用钝后重磨时，要注意不使针尖退火变软。

⑤ 弹线不能在大风中进行，防止风吹线斜造成划线误差。

5.2 号料

5.2.1 号料的技术要求

（1）铆工钣金号料方法

铆工钣金号料就是根据图样在钢材（板料、型钢、管子等）上面划出构件形状的剪切或气割线，为钢材切割下料做好准备。号料时除划出切割线外，还要划出零件成形时的加工符号，如弯曲符号、中心线符号等。常用的放样号料符号见表5-4。

表5-4　常用的放样号料符号

序号	名称	符号	序号	名称	符号
1	板缝线	∿	5	余料切线（斜线为余料）	⁄⁄⁄⁄⁄⁄⁄
2	中心线	⌄⌄	6	弯曲线	∿
3	R 曲线	$\{R_曲\}$	7	结构线	⁄⁄⁄
4	切断线	⟶⫻⫻⫻	8	刨边加工	‿∨

批量生产的零件都采用样板号料的办法，样板号料可以大大提高号料的效率。号料通常由手工操作完成，如图5-13所示。

角钢

样板

图5-13　手工号料

号料时为提高材料的利用率，节约钢材，应该采取最合理的号料方法。号料方法有集中号料法、巧裁套料法等。巧裁套料法是应用最广泛的号料方法。目前，光学投影号料、数控号料等一些先进的号料方法在被逐步采用，以代替手工号料。

号料是一项细致而重要的工作，必须按有关的技术要求进行。同时，还要着眼于产品的整个制造工艺，充分考虑合理用料问题，灵活而准确地在各种板料、型钢及成形零件上进行号料划线。

（2）铆工钣金号料的技术要求

① 熟悉产品图样和制造工艺，合理安排各种零件号料的先后顺序，零件在材料上位置的排布应符合制造工艺的要求。例如，某些需经弯曲加工的零件，要求弯曲线与材料的纤维方向垂直；需要在剪床上剪切的零件，其零件位置的排布应保证剪切加工的可能性。

② 根据产品图样，验明样板、样杆、草图及号料数据；核对钢材牌号、规格，保证图样、样板、材料三者的一致。对重要产品所用材料，还要核对其检验合格证书。

③ 号料前，检查材料有无裂缝、夹层、表面疤痕或厚度不均匀等缺陷，并根据产品的技术要求酌情处理。当材料有较大变形，影响号料精度时，应先进行矫正。

④ 号料前应将材料垫放平稳，既要有利于号料划线并保证划线精度，又要保证安全且不影响他人工作。

⑤ 正确使用号料工具、量具、样板和样杆，尽量减小操作引起的号料偏差。例如，弹线时，拽起的粉线应在欲划线的垂直平面内，不得偏斜；用石笔划出的线不应过粗。

⑥ 号料划线后，在零件的加工线、接缝线及孔的中心位置等处，应根据加工需要打上錾印或样冲眼。同时，按样板上的技术说明，应用白铅油或瓷漆等涂料标注清楚，为下道工序提供方便。文字、符号、线条应端正、清晰。

5.2.2　号料的操作要点

（1）弹线和划线技巧

① 弹线（弹直线）技巧。号料与下料中弹直线工作量很大，也是下料工的基本技术。

弹直线，主要有弹粉线和弹油线两种。在号料中，由两人将粉线或油线拉紧，按在已知的要连接的两个点上，一人弹出。具体操作是用大拇指和食指掐住粉线，曲臂向上垂直提起，距钢板 100 ～ 200mm 高，两指松开，便弹出一条直线。

② 划线技巧。实际下料时必须在钢板上按样板进行划线。划线一般用石笔、划线油笔，较精密的产品用钢划针划线。在钢板上的样板的轮廓线用笔或针垂直地把样板的形状划出来。划线工具同所划线的方向成 60°前倾角，与样板之间不要内倾和外倾。由于样板有厚度，以及钢板和样板不平直，如内倾划线，划出的料就比样板小，因此要垂直于钢板划线。

（2）号料与下料标记技巧

① 打样冲技巧。在下料弹线和划线结束后，要在钢板上把零件的轮廓线打上样冲眼，用来表示剪切和气割的线条。剪切线打样冲眼有两个作用：

a. 因为弹线用的白粉和划线用的石笔所划线条都不能保持长久，打上样冲眼，标上剪割符号后，可以存放，随时剪割；

b. 检验下料剪割正确与否。如剪割的料在样冲眼中心，证明剪割正确，如果剪割不在样冲中心，则说明剪割不准确。

有的单位用油笔划线，就可以同时起到以上两个作用。除了需要钻孔的孔心和各种开孔中心打上样冲眼，其他剪割线可以不打。在剪割线打样冲眼时，样冲眼中心距离一般为 40 ～ 60mm。样冲眼要打在线的中心上，不能打偏。

② 打扁铲技巧。实际号料与下料时不仅要把零件轮廓线划出来，而且同该零件有连接的结构线，有余量时的实料线以及中心线、检查线和有关文字等，均须用扁铲打上专用标记。在主线上打出的扁铲痕迹应同划出的线重合，使以后装配工作按该标记正确施工。打扁铲的操作技巧，全靠手指灵活转动扁铲，眼睛注意扁铲刃的运动，有节奏地打出所需要的标记。尤其对号码、文字一定要打得清楚易懂，防止给下道工序造成麻烦。

③ 写字技巧。当以上工作结束后，要用油笔写字和对专用标记圈上示意符号。注意所号料和下料的零件名称、件号、位置、加工工艺过程及扼要的文字说明等不要搞错。写字，一般在零件的上部平写。对于分不出上下和内外方向的较小的零件，写字位置可以因地制宜。

5.2.3　号料时合理用料及二次号料技巧

（1）号料时合理用料技巧与诀窍

利用各种方法、技巧、合理铺排零件在材料上的位置，最大限度地提高材料的利用率，是号料的一项重要内容。

① 集中套排技巧与诀窍。由于零件材料的材质、规格多种多样，为了做到合理使用原材料，在零件数量较多时，可将使用相同牌号材料且厚度相同的零件集中在一起，统筹安排，长短搭配，凸凹相对。这样便可充分利用原材料，提高材料的利用率，集中套排号料方法如图 5-14 所示。

图 5-14　集中套排号料

在生产中，巧裁套料法是应用最广泛的号料与下料方法。

套料法有如下两种形式。

a. 在下料前预先进行排板，把排列好的板面图形绘制成套料卡片（图形为主），下料时就按照这种卡片进行号料。具体做法是：把同厚度的结构零件集中在一起，在样台或在所备料的规格钢板上进行。如在样台上，首先把备料规格方框划出来，把下的料按形状排列起来，先大后小依次移动调整，把整张板面排满，以达到最大的利用程度为止。然后划在套料卡片上，注明零件名称、零件号码即可，如图 5-15 所示。这种方法的优点是能最大程度地利用钢板，缺点是需要预先排板，等于多号一次，时间要长。另外，到实际下料时，由于下料的零件数量不都是相等的，所以下料时数量容易混乱。

图 5-15　套料卡片

b. 套料法，对于熟练的下料工人来说，可以按经验一次直接地号在钢板上。其步骤一般是先号大、后号小，先号直、后号曲，先号多、后号少。但是对于初学者，不能一下子掌握得很熟练，需要多考虑，多实践。常见的排列方法有单行直排、单行斜排、对排、组合排列、错综排列和环形排列等形式，如图 5-16 所示。

(a) 单行直排

(b) 单行斜排

(c) 对排

(d) 组合排列

(e) 错综排列

(f) 环形排列

图 5-16　零件在钢板上的排列形式

钢板下料还应当注意板面的排列尽可能便于剪切，不能一味只顾省料，把板面排列得拥挤杂乱，使剪床无法下刀剪切。还要注意到有许多曲线和不可剪切线，只有用气割的方法才能裁割下来。

另外，有些零件左右完全对称，它们的样板只需要做一半就可以了。遇到这种样板，在下料时把样板翻转 180° 再划线，就能号出整个形状。用这种样板号料时，应预先把样板上的基准线在钢板上进行延长，当翻转过去时，样板上的基准线要对准钢板上的基准线，这样才能保证整个零件形状的误差较小。

② 余料利用技巧。由于每一张钢板或每一根型钢号料后，经常会出现一些形状和长度大小不同的余料，将这些余料按牌号、规格集中在一起，用于小型零件的号料，可最大限度地提高材料的利用率。

（2）型材号料技巧

因型钢截面形状多种多样，故其号料方法也有特殊之处。

① 整齐端口长度号料技巧。当型钢零件端口整齐，只需确定其长度时，一般采用样杆或卷尺号出其长度尺寸，再利用过线板用划针划出端线 ［图 5-17（a）］。

② 中间切口或异形端口号料技巧。有中间切口或异形端口的型钢号料时，首先利用样杆或卷尺确定切口位置，然后利用切口处形状样板用划针划出切口线 ［图 5-17（b）］。

③ 在型钢上号孔的位置。这时，一般先用勒子划出边心线，再利用样杆确定长度方向孔的位置，然后利用过线板用划针划线，有时也用号孔样板来号孔的位置。

图 5-17　型钢上号料

（3）二次号料技巧

对于某些加工前无法准确下料的零件（如某些热加工零件、有余量装配要求等），往往在一次号料时留有充分的余量，待加工后或装配时再进行二次号料。在进行二次号料前，结构的形状必须矫正准确，消除结构存在的变形，并进行精确定位。中、小型零件可直接在平台上定位划线，如图 5-18 所示。大型结构则在现场用常规划线工具，并配合经纬仪等进行二次号料划线。

图 **5-18**　二次号料

5.2.4　号料的允许误差及注意事项

（1）号料允许误差

号料划线，主要是为加工提供直接依据。为保证产品质量，号料划线偏差要加以限制。常用的号料划线允许误差值见表 5-5。

表 **5-5**　常用号料允许误差　　　　　　　　　mm

序号	名称	允许误差	序号	名称	允许误差
1	直线	±0.5	6	料宽和长	±1
2	曲线	±（0.5～1）	7	两孔（钻孔）距离	±（0.5～1）
3	结构线	±1	8	铆接孔距	±0.5
4	钻孔	±0.5	9	样冲眼和线间	±0.5
5	减轻孔	±（2～5）	10	扁铲	±0.5

（2）号料注意事项

① 准备好号料所用的工具、量具，如锤子、样冲、划规、石笔等。

并按安全文明生产要求，将工具、量具摆放在指定的位置上。

② 摆放原材料要符合安全生产要求。对于大规格的型钢要垫放稳妥，防止发生事故。

③ 检查样板并核对工作任务单，核对材料的牌号、规格及工件数量等。根据图样尺寸直接在原材料上号料的，划完线后要复查，防止发生错误。

④ 检查原材料，如发现材料有裂纹、夹层、锈蚀严重及厚度超差等缺陷，应事先告知有关技术人员处理。钢材变形严重的，应事先进行矫正。

⑤ 根据工件的具体情况，合理地确定其在原材料上的位置。如注意弯曲件对材料轧制方向的要求，考虑剪切工艺顺序等。

⑥ 号完料后，要视具体情况，如分离手段、工件的进一步加工方法等，在工件的轮廓线、折弯线、中心线上打上样冲眼，并将相关的内容移标到坯料上。

5.3 剪切下料

5.3.1 常用下料方法及选择

铆工钣金下料就是按照号料时划出的切割线对钢材进行切割。

切割方法有剪切、气割、锯割、等离子弧切割、电火花线切割、激光切割等。剪切有龙门剪床剪切、振动剪切、滚动剪切等。气割应用最广泛的是氧乙炔焰切割，有手工气割、半自动切割、仿形切割、数控切割等。锯割有手工锯割、机械圆盘锯割、弓形锯床锯割等。

等离子弧切割能够切割不锈钢、铝、铜、铸铁以及其他难熔金属材料和非金属材料。铆工钣金气割和等离子弧切割见"第12章 铆工焊接与热切割"。

铆工钣金常用下料方法及其选择见表5-6。

5.3.2 板料的手工剪切技巧

板料的手工剪切是利用手动剪切工具，如铆工用钣金剪刀和虎钳等将板料剪切成所需毛坯的操作过程，剪切方法与技巧如表5-7所列。这种方法主要用于单件、少量生产。

表 5-6 钣金下料方法及其选择

分类		方法	工装	应用与说明
热切割	火焰切割	氧乙炔	气割机、割炬	料厚 δ=3 ～ 3600mm 的板材、型材；纯铁、低碳钢、中碳钢及部分低合金钢；内外形、修边，精度达 ±1mm
		氧丙烷	气割机、割炬	δ=3 ～ 3600mm 的板材、型材；纯铁、低碳钢、中碳钢及部分低合金钢；内外形、修边，精度达 ±1mm，成本低，切口质量好
		氧天然气	气割机、割炬	δ=3 ～ 3600mm 的板材、型材；纯铁、低碳钢、中碳钢及部分低合金钢；内外形、修边，精度达 ±1mm，切割速度低于氧丙烷
		氧 - 熔剂	气割机、割炬，加送粉器	铜合金（要预热）、不锈钢、铸铁
	电弧电火花切割	等离子弧	切割设备、割炬	碳钢、不锈钢、高合金钢、钛合金、铝、铜及其合金、非金属，切口较窄，切厚达 200mm，精度达 ±0.5mm，可水下切割
		碳弧气刨	直流焊机、气刨钳	高合金钢、铝、铜及其合金，切割、修边、开坡口、去大毛刺
		电火花线切割	电火花线切割机床	各种导电材料的精密切割，切厚可达 300mm 以上，精度达 ±0.01mm，可切出任意形状平面曲线和 < 30° 斜度（侧壁），尤其适于冲裁模制造
	激光切割		激光切割机	各种材料的精密切割，切厚可超过 10mm，切缝 0.1 ～ 0.5mm，精度 ≤ 0.1mm，但设备昂贵
剪切	板料	手工作业	手剪、手提振动剪	低碳钢、铝、铜及其合金，纸板、胶木板、塑料板；精度低、成本低、生产率低；只适宜 δ ≤ 4mm 的薄板、直线、曲线
			手动剪板机	低碳钢、铝、铜及其合金，纸板、胶木板、塑料板；精度低、成本低、生产率低；只适宜 δ ≤ 4mm 的薄板、直线、曲线
		闸式刀架龙门剪剪切	平口剪床	剪切力大，宜条料，直线外形，中、大件生产率高，材料同上
			斜口剪床	剪切力较小，宜中大件直线、大圆弧及坡口，剪厚达 40mm，材料同上

分类		方法	工装	应用与说明
剪切	板料	圆盘滚刀剪切	直圆滚剪	剪切条料、直线、圆弧，精度较低，切口有毛刺，宜中小件小批生产，材料同上，剪切厚度达 30mm
			下斜式圆滚剪	剪直线、圆弧（R 较小），其余同上，剪切厚度达 30mm
			全斜式圆滚剪	复杂曲线，其余同上，剪切厚度达 20mm，精度 ±1mm
		短步剪切	振动剪床	复杂曲线、穿孔、切口、翻边，还可剪钛合金，材料同上
冲裁（落料冲孔切断切口）			冲裁设备	$\delta \leqslant 10mm$，精度高（落料 IT10，冲孔 IT9），生产率高，宜中大量生产
切削加工		手工作业	弓锯	各种型材、棒材、管材、板材，工具廉价、劳动强度大，生产率低，操作简单，可锯槽、锯硬料、各种金属非金属材料
			手持动力锯	各种型棒管板，生产率高，噪声大，各种未淬硬金属、非金属
			手控锯动机	同手持动力锯
			电动割管机	$\phi 200 \sim \phi 1000mm$ 金属、塑料管材
			切管架	中小径管材，劳动强度大，材料同上
			手控砂轮切割机	型棒管、各种金属非金属（有色金属、橡塑材料除外）
		机床作业	锯床	型棒管、未淬硬金属、塑料、木材，生产率高
			刨边机、刨床	板材切割、修边、开坡口，精度高、材料同锯床
			钣金铣床、铣床	板材切割、修边，精度高，可切复杂曲线，材料同上
			车床、镗床	棒管切断、开坡口、修边，精度高，各种材料
高压水切割			超高压（≥400MPa）水割设备	各种金属、非金属（如玻璃、陶瓷、岩石），可配入磨料，精度高，切陶瓷厚达 10mm 以上，但设备昂贵

表 5-7　板料的手工剪切方法

剪切工件	图示	方法
剪外圆		剪大圆或大圆弧时，用顺时针剪切；剪小圆或小圆弧时，用逆时针剪切
剪内圆或内圆弧		用弯头剪刀剪切较方便
剪短直料		被剪掉的部分位于剪切的右边，每剪一次，剪刀张开约 2/3 刀刃长，两刀刃间不能有空隙
剪长直料		被剪掉的部分位于剪刀的左边，使之向上弯曲，便于剪切
台虎钳上剪切		将剪刀的下柄用虎钳夹住，上柄可套 1 根管子，以增大剪切力，这样剪切省力
剁切	10°～15°	将钢板置于铁砧或平台的棱角处，作为下刀刃，用带柄或不带柄的剁子作上刀刃，剁子的刃口倾斜 10°～15°，用大锤锤击剁子进行剪切

5.3.3　板料的机械剪切技巧

（1）剪切机下料技巧

剪切机也称龙门剪床，常用来剪裁直线边缘的板料毛坯。对被剪板料，剪切工艺应能保证剪切表面的直线度和平行度要求，并尽量减少板材扭曲，以获得较高质量的制件。

① 剪切机工作原理。如图 5-19 所示，上刀片 6 固定在托板 5 上，下刀片 11 固定在床面 2 上，前挡料板 1 用螺栓固定，后挡料板 8 用于板料定位，位置由螺杆 9 进行调节。压料机构 3 由工作曲轴带动，用于上刀片与板料接触前压紧板料，防止板料在剪切时移动或翻转，完成自动压料；

也可以利用手动偏心轮等达到压紧目的，而成为手动压料式。栅板 4 是安全装置，以防工伤事故。

图 5-19　龙门斜口剪切机工作原理

1—前挡料板；2—床面；3—压料机构；4—栅板；5—托板；6—上刀片；
7—板料；8—后挡料板；9—螺杆；10—床身；11—下刀片

挡料板的调整可用手动或机动的方法。按样板手动调节的方法如图 5-20 所示，图（a）表示利用后挡板剪切矩形板料，图（b）表示利用前挡板剪切矩形板料，图（c）表示利用后挡板剪切平行四边形板料，图（d）表示利用角挡板剪切不规则四边形板料，图（e）表示利用角挡板和后挡板剪切不规则四边形板料，图（f）表示利用角挡板在矩形板料上剪切一角的方法。

(a) 用后挡板　　　(b) 用前挡板　　　(c) 用角挡板和后挡板

(d) 用两个角挡板　　(e) 用后挡板及角挡板　　(f) 用角挡板及前挡板

图 5-20　利用挡板剪料

② 剪刀参数及剪切力的计算。不同剪切设备及剪切方法的剪刀参数与剪切力的计算公式见表 5-8。

表 5-8 不同剪切方法及剪切力的计算公式

方法	简图	剪刀参数	用途	剪切力 $F_{剪}$/N
龙门剪及杠杆剪		龙门剪刀斜角 $\varphi=2°\sim6°$ 平口剪为 0，杠杆剪 $\varphi=7°\sim12°$，取 $\varphi=1°\sim3°$ 料厚 $\delta=3\sim10$，取 $\delta=3°\sim6°$ $\delta=12\sim35$，取 $\gamma=5°\sim15°$ 前角 $\gamma=5°\sim15°$ 后角 $\alpha=1.5°\sim3°$ 楔角 $\delta=75°\sim80°$ 为便于刃磨常取 $\alpha=0$	板料裁条剪单个坯料一般 $\delta_{max}\leqslant40\text{mm}$	平口（$\varphi=0°$）： $F_{剪}=1.3B\delta\tau$ 斜口： $F_{剪}=0.65\dfrac{\delta^2\tau}{\tan\varphi}$ 式中 δ——板厚，mm τ——坯料剪切强度，MPa
直滚剪		咬角 $\alpha\leqslant4°$ 重叠高 $C=(0.2\sim0.3)\delta$ 剪盘尺寸: $\delta>10$，厚料 $D=(25\sim30)\delta$，$h=50\sim90\text{mm}$ $\delta<3$，薄料 $D=(35\sim50)\delta$，$h=20\sim25\text{mm}$ 同隙 $Z=(0.05\sim0.07)\delta$	板料裁条或内裁圆坯由板边向内裁圆坯 $\delta_{max}\leqslant30\text{mm}$	

续表

方法	简图	剪刃参数	用途	剪切力 $F_剪$/N
圆盘剪		斜角 $\varepsilon=30°\sim40°$ 剪盘尺寸： 厚料 $\delta>10$，$D=20\delta$，$h=50\sim80$mm 薄料 $\delta<3$，$D=28\delta$，$h=15\sim20$mm	板料裁条、裁圆或环状坯料 $\delta_{max}\le30$mm	$F_剪=0.65\dfrac{h_0\tau}{\tan\alpha}\tau$ $\tan\alpha=\sqrt{\left(\dfrac{D}{D-\delta-6}\right)^2-1}$ 材料发生剪切裂缝时的值对挤入深度 h_0 的值如下： 软钢：$\sigma_b=249\sim392$MPa $\tau=245\sim343$MPa $h_0=(0.64\sim0.04\delta)t$ 硬钢：$\sigma_b=539\sim739$MPa $\tau=490\sim680$MPa $h_0=0.45t^{0.02}$ 纯铜、铝（退火）：$h_0=(1-0.05t)t$ 非金属材料：$h_0=1.0$
斜滚剪		间隙 $a\le0.2\delta$，$b\le0.3\delta$ 剪盘尺寸： 厚料 $\delta>10$，$D=12\delta$，$h=40\sim60$mm 薄料 $\delta<5$，$D=20\delta$，$h=10\sim15$mm	裁半径不大的圆、环，精裁曲线 $\delta_{max}\le20$mm，度 ±2mm	
振动剪		$\alpha=24°\sim30°$ $\beta=6°\sim7°$ 剪刃行程 $2\sim3$mm 重叠量 $0.2\sim1.0$mm 剪刀间隙 $(6\%\sim7\%)\delta$	按样板或划线剪小半径曲线轮廓坯料	同斜滚剪
蚕食冲剪		冲头直径 $\phi=8$mm，$\phi=25$mm 冲头在凹模内的最小长度 $1.5\sim2$mm	黑色板材曲线外形仿形下料，单件小批生产	$F_剪=1.34t\tau$ 式中 A——剪断面积，mm²
型材剪切			剪切各种型材	$F_剪=1.34\tau$ 式中 A——剪断面积，mm²

注：金属材料可取 $\tau=\sigma_b/1.3$ 代入表中公式计算。

③剪切工具与设备。钣金下料常用剪切工具与设备见表5-9。

表 5-9　钣金下料常用剪切工具与设备

名称	工作原理简图
①手动剪板机（台剪）	 (a) 小型台剪　　　(b) 杠杆式大型台剪　　(c) 齿轮杠杆式大型台剪 手动剪板机（台剪）
②气动振动剪	 气动振动剪
③砂轮切割机	 砂轮切割机
④气动锯	 气动锯

名称	工作原理简图
⑤简单冲裁模（冲孔、落料）	简单冲裁模 1—凸模；2—板料；3—凹模；4—冲床工作台
⑥弓锯床	最大ϕ220 弓锯床
⑦双盘剪切机	(a) 下滚刀倾斜　　(b) 上下滚刀轴线平行 双盘剪切机 1—圆盘上滚刀；2—电动机；3—齿轮；4—手轮；5—上滚刀； 6—工件；7—下滚刀
⑧冲型剪切机	冲型剪切机

名称	工作原理简图
⑨ 振动剪切机	（此部分）振动剪切机 1—上刀片；2—下刀片
⑩ 角形剪切机	角形剪切机
⑪ 龙门剪板机	龙门剪板机 1—压紧装置；2—偏心轮；3—横轴；4—齿轮； 5—下刀片及下刀座；6—床身；7—上刀架及上刀片

续表

名称	工作原理简图
⑫联合冲剪机	 QA24-25联合冲剪机 1—冲头；2—型材剪切头；3—上刀片；4—压杆

（2）铣切下料

铣切下料是利用高速旋转的铣刀对成叠的板料进行铣切，其工艺方法简单，生产效率高，是成批钣金零件制造的首要工序。目前在航空工业生产中，许多飞机的蒙皮、中型结构零件的展开件，某些套裁的零件都是采用铣切的下料方法。

在工业发达的国家，大多已采用计算机控制的自动铣切机床进行加工，铣切生产线示意图如图 5-21，钣金铣切程序流程见表 5-10。

图 5-21　铣切生产线示意图

5.3.4　剪切下料注意事项与操作禁忌

（1）剪切下料注意事项

① 开动剪床前，对剪床各部分要认真检查，加注润滑油。起动开关后，应检查操纵装置及剪床运转状态是否良好，确认正常方可使用。

② 剪切作业中，精力要集中，多人操作时，剪切开关要由专人操纵，

严禁把手伸入剪口。

③ 不得剪切过硬或经淬火的材料。

④ 剪切前，应清理一切妨碍工作的杂物。剪床床面上不得摆放工具、量具及其他物品。

⑤ 工作后，剪切工件要摆放整齐，并清理好工作现场。

（2）剪切下料的安全文明生产与操作禁忌

钣金冲、剪分离要使用各种冲压设备，而且在各种设备的操作中，手工操作占很大的比重，如部分冲裁件的上料、剪板机的上料、型钢剪断的操作、横入式剪切的上料以及圆盘剪切机的操作等。操作时若不注意，容易发生各种各样的人身伤害事故。

表 5-10　钣金铣切流程图

步骤	图例	说明
①		材料准备。备料，在座板上堆叠，打定位销，装在机器的弓形夹上
②		钻定位销孔，铆定位销，套载零件的周边、定位销孔的位置已由计算机自动编程编制储存在自动控制系统中
③		加工零件上所有孔。按程序自动更换钻头，自动加工
④		铣切零件的周边。自动更换铣刀、自动加工
⑤		取下已加工完成的零件

① 钣金冲、剪分离操作的安全生产要求。

a. 坚持未经培训不得上岗的原则。凡未经专门培训的人员，不得操作各种冲压设备。

b.设备的安全、防护设施要齐全、有效，各种操纵、制动机件要灵敏、可靠。操作过程中，若发现异常情况，如设备运转不正常、操纵失灵、有异常响动等，应立即停机断电进行检修。严禁设备带故障运行。

c.修理设备、清理工件或废料、更换或调整模具时，必须停机断电。

d.操作者工作时要精力集中。两人或两人以上集体操作时，要有主有次、分工明确，相互协作配合。

e.各类冲压设备的操作中，要特别注意手的安全。例如不得用手直接去取冲裁模内的工件或废料；开动剪床后，不得用手在剪刃和压紧装置下面取物或摆放钢板；上料时，不得将手垫放在钢板下面等。

②钣金冲、剪分离操作的文明生产要求。

a.工作场地要随时保持整洁。原材料、工件、废料以及所用的工、夹、量具应分类摆放在指定的地点，保证通道畅通。

b.按要求做好设备的日常维护、保养工作。工作前要按规定对设备加注润滑油，工作后要擦去掉设备各处的污物。

c.严格按所用设备的操作规程和工艺要求进行操作，禁止野蛮操作。

5.4 锯割、自动切割及电火花线切割下料

5.4.1 锯割用锯床及主要技术参数

锯床用于切割各种型钢，也可切割管材。常用的有弓锯床、圆锯床和带锯床等。

（1）弓锯床

弓锯床结构如图 5-22 所示，其型号和主要技术参数见表 5-11。

表 5-11　常用弓锯床型号和主要技术参数

型号	最大锯料直径/mm	加工范围				锯片尺寸/mm		锯条行程/mm	往复次数/（次/min）	电动机功率/kW
		圆钢/mm	方钢/mm	槽钢（型号）	工字钢（型号）	长度	厚度			
G7016	160	160	160	16	16	350	1.4	100～180	85	0.37
G7025	250	250	250	25	25	450 500	2	152	91	1.5

续表

型号	最大锯料直径 /mm	加工范围				锯片尺寸 /mm		锯条行程 /mm	往复次数 /(次/min)	电动机功率 /kW
		圆钢 /mm	方钢 /mm	槽钢（型号）	工字钢（型号）	长度	厚度			
G7116	160	160	160	16	16	350	1.8 1.4	110～170	92	0.37
G725	250	250	250	25	25	450	2	140	80，105	1.5
G72	220	220	220	22	22	450	2	152	75，97	1.5

（2）圆锯床

圆锯床结构如图 5-23 所示，其型号和主要技术参数见表 5-12。

表 5-12　常用圆锯床型号和主要技术参数

型号	规格 /mm	加工范围				锯片尺寸 /mm		切削速度 /(mm/min)	电动机功率 /kW
		圆钢 /mm	方钢 /mm	槽钢（型号）	工字钢（型号）	直径	厚度		
G607	710	240	220	40	40	710	6.5	25～400	5.5
G6010	1010	350	300	60	60	1010	8	12～400	10
G6104	1430	500	350	60	60	1430	10.5	12～400	13
G6120A	2010	700	650			2010	14.5	5.6～17	30

图 5-22　弓锯床结构

图 5-23　圆锯床结构

（3）带锯床

带锯床的型号和主要技术参数见表5-13。

表5-13　带锯床型号和主要技术参数

型号	最大切料直径/mm	最大锯料厚度/mm	锯轮直径/mm	锯带长度/mm	锯带宽度/mm	切割速度/(m/min)	切断进给方式	电动机功率/kW
G5025（卧式）	250	250	280	3660	25	20～70	液动	1.1
G5030（卧式）	直割300斜割200	300	400	3660	25	21～60	手动	1.1
G5120（立式）	200	200	432	3600～3700	3～18	20～800	液动	1.1
G5250（台式）	200	200	200	3440	3～10	60～120	手动	0.37

5.4.2　自动和数控气割设备及主要技术参数

（1）半自动气割机

半自动气割机由切割小车、导轨、割炬、气体分配器及割圆附件等组成。切割小车采用直流电动机驱动，晶闸管控制进行无级调速。

半自动气割机主要用于低、中碳钢板的直线、弧形和圆形的气割，以及斜面和V形坡口的气割。

常用半自动气割机结构如图5-24所示，其主要技术参数见表5-14。

图5-24　CG1-100型半自动气割机结构

表 5-14　半自动气割机主要技术参数

型号	切割范围		切割速度 /（mm/min）	使用割嘴 / 号数	电动机功率 /W	用途
	厚度 /mm	直径 /mm				
CG1-30	5 ～ 60	200 ～ 2000	50 ～ 750	1、2、3	24	可作直线和大于 20mm 圆周、斜面、V 形坡口等形状气割
CG-7	5 ～ 50	65 ～ 1200	75 ～ 850	1、2、3	3	可作直线、圆周、任意曲线、坡口的气割
CG1-18	5 ～ 150	500 ～ 2000	50 ～ 1200	1、2、3、4、5	15	可作直线、圆周、坡口气割，尤其对 8mm 以下薄钢板切割质量好
CG1-100	10 ～ 100	540 ～ 2700	190 ～ 550	1、2、3	22	可作直线、圆周和倾角 40° 以内的切割
CG1-100A	10 ～ 100	50 ～ 1500	50 ～ 650	1、2、3	24	可作直线、圆周和 V 形坡口的切割
CG-Q2	6 ～ 150	30 ～ 150	0 ～ 1000	1、2、3、4	24	可作直线、圆、长圆、方形、长方形、三角形等形状的切割，机上装有横移架能横向自动行移或旋转

（2）仿形气割机

仿形气割机大多是轻便摇臂式仿形自动气割机，适用于低、中碳钢板的切割，也或作为大批量生产中同一零件气割工作的专用设备。

仿形气割机主要由电机身、仿形机构、型臂、主臂及底座等机构组成。传动部分采用直流电动机，晶闸管控制进行无级调速。

常用仿形气割机结构如图 5-25 所示，其主要技术参数见表 5-15。

图 5-25 CG2-150 型仿形气割机结构

1—割炬；2—割炬架；3—永久磁铁装置；4—磁铁滚轮；5—电动机；6—型臂；
7—样板紧定调节器；8—速度控制箱；9—平衡锤；10—底座；
11—主轴；12—基臂；13—主臂

表 5-15 仿形气割机主要技术参数

名称		仿形气割机		摇臂仿形 气割机	
型号		CG2-150	G2-1000	B2-900	G2-3000
切割范围	厚度 /mm	5～50	5～60	10～100	10～100
	长度 /mm	1200	1200		
	最大正方形 /mm×mm	500×500	1060×1060	900×900	1000×1000
	长方形尺寸 /mm×mm	400×900 450×750	750×460 900×410 1200×260		3200×350
	直径 /mm	600	620，1500	930	1400
切割速度 /(mm/min)		50～750	50～750	100～660	108～722
气割精度 /mm		±0.4	≤±1.75	±0.4	±0.4
割嘴号数		1、2、3	1、2、3	1、2、3	1、2、3
电动机功率 /W		24 （3600r/min）	24	24	24
电源电压 /V		220	220	220	220
质量 /kg	平衡锤重	9	2.5		
	总重	40	38.5	400	200
用途		可按型板气割 各种形状	可按型板气 割各种形状	具有自动仿 形任意曲线 性能	具有自动仿 形任意曲线 性能

（3）光电跟踪气割机

光电跟踪气割机是利用光电平面轮廓仿形通过自动跟踪系统驱动割嘴，然后用氧气 - 乙炔火焰对金属进行切割的设备。

光电跟踪气割机采用动态扫描脉冲相位原理，对加工件图形、线条、边沿信息进行自动检测，实现了钢板带材复杂工件的按图跟踪、一次多头自动切割。整个工序无需放样划线。在工艺上可省略实尺下料，有效地提高了工效，降低了气割操作的劳动强度，提高切割质量，能最大限度地利用钢材。

光电跟踪气割机主要由跟踪台和自动气割执行机构两部分组成。这两部分大多为分离式，并可实现遥控操作。光电跟踪气割机外形如图 5-26 所示。

图 5-26 光电跟踪气割机外形

目前应用的 GD-2000 型光电跟踪气割设备装有 4 把割炬，可同时气割 4 个零件，采用 1 : 1 跟踪比例，切割精度高，结构紧凑，运行平稳，操作方便，其主要性能如下：

气割范围 /mm×mm：	2000×2000
气割钢板厚度 /mm：	6 ～ 60（4 组割炬）
切割速度 /（mm/min）：	50 ～ 1200
导轨长度 /mm：	7800
割缝补偿范围 /mm：	±2
跟踪精度 /mm：	< 0.3
电源：	AC 220V、50Hz

（4）数控气割机

数控气割是随着电子计算机技术的发展，在气割工艺中使用的一项新技术，并得到了较为普遍的应用。这种气割机可省掉放样等工序而直接进行切割，它的出现标志着自动化气割进入了一个新时代。常用数控气割外形如图 5-27 所示。

目前应用的数控气割机型号和主要技术参数见表 5-16。

表 5-16　　数控气割机型号和主要技术参数

型号	控制方式	主要技术参数	
CNC-2500	单板机控制	轨距	2500mm
		轨长	9205mm
		割炬数	2个
		切割速度	250～750mm/min
		气割钢板厚度	8～50mm
		气割钢板宽度	2000mm
		气割钢板长度	6000mm
		最高定位速度	1500mm/min
		割炬升降形式	手动
CNC-4A	微机控制	轨距	4000mm
		轨长	16000mm
		割炬数	2个
		切割速度	50～1000mm/min
		气割钢板厚度	8～150mm
		机器精度、定位精度	<±1mm/10m
		椭圆度	<±0.5mm/1m
		性能及用途：计算机控制运动轨迹，氧乙炔气割钢板	
CNC-6000	微机控制	轨距	6000mm
		轨长	19200mm
		割炬数	单割炬4把，三割炬1组
		最高划线速度	6000mm/min
		气割钢板厚度	6～200mm
		割炬自动升降系统	5套
		钢板自动穿孔气路	1套
		喷粉划线装置	1套
		性能及用途：计算机控制运动轨迹，氧乙炔气割钢板	

(a) 小型数控气割机　　　　　　　(b) 大型数控气割机

图 5-27　数控气割机外形

5.4.3 数控电火花线切割加工

线切割加工（wire electrical discharge machining，WEDM）是电火花线切割加工的简称，它是用线状电极（钼丝或铜丝）靠电火花放电对工件进行切割，其工作原理如图 5-28 所示，被切割的工件接脉冲电源的正极，电极丝作为工具接脉冲电源的负极，电极丝与工件之间充满具有一定绝缘性能的工作液，当电极丝与工件的距离小到一定程度时，在脉冲电压的作用下工作液被击穿，电极丝与工件之间产生火花放电而使工件的局部被蚀除，若工作台按照规定的轨迹带动工件不断地进给，就能切割出所需要的工件形状。

图 5-28　数控线切割加工的工作原理

1—数控装置；2—信号；3—贮丝筒；4—导轮；5—电极丝；6—工件；
7—脉冲电源；8—下工作台；9—上工作台；10—垫铁；11—步进电机；12—丝杠

线切割机床通常分为两类：快走丝与慢走丝。前者是贮丝筒带动电极丝做高速往复运动，走丝速度为 8 ～ 10m/s，电极丝基本上不被蚀除，可使用较长时间，国产的线切割机床多是此类机床。由于快走丝线切割的电极丝是循环使用的，为保证切割工件的质量，必须规定电极丝的损耗量，避免因电极丝损耗过大以致电极丝在导轮内窜动。提高走丝速度有利于电极丝将工作液带入工件与电极丝之间的放电间隙、排出电蚀物，并且提高切割速度，但加大了电极丝的振动。慢走丝机床的电极丝做低速单向运动，走丝速度一般低于 0.2m/s，为保证加工精度，电极丝用过以后不再重复使用。

快走丝线切割的加工精度为 0.02 ～ 0.01mm，表面粗糙度一般为 Ra 5.0 ～ 2.5μm，最低可达 Ra 1.0μm。慢走丝线切割的加工精度为 0.005 ～

0.002mm，表面粗糙度一般为 $Ra\,1.6\mu m$，最低可达 $Ra\,0.2\mu m$。

线切割机床的控制方式有靠模仿形控制、光电跟踪控制和数字程序控制等方式。目前，国内外 95% 以上的线切割机床都已经数控化，所用数控系统有不同水平的，如单片机、单板机、微机，微机数控是当今的主要发展趋势。

快走丝线切割机床的数控系统大多采用简单的步进电机开环系统，慢走丝线切割机床的数控系统大多是伺服电机加编码盘的半闭环系统，在一些超精密线切割机床上则使用伺服电机加磁尺或光栅的全闭环数控系统。

钣金数控电火花线切割加工具有如下特点。

① 直接利用线状的电极丝作电极，不需要制作专用电极，可节约电极设计、制造费用。

② 可以加工用传统切削加工方法难以加工或无法加工出的形状复杂的工件，如凸轮、齿轮、窄缝、异形孔等。由于数控电火花线切割机床是数字控制系统，因此加工不同的钣金工件只需编制不同的控制程序，对不同形状的工件都很容易实现自动化加工。很适合于小批量形状复杂的钣金工件、单件和钣金试制品的加工，加工周期短。

③ 电极丝在加工中不接触工件，二者之间的作用力很小，因此工件以及夹具不需要有很高的刚度来抵抗变形，可以用于切割极薄的钣金工件及在采用切削加工时容易发生变形的工件。

④ 电极丝材料不必比工件材料硬，可以加工一般切削方法难以加工的高硬度金属材料，如淬火钢、硬质合金等。

⑤ 由于电极丝直径很细（0.1 ～ 0.25mm），切屑极少，且只对工件进行切割加工，故余料还可以使用，对贵重金属加工更有意义。

⑥ 与一般切削加工相比，线切割加工的效率低，加工成本高，不宜大批量加工形状简单的零件。

⑦ 不能加工非导电材料。

由于数控电火花线切割加工具有上述优点，因此电火花线切割广泛用于加工硬质合金、淬火钢模具零件、样板、各种形状复杂的细小零件、窄缝等，特别是冲模、挤压模、塑料模、电火花加工型腔模所用电极的加工。

第6章

铆接展开计算

6.1 点、直线、平面的投影

6.1.1 点的三面投影

如图 6-1 所示为空间点 A 的三面投影及展开图。点 A 在 H 面的投影记为同名小写字母 a，点 A 在 V 面的投影记为同名小写字母 a'，点 A 在 W 面的投影记为同名小写字母 a''。

(a) 点的空间位置　　　　(b) 点的三面投影

图 6-1　点的三面投影

总结其展开图的投影规律，可以得出点的三面投影规律：

$$a_x a' \perp OX, \ a_z a'' \perp OZ, \ a_x a = a_z a''$$

上述这个规律是空间点的三面投影必须保持的基本关系，也是画点的投影及识读点的投影必须遵循的基本法则。

同时，空间点到投影面的距离在投影图上也可得到反映。

①点 A 到 H 面的距离 $=Aa=a'a_x=a''a_y=Z$。

②点 A 到 V 面的距离 $=Aa'=aa_x=a''a_z=Y$。

③点 A 到 W 面的距离 $=Aa''=a'a_z=aa_y=X$。

有时，也可用坐标值来确定空间点，如 $A(X, Y, Z)$。

6.1.2 各种位置直线的投影

（1）直线的三面投影

直线的各面投影由直线上两个点的同面投影来确定。作直线投影只需作出直线上任意两点（一般是直线段的两端点）的投影，然后连接其两点的同面投影。

如图 6-2（a）、（b）所示四棱锥的侧棱边，分别求作点 S、A 三面投影 s、s'、s'' 和 a、a'、a''，然后将其同面投影连接起来，即得 SA 的三面投影 sa、$s'a'$、$s''a''$。

直线上任一点的投影必在该直线的同面投影上。如图 6-2（a）、（c）所示，在侧棱 SA 上有一点 K，其投影 k、k'、k''，分别在直线 SA 的同面投影 sa、$s'a'$、$s''a''$ 上，这种点在直线上的投影特性称从属性。直线段上的点将线段分成定比，则该点的投影也将直线段的同面投影分成相同的定比，如图 6-2（a）、（c）所示，$SK:KA=sk:ka=s'k':k'a'=s''k'':k''a''$，这种点分割线段成比例的点在直线上的投影特性称定比性。

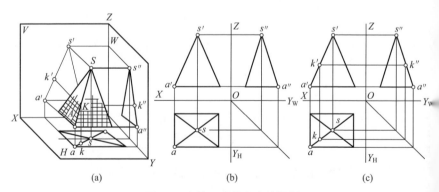

图 6-2 直线及直线上点的投影

（2）各种空间位置直线的投影

空间直线与投影面的位置关系有三种：投影面平行线、投影面垂直线和一般位置直线。

① 投影面平行线。平行于一个投影面，而倾斜于另两个投影面的直线，称为投影面平行线。投影面平行线分为：

a. 水平线，直线平行于 H 面，倾斜于 V 面和 W 面；

b. 正平线，直线平行于 V 面，倾斜于 H 面和 W 面；

c. 侧平线，直线平行于 W 面，倾斜于 H 面和 V 面。

投影面的平行线的投影特性是：直线平行于投影面，在该投影面上的投影反映实长，而且与在该投影面上的投影轴的夹角分别反映与其他两投影面的倾角；同时该直线在其他两投影面上的投影不反映实长。

投影面平行线的投影特性详见表 6-1。

表 6-1　投影面平行线的投影特性

名称	直观图	投影图	投影特性
水平线			1. 水平投影反映实长 2. 水平投影与 X 轴和 Y 轴的夹角，分别反映直线与 V 面和 W 面的倾角 β 和 γ 3. 正面投影及侧面投影分别平行于 X 轴及 Y 轴，但不反映实长
正平线			1. 正面投影反映实长 2. 正面投影与 X 轴和 Z 轴的夹角，分别反映直线与 H 面和 W 面的倾角 α 和 γ 3. 水平投影及侧面投影分别平行于 X 轴及 Z 轴，但不反映实长

名称	直观图	投影图	投影特性
侧平线			1. 侧面投影反映实长 2. 侧面投影与 Y 轴和 Z 轴的夹角，分别反映直线与 H 面和 V 面的倾角 α 和 β 3. 水平投影及正面投影分别平行于 Y 轴及 Z 轴，但不反映实长

② 投影面垂直线。垂直于一个投影面，同时必平行于另外两个投影面的直线，称为投影面垂直线。投影面垂直线分为：

a. 铅垂线，直线垂直于 H 面，平行与 V 面和 W 面；

b. 正垂线，直线垂直于 V 面，平行与 H 面和 W 面；

c. 侧垂线，直线垂直于 W 面，平行与 H 面和 V 面。

投影面垂直线的投影特性是：直线垂直于投影面，在该投影面上的投影积聚成一点，在其他两面的投影垂直于投影轴而且反映实长。

投影面垂直线的投影特性详见表 6-2。

表 6-2　投影面垂直线的投影特性

名称	直观图	投影图	投影特性
铅垂线			1. 水平投影积聚成一点 2. 正面投影及侧面投影分别垂直于 X 轴及 Y 轴，且反映实长

名称	直观图	投影图	投影特性
正垂线			1. 正面投影积聚成一点 2. 水平投影及侧面投影分别垂直于 X 轴及 Z 轴，且反映实长
侧垂线			1. 侧面投影积聚成一点 2. 水平投影及正面投影分别垂直于 Y 轴及 Z 轴，且反映实长

③ 一般位置直线。所谓一般位置直线指既不平行也不垂直于投影面的直线。一般位置直线的投影特性是：直线在 H、V、W 三个投影面的投影与投影轴都成倾斜位置，且不反映实长，也不反映直线对投影面的倾角。

6.1.3 求一般位置直线段实长及与投影面夹角

在铆工中经常需要求出一般位置直线的实长及对投影面真实倾角的大小。当在放样图上有不反映构件表面某些直线的实长时，如果不先解决这些直线的实长问题，就不可能作出构件的展开图。求实长线往往是钣金下料展开过程中不可避免且重要的一步，下面具体分析说明求实长线的方法与技巧。

（1）用旋转法求一般位置直线段实长

一般位置直线是指直线倾斜于所有投影面，这时它在三个投影面上的投影均比实长短。用旋转法求实长的过程，实际上是把一般位置直线转化为特殊位置直线即平行线的过程。

如图 6-3（a）所示，如果将一般位置直线 AB 绕垂直于水平投影面 H 面的轴 OO' 旋转，并使旋转轴 OO' 过直线上 A 点。直线 AB 当旋转至与正投影面 V 面平行的位置 AB_1 时，它在正投影面 V 面上的投影 $a'b_1'$ 反映线段 AB 的实长。

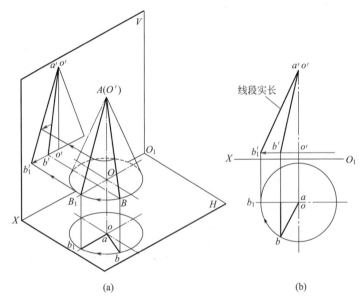

(a)　　　　　　　　　(b)

图 6-3　旋转法求一般位置直线段的实长

如图 6-3（b）所示，作图步骤如下。

① 在水平投影面中 AB 的投影为 ab，令 a（与 OO' 轴重合）为旋转中心，将 ab 旋转到与正投影面和水平投影面的交线相平行，即如图中与投影轴 O_1X 轴平行的位置得 ab_1。

② 在正投影面中过 AB 的正面投影 $a'b'$ 的 b' 点作一条 O_1X 轴的平行线。

③ 按投影规律找到 b_1' 点，即过 b_1 点作 O_1X 轴的垂线，交步骤②所作平行线于 b_1' 点，连接 $a'b_1'$，该线即 AB 的实长。

（2）用更换投影面法求一般位置直线段实长

如图 6-4（a）所示，如果用一个新的投影面 V_1 面代替 V 面，并使 V_1 面既平行于直线 AB 又垂直于 H 面（必须垂直），则 AB 在新投影面的投影

$a_1' b_1'$ 反映直线 AB 的实长。

如图 6-4（b）所示，作图步骤如下。

① 作新投影轴 O_1X_1，使 O_1X_1 平行于 AB 在水平面 H 面的投影 ab，从而确定新投影面的位置。

② 过 ab 两点，分别作 O_1X_1 的垂线，然后以新投影轴为起点量取如图的 Z_A、Z_B，定出点 a_1' 和 b_1'。

③ 连接 $a_1' b_1'$，$a_1' b_1'$ 即为 AB 线段的实长。

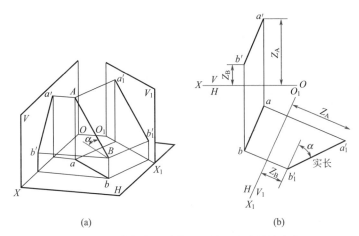

图 6-4　更换投影面法求一般位置直线段的实长

若用新投影面 H_1 代替 H 面，其作图方法类似。

（3）用直角三角形法求一般位置直线段实长

如图 6-5（a）所示，在直角三角形 ABC 中，斜边 AB 就是空间线段本身，底边 AC 等于线段 AB 的水平投影 ab，即过一般位置直线的 A 点作 AB 在水平面 H 上的投影 ab 的平行线交助于 C 点，直角边 BC 等于线段 AB 两端点的 Z 坐标差（$\Delta Z=Z_B-Z_A$），即等于 $a'b'$ 两端点到投影轴 OX 的距离之差，斜边 AB 与底边 AC 夹角的为直线对 H 面的倾角。

如图 6-5（b）所示，作图步骤如下。

① 以水平投影 ab 为直角三角形的底边，过点 b 作 ab 垂线为另一直角边。

② 在这一直角边上量取 bB_1（$bB_1=\Delta Z=Z_B-Z_A$）。

③ 连接 aB_1，即为直线段 AB 实长，$\angle baB_1$ 为直线对 H 面的倾角 α。

同理，也可以用直线段的正面 V 面投影 $a'b'$ 为底边，ΔY（$\Delta Y = Y_B - Y_A$）为一直角边，如图 6-5（b）所示，斜边 $a'B_1'$ 是 AB 的实长，这时倾角 $\angle b'a'B_1'$ 为直线段 AB 对 V 面的倾角 β。

在图 6-5（b）中，还有用直线段的侧面 W 面投影，求一般位置直线段的画法。

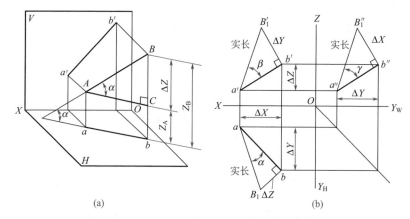

图 6-5　直角三角形法求一般位置直线段的实长

6.1.4　各种位置平面的投影

不在同一直线上的三点、一直线和直线外的一点、两相交直线、相互平行的两直线、任意平面图形都可以确定一个平面，一般可以用平面图形表示平面。平面在三面投影体系中可分为投影面的平行面、投影面的垂直面和一般位置平面。

（1）投影面的平行面

平行于投影面的平面，统称为投影面的平行面。平行 H 面的平面称为水平面，平行 V 面的平面称为正平面，平行 W 面的平面称为侧平面。

投影面的平行面的特性是：平面平行于投影面，在该投影面上的投影反映实形，在其他两投影面上的投影积聚为直线且平行于相应的投影轴。

投影面的平行面的投影特性详见表 6-3。

（2）投影面的垂直面

垂直于一个投影面同时倾斜于其他两个投影面的平面，统称为投影面的垂直面。垂直于 H 面的平面称为铅垂面，垂直于 V 面的平面称为正垂面，垂直于 W 面的平面称为侧垂面。

表 6-3　投影面的平行面的投影特性

名称	水平面（∥H）	正平面（∥V）	侧平面（∥W）
实例			
轴测图			
投影图			
投影特性	1. 水平投影反映实形 2. 正面投影积聚成直线，且平行于 OX 轴 3. 侧面投影积聚成直线，且平行于 OYW 轴	1. 正面投影反映实形 2. 水平投影积聚成直线，且平行于 OX 轴 3. 侧面投影积聚成直线，且平行于 OZ 轴	1. 侧面投影反映实形 2. 正面投影积聚成直线，且平行于 OZ 轴 3. 水平投影积聚成直线，且平行于 OYH 轴
	小结：1. 在所平行的投影面上的投影反映实形 2. 其他投影积聚成直线，且平行于相应的投影轴		

　　投影面的垂直面的投影特性是：平面垂直于投影面，在该投影面上的投影积聚为直线，同时在其他两个投影面的投影收缩为相应平面的类似形。

投影面的垂直面的投影特性详见表6-4。

表6-4　投影面的垂直面的投影特性

名称	铅垂面（⊥H）	正垂面（⊥V）	侧垂面（⊥W）
实例			
轴测图			
投影图			
投影特性	1. 水平投影积聚成直线 2. 正面投影和侧面投影为原形的类似形	1. 正面投影积聚成直线 2. 水平投影和侧面投影为原形的类似形	1. 侧面投影积聚成直线 2. 正面投影和水平投影为原形的类似形
	小结：1. 在所垂直的投影面上的投影，积聚成直线 2. 其他投影为原形的类似形		

（3）一般位置平面

对三个投影面都倾斜的平面称为一般位置平面。其投影特性为在三个投影面上的投影均为原图形的类似形。如图6-6所示，求一般位置平面△ABC的平面图形在三个投影面的投影，首先确定该平面图形各顶点的投影，然后用直线依次连接各顶点的同面投影。

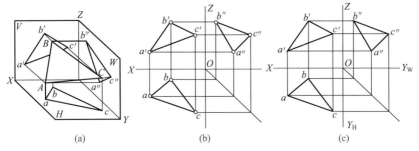

图 6-6　一般位置平面的三面投影

6.2　铆接展开长度的计算

6.2.1　铆接毛坯展开长度的计算

铆接毛坯展开长度的计算公式见表 6-5、表 6-6。

表 6-5　铆接毛坯展开长度的计算公式（$r > 0.5\delta$）

序号	弯曲性质	弯曲形状	毛坯展开长度公式
1	单直角弯曲		$L = a + b + \dfrac{\pi}{2}(r + x_0\delta)$
2	双直角弯曲		$L = a + b + c + \pi(r + x_0\delta)$
3	四直角弯曲		$L = 2a + 2b + c + \pi(r_1 + x_1\delta) + \pi(r_2 + x_2\delta)$
4	吊环		$L = 2a + (d + 2x_0\delta)\dfrac{(360° - \beta)\pi}{360°} + 2\left[\dfrac{(r + x_0\delta)\pi\alpha}{180°}\right]$

序号	弯曲性质	弯曲形状	毛坯展开长度公式
5	半圆		$L = 2a + \dfrac{\pi\alpha}{180°}(r + x_0\delta)$
6	圆形		$L = \pi D = \pi(d + 2x_0\delta)$

表 6-6　铆接毛坯展开长度的计算公式（$r < 0.5\delta$）

序号	弯曲性质	弯曲形状	毛坯展开长度公式
1	单直角弯曲		$L = a + b + 0.4\delta$
			$L = a + b + \dfrac{\alpha}{90°} \times 0.5\delta$
			$L = a + b - 0.43\delta$
2	双直角弯曲		$L = a + b + c + 0.6\delta$
3	三角弯曲		$L = a + b + c + d + 0.75\delta$
4	四角弯曲		$L = a + 2b + 2c + \delta$

6.2.2 型钢重心位置的计算

铆工在工作中所用的施工图与机械图样的绘图原理是大致一样的，但铆接作图所表示的是钢板和型钢在结构中的投影。掌握了钢板和型钢的独立投影，其组合形式也就容易掌握了，如图 6-7 所示是最常见的几种型钢图例。

(a)   (b)

(c)   (d)

图 6-7　最常见的几种型钢图例

① 常用型钢的符号，见表 6-7。铆接作图时，在剖视和断面图中，应采用规定的常用型钢符号表示。

② 常用钢材断面面积的计算公式，见表 6-8。

③ 几种几何图形重心位置的计算公式，见表 6-9。

④ 几种型钢重心距的简化计算公式，见表 6-10。

表 6-7　常用型钢的符号

名称	符号	举例	说明
扁钢	▬	▬ 4×60	厚度为 4mm，宽度为 60mm 的扁钢
等边角钢	∟	∟ 50×50×6	角钢边宽为 50mm，厚度为 6mm

名称	符号	举例	说明
不等边角钢	∟	∟ $75×50×8$	长边宽为75mm，短边宽为50mm，厚度为8mm
球平钢	⌐	⌐ 20a	型号20a，高度为200mm
槽钢	⊐	⊐ 20a	型号20a，高度为200mm
工形钢	I	I 18	型号18，高度为180mm
T形钢	⊤	⊤ $\frac{6×60}{4×100}$	面板厚度为6mm，宽度为60mm，覆板厚度为4mm，高度为100mm
圆钢	⬤	◯ 40	直径为40mm
半圆钢	◗	◗ $50×25$	宽度为50mm，断面高度为25mm
管子	◯	◯ $100×8$	外径为100mm，管壁厚为8mm
方钢	◼	◼ 10	高和宽均为10mm

表6-8　常用钢材断面面积 F 的计算公式

项目	钢材类别	计算公式	符号说明
1	方钢	$F=a^2$	a—边宽
2	圆角方钢	$F=a^2-0.8584r^2$	a—边宽 r—圆角半径
3	钢板、扁钢、带钢	$F=at$	a—边宽 t—厚度
4	圆角扁钢	$F=at-0.8584r^2$	a—边宽 t—厚度 r—圆角半径
5	圆钢、圆盘条、钢丝	$F=0.7854d^2$	d—外径
6	六角钢	$F=0.866a^2=2.598S^2$	a—对边距离
7	八角钢	$F=0.8284a^2=4.8284S^2$	S—边宽
8	钢管	$F=3.1416t(D-t)$	D—外径 t—壁厚

项目	钢材类别	计算公式	符号说明
9	等边角钢	$F=d(2b-d)+0.2146(r^2-2r_1^2)$	d—边厚 b—边宽 r—内面圆角半径 r_1—边端圆弧半径
10	不等边角钢	$F=d(B+b-d)+0.2146(r^2-2r_1^2)$	d—边厚 B—长边宽 b—短边宽 r—内面圆角半径 r_1—边端圆弧半径
11	工字钢	$F=hd+2t(b-d)+0.8584(r^2-r_1^2)$	h—高度 b—腿宽 d—腰厚
12	槽钢	$F=hd+2t(b-d)+0.4292(r^2-r_1^2)$	r—内面圆角半径 r_1—腿端圆弧半径 t—平均腿厚

表 6-9　几种几何图形重心位置的计算公式

名称	简图	计算公式
直角形		$$x_0 = \frac{dB^2 + ah^2}{2(dB + ah)}$$ $$y_0 = \frac{aH^2 + ba^2}{2(aH + bd)}$$ 当 $a=b=t$ 时: $$x_0 = \frac{B^2 + Ht - t^2}{2(H + B - t)}$$ $$y_0 = \frac{H^2 + Bt - t^2}{2(H + B - t)}$$ 当 $H=B$，$a=b=t$ 时: $x_0=y_0=z_0$ $$z_0 = \frac{B^2 + Bt - t^2}{2(2B - t)}$$
丁字形		$$z_0 = \frac{aH^2 + bd^2}{2(aH + bd)}$$ 当 $a=b=t$ 时 $$z_0 = \frac{H^2 + bt}{2(H + b)}$$

续表

名称	简图	计算公式
槽形		$z_0 = \dfrac{aH^2 + bd^2}{2(aH + bd)}$ 当 $a = 2b = 2t$ 时： $z_0 = \dfrac{2H^2 + Bt - 2t^2}{4H + 2B - 4t}$
冠形		$z_0 = \dfrac{H^2 + bH + 0.5Bt - bt - t^2}{B + 2H + 2t}$
等腰梯形		$z_0 = \dfrac{B + 2b}{3(B + b)}H$ $b = 0$ 时为等腰三角形
斜置矩形		$z_0 = \dfrac{B\cos\theta + t\sin\theta}{2}$
半圆形		$z_0 = 0.2122R$
扇形		$z_0 = \dfrac{240R}{\pi\theta}\sin\dfrac{\theta}{2}$ θ—圆心角（°）
弓形		$z_0 = \dfrac{4}{3}R\dfrac{\sin^3\dfrac{\alpha}{2}}{\alpha - \sin\alpha}$ $\alpha = \dfrac{\pi\theta}{180}$ θ—圆心角（°） 当 $\theta = 180°$ 时为半圆形

铆工自学·考证·上岗一本通

名称	简图	计算公式
扇形环		$z_0 = 38.197 \dfrac{R^3 - r^3}{R^2 - r^2} \times \dfrac{\sin\dfrac{\theta}{2}}{\dfrac{\theta}{2}}$ θ—圆心角（°） 当 $\theta=180°$ 时为半圆形
半圆环		$z_0 = 2.094 \dfrac{D^2 + Dd + d^2}{D + d}$
新月形		$z_0 = \dfrac{\pi - 3n}{2n} l$ $n = \pi - 0.001745\theta + \sin\theta$ θ—圆心角（°）

表 6-10　几种型钢重心距的简化计算公式　　　　mm

名称	示意图	规格	重心距简化计算式	计算误差
热轧等边角钢		2、4、5、6.3、7、7.5、8、9、10、11、12.5、14、16、18、20	$Z_0 = 0.245b + 0.4d - 0.1$	< 0.005
		4.5、5.6	$Z_0 = 0.245b + 0.4d - 0.07$	
		2.5、3、3.6	$Z_0 = 0.245b + 0.38d$	< 0.006
不锈钢热轧等边角钢		25×25×4	$Z_0 = 7.9$	0
		其余	$Z_0 = 0.247b + 0.34d$	< 0.01
热轧不等边角钢		7.5/5	$X_0 = 9.8 + 0.38d$ $Y_0 = 22 + 0.4d$	< 0.003
		10/8	$X_0 = 17.3 + 0.4d$ $Y_0 = 27 + 0.4d$	
		18/11	$X_0 = 20.6 + 0.38d$ $Y_0 = 54.7 + 0.42d$	
		其余	$X_0 = 0.12B + 0.37d$ $Y_0 = 0.3B + 0.41d$	< 0.026 < 0.016

名称	示意图	规格	重心距简化计算式	计算误差
热轧普通槽钢		6.3、8、10、14b、18、20、22、24a	$Z_0=10.8+0.043h$	<0.008
		14a、16a、18a、20a、22a	$Z_0=9.95+0.05h$	<0.009
		16、24b、24c、25a、28a、32a、36b、36c、40a、40b	$Z_0=12.8+0.03h$	<0.02
		5、12.6、25b、25c、28b、28c、32b、32c、40c	$Z_0=11.8+0.03h$	≤0.026
热轧轻型槽钢		18a、20a、22a、24a 其余	$Z_0=5.4+0.088h$ $Z_0=9.1+0.055h$	<0.01 <0.08
冷弯等边角钢		全部	$Z_0=0.25b+0.5d-0.01$	≤0.005
冷弯不等边角钢		30×20	$X_0=3.98+0.46t$ $Y_0=8.97+0.57t$	0 0.0005
		70×40	$X_0=7.21+0.44t$ $Y_0=22.25+0.59t$	<0.009 0
		其余	$X_0=0.127B+0.446t-0.49$ $Y_0=0.315B+0.58t-0.15$	<0.01 <0.05
冷弯等边槽钢		40×40×2.0	$Z_0=5.99$	0
		其余	$Z_0=0.49+0.4B-0.0744H$	<0.05

续表

名称	示意图	规格	重心距简化计算式	计算误差
冷弯内卷边槽钢		$40 \times 40 \times 9 \times 2.5$	$Z_0=16.51$	0
		$200 \times 60 \times 20 \times 3$	$Z_0=16.44$	
		$250 \times 40 \times 15 \times 3$	$Z_0=7.9$	
		$300 \times 40 \times 15 \times 3$	$Z_0=7.07$	
		其余	$Z_0=0.3(B+C)-0.028H-0.01t$	$\leqslant 0.08$
冷弯外卷边槽钢（造船用）		$50 \times 20 \times 15 \times 3$	$Z_0=18.23$	0
		$80 \times 40 \times 20 \times 4$	$Z_0=15.73$	
		$30 \times 30 \times 16 \times 2.5$	$Z_0=17.81-0.085H$	$\leqslant 0.007$
		$60 \times 25 \times 32 \times 2.5$		
		$100 \times 30 \times 15 \times 3$		
球扁钢		27a	$X_0=12.3$；$Y_0=166$	0
		5、27b	$X_0=2+0.04h$ $Y_0=1.48+0.6h$	$\leqslant 0.024$ < 0.006
		6、7、14b、16b、20b、24b	$X_0=2.6+0.04h$ $Y_0=1.48+0.6h$	$\leqslant 0.024$ < 0.006
		其余	$X_0=2.3+0.04h$ $Y_0=1.48+0.6h$	$\leqslant 0.03$

6.2.3 型钢展开长度的计算

各种型钢在冶金、机械制造、化工工业、基础建设等制造业及其他各行业中应用广泛，主要用于制作各种框架型结构件，如屋顶支架、桥梁桁架、机器框架以及装饰工程中各种灯箱、广告牌的骨架等。铆工的工作对象虽是以板形的金属材料为主，但是也经常会碰到型钢材料的加工，如制作箱体的框架、法兰圈、底盘等，因此在钣金制作中型钢也是采用较广的一种辅助材料，作为一名铆工也必须熟悉以型钢为原料的零件制作工作。当然首先要能看懂型钢构件的零件技术图并能进行放样。

型钢主要有扁钢、角钢、槽钢、圆钢、工字钢等类型，见表 6-7、表 6-8。铆工接触最多的是角钢，其次是槽钢，而且由型钢构成的结构件视图有其自身独特的一些特点，如角钢和角钢、槽钢和槽钢对接（任意相交）时，由于相互连接的型钢形体都可看作平面组成的棱柱形（型钢各面间的过渡弧面很小，通常可略去不计），因此其接缝线大都是直线或由几条直线段构成的折线，所以一般情况下，其接缝线的求法比较简单。再者，因为型钢都可以被看作是各种断面不同的柱形体，所以型钢结构件的展开图一般都可用平行线法作出来，但应注意的是：某些型钢结构件还是相当复杂的，它的展开图甚至是难于理解的，所以对于复杂构件的下料制作，绘制其展开图是必不可少的工作步骤，而且某些不必要作展开图的构件，或经过计算就能直接在型钢料上放样下料的简单构件，如果进行大批量的生产，为了提高效率，减少误差，节省原材料，还是要作出精确的展开图，以便于制作样板（也称模板），进行快速划线。

（1）各种型钢圈展开长度的计算

① 角钢圈。角钢圈分内弯曲和外弯曲两种，它的展开料长一般按重心距来计算，因加工方法的不同在加工后料长有所差异，所以加工前一般要留出一定的加工余量，在煴制成形后再切掉余量，各种角钢圈的净料计算公式见表 6-11。以上各种角钢重心距可由表 6-10 中查得。

② 槽钢圈。槽钢圈和角钢圈相似，当加工条件不同时，它的展开料长有所差异，一般在加工时用经验公式展开下料，它的各种展开料长计算公式见表 6-11。槽钢重心距可由表 6-10 中查得。

表 6-11　型钢圈展开料长 L 的计算公式

名称	弯曲方式	弯曲简图	展开料长 L 的计算公式
1.角钢圈	①等边角钢外弯曲圈		如图所示，它的展开料长 L 的计算式为 $$L = \pi(D + 2Z_0)$$ 式中　D——角钢圈内径 　　　Z_0——角钢重心距

名称	弯曲方式	弯曲简图	展开料长 L 的计算公式
	②等边角钢内弯曲圈		如图所示，它的展开料长 L 计算式为 $$L=\pi(D-2Z_0)$$ 式中 D——角钢圈外径 Z_0——角钢重心距
1. 角钢圈	③内弯曲不等边角钢圈		如图所示，它的展开料长 L 计算式为 $$L=\pi(D-2Y_0)$$ 式中 D——角钢圈外径 Y_0——角钢短边重心距
	④外弯曲不等边角钢圈		如图所示，它的展开料长 L 计算式为 $$L=\pi(D+2X_0)$$ 式中 D——角钢圈外径 X_0——角钢长边重心距

名称	弯曲方式	弯曲简图	展开料长 L 的计算公式
2.槽钢圈	①平弯曲槽钢圈		如图所示，它的展开料长 L 计算式为 $$L=\pi(D+H)$$ 式中　H——槽钢大面宽度 　　　D——槽钢圈内径
	②外弯曲槽钢圈		如图所示，它的展开料长 L 计算式为 $$L=\pi(D+2Z_0)$$ 式中　D——槽钢圈内径 　　　Z_0——槽钢小面重心距
	③内弯曲槽钢圈		如图所示，它的展开料长 L 计算式为 $$L=\pi(D-2Z_0)$$ 式中　D——槽钢圈外径 　　　Z_0——槽钢小面重心距

名称	弯曲方式	弯曲简图	展开料长 L 的计算公式
3. 工字钢圈	①平弯曲工字钢圈		如图所示，它的展开料长 L 计算式为 $L=\pi(D+H)$ 式中　H——工字钢高度 　　　D——工字钢圈内径
	②立弯曲工字钢圈		如图所示，它的展开料长 L 计算式为 $L=\pi(D+N)$ 式中　N——工字钢翼缘板高度 　　　D——工字钢圈内径

③ 工字钢圈。工字钢圈和槽钢圈相同（可看作是两块槽钢叠加在一起组成工字钢），但加工条件不同时，它的展开料长有所不同，一般在加工时用经验公式展开下料，它的各种展开料长计算公式见表 6-11。各种工字钢的高度和翼缘板宽度可由表 6-10 中查得。

各种型钢圈展开下料方法及展开料长 L 的计算公式见表 6-11。

（2）各种型钢的切角和弯曲展开下料方法

① 槽钢大面弯折 90° 直角的技巧。图 6-8（a）为槽钢大面弯折 90° 直角的构件图。

展开料如图 6-8（b）所示，槽钢的下料长度为 $L_1+L_2-2\delta$，切角长度为 $2(a-\delta)$。切角划线样板的展开图如图 6-8（c）所示，中心标记为弯折线。

(a) 构件图

(c) 样板展开图

(b) 展开料

图 6-8　槽钢大面弯折 90°

　　槽钢组拼成形时的料长和划线样板有所不同。因槽钢的规格表中厚度 d 是指大面腹板的厚度，它的内侧面是斜面，槽钢断面的放大图形见图 6-9（a）的图示，组拼成形大面弯折 90° 时外角小面是内侧面接触，这时如仍用和图 6-9（b）中样板的一半来下料时，就会在组拼时出现间隙。槽钢小面内侧面的斜度是 1∶10，弯折时小面内侧接触的槽钢在这种情况制作样板时都要按如图 6-9（b）的图示进行板厚处理。处理方法是在边线上增加和小面厚度差同样的 t 值，同时下料长度也应增加 t 值。图中厚度 δ 是指槽钢小面根部较厚处的厚度。

(a) 断面图　　　　　　　　　　(b) 样板展开图

图 6-9　小面弯折 90° 时的板厚处理

　　② 槽钢大面弯折 90° 圆角的技巧。图 6-10（a）是槽钢大面弯折 90° 圆角的构件图。

图 6-10　槽钢大面弯折 90° 圆角

　　此构件展开料长如图 6-10（b）所示，为 $S+L_1+L_2$。L_1、L_2 为弯折内长度，S 为圆弧部分中径的弧长，$S=\pi(a-\delta/2)/2$，图中 δ 仍是指槽钢小面根部较厚处的厚度。具体作法是在槽钢内壁侧取长度为 L_1+S+L_2，在 S 线段两端 A、B 两点作边的垂线交对面边于 C、D 两点，以 C、D 为圆心、以 $a-\delta$ 为半径作弧，在两弧上从 A、B 两点取弧长等于 $\pi(a-\delta)/2$ 得 E、F 两点，分别连接 CE 和 DF 即得到槽钢料的展开，$ABFDCEA$ 为切去部分。用样板划线时，图 6-10（c）为样板展开图形，中心标记为弯折线。

　　③ 工字钢切角的技巧。工字钢的切角样板制作较角钢和槽钢的制作要复杂得多。因角钢和槽钢样板展开都可在外表面进行，所以样板图形都可以按照其外表面尺寸作出，而工字钢的切角样板有翼缘板的厚度和内壁斜面在内，并且它的端部和根部有很大差距，所以切角时不仅要考虑厚度处理，还要考虑内表面的斜长对样板图形的影响。在作切角样板时一般要先把断面图作出，如图 6-11（a）中平面投影的断面图所示。断面尺寸可在有关手册中查出，现场施工时可用工字钢端头直接量取各部分尺寸来进行作图。实际作图时可不考虑工字钢翼缘板端部和根部的圆角，而当作直线交角处理来进行作图。

　　划线样板展开图形作法：如图 6-11（a）所示，先作工字钢大面的投影为立面图，然后按工字钢断面几何尺寸作出工字钢的断面图作为平面投影，两面投影为工字钢切角的放样图。然后如图 6-11（b）所示，在工字钢立面图的底边延长线上取线段，使线段各段长度为工字钢外表面各部分展开尺寸，过各线段的端点作垂线，与从工字钢切角端过各棱点作线段的平行线对应交于各点，用直线连接各点即得到样板的展开图形，中心标记为弯折线。样板弯折成形后的划线示意图如图 6-11（c）所示。

(a) 放样图

(b) 样板展开图

划线样板

工字钢

(c) 划线示意图

图 6-11　工字钢的切角

划线样板在用厚度为 0.5mm 以下薄铁皮制作时，展开图中可不考虑样板的板厚。

④ 工字钢一端切成 60° 的技巧。图 6-12（a）为工字钢一端切成斜角的放样图，图 6-12（b）为它的展开样板图形，中心标记为样板的弯折线。展开中翼缘板的内外表面划线的棱点均在 60° 的斜线上，所以加工时工字钢翼缘板厚度方向应保证同样的斜角。

图 6-12　工字钢一端切成 60°

6.3 钣金展开线段实长计算与求解

凡属倾斜于投影面的任一线段，它在视图上都不能反映出实际长度，而是比实际长度缩短。这种线段在投影上称它为"一般位置线段"或"空间倾斜线段"。作展开图计算时，应先求出一般位置线段的实长。求线段实长的方法有旋转法、直角三角形法、直角梯形法、辅助投影面法等。

6.3.1 旋转法求线段实长

旋转法就是将倾斜线环绕垂直于某投影面的轴线，旋转到与另一投影面平行的位置，则在该投影面上的投影线段，即为倾斜线的实长。为了作图方便，轴线一般过倾斜线的一个端点，也就是以该端点为圆心，以倾斜线为半径进行旋转。

（1）旋转法求实长的原理

如图 6-13 所示，是旋转法求实长的原理图。图中，AB 是一般位置线段，它倾斜于任一投影面。AB 在 V 面的投影 $a'b'$ 和在 H 面的投影 ab，都比实长短。假设过 AB 的一端点 A 作垂直于 H 面的轴 AO，当 AB 线绕 AO 轴线旋转到与 V 面平行的位置 AB_1 时，它在 V 面上的投影 $a'b_1'$（图中以虚线表示实长）反映其实长。

图 6-13　旋转法求实长的原理

（a）将 AB 的水平投影旋转　（b）将 AB 的正立投影旋转

图 6-14　旋转法求实长实例

（2）旋转法求实长的作图方法与技巧

如图 6-14 所示，是运用旋转法求解实长的具体作图方法。其中图 6-14（a）将水平投影 ab 进行旋转，使之与正面投影面相平行，得出点 a_1、b_1，连接 a_1b' 或 $a'b_1$，就是线段 AB 的实长。图 6-14（b）将正面投影 $a'b'$ 进行旋转，使之与水平投影面相平行，得出 a_1、b_1，连接 a_1b 或 ab_1 就是所求线段 AB 的实长。

（3）旋转法求解实长应用实例

① 用旋转法求斜棱锥棱线的实长。如图 6-15 所示，从投影图中可以看出，斜棱锥的底面平行于水平面，它的水平投影反映其实形和实长。其余的四个面（侧面）是两组三角形，其投影都不反映实形。要求得两组三角形的实形，必须求出其棱线的实长。由于形体前后对称，所以只要求出两条侧棱的实长，便可作出展开图。

(a) 投影图实长　　　　　　(b) 用实长作展开图

图 6-15　旋转法求斜棱锥棱线的实长

实长求解具体的作图步骤如下。

a. 用旋转法求侧棱 Oc、Od 的实长。如图 6-15（a）所示，以 O 为圆心，分别以 Oc、Od 为半径作旋转，交水平线于 c_1、d_1。从 c_1、d_1 向上引垂直线，与正面投影 $c'd'$ 的延长线交于 c_1'、d_1'，连接 $O'c_1'$、$O'd_1'$，就是侧棱 Oc 和 Od 的实长。

b. 在图 6-15（b）上适当位置作一直线段 AD 使长度等于 ad，再分别以 A、D 两点为圆心，以 $O'd_1'$ 为半径作弧，交于 O 点，作出 $\triangle AOD$；再以 O 为圆心、$O'c_1'$ 为半径作弧，与以 D 为圆心、dc 为半径所作的弧交于 C 点，连接 OC、DC 得 $\triangle DOC$。用同样的方法作出其余两个侧面 $\triangle COB$ 和 $\triangle BOA$，即得三棱锥侧面的展开图。

② 用旋转法求斜截正圆锥素线的实长。如图 6-16 所示，求素线实长和展开时，应先补作出锥顶，使之成为完整的圆锥，然后再在锥面上作一系列素线，并用旋转法求出这些素线被截去部分素线的实长（也可用留下部分素线的实长），就可作展开图。

图 6-16　旋转法求解斜截正圆锥素线实长　图 6-17　旋转法求解斜圆锥素线实长实例

求解被截去正圆锥素线的实长的作图步骤如下。

a. 延长外形线 1′1″ 和 7′7″，使其相交，得出锥顶 O′。

b. 作出锥底的底圆，并将底圆圆周若干等分（这里把 1/2 底圆圆周进行 6 等分），得等分点 1、2、…、7，从各等分点向主视图作垂直引线，与底圆正面投影相交于 1′、2′、…、7′各点，再由各点与锥顶 O′作连线，得圆锥面各素线的投影。

c. 在圆锥面的各素线投影中，只有轮廓素线投影 1″1′、7″7′平行于正面投影，反映其实长，其余都不反映实长，必须用旋转法求出其实长。方法是从 7″、6″、…、2″ 作 7′1′的平行线，与 O′1′轮廓素线交于 7‴、6‴、…、2‴ 各点，O′6‴、O′5‴、…，O′2‴分别为 O′6″、O′5″、…，O′2″ 的实长。

③ 用旋转法求斜圆锥素线的实长。如图 6-17 所示为用旋转法求解斜圆锥素线的实长方法，其作图步骤如下：

a. 先作 1/2 的底圆，将底圆圆周分成若干等分（图中为 6 等分）。

b. 以垂足 O 为圆心，O1、O2、…、O6 为半径作弧，与 1～7 线交于 2″ 等各点。

c. 作 2″等各点与 O′的连线，O2″等就是过等分点各素线的实长。也就是说，O2′是 O2 素线的正面投影线，O2″是 O2 素线的实长。

④ 用旋转法求解"上圆下方"接头棱线的实长。如图 6-18 所示，用旋转法求解"上圆下方"接头棱线的实长。

(a) 投影图求实长　　　　　(b) 用实长作1/4展开图

图 6-18　旋转法求解"上圆下方"接头棱线的实长

凡属方管与圆管相对接的过渡部位，必须要有方圆接头。方口可为正方形口，也可为矩形口，圆口可在中心位置，也可偏向一边或偏向一角。因此这类接头的形式多种多样，但求方圆接头实长的方法基本相同。其作图步骤如下。

a. 作出主视图和俯视图，等分俯视图圆口，连接相应的素线。

b. 将素线 a1（a4）、a2（a3）旋转，并向上引垂线，在主视图右方得出它们的实长 a1（a4）和 a2（a3）。

c. 用素线实长、方口边长和圆口等分弧展开长，依次作出 1/4 展开图。

6.3.2　直角三角形法求线段实长

（1）直角三角形法求实长的原理

直角三角形法实质上是辅助投影面法的简便作法。直角三角形法求实长的原理图如图 6-19 所示。

（2）直角三角形法求实长的方法

已知一般位置线段 AB 的正面投影为 $a'b'$，水平投影为 ab，用直角三角形法求 AB 线段的实长，有两个办法：

一是以 *AB* 线段的水平投影 *ab* 为一个直角边，以正面投影 *a'b'* 线段两端点的高度差 *Bb* 为另一直角边，作直角三角形，其斜边 *Ba* 就是 *AB* 的实长；

二是以 *AB* 线段的正面投影 *a'b'* 为一个直角边，以水平投影 *ab* 线段两端点的宽度差 *Bb'* 为另一直角边，作直角三角形，其斜边 *Ba* 就是 *AB* 的实长。

（3）直角三角形法求实长的应用实例

如图 6-20 所示，即用直角三角形法求四棱锥棱线实长。

图 6-19　直角三角形法求实长的原理　图 6-20　直角三角形法求四棱锥棱线实长

(a) 投影图求实长　　　(b) 用实长作展开图

6.3.3　直角梯形法求线段实长

（1）直角梯形法求实长原理

如图 6-21 所示，图中一般位置线段 *AB* 在 *V* 面和 *H* 面上都不能反映实长，但线段 *AB* 的两个端点与 *V* 面之间的距离可以在 *H* 面上得到，即 *Aa'* 和 *Bb'*。同样，*A*、*B* 两点与 *H* 面之间的距离也可以在 *V* 面上得到，即 *Aa* 和 *Bb*。根据这一原理，用直角梯形法，就可以求出线段 *AB* 的实长。

(a) 利用主视图投影求实长　　　(b) 利用俯视图投影求实长

图 6-21　直角梯形法求实长原理

（2）直角梯形法求作实长方法

① 利用正交投影求线段 AB 的实长。将 AB 的正交投影 $a'b'$ 作为直角梯形的底边，由 a'、b' 两点分别向下引垂线，截取长度为 Aa' 和 Bb'，连接 AB，即为所求。

② 利用水平投影求线段 AB 的实长。将 AB 的水平投影 ab 为直角梯形的底边，由 a、b 两点分别向上引垂线，截取长度为 Aa 和 Bb，连接 AB，即为所求。

（3）直角梯形法求作实长应用实例

如图 6-22 所示，是马蹄形变形接头，其上下口都是圆，且两圆不平行，直径不相同。

(a) 投影图　　　　(b) 组成直角梯形示意图

(c) 用直角梯形法求线段实长

图 6-22　马蹄形变形接头

从图 6-22（a）可以看出，由于它的表面不是一个圆锥面，为了作出它的展开图，只能用来回线将表面分成若干个三角形，再逐个作出这些三角形的实形。其具体作图步骤如下：

① 将上、下口各作 12 等分，按如图所示将表面分成 24 个三角形；

② 求 Ⅰ Ⅱ、Ⅱ Ⅲ、…、Ⅵ Ⅶ 各线段的实长，由此再作出这一系列三角形的实形。

综上所述，可以根据不同钣金构件结构形式选择一种方法较好的求实长方法。如果用旋转法或直角三角形法求实长，都必须作出线段在俯视图上的投影。由于马蹄形变形接头的顶面与水平投影面倾斜，因此，顶面在俯视图上反映为一椭圆，如果采用上述两种方法作展开图，就比较麻烦，宜采用第三种求实长的方法——直角梯形法。

如将图 6-22（b）中的 Ⅰ（1）—Ⅱ（2）—Ⅲ（3）—…—Ⅻ（12）折叠面伸展摊平成如图 6-22（c）所示，则图中上面的折线 Ⅰ—Ⅱ—Ⅲ—…—Ⅻ，即为实长 Ⅰ Ⅱ、Ⅱ Ⅲ、…、Ⅺ Ⅻ 的连线。这种求实长的方法就是采用的直角梯形法。

6.3.4 辅助投影面法求线段实长

（1）辅助投影面法求实长的原理

如图 6-23 所示，AB 是一般位置线段，它不平行于任一投影面，在各视图里的投影都比实长缩短。用辅助视图求解 AB 的实长方法是：保持 AB 的位置不变，设置一个新的辅助投影面 V_1，使 V_1 平行于 AB 且垂直于 H 面，这样，AB 直线在 V_1 面上的投影 a_1b_1 就反映实长（如图所示虚线）。

图 6-23　用辅助投影求解实长原理图　　图 6-24　求圆柱截面的实形

从图中可以看出，点 a'、A 和 a_1 距 H 面的高度差是一致的。将图摊平后得出的实长在俯视图里，即 a_1b_1。求 AB 实长时，首先在俯视图里量取宽度差，然后连接 a_1b_1，即为实长。

（2）辅助投影面法求实长的应用实例

① 用辅助投影面法求圆柱截面的实形。用辅助投影面求圆柱截面的实长如图 6-24 所示，其求解作步骤如下。

a. 作出主视图和俯视图，将俯视图的 1/2 圆周进行 6 等分。

b. 过等分点向上引垂线，得出素线在主视图里的位置。

c. 从等分点向下引垂线，与底中心线相交，即得截面各素线间的宽度。

d. 过截面斜口上各素线交点向平行于截面斜口的长轴引垂线，然后按照"宽相等"的规则，把俯视图里各等分点与底圆中心线之间的距离，依次相对应地作到俯视图里去，得出各点。

e. 顺次光滑连接各点，即为截面的实形——椭圆。

② 用辅助投影面法求正圆锥截面的实形。如图 6-25 所示，是用辅助投影面法求正圆锥截面的实形的实例。

(a) 作纬圆　　　　　　(b) 作截面俯视图　　　　　(c) 求截面实长

图 6-25　辅助投影面法求正圆锥截面的实形

圆锥体的截面实形一般不在锥面上引素线，而是采用纬圆法，因此用辅助投影面法求正圆锥截面的实形的操作步骤如下。

a. 作纬圆。先将截面的投影线 6 等分，再将等分点的水平线与外形轮廓线相交，然后由轮廓线上各交点向下引垂线，交于锥底，最后以 O 为圆心，依次把各纬圆作出，如图 6-25（a）所示。

b. 作截面俯视图。先通过主视图里截面线各等分点，向下引垂线，与相应的纬圆相交，得出一系列交点，再顺连各交点，就能得出截面的俯视投影，如图 6-25（b）所示。

c. 求截面实形。作平行于截面的椭圆长轴 $1''7''$，再由截面各等分点

1～7 向长轴 $1''7''$ 引垂线，然后按照宽度相等的原则，把截面在俯视图里一系列的宽度 a、b、c、d、e 依次作到辅助投影图里去，得出点 $2''$、$3''$、$4''$、$5''$、$6''$，最后顺连各点，即为所求正圆锥截面的实形，如图 6-25（c）所示（为便于掌握，图中用①、②、…、⑦表示作图与连线的先后顺序）。

6.3.5　二次换面法求线段实长

（1）二次换面法原理

当物体的倾斜部分比较复杂时，只用一次辅助投影面仍不能满足表达实形的要求，就需要在一次辅助投影面上再加一个新的投影面，以解决求实形的问题。这种采用第二次投影面的方法，叫二次变换投影面，简称二次换面法。

（2）二次换面法应用实例

如图 6-26（a）所示是加料斗的形状（即由斜面组成的棱台），它是用钢板焊接成的。为了增强料斗接缝处的强度，常在接缝外面加焊一块角钢。角钢原材料的断面为 90°。为将角钢加工成符合 α 角的形状，就需用二次换面法求出实际需要的角。

（a）加料斗的形状

（b）棱线投影

图 6-26　加料斗

① 结构分析。α 角由两个斜面相交而成，斜面相交处的棱线为 ab，要求出实形，就须使棱线 ab 与投影面垂直，这样 α 角的真实大小才能在视图上反映出来，如图 6-26（b）所示。

图 6-26（a）是把棱锥台截去角部的 1/2，方便看到由 △abc 围成的截面 F。再选取第一个辅助投影面 P_1，与原来的水平投影面垂直，又与截面 F 平行，与棱线 ab 也是平行。从棱锥台角部的一端斜看过去，可以看到

截面 F 的实形，即△$a'b'c'$。△$a'b'c'$同时也是棱锥台角部的实形。这时，再取第二个辅助投影面 P_2，与棱线 ab 的实长 $a'b'$ 相垂直，就满足了求 α 角所必须具备的条件，从而做出 α 角的真实形状。

　②求实形。操作步骤如下。

　a. 作出棱锥台的主视图和俯视图，如图 6-27 所示。

图 6-27　二交换面法求实形

　b. 在俯视图里通过棱线 ab 的两端点，作与 ab 相垂直的引线，得出 d、e 各点。

　c. 在 de 延长线上截取 $a'c'$，使 $a'c'$ 的长度等于棱锥台的高度 H，过点 c' 作 $a'c'$ 的垂线，得点 b'，连接 $a'b'$，得直角△$a'b'c'$，完成第一次辅助投影。

　d. 取第二次辅助投影面 P_2，使之与 $a'b'$ 相垂直，$a'b'$ 积聚为一点 a''（b''）。取 $d''c''$ 等于 $c''e''$ 等于 dc（ec），连接等腰三角形 $d''a''(b'')e''$，得出 α 角，完成第二次辅助投影，求出 α 角实形。

6.4　铆接加工余量的计算与确定

6.4.1　铆接加工余量的概念

　铆工用一块平板制成立体的空间构件，一定会有接缝和接口。在钣金接缝和接口的地方，要经过一定的加工工艺，如铆接、焊接或者咬口，才能使整个构件制作成一个坚固的整体。那么，在加工连接的地方，总要占用展开图以外的部分面积，这部分面积就叫加工余量。

在制作拱曲构件时，展开图的周围总要放出一定宽度的修边余量，这种修边余量也叫加工余量。另外，如法兰的翻边量、板料边缘的卷管宽度等，也是加工余量。

一般情况下，加工余量仅指展图边线向外扩张的宽度，而把放出加工余量的展开图称为展开料。

图6-28所示为等径圆管90°弯头的展开图上放出加工余量的情况。左边线和右边线以外放出余量 δ_2，用于接缝处的咬口留量；底边线以外放出余量 δ_3，用于法兰翻边的留量；展开曲线以外加放余量 δ_1，用于接口处的咬口余量。可以看出，加工余量的外边线总是和展开图相应边线平行或并行，显示出了放加工余量的一般方法。

图6-28 在展开图上放出加工余量

6.4.2 铆接加工余量的选择诀窍

铆接加工连接的方法主要有三种，即铆接、焊接和咬接。铆接钣金连接方法不同，加工余量选择也不同。

（1）焊接时加工余量的选择诀窍

① 对接。如图6-29所示，板Ⅰ、Ⅱ的加工余量 $\delta=0$。

② 搭接。如图6-30所示，设 L 为搭接量，板Ⅰ、Ⅱ的加工余量 $\delta=0$，A 居 L 中点，则板Ⅰ、Ⅱ的加工余量 $\delta=L/2$。

③ 薄壁铜板用气焊连接。如图6-31（a）所示，对接时 $\delta=0$。如图6-31（b）～（d）所示，板Ⅰ、Ⅱ的加工余量 $\delta=2～10mm$。

图 6-29 板Ⅰ、Ⅱ的加工余量 $\delta=0$　　　图 6-30 板Ⅰ、Ⅱ的加工余量 $\delta=L/2$

图 6-31 薄铜板气焊连接加工余量

（2）铆接时加工余量的选择诀窍

① 用夹板对接。如图 6-32 所示，板Ⅰ、Ⅱ的加工余量 $\delta=0$。

② 搭接。如图 6-33 所示，设搭接量为 L，A 在 L 的中点处，板Ⅰ、Ⅱ的加工余量 $\delta=L/2$。

图 6-32 夹板对接，板Ⅰ、Ⅱ的　　　图 6-33 搭接，板Ⅰ、Ⅱ的
　　　　加工余量 $\delta=0$　　　　　　　　加工余量 $\delta=L/2$

③角接。如图6-34所示，板Ⅰ的加工余量δ=0，板Ⅱ的加工余量δ=L。L应根据强度计算和实际需要而定。

图6-34　角接，板Ⅰ的加工余量δ=0和板Ⅱ的加工余量δ=L

（3）咬口时加工余量的选择诀窍

咬口连接方式适于板厚小于1.2mm的普通钢板、厚度小于1.5mm的铝板和厚度小于0.8mm的不锈钢板。咬口的形式不同，加工余量也就不同。下面讨论几种常见的咬口形式的加工余量。

如图6-35所示，S表示咬口的宽度，叫单口量。咬口余量的大小，用咬口宽度即单口量数目来计算。咬口宽度S与板厚t有关，可用下面的经验公式表示：

$$S=（8～12）t$$

式中，$t<0.7$mm时，S不应小于6mm。

①平接咬口。图6-35（a）所示称为单平咬口，A点在S中间，板Ⅰ、Ⅱ的加工余量相等，δ=1.5S；图6-35（b）也称为单平咬口，但A在S的右边，所以板Ⅰ的加工余量δ=S，板Ⅱ的加工余量δ=2S；图6-35（c）称为双平咬口，A点处在S的右边，所以板Ⅰ的加工余量δ=2S，板Ⅱ的加工余量δ=3S。

②角接咬口。图6-36（a）所示称为外单角咬口，板Ⅰ的加工余量δ=2S，板直的加工余量δ=S；图6-36（b）称为内单角咬口，板Ⅰ的加工余量δ=2S，板Ⅱ的加工余量δ=S；图6-36（c）也叫外单角咬口，板Ⅰ的加工余量δ=2S+b，板Ⅱ的加工余量δ=S，上述的b=6～10mm。

（4）构件边缘卷制圆管的加工余量的选择诀窍

构件的边缘卷圆管不仅可以避免边缘飞边，扎伤使用人员，还可以提高构件的刚度。例如，薄壁钢板容器的边缘卷管，卷管可分为两种，一种为空心卷管，一种为卷入铁丝。

(a) 单平咬口

(b) 单平咬口

(c) 双平咬口

图 6-35　平接咬口

图 6-36　角接咬口

如图 6-37 所示，设板厚为 δ，卷管内径或铁丝直径为 d，L 为卷管部分的加工余量，其大小可按下面的经验公式计算：

$$L=d/2+2.35（d+\delta）$$

要求卷管的直径 d 应大于板厚 δ 的 3 倍以上，即 $d > 3\delta$。

图 6-37　边缘卷管的加工余量

6.4.3　铆接加工余量选择注意事项

对铆接加工余量的选择还要注意以下两点。

① 在厚板料或型钢焊接时，均需预先留有 1～5mm 的焊缝，这时的加工余量不再是正值，而是负值，即展开图边线应向内收缩。

② 关于装配加工余量问题。例如，在做通风管道时，往往把个别几节管子做得长一些，以便在安装时有调节配合的余地。长出来的部分就是装配加工余量。

6.5 铆接展开计算实例

6.5.1 平面斜截圆柱管计算展开实例

（1）两节直角圆管弯头计算展开实例

如图 6-38 所示为两节直角圆管弯头构件图，可以直接用图解法展开作图，也可通过计算展开作图。

图 6-38 两节直角圆管弯头构件图

此构件在节点 A 处是内壁相交，在节点 B 处是外壁相交，所以须以节点 A 的内壁点和节点 B 的外壁点至圆管中心点为基准来作弯头展开曲线，因此圆管放样图分别各以 $D/2$ 和 $D/2-\delta$ 为半径来作图。

此构件用平行线法展开，作图方法如下。

① 将两个半圆在平面图中各作六等分得 1、2、3、…、6、7 各点，由各点上引轴线的平行线交相贯线得 1′、2′、3′、…、6′、7′各点。

② 沿正视图底边作平行线，在线上截取线段等于展开周长 $\pi (D-\delta)$，并 12 等分。

③ 过各等分点作垂线与过 1′、2′、3′、…、6′、7′所作水平线交于 1″、2″、3″、…、6″、7″各点。

④ 光滑连接各点即得到构件的全部展开图形，如图 6-39 所示。

图 6-39　两节直角圆管弯头放样展开图

用计算方法展开作图过程如下 。

设 $D=100\text{mm}$，$\delta=10\text{mm}$，$H=100\text{mm}$，$n=16$

$$x_n = \tan\alpha\left(L - R\cos\frac{180° n_x}{n}\right)$$

$$l_n = \frac{\pi r n_x}{n}$$

式中，$\alpha=45°$。

$L = H\tan a = 100 \times \tan45° = 1000(\text{mm})$

$R = \dfrac{D}{2} = \dfrac{1000}{2} = 50(\text{mm})（用于 n = 0 \sim 8 等分时）$

$R' = \dfrac{D}{2} - \delta = \dfrac{1000}{2} - 10 = 490(\text{mm})（用于 n = 8 \sim 16 等分时）$

$n = 16[圆周展开 \pi(D - \delta) = 3110\text{mm}]$

$r = \dfrac{D - \delta}{2} = \dfrac{1000 - 10}{2} = 495(\text{mm})$

将以上数据代入公式得：

$$x_n = \tan 45° \times \left(1000 - 500 \times \cos \frac{180°n_x}{16}\right)(n_x = 0 \sim 8)$$

$$x_n = \tan 45° \times \left(1000 - 490 \times \cos \frac{180°n_x}{16}\right)(n_x = 8 \sim 16)$$

$$l_n = \frac{495\pi n_x}{16}$$

因构件展开图形是对称图形，所以只要作半圆周 16 等分展开计算就可以作出全部展开图形。为了作展开图时的方便，根据 l_n 的值可作出 32 等分的全部展开图形，同时也可输入 n_x 的几个等分点对 n_x 的值进行检验或全部算出，因编程运算可十分方便地得出结果，先将上面三个计算式进行编程运算，所得结果见表 6-12。

表 6-12   两节直角圆管弯头的展开计算值

变量 n_x 值	对应 l_n 值 /mm	对应 n_x 值 /mm（$R=500$mm）	对应 n_x 值 /mm（$R=490$mm）
0	0	500	
1	97.2	509.6	
2	194.4	538.1	
3	291.6	584.3	
4	388.3	646.4	
5	486	722.2	
6	583.2	808.7	
7	680.4	907.5	
8	777.5	1000	1000
9	874.4		1095.6
10	971.9		1187.5
11	1069.1		1272.2
12	1166.3		1346.5
13	1263.5		1407.4
14	1360.7		1457.7
15	1457.9		1480.6
16	1555.1		1490
17	1652.3		1480.6

变量 n_x 值	对应 l_n 值 /mm	对应 n_x 值 /mm（$R=500$mm）	对应 n_x 值 /mm（$R=490$mm）
18	1749.5		1457.7
19	1846.7		1407.4
20	1943.9		1346.5
21	2041.1		1272.2
22	2138.2		1187.5
23	2235.4		1095.6
24	2332.6	1000	1000
25	2430	907.5	
26	2527	808.7	
27	2624.2	722.2	
28	2721	646.4	
29	2818.6	584.3	
30	2915.8	538.1	
31	3013	509.6	
32	3110.2	500	

根据计算结果，展开图形作法如下：取线段长度为 3110.2，并将线段按上表中 l_n 的数值进行 32 等分取点，过各点作线段的垂线，在各垂线上按上表中 32 等分的各对应 n_x 值取点，然后光滑连接各点就可得到全部展开图，如图 6-40 所示。

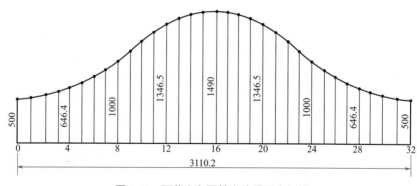

图 6-40　两节直角圆管弯头展开实例图

（2）平面任意角度三节圆管弯头计算展开实例

平面任意角度三节圆管弯头构件如图 6-41、图 6-42 所示。

图 6-41　平面任意角度三节圆管弯头构件

图 6-42　平面任意角度三节圆管弯头放样展开图

用平行线法展开作图，作图方法和步骤如下。

① 作角度等于 β 的角并将其四等分。

② 在中心等分线上从圆心截取 H 长度得点 A。过 A 点作垂线，即为中节圆管的轴线。在轴线两侧 $(D-\delta)/2$ 距离处作轴线的平行线交相邻两

角平分线,即得到中节的放样正视图,沿轴线作出圆管的俯视图,将俯视图中的圆周 12 等分。

③ 过各等分点作圆管的素线和相贯线交于 1、2、3、…、6、7 各点,将中心角平分线沿长截取线段长度为圆管中径展开长度并且 12 等分,过各等分点作垂线与相贯线上过 1、2、3、…、7 各点作水平线交于 1′、2′、3′、…、7′ 各点;

④ 光滑连接各点即可得到相贯线的展开曲线。然后利用对称作图就可得到中节的全部展开图形。作展开图形时为错开相贯线处的丁字焊缝和下料时节省材料,接缝位置一般选在 4 线的位置,如图 6-43 所示。但这样下料后在制造中就要注意正曲和反曲的不同,下料时应注明正反曲面,以防止十字焊缝的出现。

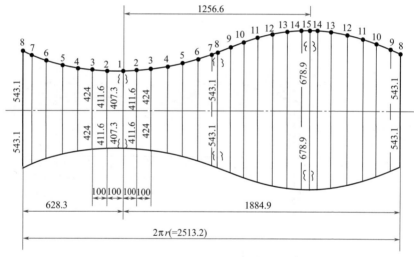

图 6-43　平面任意角度三节圆管弯头展开实例图

用编程计算公式法展开作图,计算作图过程如下。

设 $D=820\text{mm}$、$\delta=20\text{mm}$、$H=1600\text{mm}$、$\beta=75°$,选用展开计算通用公式:

$$x_{\mathrm{n}} = \tan\alpha\left(L - R\cos\frac{180°l_{\mathrm{n}}}{\pi r}\right)$$

式中:

$$\alpha = \frac{\beta}{4} = \frac{75°}{4} 18.75°$$

$$L = H = 1600 \text{(mm)}$$

$$R = \frac{D - \delta}{2} = \frac{820 - 20}{2} = 400 \text{(mm)}$$

$$\because r = R = 400 \text{(mm)}$$

代入公式得:

$$x_n = \tan 18.75° \times \left(1600 - 400 \times \cos \frac{180° l_n}{400\pi} \right) \text{(mm)}$$

为作图方便,将素线实长值编序号并以 l_n 为变量代入计算式编程计算结果见表 6-13。

表 6-13 任意角度三节圆管弯头展开计算值

序号	l_n 值 /mm	对应 x_n 值 /mm
1	0	407.3
2	100	411.6
3	200	424
4	300	443.8
5	400	469.8
6	500	500.3
7	600	533.5
8	$\dfrac{\pi r}{2}$	543.1
9	700	567.3
10	800	599.6
11	900	628.4
12	1000	651.9
13	1100	668.3
14	1200	677.5
15	πr	678.9

上表中 $\pi r / 2$ 的值为 628.3mm, πr 的值为 1256.6mm,这两个值在编程计算时可直接代入并求出,以便在作展开图时使用。

展开图作法：取线段长度等于 $2\pi r$，将线段按上表中 l_n 的值进行等分。等分时将 8 线作为接缝位置，因是对称图形，表中仅列出半圆周展开值。过各等分点作线段的垂线，在垂线上线段两面各按 l_n 对应的 x_n 值取点并将各点光滑连接，即得到中节的全部展开图形，如图 6-43 所示。

（3）等径正交三通管计算展开实例

等径正交三通管如图 6-44 所示，从构件图可以看出，此构件的相贯线处是外壁接触，在没有加工坡口要求的情况时就应以圆管外径划出放样图。

图 6-44　等径正交三通管构件图

设 $D=820$mm、$\delta=10$mm、$H=710$mm，因为是同径又均是外径作放样展开图，所以 $\alpha=45°$。

① 根据以上分析划出计算用展开草图，如图 6-45（a）所示。

因为是部分投影展开，并且展开半径和放样半径都不相同，所以 ϕ_n 在 1/4 圆周部分应取 $0° \sim 90°$ 范围值，半圆周长 $\pi r=1272$mm，如展开时取 12 等分，l/4 时为 6 等分，$90°$ 分 6 等分，每等份为 $15°$，所以 ϕ_n 可以取 $15°$ 为一次变量值。

② 展开计算时如用钢板卷制，则 $r=405$mm，当用成品钢管外划线时 $r=411$mm，因主管的开孔划线一般用样板外壁划线，因此本例计算出数值供参考。选用展开计算公式：

$$x_n = R\tan\alpha(1-\cos\phi_n)$$

$$l_n = \frac{\pi r\phi_n}{180}$$

式中，已知：

$$\alpha=45°$$

$$R = \frac{D}{2} = \frac{820}{2} = 410 \text{(mm)}$$

$$r = 405 \text{mm（用于钢板卷制时）}$$

$$r = 411 \text{mm（用于成品管外划线用样板时）}$$

将已知条件代入公式得：

$$x_n = 410 \tan 45°(1 - \cos \phi_n)$$

$$l_{n1} = \frac{405 \pi \phi_n}{180} \text{（用于钢板卷制）}$$

$$l_{n2} = \frac{411 \pi \phi_n}{180} \text{（用于划线样板）}$$

以 ϕ_n 为变量编程计算得值见表 6-14。

表 6-14　等径正交三通管展开计算值

变量 ϕ_n 值	0°	15°	30°	45°	60°	75°	90°
对应 l_{n1} 值 /mm	0	106	212	318.1	424.1	530.1	636.2
对应 l_{n2} 值 /mm	0	107.6	215.2	322.8	430.4	538	645.2
对应 x_n 值 /mm	0	14	54.9	120.1	205	303.9	410

③ 展开图形和样板作法。作图时在实际施工中如曲线连接不够光滑或要求精度较高时可增加 ϕ_n 的数量，可以不按等分增加，但 x_n 值和 l_n 值计算时都应同时增加，以便于作图。如本例计算展开作图如图 6-45（b）所示，当用钢板卷制时取线段 $l_1 = 2\pi r = 2544.7$mm，当用样板在外壁上划线时取 $l_2 = 2\pi r = 2582.4$mm。计算展开作图过程如下。

a. 将线段 4 等分，过各等分点作 l 线的垂线，中心等分定为 x_0 线，在其中 $1/4$ 内以 l_n 的计算值取点并作 l 线垂线，在各垂线上以 x_n 和 l_n 的对应值取点。

b. 光滑连接各点即得到 1/4 部分的曲线展开。同时对称作其他三部分，在距离 l 线 300 处作 l 线的平行线和过 l 线两端作垂线得到直管部分的展开，和曲线展开部分合起来就是插管的全部展开图形。

④ 开孔用样板作法。

a. 如图 6-45（b）所示，作十字中心线 x_0 和 y_0，距离中心点 410mm 作 y_0 线的两条平行线，并且以 x_0 为中心在 y_0 线上各取两个 $l/4$，在中间两个 $l/4$ 部分以 l_{n2} 值为长度取点，过各点作 y_0 线的垂线。

b. 以 x_0 为中心在四个 $l/4$ 部分内各以（x_n，l_n）为坐标取点，光滑连接各点，中间部分即为主管的开孔图形。开孔划线时应以 x_0 线和主管轴线平行，y_0 线和插管垂直线对正。

(a) 计算展开草图

(b) 计算展开图

图 6-45　等径正交三通管构件计算展开实例图

（4）Y 形等角等径三通管计算展开实例

Y 形等角等径三通管构件如图 6-46 所示。

图 6-46　Y 形等角等径三通管构件

此构件是由三个相同结构的圆管组成，相邻管间轴线夹角均为 120°，而每件圆管又是被两个与圆管轴线成 60° 夹角的平面截切成对称图形。

由构件图分析可以看出，只要求出 1/4 圆管的展开即可得到全部的展开，此例用 $\phi426\times8$ 的成品管制造时，相贯线仍是外壁接触，作出计算和展开用草图，如图 6-47 所示。

图 6-47　Y 形等角等径三通管计算展开草图

① 此例需用展开样板在成品管外划线，因此展开半径 $r=D/2+1\text{mm}=214\text{mm}$、放样半径 $R=D/2=213\text{mm}$，用展开计算公式：

$$x_n = \tan\alpha(L - R\cos\phi_n)$$

$$l_n = \frac{\pi r \phi_n}{180}$$

式中，已知：

$$\alpha = 90° - 60° = 30°$$

$$L = \frac{300}{\tan 30°} = 519.6\text{(mm)}$$

$$r = 214\text{mm}, \quad R = 213\text{mm}$$

将已知数据代入公式进行编程计算，ϕ_n 仍是在 0° ～ 90° 内取值，作变量得 l_n 和 x_n 的对应值，见表6-15。

表6-15　Y形等角等径三通管展开计算值

变量 ϕ_n 值	0°	15°	30°	45°	60°	75°	90°
对应 l_n 值/mm	0	56	112	168	224	280	336.2
对应 x_n 值/mm	177	181.2	193.5	213	238.5	268.2	300

② 展开样板作法。

a. 取线段 $l = (426+2)\pi = 1344.6\text{(mm)}$，将 l 4等分。

b. 在 $l/4$ 中以 ϕ_n 的对应 l_n 值取点，见计算展开图6-48。

c. 过各点作垂线，在垂线上按 l_n 的对应 x_n 值取点，光滑连接各点即得到 AB 部分的展开曲线，同时对称作出其他三个 $l/4$ 部分即得到展开划线用样板的全部图形。

图6-48　Y形等角等径三通管计算展图

（5）正插正方锥台的圆柱管计算展开实例

正插正方锥台的圆柱管构件如图 6-49 所示。

图 6-49　正插正方锥台的圆柱管

图 6-50　正插正方锥台的圆柱管计算草图

从正视图可以看出，圆管内壁与正方锥台的外壁接触，上节的圆管被 4 个与管轴线成 45° 的平面同时截切，各占 1/4 圆周，从形体分析看仍然是圆柱管被平面截切的形体。此类形体的构件只作圆柱管的展开，锥台的展开可参见平板构件的实例。本例圆柱管用编程计算公式法计算展开。

① 从形体分析结果作出计算草图，如图 6-50 所示，图中圆柱管用内径作出，而且每 1/8 截切部分在圆周上对应角度为 135° ～ 180° 范围内，对称作图得 1/4 圆周。

计算公式：

$$x_n = \tan\alpha(L - R\cos\phi_n)$$

$$l_n = \frac{\pi r \phi_n}{180}$$

式中，已知：

$$\alpha = 45°$$
$$L = 1000\tan 45° = 1000(\text{mm})$$

r=495mm（中径），R=490mm（内径）

将已知条件代入公式以 ϕ_n 为变量求得展开计算值，见表 6-16。

表 6-16　正插正方锥台的圆柱管展开计算值

变量 ϕ_n 值	135°	150°	165°	180°
对应 l_n 值 /mm	9805.6	1295.9	1425.5	1555.1
对应 x_n 值 /mm	1346.5	1424.4	1473.3	1490

②展开作图法。取线段长为圆管中径展开周长 3110.2，将线段 4 等分，以中间等分为 180° 计算展开对应线，用表中 l_n 值取点，过各点作线段的垂线，在垂线取 l_n 对应 x_n 值取点，并对称作图即得到圆周 1/4 的展开图形，对称作出其他三部分即得到圆管全部展开图形，如图 6-51 所示。

图 6-51　正插正方锥台的圆柱管计算展开图

6.5.2　圆柱面截切圆柱管构件计算展开实例

（1）正交异径圆管三通管计算展开实例

正交异径圆管三通管施工图如图 6-52 所示。

图 6-52　正交异径圆管三通管施工图

本例因三通管直径较大，在施工中用图解法放样作图工作量就十分大，故本例用编程计算公式法展开比较方便。

计算公式：

$$x_n = H - \sqrt{R^2 - (r^2 \sin\phi_n)^2}$$

$$l_n = \frac{\pi r \phi_n}{180}$$

式中，已知 $H=1824$mm，$R=1500$mm（放样图主管取内径），$r=1024$mm（放样图支管取外径），$r_1=1012$mm（支管展开取中径）。

将已知数据代入公式进行编程运算，因圆管半径较大，所以将圆周36等分，即圆周每等份 $\phi_n=10°$ 来分别计算周长展开值 l_n 和其对应圆管素线实长值 x_n，见表6-17。

表6-17　正交异径圆管三通展开计算值

变量 ϕ_n 值	对应 x_n 值 /mm	对应 l_n 值 /mm	变量 ϕ_n 值	对应 x_n 值 /mm	对应 l_n 值 /mm
0°	324	0	100°	713.6	1766.3
10°	334.6	176.6	110°	673.3	1942.9
20°	365.5	353.3	120°	614.2	2119.5
30°	414.1	529.9	130°	545.5	2296.2
40°	476.1	706.5	140°	476.1	2472.8
50°	545.5	883.1	150°	414.1	2649.4
60°	614.2	1059.8	160°	365.5	2826
70°	673.3	1236.4	170°	334.6	3002.7
80°	713.6	1413	180°	324	3179.3
90°	727.9	1589.6	190°	334.6	3355.9

① 计算展开图。因是对称图形，从表中可以看出，只要作出 90° 以内的值就可以知道 90° ～ 180° 的对称 x_n 值。为展开作图的方便，一般求得 180° 以内值就可以作出一半展开图形，再对称作另一半展开图形。利用表中 x_n 和 l_n 的对应数值取点，并光滑连接各点就可求得支管的展开图形，如图6-53（a）所示。

② 主管的开孔展开图。为避免较复杂的作图，在施工中对支管直径较小的情况一般以支管的实物在主管上划线开孔，既简单又实用。本例中

支管直径较大，在圆管上直接开孔就较困难，尤其是为节省材料，主管在下料时先行开孔并需要钢板拼接时，就必须先作出开孔图。主管的开孔也可用编程计算展开。本例用作图法结合计算展开，如图 6-53（b）所示，将相贯线投影 $\widehat{ab}$ 作 6 等分，过等分点作垂线交俯视图支管圆周上各点，作 ab 线的延长线，在线上取线段 l 等于弧长 $\widehat{ab}$ 的展开长度，$l=0.017453R\alpha$，$\alpha=2\arcsin(r/R)$。同样作 6 等分，过各等分点作垂线，和俯视图中对应各点的水平线交 o'、d'、c'、b'各点，光滑连接各点得到开孔图。

(a) 插管计算展开图

(b) 开孔计算展开图

图 6-53　正交异径圆管三通管计算展开图

（2）斜交异径圆管三通管计算展开实例

斜交异径圆管三通管构件如图 6-54 所示。

图 6-54 斜交异径圆管三通管构件

此构件是斜交异径三通形体，支管插入设备筒体内 15mm，塔体内径 D=2400mm、厚度为 28mm、接管为 ϕ530mm×14mm 钢管，轴线中心长度为 246mm、两轴交线为 60°。根据图形用计算法展开，塔体用内径，接管用外径进行计算。

计算公式：

$$x_n = H - \frac{\sqrt{R^2 - (r\sin\phi_n)^2}}{\sin\alpha} - \frac{r\cos\phi_n}{\tan\alpha}$$

$$l_n = \frac{\pi r \phi_n}{180}$$

式中，已知 H=1228/sin60°+246=1664(mm)，R=1200−15=1185(mm)，r=530/2=265(mm)，r_1=（530−12）/2=258(mm)。

将以上数据代入公式，以 15° 为单位等分圆周，分别计算得 l_n 和 x_n 的对应值，见表 6-18。

表 6-18 斜交异径三通管展开计算值

变量 ϕ_n 值	对应 x_n 值 /mm	对应 l_n 值 /mm
0°	142.7	0
15°	150.2	67.5
30°	171.8	135
45°	204.7	202.6
60°	245	270
75°	288.4	337.5
90°	330	405.3

续表

变量 ϕ_n 值	对应 x_n 值 /mm	对应 l_n 值 /mm
105°	367.6	472.8
120°	398	540
135°	406.2	607.9
150°	437	675
165°	445.7	743
180°	449	810.5

因本例是对称图形，故仅作半圆周计算值。

展开图形作法：取线段长等于 1621mm，并且四等分线段，在 1/2 等分内按以上表 6-18 l_n 的值取点并过各点作垂线，在垂线上以和 l_n 对应的 x_n 值取点，并光滑连接各点，即得到 1/2 的展开图形，对称作图即得到全部展开图，如图 6-55 所示。

图 6-55　斜交异径圆管三通管计算展开图

6.5.3　椭圆面截切圆柱管构件计算展开实例

以标准椭圆封头上正插圆柱管计算展开为例，标准椭圆封头上正插圆柱管构件如图 6-56 所示。

封头在压力容器制造中要求必须是标准椭圆曲线，作图时应先用轨迹法或计算法作出标准椭圆曲线才能进行展开作图。本例以编程计算法展开，编程计算公式示意见图 6-57。

图 6-56　标准椭圆封头上正插圆柱管构件

图 6-57　标准椭圆封头上正插圆柱管展开示意图

计算公式：

$$x_n = H - \frac{\sqrt{\dfrac{D^2}{4} - r^2 - L^2 + 2rL\cos\phi_n}}{2}$$

式中　H——椭圆长轴到插管上端口距离；

　　　D——椭圆长轴长度；

　　　r——放样图圆管半径；

ϕ_n——圆管上任意素线对应圆心角；

x_n——ϕ_n 对应素线实长值。

$$x_n = H - \frac{\sqrt{\dfrac{D^2}{4} - r^2 - L^2 + 2rL\cos\phi_n}}{2}$$

$$l_n = \frac{\pi r_1 \phi_n}{180}$$

式中，已知 $H=900$mm，$D=2000$mm（封头用内径放样），$r=136.5$mm（圆管用外径放样），$L=406$mm，$r_1=132.5$mm（圆管用中径展开）。

将已知数据代入公式编程计算，以 ϕ_n 为变量每等份取 30°，计算得 x_n 和 l_n 的对应值，见表 6-19。因是对称图形，只作半圆周计算。用表中 l_n 和 l_n 对应值作图即可得到圆管一半的展开图形，然后对称作图就可以得到全部展开图形，如图 6-58 所示。

表 6-19 圆管展开素线实长计算值

变量 ϕ_n 值	对应 x_n 值 /mm	对应 l_n 值 /mm
0°	418.4	0
30°	422.4	69.4
60°	433.1	138.8
90°	448.2	208.1
120°	463.8	277.5
150°	475.6	346.9
180°	480	416

图 6-58 标准椭圆封头上正插圆柱管计算展开图

6.5.4 球面截切圆柱管构件计算展开实例

(1) 储罐罐顶正插圆柱管计算展开实例

储罐罐顶正插圆柱管展开放样图如图 6-59 所示。

此类构件因储罐顶圆为球缺面而且半径一般较大，而圆管相对板厚较小，所以施工中一般不做板厚处理，用中径或外径直接作放样图计算展开，一般用展开半径作放样图半径，如图 6-60 所示。

图 6-59　储罐罐顶正插圆柱管展开放样图

图 6-60　储罐罐顶正插圆柱管计算展开示意图

这类形体的计算展开公式为：

$$x_n = H - \sqrt{R^2 - L^2 - r^2 + 2Lr\cos\phi_n}$$

式中　H——圆管上端平面到球心距离；

R——球面半径；

L——圆管轴线到球心距离；

r——圆管展开用半径；

ϕ_n——圆管展开素线对应圆心角；

x_n——ϕ_n 角对应素线实长值。

本例用编程计算法展开，选用公式：

$$x_n = H - \sqrt{R^2 - L^2 - r^2 + 2Lr\cos\phi_n}$$

$$l_n = \frac{\pi r\phi_n}{180}$$

式中，已知 $H = \sqrt{18400^2 - 3000^2} + 500 = 18654(\text{mm})$，$R=18400\text{mm}$，$L=3000\text{mm}$，$r=250\text{mm}$。

将以上数值代入公式以 ϕ_n 为变量计算得值见表 6-20。对称图形只作半圆周计算。

表 6-20　球面正插圆管展开计算值

变量 ϕ_n 值	对应 x_n 值 /mm	对应 l_n 值 /mm
0°	460.7	0
30°	466.2	130.9
60°	481.3	261.8
90°	501.9	392.7
120°	522.6	523.6
150°	537.8	654.5
180°	543.3	785.4

利用表中 l_n 和 x_n 的对应数值作图即得到圆管的展开图形，如图 6-61 所示。

图 6-61　储罐罐顶正插圆柱管计算展开图

（2）半球平插圆柱管计算展开实例

半球平插圆柱管截面图如图 6-62 所示。

图 6-62　半球平插圆柱管截面图

此构件圆管插入半球内，从截面图可以看到圆管外壁和半球内壁接触，所以应用半球内径和圆管外径作放样图，用中径展开。用编程计算来展开此例。选用公式：

$$x_n = H - \sqrt{R^2 - L^2 - r^2 + 2Lr\cos\phi_n}$$

$$l_n = \frac{\pi r_1 \phi_n}{180}$$

式中，已知 $H=4000mm$，$R=3000mm$，$L=2000mm$，$r=524mm$，$r_1=512mm$。将以上数值代入公式，以 ϕ_n 为变量计算得值见表 6-21。

表 6-21　半球平插圆管展开计算值

变量 ϕ_n 值	对应 x_n 值 /mm	对应 l_n 值 /mm
0°	1146.3	0
15°	1165.2	134
30°	1221	268.1
45°	1312.5	402.1
60°	1436.5	536.2
75°	1588.9	670.2
90°	1764.1	804.2
105°	1954	938.3
120°	2148.7	1072.3
135°	2333.8	1206.4
150°	2491.1	1340.4
165°	2599	1474.5
180°	2637.8	1608.5

展开图形作法：取线段长等于 3217mm，在线上以 l_n 的值取点并过各点作垂线，在垂线上取 l_n 对应的各 x_n 值得各点，光滑连接各点即得到全部展开图，如图 6-63 所示。

图 6-63　半球平插圆柱管计算展开图

6.5.5　圆锥面截切圆柱管构件计算展开实例

以圆锥面上平插圆柱管计算展开为例，截面图如图 6-64 所示。

图 6-64　圆锥面上平插圆柱管截面图

此构件是水平插入设备下锥体的圆管，圆管和锥体作外坡口处理。从图中可以看出，圆管外壁和锥体内壁接触，所以用圆管外径和锥体内径作放样图，本例用编程计算法展开，展开示意图如图 6-65 所示。

计算公式：

$$x_n = L - \sqrt{(H - R\cos\phi_n)^2 \tan^2\alpha - R^2\sin^2\phi_n}$$

式中　　L——圆管外端面到锥体轴线距离；

　　　　H——圆管轴线到锥顶距离；

　　　　R——圆管放样图半径；

　　　　α——锥体锥顶角的一半；

　　　　ϕ_n——圆锥展开任意点到最长素线点之间的夹角；

　　　　x_n——ϕ_n 角对应素线实长值。

式中，已知 $L=1027\text{mm}$，$H=160/\tan30°+340=617(\text{mm})$，$\alpha=30°$，$r=157.5\text{mm}$（圆管展开用中径），$R=162.5\text{mm}$（圆管放样用外径）。

此构件因圆柱插入锥体内，插入长度为 $50/\sin60°=57.5(\text{mm})$，所以 x_n 按公式计算完后均应增加 57.5mm，将已知数值代入公式以 ϕ_n 为变量进行编程计算得对应 x_n 和 l_n 值，见表 6-22。

表 6-22　圆锥上正插圆管展开计算值

变量 ϕ_n 值	对应 x_n 值 /mm	对应 l_n 值 /mm
0°	822.3	0
30°	834.9	82.5
60°	814.9	164.9
90°	767.8	247.4
120°	711	329.9
150°	662.6	412.3
180°	634.7	494.8

因本例是对称图形，只作半圆周计算。利用表中 x_n 和 l_n 的对应值对称作图就得到全部展开图形，如图 6-66 所示。

图 6-65　圆锥面上平插圆
柱管展开示意图

图 6-66　圆锥面上平插圆柱管
计算展开图

第7章
铆工展开作图与识图

7.1 铆工展开作图基础

7.1.1 板厚处理技巧

任何一个铆接制件和制品，必然都有板料的厚度，也就是都有里皮、外皮和板厚中心层。在不同的情况下，板厚会对构件尺寸和形状产生一定的影响。为了消除板厚对构件尺寸和形状的影响，必须采取相应的措施，这些措施的实施过程就叫板厚处理。例如用1mm厚和10mm厚的两种钢板各作一个外径为800mm的圆管，那么两者的下料长度就不同，这种不同就是板厚处理的结果。

在实际工作中，当板厚$t < 1.5mm$时，不妨略去板厚的影响，这样也就用不着板厚处理了。

对于任一构件，它的板厚处理往往很复杂，但还是有规律可循的。下面对板厚处理技巧与诀窍作扼要地说明。

（1）根据构件不同形状，选择不同板厚处理方法

① 从构件断面角度考虑。构件的形状取决于它的正断面。正断面形状不同，板厚处理方法也就不同。下面按断面形状分"曲线"和"折线"两部分来说明这一问题。

a. 断面形状为"曲线"形构件的板厚处理诀窍。当板料弯曲时，里皮压缩，外皮拉伸，它们都改变了原来的长度，只有板厚中心层长度不变（这里假定板厚中心层与中性层重合。实际上，弯曲时长度不变的中性层将依弯曲程度的不同而有所位移，并不总在板厚中心层），因此下料时展开长度应该以中心层的展开长度为准，见图7-1。

图 7-1 断面为"曲线"的构件

圆管是断面为曲线形的构件的特例，如图 7-2 所示，其展开长度必须以中径为准计算。正因为本图中圆管的内径、外径对求展开图没有用，所以放样时只要划出中径（即板厚中心层）即可。这就是放样时的板厚处理，如图 7-3 所示，这也就是为什么放样图与施工图中上下端口尺寸不一样的原因。

图 7-2 圆管的断面厚度   图 7-3 圆管断面放样时的厚度处理

以上所讨论的板厚处理，对于所有断面为曲线形状的构件都适用。对于成品圆管的下料，往往先做出样板，再卷在成品管上划线，这样样板的展开长度就不能以圆管的中心层（中径）为准，而必须以圆管的外径 D 与样板厚度 t 的和为准，如图 7-4 所示，样板的展开长度公式为：

$$C=\pi（D+t）+1.5$$

式中　C——展开长度;

　　　D——成品圆管外径;

　　　t ——样板厚度;

　　1.5——由于样板不可能与圆管外皮完全贴合而加的修正值,mm。

图7-4　成品圆管的下料

　　b.断面为"折线"形状构件的板厚处理诀窍。板料弯折成折线形状时的变形与弯曲成弧状的变形是不同的。如图7-5所示,这是断面为方形的直管,板料仅在角点处发生急剧弯折,除里皮长度变化不大外,板厚中心层与外皮都发生了较大的长度变化。所以矩形断面管的展开长度应以里皮的展开长度为准,因而放样时,只要划出里皮即可,无需划出外皮,如图7-6所示。

图7-5　断面为方形的直管　　　图7-6　断面为方形直管的展开放样

　　断面为矩形的方管的板厚处理以里皮为准的原则,也适用于其他呈折线形断面的构件。如图7-7所示,以里皮的展开长度为准,展开长度为 $l=a+b+c$。

图 7-7　呈折线形断面的构件

如果矩形管是由四块板拼焊而成，则因拼接的情况不同而又有不同的板厚处理。例如相对的两块板夹住另两块板时，则相邻两板的下料就有所不同，一块应按里皮下料，一块应按外皮下料。

② 从构件表面的倾斜度考虑。参看图 7-8 所示的"天圆地方"管接头，其侧表面均为倾斜状（所有锥体都是如此），因此上下口的边缘也不是平的，上下口都是外皮高、里皮低。实践说明，高度取上下口板厚中心处的垂直距离为好，也就是图中 h，这就是由于对构件表面的倾斜度考虑而进行的板厚处理。倘若板并不很厚，或者将来还要进行修边加工，那么可以不取 h 为高，而取立面图上下边线的总高度为高。

图 7-8　"天圆地方"管接头

图 7-9　板厚处理后的放样图

不仅"天圆地方"的高度应作这样的板厚处理，就是一般锥形构件也应照此处理，即放样时的高度以上下口板厚中心之间的垂直距离为准。

图 7-8 中的"天圆地方"管接头，上口为圆，故按中径放样，这里可

取中径值约等于 $D-t$；下口为方形，故按里皮放样，这里可取边长值约等于 $a-2t$；高度按上下口板厚中心的垂直距离放样。考虑了板厚处理而划出的放样图见图 7-9。

（2）根据铆接接口处不同情况，选择不同板厚处理方法

首先提出"接缝"和"接口"是两个不同的概念。"接缝"是指一块板料（或由几块板料拼接而成的一块大板料）弯曲后，边与边对接而成的那条缝。接缝往往是展开料的相对边缘，如把一矩形板滚圆，成为圆管，那么原矩形的相对边必相对合，对合处就是接缝。图 7-5 和图 7-6 中把方管的接缝选在了 A 处。"接口"是指构件上由两个以上的形体相交构成的接合处。换句话说，接口就是构成构件不同部分的交接处，例如 90° 两节圆管弯头，两个支管的接合处，就叫接口。

图 7-10 表示的是等径圆管 90° 弯头。图 7-10（a）是接口处没有进行板厚处理的情形，很明显，不但弯头的角度不对，而且在接口的中部还有缝隙（俗称缺肉），这样既影响质量又浪费工时。而图 7-10（b）是经过板厚处理的接口处的情形，两个圆管在接口处完全吻合，再经过咬合或焊接后即成为成品，如图 7-10（c）所示。

在实际生产中，接口处的板厚处理可分为两类：一类是不开坡口；另一类是开坡口。分别说明如下。

图 7-10　等径圆管 90° 弯头

① 不开坡口的诀窍。不开坡口实例如下。

a. 图 7-10（b）就采用了不开坡口的板厚处理方式。为了清楚起见，将它再划在图 7-11 中。先看弯头内侧，圆管外皮在 A 处接触；而弯头外侧，圆管里皮在 B 处接触；中间 O 点附近，可以看成是圆管中径接触。在其他部位由 A 到 B 逐渐地由外皮接触过渡到里皮接触；由板的厚度 t 而形成的自然坡口，A 处坡口在里，B 处坡口在外，O 处里外均有坡口。在作圆管的展开图时，圆管的展开高度理论上应当处处以上述的接触部位为准，但是实际上是很难办到的，只能做到某种程度的近似。断面图上的等分点 1～8，其中 1、2、8 三点划在外皮上，因为它们离 A 点较近。同样 4、5、6 三点要划在里皮上，至于 3、7 两点划在里皮上还是划在外皮上是可以随意选择的。由等分点 1～8 向上引垂线，夹在线段 AB 和下口之间的素线长就是圆管的展开高度。本例的展开图是用平行线法展开的。展开图的长度根据前面的讨论应等于中径的展开长度。根据以上的讨论，图 7-11 所示的构件放样图画法如下：在图 7-11 中，在立面图上划出弯头内侧的外皮、弯头外侧的里皮以及两个口端的端线与 AB 连线；在断面图中划出左边的外皮半圆，右边的里皮半圆，然后再等分取点 1～8 就可以了。

图 7-11　等径圆管 90° 弯头放样图划法

b. 再看一个 T 形三通构件，讨论一下它的接口处不开坡口的板厚处理情形，如图 7-12 所示（关于划结合线和作展开图的问题，这里不做讨论）。由侧面图可以看出，支管的里皮和主管的外皮相接触，因此，支管的放样图与展开图中的各处高度应以里皮为准划出，主管孔的展开图应以外皮为准划出。只有这样，才能使接口处严密而无缝隙。因此，放样时无需划出与展开无关的支管外皮与主管内皮。

综上所述，可归纳出一条接口处不开坡口的板厚处理规则：在不开坡口的情况下，要以两管件接触部位的有关尺寸作为放样图和作展开图的尺寸标准。但是切不可过分拘泥，前面的例子就是一个很好的证明，因为有时两管件接触部位的情况十分复杂，不可能完全准确无误地把它们作为放样和作展开图的尺寸标准，但必须做到尽可能近似。

图 7-12　T 形三通构件接口处不开坡口的板后处理

②开坡口的诀窍。开坡口的用途，对于厚钢板，不仅便于焊接，借以提高强度，而且也是取得吻合接口的重要途径。

坡口的形式根据板厚和具体施工要求的不同，可以分成 X 形坡口和 V 形坡口两大类，如图 7-13 所示。图中 X 形坡口划出了 i 和 ii 两种。为了说明问题，只讨论 X 形坡口 ii 的形式，即接触的只有板厚中心层；图 7-13 还划出了 V 形坡口的两种形式，为简化，也只讨论 V 形坡口 ii 的形式，这时板的表皮相接触。对于管件，开 V 形坡口后，如果接触的是里皮，则这时的坡口势必铲去的是外皮，这样的坡口叫外 V 形坡口；如果铲去里皮而使外皮接触，这样的坡口叫里 V 形坡口。图 7-13 所示的形式，是相连接的两部分都在同一直线上的情形，假如相连接的两部分不在同一直线上，而成任意角度，那么上面所叙述的概念同样有效。

(a) X形坡口

(b) V形坡口

图 7-13　相连接的两部分都在同一直线上的坡口形式

接口处开坡口的板厚处理方法比较复杂，为了使问题得以简化，只讨论圆管（圆锥）开 X 形坡口和方管（棱锥）开 V 形坡口的简单情形。

a. 图 7-14 所示为 90° 圆管弯头，开成 X 形坡口后，显然是板厚中心层接触，因此在放样图中只划出板厚中心层（图中的双点画线）即可，展开图的高度也按板厚中心层处理。

图 7-14　90° 圆管弯头

b. 图 7-15 所示为一个任意角度的方管弯头。板厚处理是单面外开 V

形坡口，可以发现接口处里皮接触，因此放样和作展开图时只要划出里皮的尺寸即可。

图 7-15 任意角度的方管弯头

7.1.2 板厚处理规则

如果有一个 T 形三通，支管为方管，主管为圆管，在接口处，方管单面外开 V 形坡口，圆管开 X 形坡口。为简化，可使方管里皮与圆管中心层接触，这样处理后，放样和展开时，方管就可以里皮尺寸为准划出放样图和展开图，圆管就可以中心层尺寸为准划出放样图和展开图。

综上所述，就可得到关于板厚处理的一个有用的规则：接口处在开坡口的情况下，放样和作展开图的尺寸要以接触部位的尺寸为准。

至此，板厚处理问题的一般原则可小结如下。

① 管件或挡板的展开长度。凡断面为曲线形时，一律以板厚中心层展开长度为准，凡断面为折线形时，一律以板的里皮伸直长度为准。

② 侧面倾斜的构件高度。在划放样图或展开图时，一般以板厚中心层的高度为准。

③ 相交构件的放样图高度和展开高度。不论开坡口与否，一般都以接触部位尺寸为准，假如里皮接触则以里皮尺寸为准，中心层接触则以中心层尺寸为准等。

④ 在不开坡口的板厚处理情况下，某些构件的接口部分往往产生这样的情形：有的地方里皮接触，有的地方中心层接触，有的地方外皮接触。这时在放样图上（包括断面图上）要把相应的接触部位划出来，展开图上各处的高度也相应地各取接触部位的尺寸。

对于原则④还有如下的补充说明：在以上实例中，为使这类问题简化，在断面图上略去了不同部位接触的差别，而把它们绘成了单线条，也就是说，如果接口处接触的部位不都是中心层（或不都是外皮，或不都是里皮），那么应该在放样图的断面图上把不同的接触部位一一表示出来。例如在图 7-11 中，接口处的接触部位处处不同（里皮、外皮、中心层都有），断面图上也有近似表示，但为了简化作图，在以后各实例中类似这样的断面图将不再划成图 7-11 的样子，而只划出中径（或里皮或外皮）就行了。

图解号料法是一种独特的图上作业法。主要说明放样图与施工图的联系和区别，断面图的形成、划法及其用途，也介绍了板厚处理的一般规则，这些都是围绕着如何划放样图这一中心问题展开的。

7.2 铆工展开识图方法

7.2.1 铆接图样的识图步骤

掌握正确的识图方法，有助于进一步分析图样结构，理解图样内容。钣金图样的识读步骤和诀窍如下。

① 把图样正确地面对自己（标题栏在图样右下角）。

② 首先识读图样的标题栏，注意零件的名称、图号、材料等资料是否与修配单上的要求相符。标题栏中注明的零件名称在某种程度上已说明了零件的形状，如螺钉、螺母、垫圈、铆钉等。

③ 仔细分析零件的有关视图，明确哪一个是主视图，哪些是俯视图和左视图等（钣金的板材、管材和型材等零件图，一般只有主视图和左视图，或主视图和俯视图；因为零件形状较为简单，只需两个视图就能说明问题），根据这些有关的图形来确定零件的形状。

④ 看清零件各部分的大小尺寸或位置尺寸，以及这些尺寸的允许偏差与有关代号和技术要求。

⑤ 看清零件表面粗糙度等级，然后根据图样和有关工艺卡片来考虑

零件的加工过程。

7.2.2 钣金展开识图的思维方法

识读钣金构件视图除了应熟练地掌握识图思维基础和注意要点外，还应考虑到钣金制件的结构特点，如制件壁厚较薄，在视图中往往直接用线表示，而不画出壁厚，以及制件大都是管件、接头或漏斗等，一般不是全封闭，往往有进出口。因此，识图时还应注意其与机械零件图的不同点。

（1）形体分析法

形体分析法是识图的基本方法。形体分析法着眼点是体，它把视图中线框分为几部分来想象，通过在相邻视图中逐个线框找对应关系，然后逐个线框想象其所示基本立体形状，并确定其相对位置，组合形式和表面连接关系，从而综合想象整体形状。

① 集粉筒的识图。如图 7-16 所示，识读主、俯视图，想象其立体形状。

(a) 主、俯视图　　　　(b) 分离线框视图　　　　(c) 立体图

图 7-16　识读集粉筒的主、俯视图

从集粉筒名称可知其结构应有进口和出口，从视图上看都是由线段组成，说明是由平面所围成的。其识图思路如下。

a. 对照投影视图分离线框。视图中对应关系的封闭线框，一般都表示物体上的一个基本形体。如图 7-16（a）所示，根据三视图投影关系，把主视图划分为线框 1′、2′、3′、4′、5′ 五个部分。

b. 逐个分析线框想象形状。在已分离的封闭线框中，通过逐个线框与相邻视图对应投影关系，找到与其相对应的线框，并以特征形线框为基础，想象每个线框所示基本形体的形状。

如图 7-16（b）所示，主视图的线框 1′、2′对应俯视图中的圆形线框 1 和 2，线框 1 和 2 是圆形，想象为小圆柱管Ⅰ大圆柱管Ⅱ；线框 3′对应线框 3，线框 3′是方形，想象为方体管Ⅲ；线框 4′对应线框 4，线框 4′为同心圆，想象为圆台筒Ⅳ；线框 5′对应线框 5，初步认定台体形状。

从俯视图的虚线圆形和矩形可知该形体上端口是圆形，下端口为矩形，其侧面不可能是单纯的综合面。要达到平面和曲面圆滑过渡，必须把其侧面分为 4 个三角形平面和 4 个椭圆锥面。椭圆锥面的锥顶是底面矩形的顶点，椭圆锥底是上端口中 1/4 圆周上。这样划分出立体形状才是合理的结构。

c. 综合想象整体形状。由各个独立线框交接和相对位置关系及视图上表示的"六方位"，便可把已想象出的各个基本立体形状综合起来，想象整体形状。

如图 7-16（c）中，除了方形管Ⅲ和圆柱管Ⅱ是相交相切外，其他 4 个形状都是同轴相接和叠加所组成的立体。

② 裤衩形三通管的识图。如图 7-17 所示，读主、俯视图，想象其立体形状。

裤衩形三通管识图思路如下。

a. 对照投影视图分离线框。该制件形状左右、前后对称。根据主、俯视图的线框的对应关系，把主视图的线框划分为线框 1′、2′（2 个）、3′（2 个），初步判断该制件由 5 个部分组成的形体。

b. 逐个线框分析想象形状。主视图线框 1′对应俯视图矩形线框 1，形体Ⅰ为矩形下端口，如图 7-17（b）所示；线框 2′对应线框 2，形体Ⅱ为斜方台锥管（左右两个），被侧平面（对称平面）切去一部分，如图 7-17（c）所示；线框 3′与 3 对应，形体Ⅲ为四棱台管（左右两个），如图 7-17（d）所示。

c. 综合想象整体形状。根据已想象出的五部分的形状，按主、俯视图上各线框相对位置的连接、相交关系，想象出图 7-17（e）所示立体图。

(a) 主、俯视图　　　　(b) 分离线框图　　　　(c) 斜方台锥管线框图

(d) 四棱台管线框　　　(e) 立体图

图 7-17　读裤衩形三通管主、俯视图

（2）线面分析法

当视图所表示形体较不规则或轮廓线投影相重合时，若应用形体分析法识图难以奏效时，应采用线面分析法。线面分析法着眼点不是体，而是体上的面（平面或曲面）。它把视图中的线框、线段的投影对应关系想象为表示体上的某一面。由于体都是由一些平面或曲面围成的，所以只要把视图中每个线框、线段空间含义搞清楚，想象其所表示空间线段、平面的形状和相对位置，然后再综合起来想象，并借助于立体概念，便可想象出整体形状。

在进行线、面分析法识图时，应根据点、直线、曲线、平面、曲面的投影特性来分析、想象体上面形状和所处空间位置。

① 斜漏斗的识图。如图 7-18（a）所示，读其三视图，想象其立体形状。

从名称可知漏斗的结构应有进口和出口，从视图上看都是线段，说明该漏斗是由平面围成的。

(a) 三视图　　(b) 主视图线框图

(c) 左视图线框图　　(d) 俯视图外形线框图　　(e) 立体图

图 7-18　识读斜漏斗三视图

a. 对照投影视图分离线框。在三视图中对照投影关系，把主视图分为线框 1′、2′、3′；左视图分为线框 4″、(5″)；俯视图分为线框 m、n。

b. 逐个线框分析对应投影视图，想象其形状和空间位置。主视图的线框 1′、2′，对应的左视图均无类似形线框，应对应积聚性线段 1″、2″，根据相邻线框 1′、2′ 表示不同面，所以线框 1′ 应凹入，即表示漏斗出口的轮廓形状；线框 2′ 表示面Ⅱ为梯形正平面，是漏斗的前壁；主视图的三角形线框 3′，对应左视图的三角形类似形线框 3″，线框 3′ 表示三角形平面为左侧壁Ⅲ。由于 $a'b'$ 对应 $a''b''$ 都是竖向线，三角形一个边 $AB \perp H$ 面，所以侧壁Ⅲ为铅垂面，如图 7-18（b）所示。

左视图的线框 4″、5″ 对应主视图为斜线 4′ 和竖向线 5′，面Ⅳ和面Ⅴ为直角三角形正垂面和侧平面。面Ⅳ与面Ⅲ相交组成左侧壁，面Ⅴ为右侧壁，如图 7-18（c）所示。

俯视图的外形线框为矩形 m，对应主、左视图为横向线 m'、m''，可

以认为矩形 M 为水平面，表示漏斗的上壁面或是进口的轮廓形状。又从俯视图斜线 3 为实线和根据漏斗结构特点，可判断为后者；线框 n 对应线框 n' 和斜线 n''，线框 n 表示梯形斜底壁 N，是侧垂面，如图 7-18（d）所示。

c.模拟组装想象整体形状。把视图中各线框和线段"立体化"后，根据各线框和各线段所表示面的形状和空间位置，分前后、左右、上下六个方向进行组装想象，并从立体所具有特征和钣金件的结构特点，便可综合想象出整体形状。

如把面Ⅱ、Ⅲ、Ⅳ、Ⅴ、Ⅵ的相对位置进行组装想象，便可想象出如图 7-18（e）所示漏斗的形状。

② 正漏斗的识图。如图 7-19（a）所示，读其三视图，想象其立体形状。

(a) 主、左视图　　　(b) 主视图线框图　　　(c) 左视图线框图

(d) 三视图与立体图　　　(e) 立体分解　　　(f) 立体形状

图 7-19　读正漏斗的主、左视图，求作俯视图

a. 确定线框和线段对应关系、想象立体形状。主视图的梯形线框 1′ 和左视图的梯形线框 2″ 不能成对应关系（不符合相邻视图中线框相对应的类似形条件），因此，应对应积聚性线段，主视图的线框 1′ 对应左视图的斜线 1″，面Ⅰ为两个前后对称的梯形侧垂面，如图 7-19（b）所示；左视图的线框 2″ 对应主视图的斜线 2′，面Ⅱ为两个左右对称的梯形正垂面，如图 7-19（c）所示。

主视图的线 m′、n′ 对应左视图为线 m″、n″，不能确定线 m′ 和 n′ 的真实含义。由于漏斗的结构应有进出口，以及借助于前、后和左、右对称面形Ⅰ和Ⅱ进行组合想象，才可确定线 m′、n′ 表示上口、下口为矩形，但矩形长短方向错位，如图 7-19（d）所示立体形状。

综合上述的想象，便可得出图 7-19（e）、（f）所示漏斗的立体形状。

b. 求作俯视图。补画视图不是目的，是进一步培养空间想象力的手段，它通过识图想象立体形状后，再应用点、线、面的投影特性，完整、正确地表示所求的视图，达到提高空间抽象思维能力和抽象想象能力的目的。

求作俯视图时，由漏斗前、后、左、右四个侧面向 H 面投影。面Ⅰ侧垂面的水平投影为两个前后对称的梯形类似形线框（1），面Ⅱ正垂面的水平投影为两个左右对称的梯形类似形线框 2。根据俯视图的投影方向，判断可见性，即下口矩形轮廓线一部分看不见，如图 7-19（d）中的俯视图所示。

7.2.3 铆接视图的审核

铆接制件的制作是通过图样来组织生产的，假如给定的视图或放样图的画法错误（如错、漏画图线），而展开图又是按这种错误图样来绘制的，其下料后在组合成制件时就会出现质量问题。因此，钣金制件在制作过程中。对视图的审视应用"形体分析法"和"线面分析法"或者两种方法综合起来，先由视图想象立体形状，再由立体形状印证视图。以及应用视图中的点、线、线框的含义和点、直线、平面的投影规律，确定视图的正确性，对图样错画处的图线给予纠正，是保证钣金制件合乎要求的前提条件。

（1）漏斗视图错误画法的纠正

审核如图 7-20（a）所示的漏斗的视图，纠正错误的画法。

(a) 错误的三视图

(b) 实体视图

(c) 划分主视图

(d) 正确的三视图

(e) 立体图形

图 7-20　审核漏斗的视图

从分析图 7-20（a）视图的投影关系中，初步判断漏斗上口为矩形正垂面，下口为矩形水平面。上下口之间通过平面形连接起来，即各侧面都是平面形。为便于形体的投影分析，设想该形体是实体，即得图 7-20（b）所示的视图。

图 7-20（b）主视图的六边线框，对应左视图为线 $1''$、$2''$，初步想象六边形应划分为两部分，并从直线 $1''$、$2''$ 相交点 a''（b''）的空间含

义，想象是面Ⅰ和面Ⅱ相交线 AB（侧垂线）的积聚性投影，主视图漏画线 $a'b'$，这样就把主视图划分为两个线框 1′、2′，如图 7-20（c）所示。

梯形线框 2′ 是否仅表示一个平面？需进一步分析判断。从上口边线 $c'd'$ 对应 $c''d''$ 和线 $a'b'$ 对应点 $a''（b''）$，可判断 CD 和 AB 不在同一平面上，是异面两直线，所以线框 2′ 还应分解为两个线框，即把面Ⅰ分解为两个平面。

若连接线 d'、b'，把线框 2′ 再划分为两个三角形线框 $2'_1$ 和 $2'_0$，其中△ $d'a'b'$（线框 $2'_1$）的 $a'b'$ 边表示 AB 为侧垂线，所以线框 $2'_1$ 所表示的面Ⅱ为侧垂面，侧面投影补画漏线 $b''d''$。线框 20′ 与 20″ 表示面Ⅱ，为一般平面，如图 7-20（d）所示。

主视图相交线 3′、4′ 表示漏斗左侧面Ⅲ、Ⅳ相交，所以左视图漏画了一条横向直线，即应把左视图的六边形线框分为矩形 4″ 和梯形 3″ 两个线框，如图 7-20（d）所示。左视图与左侧面分析类同。

根据分析，想象出漏斗形状，如图 7-20（e）所示，补画出主、左视图的漏线。

（2）碾米机漏斗图的纠错

审核如图 7-21（a）所示的碾米机漏斗三视图可知，钣金工根据如图所示三视图是肯定制造不出合格的漏斗的。

① 分析三视图。通过三视图的投影和空间分析，确定漏斗的内外形是一样的，为了便于投影分析，设想该形体是实心体，如图 7-21（b）所示。主视图的线框 1′ 对应左视图为斜线 1″ 和竖线乙″，说明漏斗的前后壁是六边形的侧垂面和正平面。俯视图中表示前壁Ⅰ应是六边形线框（1），如图 7-21（c）前壁面Ⅰ的投影图和图 7-21（f）立体图。但图 7-21（a）的俯视图把漏斗的前壁错误画为梯形线框甲。主视图的点 a'、b' 是"点中表示直线"，它是漏斗左右两侧面上两个梯形的相交线。左视图漏画了实线和虚线，如图 7-21（b）所示。

② 正确制造漏斗形状。从以上分析可知，漏斗若按此错误线框形状图下料，就会出现质量问题，使漏斗合拢不起来。只有按图 7-21（d）和图 7-21（e）的俯、左视图的正确画法，想象漏斗的形状，把漏斗的前后壁按六边形下料，左右两侧壁均用两块梯形下料，才能使碾米机漏斗和各侧面合拢起来。

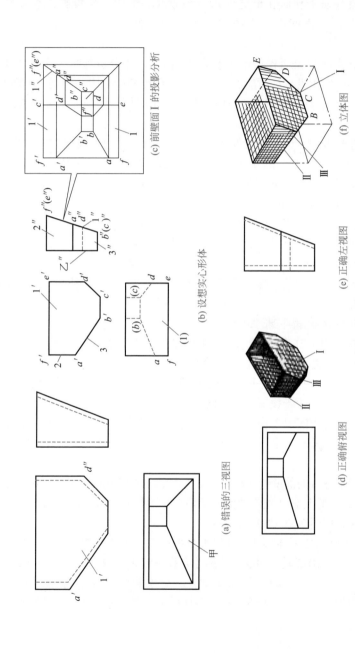

(c) 前壁面 I 的投影分析

(b) 设想实心形体

(a) 错误的三视图

(d) 正确俯视图

(e) 正确左视图

(f) 立体图

图 7-21 分析碾米机漏斗视图的错误画法

（3）壳斗三视图的纠错

审核如图 7-22（a）所示的壳斗的三视图，纠正错误的画法。

① 识图三视图想象壳斗形状。补齐图 7-22（b）三视图和缺角线，初步想象壳斗原形是长方形，再从三个视图中的斜线段 1′、2′、3′，想象为长方形被三个不同的侧垂面 Ⅰ、正垂面 Ⅱ、铅垂面 Ⅲ 分别切去三个角后所形成的形体，如图 7-22（c）切割形成的立体形状。由于截平面截切范围不同，其截断面的形状也不相同，如切割的断面 Ⅱ（正垂面）、Ⅲ（铅垂面）为梯形；切割的断面 Ⅰ（侧垂面）为六边形。

② 投影分析。在图 7-22（b）中，若不仔细进行三个截断面的投影分析，是不易发现画法上的错误的。如按图 7-22（a）所示各平面形状和相对位置进行下料，壳斗是制造不出来的。

根据投影面垂直面的投影特征：其三个图一定是"斜线对应两个类似形线框"。如截面 Ⅰ，左视图是斜线 1″，主、俯视图是六边形的类似形线框 1′、1″；截面 Ⅱ，主视图上是斜线 2″，俯视图是梯形的类似形线框 2′、2″；俯视图上是斜线 3，主、左视图是梯形的类似形线框 3′、3″，如图 7-22（d）所示三个截面 Ⅰ、Ⅱ、Ⅲ 的投影图。

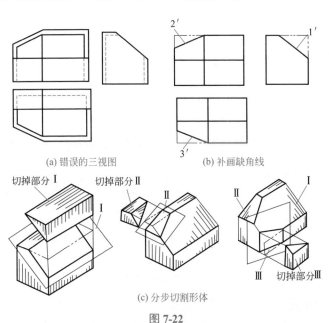

(a) 错误的三视图　(b) 补画缺角线

(c) 分步切割形体

图 7-22

(d) 纠正错误后的视图

(e) 正确的三视图　　　　　　　　　(f) 立体图形

图 7-22　壳斗三视图的分析

通过三个截面的投影分析，显然可看出图 7-22（a）、（b）的画法是错误的。

③ 纠正错误的画法。修改壳斗的三视图。应用点、线、面的投影特点，修改图 7-22（a）的错误画法，改成图 7-22（d）和所示壳斗的三视图，想象为图 7-22（f）所示的立体形状。

④ 按壳斗各面形状下料。该构件上口为六边形，下口为矩形；前壁为矩形和梯形的两平面相交；后壁为五边形平面；左侧壁为直角五边形；右侧壁为直角五边形平面；顶面为直角梯形和矩形的两平面相交所组成。若按这五个平面的实际形状和大小进行下料，并按图中所示和空间位置进行合拢，便可得到如图 7-22（f）所示的壳斗形状。

7.2.4　铆接管路图的识读方法与诀窍

在工程上经常遇到管路图，需想象整条管路的走向和布局。如常见的蛇形管,应读懂蛇形管轴线的空间位置,明确其投影特性,以便确定哪段管的轴线反映实长,哪段管轴线不能反映实长,以及求作其实长的方法,为绘画放样图提供条件。

读管路投影图时,应采用线段分解法,即把整条管路分解为若干管段,然后逐个管段在投影图中找投影对应关系,并根据点、线投影特性,想象每段管段形状和空间位置,然后综合起来想象整条管路的走向和布局。

(1)铆接蛇形管的识读

识读如图 7-23(a)所示的蛇形管主视图、俯视图,想象蛇形管的空间位置。

(a) 主、俯视图

(b) 立体形状

图 7-23 识读蛇形管的主视图、俯视图

① 对投影分离管段。通过主视图、俯视图对投影关系,初步把主视图划分为 1′、2′、3′线框。

② 逐个线框对投影,想象蛇形管各段的空间位置。主视图的圆形线框 1′ 对应俯视图线框 1 及点 $a'(b')$ 对应竖向 ab,想象斜截圆柱管 I,其轴线 AB 为正垂线,ab 线反映管 I 轴线 AB 的实长。

线框 3′ 对应圆形 3 及 $c'd'$ 对应点 c(d),想象斜截圆柱管 III,轴线 CD 为铅垂线,$c'd'$ 反映管 III 轴线 CD 的实长。

线框 2′ 与 2 对应及斜线 $b'c'$ 对应斜线 bc,想象斜截圆柱管 II 轴线 BC 为一般位置直线,$b'c'$ 和 bc 均不反映实长。若要求得该轴线 BC 的实长,

应通过旋转法或换面法求得。

③ 综合想象蛇形管的组成。把蛇形管分为三段斜截圆柱管的空间位置想象出来后，进行综合想象，即通过一般位置斜截圆柱管Ⅱ，把垂直于正面的斜截圆柱管Ⅰ及垂直于水平面的斜截圆柱管Ⅲ连接起来，如图7-23（b）所示。

（2）简单钣金管路轴线图的识图

读如图7-24所示的管路轴线主、俯视图，想象管路轴线组的空间位置，求作侧面投影。

(a) 主视图、俯视图　　　　　　(b) 线段空间位置

(c) ab横向侧投影　　(d) bc竖向侧投影　　(e) cd斜向侧投影

图7-24　读管路轴线主视图、俯视图求作左视图

① 对投影分离线段。通过图中"主视图、俯视图长对正"的投影关系，初步分离出三条轴线段，并标注每段轴线段的字母，如图7-24（a）所示。

② 逐个点、线对投影，想象每段线的空间位置。俯视图的 ab 线对应主视图为点 a'（b'），AB 为正垂线，侧面投影为横向线 a"b"，如图7-24（c）所示。线 ab 和 a"b" 反映 AB 实长。

俯视图的 bc 线对应主视图的斜线 b'c'，BC 为正平线，侧面投影为竖

向线 $b''c''$，如图 7-24（d）所示。斜线 $b''c''$ 反映 BC 线实长。

俯视图的 cd 线对应主视图的 $c'd'$，CD 为侧平线，侧面投影为斜线 $c''d''$，如图 7-24（e）所示。斜线 $c''d''$ 反映 CD 的实长。

③ 综合想象线段的空间位置　按上述步骤想象出三条线段的空间位置及线段连接顺序和相互位置，便可想象出图 7-24（b）所示的线段空间位置。

（3）复杂铆接管路轴线图的识图

读如图 7-25（a）所示的管路轴线三视图，想象其走向和布局，并用铅丝弯成模型加以验证。

(a) 管路轴线三视图　　(b) ab 竖向线　　(c) ed 横向线

(d) ef 竖向线　　(e) fg 横向线　　(f) 铅线弯制

图 7-25　读管路轴线三视图

① 对投影分离线段。通过三个视图对投影关系，确定反映管路走向较为明显为主、俯视图，并把俯视图划分为线 1、2、3、4，如图 7-25（a）所示。

② 逐个线段对投影，想象其形状和空间位置。根据俯视图分离出线段 1、2、3、4，逐个线段与主、左视图对投影关系，分离出各自对应关系，并标上字母，想象各线段的形状和空间位置。

竖向线 1 的 ab 对应点 a'（b'）及横向线 $a''b''$，线 AB 为正垂线，如图 7-25（b）所示。

横向线 2 的 $ed(b)c$ 对应带半圆弧的 $e'd'c'b'$ 及竖向线 $d''e''(b''c'')$，半圆线段 EDC 平行 V 面，线 BC 为侧垂线，两段线组合平行 V 面，如图 7-25（c）所示。

竖向线 3 的 ef 对应点 $e'(f')$ 及横向线 $e''f''$，线 EF 为正垂线，如图 7-25（d）所示。

横向线 4 的 fg 对应圆弧 $f'g'$ 和竖向线 $f''g''$，FG 圆弧平行于 V 面，如图 7-25（e）所示。

③ 想象整条管路轴线的空间位置（走向和布局），用弯丝验证。通过上述步骤把各线段的形状和空间位置确定后，再根据各线段连接顺序从线 1 开始找出结合点 B、C、E、F，把各段管连接为整条管路，确定其定向和布置，用铅线弯成如图 7-25（f）所示形状。

7.3 钣金展开作图方法、技巧与实例

7.3.1 钣金展开作图基本方法

（1）平行线法作图技巧

1）棱柱体的展开作图技巧

按照棱柱体的棱线或圆柱体的素线，将棱柱面或圆柱面划分成若干四边形，然后依次摊平，作出展开图，这种方法就叫平行线法。凡属素线或棱线互相平行的几何体，如矩形管、圆管等，都可用平行线法进行表面展开。图 7-26 为棱柱面的展开图，其步骤如下。

图 7-26　棱柱面的展开图

① 作出主视图和俯视图。

② 作展开图的基准线，即主视图中 1′-4′ 的延长线。

③ 从俯视图中照录各棱线的垂直距离 1-2、2-3、3-4、4-1，将其移至基准线上，得 1_0、2_0、3_0、4_0、1_0 各点，并通过这些点画垂直线。

④ 从主视图中 $1′_1$、$2′_1$、$3′_1$、$4′_1$ 各点向右引平行线，与相应的垂直线相交，得出 1^0、2^0、3^0、4^0、1^0 各点。

⑤ 用直线连接各点，即得展开图。

2）斜棱柱体的展开作图步骤

如图 7-27 所示是斜六棱柱体，要求利用平行线法画出其展开图。

斜六棱柱形体平行线法展开作图步骤见表 7-1。

图 7-27　斜六棱柱形体

表 7-1　斜六棱柱形体平行线法展开作图步骤

步骤	图示	说明
画三视图		按要求画出六棱柱形体三视图
作垂线		在主、俯视图上从 1-1′、2-2′、3-3′、4-4′ 的顶点作垂线

续表

步骤	图示	说明
作平行线		在 1-A' 上任取一点 I，过 I 点作 I-I' 与 1-A' 平行，交 1-A' 于 I'。用同样的方法作 II-II' 与 2-2' 平行，使 I-I' 与 II-II' 的距离等于 1-1' 与 2-2' 的距离 h
作其他相关点		同理作 III-III'、IV-IV'，得出 I、II、III、IV、I'、II'、III'、IV' 点
连接		顺次连接 I、II、III、IV、I'、II'、III'、IV'，即得到展开图

3）斜截圆柱体的展开作图技巧

图 7-28 为斜截圆柱体的展开图，其步骤如下。

① 作出斜截圆柱体的主视图和俯视图。

② 将水平投影若干等分，这里为 12 等分，半圆为 6 等分，由各等分点向上引垂直线，在主视图上得出相应的素线，并交斜截面圆周线于 1′、2′、…、7′ 各点。

③ 将圆柱底圆展开成一条直线（一般用 πD 计算其长度），作为基准线，将直线 12 等分，截取相应的等分点（如 a″、b″ 等）。

④ 自等分点向上引垂直线，即圆柱体表面上的素线。

⑤ 从主视图上的 1′、2′、…、7′ 分别引平行线，与相应的素线交于 1″、2″、…、7″即展开面上素线的端点。

⑥ 将所有素线的端点连成光滑曲线，就能得出斜截圆柱体 1/2 的展开图。再以同样的方法画出另一半的展开图，即得所求的展开图。

图 7-28　斜截圆柱体的展开图

（2）放射线法作图技巧

1）正圆锥管顶部斜截的展开作图技巧

在锥体的表面展开图上，有集束的素线或棱线，这些素线或棱线集中在锥顶一点。利用锥顶和放射素线或棱线画展开图的方法，称为放射线法。放射线法是各种锥体的表面展开法，不论是正圆锥、斜圆锥还是棱锥，只要有一个共同的锥顶，就能用放射线法展开。图 7-29 为正圆锥管顶部斜截的展开图，作图步骤如下。

① 画出主视图，把上截头补齐，形成完整的正圆锥。

② 作锥面上的素线，方法是将底圆作若干等分，这里作 12 等分，得 1、2、…、7 各点，从这些点向上引垂直线，与底圆正投影线相交，再将相交点与锥顶 O 连接，与斜面相交于 1′、2′、…、7′，各点。其中 2′、3′、…、6′ 几条素线都不是实长。

③ 以 O 为圆心，Oa 为半径画出扇形，扇形的弧长等于底圆的周长。将扇形 12 等分，截取等分点 1、2、…、7，等分点的弧长等于底圆周等分弧长。以 O 为圆心，向各等分点作引线（放射线）。

④ 从 2′、3′、…、7′，各点作与 ab 相平行的引线，与 Oa 相交，即为 $O2′$、$O3′$、…、$O7′$ 的实长。

图 7-29　正圆锥管顶部斜截的展开图

⑤ 以 O 为圆心，O 至 Oa 相交点的垂直距离为半径作圆弧，与 $O1$、$O2$、…、$O7$ 等对应素线相交，得交点 1″、2″…、7″各点。

⑥ 用光滑曲线连接各点，即得正圆锥管顶部斜截的展开图。

2）圆锥体孔的放样与展开作图技巧

圆锥体孔的结构图如图 7-30 所示，孔开在圆锥体的表面上，即孔上的所有点都在圆锥体表面的素线上，所以同样应采用放射线法进行展开。

零件的成形样板，可按零件成形后的内径制作，其样板如图 7-31 所示。

图 7-30　圆锥体孔的结构图　　　　图 7-31　圆锥体孔成形样板

展开放样时，将零件表面加工后弯曲成一定的圆弧曲率，所以板厚处理时应以中性层的计算尺寸为准。图中 $\phi_1 - \delta$、$\phi_2 - \delta$ 为板厚处理后的尺寸，如图 7-32 所示。

图 7-32　圆锥体孔的展开图

圆锥体孔的展开作图步骤如下。

铆工自学·考证·上岗一本通

图7-33　斜圆锥台形体

① 先找特殊点。在图7-32中，由锥体顶点o'引与孔相切的$o'1'$与$o'2'$线，并延长与底面交于a'、b'点，用同样方法作出孔的$3'$、$4'$两点。

② 增设一般点。显然仅上述四个点不能准确地描述孔的展开形状，故应增设辅助点，如图7-32中的$5'$、$6'$两点。

③ 求素线实长。过孔中的各点作平行于锥底的平行线，交$o'n'$于$2''$、$5''$、$6''$、$4''$，即得所求的实长。

④ 孔的展开。首先以o'为圆心各实长线为半径划同心圆弧，将断面圆上的各点，截取在展开线上，如a、b两点，其次将孔上各点投影到对应的素线上，得一系列交点，最后用光滑曲线连接各点，即得孔的展开图。

3）斜圆锥台的展开作图步骤

斜圆锥台形体如图7-33所示，要求利用射线法画出其展开图。

斜圆锥台的展开作图步骤见表7-2。

表7-2　斜圆锥台形体展开作图步骤

步骤	图示	说明
画三视图		根据标准要求，画出斜圆锥台形体三视图
找交点		按给定尺寸画出主视图和1/2底面俯视图；延长BC、AD相交于O；过O点作铅垂线与BA的延长线交于O'，与$B'A'$的延长线交于O''；等分1/2底面圆周，得相应等分点1、2、3、4、5；以O''为圆心，分别以O'到等分点1、2、3、4、5的距离为半径画弧，交$A'B'$于点$1'$、$2'$、$3'$、$4'$、$5'$

续表

步骤	图示	说明
作铅垂线		分别过点 1′、2′、3′、4′、5′作铅垂线，交 AB 于点 1″、2″、3″、4″、5″
找交点，画圆弧		分别连接 O 与 1″、2″、3″、4″、5″；从 O 点任意作一射线，与以 O 为圆心、以 O 到点 A 的距离为半径的弧交于 $A″$ 点；以 $A″$ 为圆心，1/6 半圆展开长度为半径画弧，与以 O 到点 1″ 的距离为半径所画的弧交于 I 点
找底圆展开轮廓点		按上述方法和步骤依次作出点 II、III、IV、V、$B″$，并作光滑连接

步骤	图示	说明
找上口展开轮廓点		按前述方法，作出上口展开轮廓点 D'、Ⅰ′、Ⅱ′、Ⅲ′、Ⅳ′、Ⅴ′、C'，并光滑连接；同时连接 $A''D'$、$B''C'$，即得到一半展开图
作另一半展开图		以 OB'' 为对称轴，作曲线 $B''A''D'$ 的对称图形，得另一半展开图

（3）三角形法作图技巧

根据钣金制品形体的特点和复杂程度，将钣金制品表面分成若干组三角形，然后求出每组三角形的实形，并将它们依次毗连排列，画出展开图，这种作展开图的方法叫三角形法。

放射线法也是将钣金制品表面分成若干三角形来展开的，它和三角形法不同的地方主要是三角形的排列方式不一样。放射线法是将一系列三角形围绕一个共同的中心（锥顶）拼成扇形来作展开图的；而三角形法是根据钣金制品的特征来划分三角形的，这些三角形不一定围绕一个共同的中心来进行排列，很多情况下是按 W 形来排列的。另外，放射线法只适用于锥体，而三角形法可适用于任何形体。

三角形法虽然适用于任何形体，但由于此法比较烦琐，所以只有在必要时才采用。如当制件表面无平行的素线或棱线，不能用平行线法展开，又无集中所有素线或棱线的顶点，不能用放射线法展开时，才采用三角形法作表面展开图。

1）正四棱台的展开作图步骤

正四棱台如图 7-34 所示，其展开作图步骤见表 7-3。

图 7-34　正四棱台形体

表 7-3　正四棱台展开作图步骤

步骤	图示	说明
画三视图		按要求画出四棱台形体三视图
求实长线		根据立体图形和三视图可知，*DB* 为直角三角形 *DD″B* 的一直角边，据此作 △ *D′D″B′*，则边 *D″B′* 为边 *DB* 的实长
		按同样的方法分析，并作出 *CB* 的实长 *C′B′*

步骤	图示	说明
作△BCD 的展开图		由于俯视图中 CD 即为实长，根据 DB、CB、CD 的实长作△B'CD，即△BCD 的展开图
作△BCA 的展开图		同理可作出△BCA 的展开图 B'CA；将两个三角形的边 B'C 重合，得四边形 AB'DC，即 ABDC 的展开图
作其他展开图		按同样的方法画出其他三个面的展开图，并将其邻边重合，即得正四棱台的展开图

2）凸五角星的展开作图技巧

图 7- 35 为凸五角星的展开图，用三角形法作展开图的步骤如下。

图 7-35　凸五角星的展开图

① 用圆内作正五边形的方法画出凸五角星的俯视图，作为放样图。

② 在放样图上画出凸五角星的主视图。图中 $O'A'$、$O'B'$ 即 两线的实长，CE 为凸五角星底边的实长。

③ 以 $O''A''$ 为大半径 R，$O''B''$ 为小半径 r，作出展开图的同心圆。

④ 以 m 的长度在大小圆弧上依次度量 10 次，分别在大小圆上得到 A''、B'' 等 10 个交点。

⑤ 连接这 10 个交点，得出 10 个小三角形（如图中△ $A''O''C''$），这就是凸五角星的展开图。

3）圆变径连接管的放样与展开作图技巧

圆变径连接管如图 7-36 所示，此圆接管的形状很像圆锥。但通过延长主视图中的中心线和两边素线，结果三条线并不相交于一点，所以不能采用放射线方法展开，而只能采用 三角形方法展开。三角形法展开是先将零件的表面分成一组或很多组三角形，然后求出各组三角形每边实长，并把三角形的实形依次划到平面上，即得零件表面的展开图。三角形展开方法适用任何形体的展开。

圆变径连接管零件成形样板按其成形后的内径制作，其样板尺寸如图 7-37 所示。

图 7-36　圆变径连接管

(a)　　　　　　(b)

图 7-37　圆变径连接管成形样板

圆变径连接管展开放样步骤与诀窍如下。

① 板厚处理。因加工后的零件表面弯曲成一定的圆弧曲率，所以应以中性层的尺寸为准计算，图中 $\phi_1-\delta$、$\phi_2-\delta$ 为板厚处理后的尺寸，

如图 7-38 所示。

② 展开作图步骤 。

a. 划分形体表面。在图 7-38 俯视图上，分别将上、下口圆周作相应等分，各等分点对应连线，即得 1_a-1_b、2_a-2_b、3_a-3_b、…、7_a-7_b 连线。各连线分别将圆接管的侧表面划分成一系列的四边形，再有规律地连接四边形的对角线，即图中的 1_a-2_b、2_a-3_b、…、6_a-7_b，这样就将圆接管的侧表面划成一系列三角形（图中只作出对称图形的一半）。

b. 求形体的素线实长。用直角三角形法求出三角形各边实长，即一直角边为所求素线在俯视图上的投影长，另一直角边为所求素线在主视图上的高度差，则斜边即为该素线的实长，见所求实长线图。

c. 形体的展开。先作一竖线并截取实长线段 1_a-1_b 长，然后分别以 1_a、1_b 为圆心，以实长线 1_a-2_b、弧长 $\overset{\frown}{1_a 2_a}$ 为半径划弧，交于点 2_b，得展开图中一个三角形平面，用同样方法依次作出其他三角形平面的展开，然后用光滑曲线连接，即得形体表面展开图。

图 7-38　圆变径连接管表面展开图

7.3.2 铆工展开作图实例与诀窍

（1）多面体的展开作图诀窍

当多面体各个面的投影呈水平或垂直位置时，多采用计算法。但是，多面体的投影面呈倾斜时，需要求出倾斜的投影面实际高度，才能够确定该面下料的几何形状与尺寸。因此可用三角形求实高的图解法或计算法作展开图，如图 7-39 所示。

(a) 多面体　　　　(b) 多面体展开图

图 7-39　多面体的展开

（2）圆柱体的展开计算与作图技巧

圆柱体的展开作图有计算法和图解法两种。正圆柱的展开采用计算法，正圆柱的斜截普遍采用图解法。其中图解法是采用平行线法，用于以素线平行的柱形几何形体表面的展开。等径弯头的展开就是圆柱斜截的典型类型（图 7-40）。

图 7-40　等径弯头的展开

① 常用焊接弯头展开参数计算技巧。

常用焊接弯头的构造是由两端的两个端节和若干中间节［图 7-41（a）～（c）］或无中间节［图 7-41（d）］构成。常用有中间节的焊接弯头的最少节数如图 7-41（a）～（c）所示。常用焊接弯头的主要处理参数是中间节的数量和中间节、端节的夹角。端节的角度正好是中间节的 1/2，即两个端节构成了一个完整的中间节。中间节角度的计算为：

$$\alpha_1 = \frac{\alpha}{n+1}$$

式中　α_1——中间节的角度，（°）；

　　　α——弯头的角度，（°）；

　　　n——弯头的中间节数量（将两端的两个端节按一个中间节计算）。

(a) 90°弯头的最少节数　　　　(b) 60°弯头的最少节数

(c) 45°弯头的最少节数　　　　(d) 30°弯头的最少节数

图 7-41　焊接弯头的最少节数与各节的角度

例如：α=90° 弯头，有 4 个中间节时（如图 7-42 所示）：

中间节的角度：$\alpha_1 = 90° / (4+1) = 18°$。

端节的角度：$\alpha_{2 1/2} = 18° / 2 = 9°$。

② 不等径斜交三通管的展开技巧。不等径斜交三通管的展开，如图 7-43 所示。

③ 等径空间多弯折弯头的展开技巧。在弯头各个节的展开中，都是按照普通等径弯头的展开进行。其区别只在于相邻两节空间投影的偏转角度即错心差关系，可参照图 7-44 进行展开。

图 7-42　90° 弯头节数与角度关系图

图 7-43　不等径斜交三通管的展开

（3）圆锥的展开作图技巧与诀窍

适用于素线能够汇交于一点的锥形立体几何形体。

① 正圆锥台的展开。正圆锥台的展开，如图 7-45 所示。

图 7-44 等径空间多弯折弯头的展开

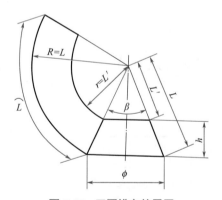

图 7-45 正圆锥台的展开

　　② 正圆锥斜截的展开。正圆锥斜截的展开同正圆锥正截的展开均不反映实长。正圆锥的斜截展开如图 7-46 所示。

　　③ 斜圆锥正截的展开。斜圆锥正截的展开，如图 7-47 所示。

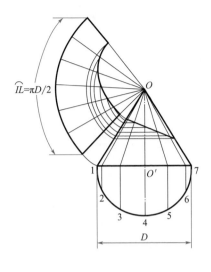

图 7-46　正圆锥斜截的展开　　　　图 7-47　斜圆锥正截的展开

④ 变径弯头的展开技巧与诀窍。如图 7-48 所示，在展开前，首先要把它变换成一个正圆锥台，然后按正圆锥台的斜截进行展开。关键在于每节弯头中心线长度和斜截角度的确定。

已知：弯头的变径分别为 D、d；弯曲半径为 R；节数为 4 节（中间节 2 节，端节 2 节）；弯曲角度为 90°。首先，对所求变径弯头进行放样。它的画法如图 7-49 所示。根据已知条件，作角度依次分别为 15°、30°、30°、15°，且半径为 R 的图形，与夹角的边分别交于 O_0、O_1、O_2、O_3、O_4 各点，则 $O_0O_1+O_1O_2+O_2O_3+O_3O_4$ 为展开用圆锥体的高 h。以 D 为圆锥体的底圆直径，d 为圆锥体的顶圆直径，连接圆锥体的两条斜边分别过 O_1、O_2、O_3 各点，根据需要的方向，作与水平呈 15° 夹角的斜线，交于圆锥体斜边上，得到变径弯头展开用圆锥体，如图 7-50 所示。根据过 O_1、O_2、O_3 点的斜线，将图 7-51 圆锥体展开。

在图 7-50 中，圆锥台的高度：

$$a=O_1O_2=O_2O_3=2R\tan15°$$

$$b=O_0O_1=O_3O_4=R\tan15°$$

$$H=2a+2b$$

圆锥台的斜截角度如图 7-50 所示。变径弯头通过斜截转化成普通正圆锥后，每一节圆锥台的斜截面的斜截角度可用下式计算：

$$\alpha_{1/2} = \frac{90°}{2n}$$

式中　　n——相贯线数量；

　　　　$\alpha_{1/2}$——节端的倾斜夹角，端节为一端，中间节为两端。

根据图 7-50 圆锥台高度的确定，按正圆锥台的斜截展开如图 7-51 所示。

图 7-48　变径弯头展开前的画法

图 7-49　变径弯头中心线与各节角度

图 7-50　变径弯头中心线长

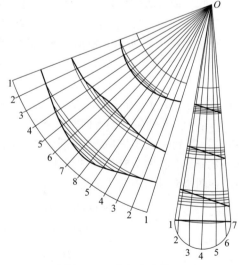

图 7-51　变径弯头展开

（4）"天圆地方"过渡接头放样与展开技巧与诀窍

① 零件图。"天圆地方"过渡接头，如图 7-52 所示。

图 7-52　"天圆地方"过渡接头

图 7-53　"天圆地方"过渡接头结构放样

(a) 结构放样图

Q235钢
$\phi - 2\delta$

(b) 成形样板图

② 形体分析技巧。由图 7-52 分析可知，该零件的表面既不属柱面，又不属锥面，所以不能采用平行线或放射线法展开，只能选用三角形法展开。

③ 结构放样技巧。

a. 确定零件接口形式。为使零件加工成形方便，零件接口的形式如图 7-53（a）所示。

b. 制作零件成形样板。零件成形样板按零件成形后的内径制作，其样板如图 7-53（b）所示。

④ 展开放样技巧。

a. 板厚处理。此零件的上口为圆形，所以板厚处理以中性层的尺寸为准计算。其下口为方形，板厚处理以里皮尺寸计算，图中 $\phi - \delta$、$a - 2\delta$ 为板厚处理后的尺寸，如图 7-54 所示。

b. 展开作图技巧。

a）形体表面的划分。在图 7-54 中先三等分零件俯视图的 1/4 圆周，等分点分别为 1、2、3、4。各点与 B 点连接，将 B 角斜圆锥面分为三个小三角形平面，其线段为 B1=B4，B2=B3。

　　b）求线段实长。用直角三角形法求出各线段实长，参见求实长线的图。

　　c）展开作图。作一直线，截取 BC 等于俯视图中的边长，以 B、C 为圆心，实长线 B4 作半径分别画圆弧相交于 4 点。

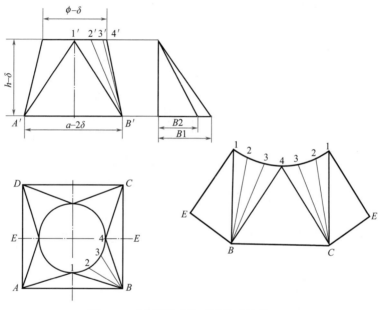

图 7-54　"天圆地方"过渡接头的展开图

　　再以 B、C 为圆心，以实长线 B3、B1 作半径分别划圆弧，与以 4 为圆心，以顶圆等分弧长作半径向两侧依次划弧交于点 3 点，用同样的方法，即可求出展开图中 2、1 点。

　　以 1 为圆心，以实长线 4′B′ 作半径划圆弧，以 B 为圆心，以 $(a-2\delta)/2$ 为半径划弧交点为 E。其他用同样方法和直线连接，得"天圆地方"过渡接头的展开图。

（5）扭曲矩形管放样与展开技巧与诀窍

①零件图。扭曲矩形管的结构图，如图 7-55 所示。

图 7-55 扭曲矩形管的结构图   图 7-56 扭曲矩形管围板成形样板

② 形体分析技巧。由图 7-55 分析可知，扭曲矩形管是由四块大小不等的钢板经加工后拼焊而成的。其上、下两个面在主视图上的投影为有积聚性的两条线，而在俯视图的投影为两个平面图形，其前、后两个而在俯视图上的投影为有积聚性的两条线，当主视图的投影为两个平面图形，从四个面的投影分析得知，四个面均可以看成是圆柱面的一部分，故应选用平行线展开法。这里只介绍一个面的展开，其余三个面的展开方法都基本相同。

③ 结构放样技巧。

a. 确定各围板的连接形式。由图 7-55 分析可知，为提高零件装配质量，并留出焊缝的位置，可将扭曲矩形管围板之间连接形式按图 7-56（a）处理。侧围板板边同上、下围板的板厚中间搭接。

b. 制作围板成形样板。确定扭曲矩形管围板之间连接位置后，制作围板成形样板，按零件内径尺寸制作的成形样板尺寸，如图 7-56（b）所示。

④ 展开放样技巧。

a. 板厚处理技巧。板厚处理的方法基本相同，图中 $a-2\delta$、$R_1+\delta/2$ 就是板厚处理后的尺寸，如图 7-57 所示。

图 7-57 扭曲矩形管展开作图

b. 展开作图技巧（如图 7-57）。

a）适当等分俯视图上的 be 曲线。在俯视图 BE 曲线上任取 1、2、3、…、7 各点，曲线 AH 段可借用 BE 曲线的等分点，等分后各点向主视图投影，但主视图中有一部分曲线之间的间距太大，如曲线 $A'N'$ 和 $B'1'$，此时若将曲线 $A'N'$ 和 $B'1'$ 展开，其圆弧形状不能完全按实际形状确定，所以应再增设一些辅助点，如主视图中的 P'、M' 和 Q' 点。

b）求素线实长。通过 1、2、3、…、7 各点向主视图作投影线，与主视图相交于 $1'$、$2'$、$3'$、…、$7'$各点，再通过 P'、M'、Q' 点向俯视图作投影线，即得各素线的实长。例如：$B'-N'$ 段线段长即为实长线中的一条，其余各线实长的作法与 $B'-N'$ 线相同。

c）选取展开基准线。将主视图上的 $H'G'$ 线向右延长作为展开基准线（$A-E$）。

铆工自学·考证·上岗一本通

250

d）Ⅱ面的展开。在基准线的延长线上量取俯视图中的 *AME* 曲线的长度，在展开图中过 *A*、*P*、*M*、…、*E* 各点作 *A-E* 线的垂线，再将主视图上实长线的各点平行投影到垂线上，得 *A′*、*B′*、*P′*、…各交点，最后光滑连接各点，得Ⅱ面的展开图。其余三个面也可用同样的方法展开。

（6）圆顶细长圆底连接管过渡接头放样与展开技巧与诀窍

① 零件图。圆顶细长圆底连接管过渡接头零件图，如图 7-58 所示。

② 形体分析技巧。由图 7-58 分析可知，圆顶细长圆底过渡连接管是由一个半圆柱管表面，两个三角形平面和一个半斜圆柱面组合而成的。其柱面和平面三角形的展开都应采用平行线法。又因该构件有对称性，所以只需作 1/2 的展开图即可。

③ 结构放样技巧。由图 7-58 分析，可将零件表面分成两部分进行下料，便于加工，零件正圆柱面和斜圆柱面的直径相同，故只需作一个内成形样板（卡圆样板），如图 7-59 所示。

图 7-58　圆顶细长圆底连接管过渡接头

(a) 结构放样图

Q235钢
$\phi/2-\delta$

(b) 成形样板图

图 7-59　结构放样及成形样板图

④ 展开放样技巧

a. 板厚处理。零件的板厚处理方法根据中性层长度不变的原则，与上例基本相同。图中 $\phi-\delta/2$ 就是板厚处理后的尺寸，如图 7-60 所示。

b. 展开作图技巧（图 7-60）。

a）适当等分圆周。如图 7-60 所示，首先三等分顶端断面的 1/4 圆周，等分点为 $1'_1$、$2'_1$、$3'_1$、$4'_1$。由等分点引下垂线得与顶口线交点 1′、2′、3′、4′，再由顶口交点引与 1′ -1 线段平行的素线交于底口 1、2、3、4 各点，将斜圆柱的表面用素线分为 6 个（前后对称各三个）平行四边形的小平面。

图 7-60　圆顶细长圆底连接管过渡接头展开作图

b）选取展开基准线。作 1′-1 线段垂面 A-A，并向右延长作为展开基准线。

c）求 A-A 断面实形。用换面法求 A-A 断面的实形。

（a）延长 1′-1、2′-2、3′-3、4′-4 各素线。

（b）作各素线的垂线 a-a 得四个交点 4″、3″、2″、1″。

（c）通过四个交点分别作 a-a 的垂线，再在垂线上量取线段 $2_1′-2′=2_1″-2″$、$3_1′-3′=3_1″-3″$、$4_1′-4′=4_1″-4″$。

（d）用光滑曲线连接 $1_1″$、$2_1″$、$3_1″$、$4_1″$各点得 A-A 断面实形的 1/2。

d）零件展开。在主视图 A-A 延长线上截取 1″-4″的直线段长等于 $1_1″$-$4_1″$曲线段长，再由所得的各素线实长向右平行投影到相应的展开图中得各交点，然后用光滑曲线连接，再以展开图上；4-4 线段为三角形斜边，划主视图正平面位置的直角三角形。再以展开图上；4-5 线段为圆管高度，取；5-6 长等于圆管断面的周长 $\pi\,(\phi-\delta)/4$ 作矩形，即得 1/2 展开图。

7.3.3　钣金相贯构件的放样及展开技巧与诀窍

（1）等径直角弯头放样与展开技巧

①构件图。等径直角弯头，如图 7-61 所示。

②构件相贯线的求法及形体分析技巧。由图 7-61 分析，该构件是由两个圆柱形零件组成，两零件外形尺寸相同，相贯线是一条直线，故展开时，只需用平行线方法展开其中一个零件。

③结构放样技巧。

a.确定零件之间接口的形式。等径直角弯头两零件的接口形式有如下两种。

a）等径直角弯头不加工坡口的板厚处理。如图 7-62（a）所示。该相贯线的一部分为里皮接触，而另一部分为外皮接触。

b）等径直角弯头加工坡口的板厚处理。如图 7-62（b）所示。该弯头的相贯线是两个零件中性层的接触。

b.制作零件的成形样板。零件成形样板均按零件成形后的里皮长度为准计算，如图 7-62（c）所示。

图 7-61　等径直角弯头

图 7-62　等径直角弯头结构放样

(a)不加工坡口的结构放样图　(b)加工坡口的结构放样图

(c)成形样板图

Q235钢 $\phi-\delta$

④展开放样技巧。

a.板厚处理技巧。等径直角弯头不加工坡口板厚处理的形状及尺寸如图 7-63（a）所示。加工坡口板厚处理构件的展开长度按中性层尺寸展开，其接触高度按中性层所在的位置接触高度计算，图中 $\phi-\delta$ 为板厚处理的尺寸，如图 7-63（b）所示。

b.展开作图技巧

a）适当等分俯视图。4 等分内、外断面的半圆周，其等分点分别为 1、2、3、4、5。

b）确定表面素线实长。由等分点引上垂线，得到与结合线 1′ -5′ 的交点，在主视图上，所得出的素线都反映实长。

c）选取展开基准线。在等径直角弯头主视图的底边向右作延长线。

d）展开作图。在延长线上截取 1-5 长度为 π（φ-δ）/2 并作等分。

由等分点引上垂线，与由结合线各点向右所引水平线的对应交点连成光滑曲线，即得等径直角弯头展开图的 1/2。

图 7-63　等径直角弯头展开作图

（2）异径直交三通管的放样与展开技巧

① 构件图。异径直交三通管，如图 7-64 所示。

② 构件相贯线的求法及形体分析技巧。由图 7-64 分析可知，该构件为异径相贯，所以构件在主视图中的相贯线投影必须是按投影规律求出，因圆柱表面素线在主、俯视图的投影为投影面的平行线或垂直线，故选用素线法求相贯线。又因两零件的表面都是圆柱表面，所以展开时，应选用平行线展开法。

③ 结构放样技巧。

a. 确定零件之间的接口形式。由图 7-64 分析，异径直交三通管由插管 I 和通管 II 两个零件组成。从零件的加工、装配和焊接三方面考虑，插管和通管相贯时，应使插管的里皮同通管的外皮接触，如图 7-65（a）所示。

(a) 结构放样图

Q235钢
$\phi_1-2\delta$

Q235钢
$\phi_2-2\delta$

(b) 成形样板图

图 7-64 异径直交三通管　　　图 7-65 异径直交三通管结构放样

　　b.制作零件的成形样板。零件的成形样板按零件成形后里皮长度为准计算，如图 7-65（b）所示。

　　④ 求相贯线的技巧。根据构件外形尺寸，确定结构放样的接触面尺寸，如图 7-66 中的 $\phi_1-2\delta$、ϕ_2 尺寸。

　　a.求特殊点。如图 7-66（a）所示，先求作相贯线的最高、最低、最左、最右点。求出主视图中 $1'$、$3'$ 点，将侧视图中的 $1''$、$3''$ 两点和俯视图中的 1、3 两点，按视图关系中的"高平齐，长对正"，便可直接求出 $1'$、$3'$ 点。

　　b.求一般点。将俯视图相贯线上的 2 点，按俯视图、左视图"宽相等"的投影关系，可求得其侧面的投影 $2''$ 点，再根据 2、$2''$ 点可求出主视图的 $2'$ 点，通过各点连成 $1'$-$3'$-$1'$ 曲线，即为所求的相贯线。

　　c.相贯线的简便画法。如图 7-66（b）所示，一般求这类构件的相贯线时多不划出俯视图、左视图，而是在主视图中划出支管的 1/2 断面，并作若干等分取代俯视图，再将支管断面分为相同等分，而后将各等分点按主视图支管断面的等分点转向 90° 投至主管断面圆周上，取代俯视图，按左视图"宽相等"的投影关系，从而简化了作图过程。

(a) 取点法求相贯线　　　　　　(b) 简便法求相贯线

图 7-66　异径直交三通管展开作图

⑤ 展开作图技巧。

a.作零件Ⅰ的展开图。在零件Ⅰ的顶口延长线上截取 1-1 等于圆管断面的中性层 $\pi(\phi_1-\delta)/2$，并将其作 8 等分（等分点应根据圆的大小定），得等分点为 1、2、3、…、1。从等分点引下垂线，与由相贯线各交点向右所引水平线的对应交点连成光滑曲线，即得零件Ⅰ的 1/2 展开图。

b.作零件Ⅱ的展开图。零件Ⅱ展开后的图形为一长方形，长方形的两边分别等于零件Ⅱ的长度和圆管断面中性层的周长 $\pi(\phi_2-\delta)$。由于两管异径直交，故零件Ⅱ的开孔长度定为 L，其最大宽度等于圆管直径 $\phi_1-2\delta$。相贯线上各点处的开孔长度及开孔宽度可通过作图得出，若在向下延长的零件Ⅱ的管轴线上，取 3-3 等于 L 长，并作 4 等分，由等分点引水平线，与由相贯线各点所引下垂线对应交点连成曲线为开孔实形，即得零件Ⅱ的展开图。

（3）异径斜交三通管的放样展开技巧与诀窍

① 构件图。异径斜交三通管如图 7-67 所示。

图 7-67　异径斜交三通管

② 构件相贯线的求法及形体分析技巧。

a. 相贯线求法的分析。由图 7-67 分析可知，该构件为一通管Ⅱ和插管Ⅰ的异径斜交。其中插管Ⅰ顶口在侧视图和俯视图上的投影为一椭圆，所以可选用简便方法求出相贯线。

b. 确定展开方法。因为插管Ⅰ和通管Ⅱ两零件的表面都是圆柱形表面，故两管件的展开应选用平行线展开法。

③ 结构放样技巧。

a. 确定零件之间接口的形式。异径斜交三通管的接口形式，如图 7-68（a）所示。插管Ⅱ与通管Ⅰ相贯时一半为里皮接触，另一半为外皮接触。

(a) 结构放样图　　　　(b) 成形样板图

图 7-68　异径斜交三通管结构放样

b.制作零件和构件成形样板。通管Ⅱ零件和插管零件Ⅰ成形时，需要作两个成形样板，而两零件组装时又需要一个定位样板，如图 7-68（b）所示。

④ 求相贯线的技巧。根据构件外形尺寸，确定结构放样的接触面尺寸，如图 7-69 中的 $\phi_1-\delta$、ϕ_2 尺寸。

图 7-69　异径斜交三通管展开作图

求相贯线时，可用简便方法求相贯线。首先用已知尺寸划出主视图，管Ⅱ断面图和两管Ⅱ的同心断面图，用素线划分管Ⅱ表面，然后4等分管Ⅱ断面的半圆周，得等分点为1、2、3、4和5。由同心断面转向等分点引上垂线得与通管断面圆周交点为1″（5″）、2″（4″）、3″。由各点向左引水平线，与主视图插管断面半圆周等分点所引素线对应交点连成 1′-5′ 曲线，即得相贯线。

⑤ 展开放样技巧。

a.作插管Ⅰ的展开图。在主视图 1-5 的延长线上截取 1-5 等于插管Ⅰ断面的半圆周长，并作 4 等分，由等分点引 1-5 的直角线，与相贯线各点所引与 1-5 平行线对应交点连成光滑曲线，即得插管Ⅰ展开图的 1/2。

b. 通管孔部的展开图。通管的孔长等于主视图中的 1′-5′ 长，孔宽近似等于 2 倍的通管断面 1″3″ 的弧长（相贯线的积聚投影）。孔部的具体作法：由主视图相贯线的各点引下垂线，在 3′ 点的垂线上任取点 1″（5″）为中心，上、下对称截取通管断面 1″2″（4″）、2″3″ 弧长，得 2″、3″、2″、3″ 点，通过各点引水平线，与由相贯线各点所引下垂线的对应交点连成光滑曲线，即得孔部展开图。

（4）圆管平交圆锥管的放样与展开技巧

① 构件图。圆管平交圆锥管，如图 7-70 所示。

② 构件相贯线求法及形体分析技巧。

a. 相贯线的求法。由图 7-70 分析可知，该构件由圆柱管与圆锥管水平相交，其相贯线为空间曲线，根据圆锥管与圆管的投影位置，采用辅助平面法求其相贯线最为适宜，为了便于展开，辅助平面的截切位置多沿圆管断面圆周等分点的素线上。

b. 形体分析技巧。由图 7-70 分析可知，该构件的圆柱管的表面为圆柱面，所以应选用平行线方法展开，而圆锥管的表面为圆锥面，可选用放射线方法展开。

③ 结构放样技巧。

a. 确定零件之间接口的形式。由图 7-70 分析，圆管平交圆锥管由圆柱插管和圆锥管两个零件组成。从加工、装配和焊接三方面考虑，圆柱插管和圆锥管相贯时，应使圆柱插管上半部的里皮同圆锥管的外皮接触，圆柱插管的另外一半外皮同圆锥管外皮接触，如图 7-71（a）所示。

图 7-70　圆管平交圆锥管

| (a) 结构放样图 | (b) 成形样板图 |

图 7-71　圆管平交圆锥管结构放样

b. 制作构件的成形样板。构件的成形样板均按成形后里皮尺寸为准计算，如图 7-71（b）所示。

④ 求相贯线。根据构件外形尺寸，确定结构放样的接触面尺寸，如图 7-72 中的 $\phi_1-\delta$、$\phi_2-\delta$ 尺寸。

a. 适当等分圆周。用已知尺寸划出主视图和 1/2 圆管的断面图，4 等分圆管断面的半圆周，得等分点 1、2、3、4、5。

b. 先求特殊点。主视图相贯线的最高点和最低点为圆管轮廓线与圆锥轮廓线的交点，其正面投影为 1′、5′ 点（画图时可直接作出）。过主视图 3 点作辅助平面 M，则平面 M 截圆锥投影为圆，截圆柱投影为两条素线，得俯视图中圆与素线的交点 3，即为俯视图中所求最前、最后的点，再将 3 点投回圆管轴线上，即得主视图中 3′ 点。

c. 求一般位置点。用 N、R 平面过 2、4 点水平截切相贯体，在水平投影上得截圆锥上的圆和截圆柱的素线，则素线与圆的交点 2、4 为一般点水平位置的投影，再按"高平齐、长对正"可求出主视图的一般位置点 2′、4′。最后通过各点连成曲线，即为所求相贯线。

⑤ 展开作图技巧。

a. 作圆柱管的展开图。在图 7-72 的主视图 7-5 的延长线上截取 1-1 等于圆管断面的周长 π（$\phi_1-\delta$），并作 8 等分，再由等分点作直线 1-1 的直角线，与由相贯线各点引上垂线的对应交点，将交点连成光滑曲线，即得圆管展开图。

b. 作圆锥管的展开图。由锥顶 o 向 2、3、4 点连素线交圆锥底断面圆周于 2″、3″、4″ 点。以 o′ 为圆心 o′ A 为半径画圆弧 BC 等于底断面半圆周

长 π（$\phi_2-\delta$），由圆弧 BC 的中点 1″（5″）点左、右对称地截取底断面 1″2″、2″4″、4″3″的弧长，得 1″、2″、3″、4″点。由各点向 o' 连素线，与 o' 为圆心、到 $o'A$ 各点作半径画同心圆弧得对应交点，将交点连成光滑曲线，即为开孔实形，得圆锥展开图的 1/2。

图 7-72　圆管平交圆锥管展开作图

（5）圆管直交圆锥管的放样与展开技巧

① 构件图。圆管直交圆锥管，如图 7-73 所示。

② 构件的相贯线求法及形体分析技巧。

a. 相贯线求法。由图 7-73 图分析，可知该构件的圆锥插管Ⅱ在俯视图有积聚性，圆柱插管Ⅰ的表面素线在视图中有积聚性，故应用辅助素线法求出相贯线。

b. 形体分析。圆管直交圆锥管的形体分析与圆管平交圆锥管的形体分析相同。

③结构放样技巧。

a.确定零件之间接口的形式。由图 7-73 分析可知,圆柱管直交圆锥管由圆柱插管Ⅰ和圆锥插管Ⅱ两个零件组成。从加工、装配和焊接三个方面考虑,两零件相贯时,应使圆柱插管上半部的外皮与圆锥管外皮接触,圆柱插管下半部的里皮与圆锥管的外皮接触,如图 7-74(a)所示。

图 7-73　圆管直交圆锥管　　　图 7-74　圆管直交圆锥管结构放样

(a)结构放样图　　(b)成形样板图

b.制作零件成形样板。零件Ⅰ、Ⅱ成形样板均按零件成形后里皮尺寸计算,如图 7-74(b)所示。

④ 求相贯线。根据构件尺寸,确定结构放样的接触面尺寸,如图 7-75 中的 ϕ_2、$\phi_1 - \delta$ 尺寸。

a.作俯视图圆柱管并适当等分。圆柱管Ⅰ与圆锥管Ⅱ直交时,其相贯线在俯视图的投影为圆。将俯视图 8 等分,得等分点 1、2、3、4、…、3、2、1。

b.确定各点在圆锥管表面的位置。先通过各等分点与锥顶 o 连线交圆锥下口于 $2''$、$3''$、…、$3''$、$2''$ 点,然后将各点向主视图作投影,求出各辅助线在主视图上的投影,再由 1、2、3、…、3、2、1 各等分点向主视图投影,与辅助线交于点 $1'$、$2'$、$3'$、$4'$、$5'$ 点,然后用光滑曲线连接各点,即得主视图相贯线的投影。

⑤展开作图技巧。

a.作圆柱管的展开图。在主视图上口延长线上截取 1-1 等于圆柱管断面的周长,并作 8 等分,由等分点作直线 1-1 的直角线,与由相贯线各点引水平线的对应交点连成光滑曲线,即得圆管展开图。

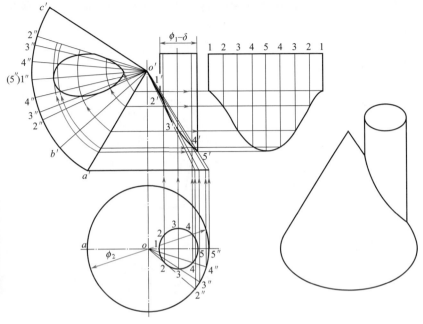

图 7-75　圆管直交圆锥管展开作图

b. 作圆锥管的展开图。以 o' 为圆心、$o'a'$ 为半径画圆弧 $b'e'$ 等于圆锥管底断面的半圆周长，由 $b'c'$ 中点 $1''$（$5''$）左、右对称截取底断面 $5''4''$、$4''3''$ 和 $3''2'$ 弧长，得 $2''$，$3''$，$4''$ 各点，由各点向 o' 连素线，与以 o' 为圆心，以 o' 到 $o'a'$ 线上各点作半径画同心圆弧交一系列对应交点，用光滑曲线连接各点，即得出圆锥管的展开图。

7.3.4　不可展曲面的近似展开作图技巧与诀窍

（1）球面的分瓣展开技巧与诀窍

① 零件图。球面的分瓣展开图，如图 7-76 所示。

② 形体分析技巧。由图 7-76 分析可知，球面分瓣法是沿球的经线方向将球面分割为若干块，且每块的大小相同。为展开需要，把每一块球瓣都看成是沿经线单一方向的弯曲，而另一方向看作是直线，这样就把每一块的展开化成为柱体的展开，所以经线方向的球面应选用平行线法展开。

③ 结构放样技巧。

a. 确定球面零件的接口形式。由图 7-76 分析可知，将球面的顶部划分为一块极帽，然后再将球面余下部分分瓣，如图 7-77（a）所示。所分的球面瓣数要根据其直径和技术要求而定。

b. 制作零件成形样板。零件成形样板按零件成形后的内径计算，如图 7-77（b）所示。

图 7-76　球面零件图　　　图 7-77　球面结构分瓣放样及成形样板图

④ 展开放样技巧。

a. 板厚处理技巧。板厚处理按零件表面弯曲成形后的中性层尺寸划展开图样，图中 $\phi-\delta$ 为板厚处理后的尺寸，如图 7-78 所示。

b. 展开作图技巧。

a）球表面的等分。首先作有极帽的主视图和俯视图，并 6 等分主视图的半圆周，等分点分别为 $1'$、$2'$、$3'$、…、$3'$、$2'$、$1'$，由等分点向下引垂线得与结合线交点。

b）作展开图。在曲线；2-3 上取中点 M，连接 OM 并延长之，截取 1-1 等于断面圆的半圆周长，并作 6 等分 1、2、3、…、3、2、1，通过各点引垂线，与结合线各点向右所引水平线得对应交点，分别连成光滑曲线，即得 1/12 的球面展开图。

图 7-78　球面零件分瓣展开作图

（2）球面的分带展开技巧与诀窍

① 零件图。球面的分带展开如图 7-79 所示。

② 形体分析技巧。由图 7-79 分析可知，球面分带法是沿球的纬线方向将分割球面分割为若干横条带。为展开需要，把每一横条带看成为纬线单一方向的弯曲，而另一方向看作是直线，这样就把每一块的展开化成锥面和柱面的展开，所以可选用平行法和放射线两种方法展开。

③ 结构放样技巧。

a. 确定零件接口形式。先将球面的顶部同样划分为一块极帽，然后再将球面根据其尺寸及技术要求划分，球面的划分方法如图 7- 80（a）所示。

b. 制作零件的成形样板。零件成形样板，按其表面成形后的内皮尺寸计算，如图 7-80（b）所示。

④ 展开放样技巧。

a. 板厚处理技巧。球面加工成形后，球面弯曲成一定圆弧曲率，故零件的板厚处理应以中性尺寸为准计算，图中 $\phi-\delta$ 为板厚处理后的尺寸，如图 7-81 所示。

图 7-79 球面零件图

图 7-80 球面结构分带放样及成形样板图

(a) 结构放样图

(b) 成形样板图

图 7-81 球面零件分带展开作图

b. 展开作图技巧。

a) 球面的等分。首先作球面带极帽的主视图和俯视图，并 16 等分球面圆周，由等分点引水平线（纬线）将球面分为两个极帽，7 个长条带，其中，中间长条带为柱面。柱面的展开为一长方形，其长边等于球面的周长短边等于等分弧的弦长，其余各长条带的投影为正圆锥台，可用放射线法展开，展开半径分别为 R_1、R_2 和 R_3。半径的求法为过弧 $\overset{\frown}{1'2'}$、$\overset{\frown}{2'3'}$、$\overset{\frown}{3'4'}$ 的中点，作球面的切线并向上延长交中心线于 o_1'、o_2'、o_3'，即得 R_1、R_2、R_3 半径。

b）作展开图。任意作一竖线，取一点 o，以 o 点为圆心，R（R 等于 $\overset{\frown}{o'1'}$ 弧长）为半径作圆，为球面极帽的展开图。在竖直线取点 1、2、3、4 各点，使 1-2、2-3、3-4 的各线段长等于弧 $\overset{\frown}{1'2'}$、$\overset{\frown}{2'3'}$、$\overset{\frown}{3'4'}$ 的各弦长，再以展开图上 1、2、3、4 点向上截取 R_1、R_2、R_3 得 o_1、o_2、o_3，以 o_1、o_2 和 o_3 为圆心，以从圆心到 1、2、3、4 点的距离为半径，分别画圆弧，取各弧长对应等于球面各纬线为直径的纬圆周长，得各扇形带即为所求各长条带的展开图。

（3）**球面的分块展开技巧与诀窍**

① 零件图样。球面的分块展开如图 7-82 所示。

② 形体分析技巧。球面的分块展开是联合应用分瓣和分带方法，将球表面分成若干小块。为保证接缝的强度，各块可错开位置，展开时可选用放射线方法。

图 7-82　球面零件图

(a) 结构放样图

Q235钢
$\phi-2\delta$

(b) 成形样板图

图 7-83　球面结构分块放样及成形样板图

③结构放样技巧。

a.确定零件接口形式。零件接口形式如图7-83（a）所示。

b.制作构件成形样板。构件成形样板按构件成形后里皮计算，如图7-83（b）所示。

④展开放样技巧。

a.板厚处理技巧。此零件加工后，将表面弯曲成一定曲率，故以零件的中性层尺寸为准计算，图中$\phi-\delta$为板厚处理后的尺寸，如图7-84所示。

b.展开作图技巧。

a）球面的等分。在图7-84划出球面带极帽的主视图和俯视图，并将球表面按径向和纬向划分成一定数量的小块，由作图可知，在同一球带中，各块的大小相同，但其顶部、中部和下部三块的大小不同，应分别作展开图。

图 7-84 球面零件分块展开作图

b）顶部的展开。球面顶部的展开为一圆板，其直径是以弧长 l 为半径的圆。

c）中部分块的展开。将主视图中弧 $a'b'$ 段等分，得等分点 1′、2′、3′，再将各点投影至俯视图中并作圆弧，主视图中过 $a'b'$ 的中点 2′点，作 $o'\text{-}2'$ 线的垂线得 o' 点，在展开图中的 $o'\text{-}2$ 的长 R_1 为半径作圆弧，以 2′ 为基点，将主视图 $a'b'$ 展开在垂直中心线上，并以 o_1 为圆心，过各点作同心圆弧，在各圆弧上分别量取俯视图中各段弧长，得 b'、1′、2′、3′ 和 a' 点，用曲线连接后得中部分块的展开图。

d）下部的分块展开。其展开方法与球体中部相同，如图 7-84 所示。

（4）正圆柱螺旋面的展开作图技巧与诀窍

① 零件图。正圆柱螺旋面如图 7-85 所示。

图 7-85　正圆柱螺旋面零件图

② 形体分析技巧。由图 7-86 分析可知，正圆柱螺旋面也是具有双向弯曲表面，所以其表面展开也只能作近似展开，下面分三种方法介绍正圆柱螺旋面的展开。

③ 展开放样技巧。

a. 三角形法。先将正圆柱螺旋面分成若干个三角形，然后求出各个三角形的实形，依次排列作每个三角形的展开图，就可得到正圆柱螺旋面的展开图。

a）板厚处理。图中 $h-2\delta$ 为板厚处理后的尺寸，如图 7-86 所示。

b）展开作图技巧。

（a）在图 7-86 中，先在一个导程内将螺旋面分成 12 等分，作展开图时，将螺旋面的每一部分（1-1_1、2-2_1 面）可近似地看作是一个空间的四边形。连接四边形的对角线，将四边形分成两个三角形，其中 1-1_1 和 2-2_1 为实长，其余的三边用直角三角形法求实长（如图 7-86 左面的实长图）。

图 7-86　正圆柱螺旋面展开作图

（b）作一线段等于；1_1-2，分别以 1_1、2 为圆心，以线段 1-1_1 和 2-2_1 和 1_1-2_1、1-2 为半径作出四边形 1-1_1-2-2_1 的展开图，在作其余部分展开时，可将展开图中的 1-1_1 和；2-2_1 线延长交于 o，以为圆心，分别以 o-1 及 o-1_1 为半径作大圆弧，在大圆弧上截取 11 份的 1-2 弧长，即得一个导程螺旋面的展开图。

b. 计算法。若已知螺旋面的外径 D、内径 d 和导程 h，可不作螺旋面的投影图，直接用计算法作图。

图 7-87 所示为一个导程之间螺旋面的展开图，它是一个开口的圆环，其中

$$r = \frac{bl}{L-l}, \quad R = r + b, \quad \alpha = \frac{2\pi R - r}{2\pi R} \times 360°$$

式中　b——螺旋面的宽度，mm；

　　　L，l——大、小螺旋线一个导程的展开长度，mm，即：

$$L = \sqrt{h^2 + (\pi D)^2}, l = \sqrt{h^2 + (\pi d)^2}$$

c. 简便面法。

a）分别作出大、小螺旋线一半的展开长度，得和 $l/2$ 如图 7-88（a）所示。

b）作 $AB=L/2$，过 B 作 $BD \perp AB$，并使 $BD=（D-d）/2=b$，过 D 作 $CD//AB$，并使 $CD=l/2$，连接 AC 并延长使之与 BD 的延长线交于 o 点。

c）以 o 为圆心，分别以 oD、oB 为半径作图，则得正圆柱螺旋面一个导程多出一部分的展开图，如图 7-88（b）所示。

图 7-87　一个导程之间螺旋面的展开图

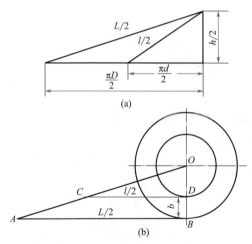

图 7-88　大、小螺旋线一半的展开长度

（5）斜螺旋面的展开作图技巧与诀窍

斜螺旋面的展开作图技巧与诀窍见表 7-4。

铆工自学·考证·上岗一本通

表 7-4　斜螺旋面展开作图

斜螺旋面视图	
斜螺旋面投影图作法	斜螺旋面是母线的一端沿着圆柱螺旋线运动，并且母线始终保持与轴线斜交成一定角度而形成的曲面，见斜螺旋面视图 斜螺旋面投影图作法： ① 作十字中心线，先在两视图中作内螺旋线，作法和上例（图7-85）相同 ② 把导程 H 和俯视圆投影圆 D_1 画出，然后各作12等分，将圆上各等分点1、2、3…向上引铅垂线，过 H 的12等分点分别作水平线，和铅垂线对应交得 $1'$、$2'$、$3'$…各点，光滑连接各点即得斜螺旋面内螺旋线的投影 ③ 将俯视图中的外圆12等分，根据内外螺旋线差距为 H_1，在正视图中作出 a' 点，$1'$ a' 为斜螺旋线的素线长度，和垂直中心线成 α 角。过 a' 点起，仍然取导程 H 长度并作12等分，用和内螺旋线相同的作法，作出外螺旋线，得到的图形即是斜螺旋面的投影图
斜螺旋面展开图作图	斜螺旋面展开图作法： ① 斜螺旋面可用三角形法近似作图。先将俯视图中的 a-b-2-1 四边形分割成 a-2-1 和 a-2-b 两个三角形，以内外螺旋线每等分高度为一条直角边，以 $\widehat{1\text{-}2}$ 和 $\widehat{ab}$ 的弧长为另一直角边作两个直角三角形，求得内外螺旋线每等分的实长 l_1 和 l_2 ② 再以导程差 H_1 为一直角边，以 a-2 长度为另一直角边作直角三角形，求得斜边长度为 l_3，a' $1'$ 的长度为 a_1 和 b_2 直线边的实长 ③ 先作线段 a_1 长为实长 a'-$1'$，以 a 为圆心 l_3 为半径画弧，再以 1 为圆心 l_1 为半径画弧交于点 2，再以 2 为圆心、a'-$1'$ 为半径画弧和以 a 为圆心、l_2 为半径所画弧交于点 b，即得到 a-b-2-1 四边形，依次类推作出所有四边形，即得到斜螺旋面在一个导程内的展开图形，见展开图

272 ●

续表

展开图

展开图

（6）回转面构件展开作图实例

曲纹回转面和螺旋面一样属于不可展曲面，这类形体的构件如储罐罐顶、球罐等都属于较大型结构，一般要多块钢板拼接起来，在制造中往往是先下毛坯料成形后再二次下料。这里只介绍用等曲线法的近似展开方法和可以一次直接下料的构件。这类构件在制造中由于冷热加工方法的不同成形后边缘尺寸和展开尺寸有很大差距，所以往往要在展开时用经验近似展开或修正。

拱顶罐分瓣搭接顶板展开实例见表 7-5。

（7）不可展直纹面构件展开作图实例

很多钣金构件在设计要求中仅要求各接口的几何尺寸，对过渡面就没有严格要求，在这种情况下，很多构件是可以用不可展直纹面或可展直纹面构成，在展开时应尽量采用可展面使构件便于展开，不可展直纹面一般用三角形法展开作图。

① 变截面方口直角弧面弯管展开作图实例，见表 7-6。

273

表7-5 拱顶罐分瓣搭接顶板展开实例

施工图

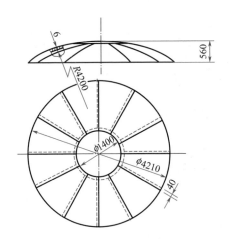

放样展开图作法

　　因图纸要求顶盖每块顶板之间是搭接，所以可以直接近似展开下料，以中径作图和展开。顶板可用放样法作图，一般在罐底有较大面积，可直接作图展开，在没有条件的情况下可用计算法展开

　　放样展开图作法：

　　① 如放样展开图所示，作出一块顶板的正视图和俯视图，俯视图中不包括40mm的搭接部分

　　② 将正视图中分瓣搭接顶板圆弧 $\overset{\frown}{AD}$ 作若干等分，过各等分点作圆的切线交轴线于各点得 R_1、R_2、R_3 等各半径线。将这些等分点投影到俯视图中得 B'、C'、D' 点

　　③ 以 O' 为圆心以 B'、C'、D' 点到 O' 点距离为半径画弧，得到在一块顶板间的弧长 l_1、l_2、l_3

　　④ 在展开图中取线段 bd 等于正视图中 $\overset{\frown}{BD}$ 长度，取线段 $bc=\overset{\frown}{BC}$，过 b、c、d 各点用对应 R_1、R_2、R_3 为半径画弧，在弧上对应俯视图中的 l_1、l_2、l_3 值取弧长得到一系列点

　　⑤ 光滑连接各点就得一块顶板边线的展开曲线，然后在曲线的一边加上40mm的搭接部分就得到顶板的全部展开图形

放样展开图	

计算法作图需要计算出展开图中 R_n、L_n 和 l_n 值就可直接作展开图形

计算公式:

$$R_n = r \tan \phi_n$$
$$l_n = 0.017453 \alpha r \sin \phi_n$$
$$L_n = 0.017453(\phi_n - \beta)$$

式中　r——球放样半径

　　　α——每块球瓣在平面投影中所含圆心角

　　　β——球瓣径向到球轴线最小圆心角

　　　ϕ_n——球瓣任意位置径向对应圆心角

　　　l_n——对应 ϕ_n 任意位置纬向弧长

　　　R_n——对应 ϕ_n 值的展开用半径

　　本例已知 $r=4203\text{mm}$,顶板分 12 块,即每块的对应夹角 $\alpha=30°$,$\beta=\arcsin$(700mm/4203mm)=9.58716°,而顶板 ϕ_n 的最大值在放样展开图中可看出应是 $\phi_2=\arcsin$(2105mm/4203mm)=30.0551°,将以上已知值代入计算公式中,ϕ_n 以同样等分分别计算,所得数值见下表 1

铆工自学·考证·上岗一本通

计算法展开作图

表1 罐顶盖板展开计算值

变量 ϕ_n 值	对应 R_n 值 /mm	对应 l_n 值 /mm	对应 L_n 值 /mm
9.58716°	710	367	0
13°	970	495	250
18°	1366	680	617
22°	1698	824	910
25°	1960	930	1131
30.0551°	2432	1102	1501

因编程计算十分方便，所以 ϕ_n 可以取较多的值进行计算，如形状要求不太严时可减少计算点。此计算法展开经长期实践证明是较准确的计算展开，因此搭接顶盖可用此法直接计算展开，作图法和放样作图法相同，见计算展开图

计算展开图

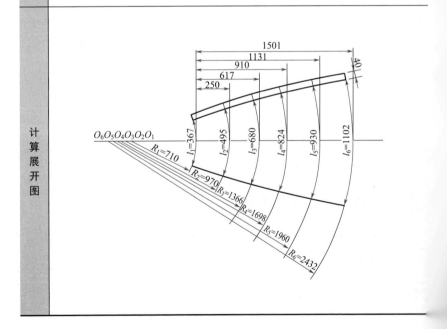

表 7-6　变截面方口直角弧面弯管展开作图实例

视图	

展开图作法

此弯管两端口均为正方形并且互相垂直，从正视图看前后面是未规定素线设置方法的直纹面，而弯管内外侧面是被截切的圆柱面。放样作图均用内径，两侧面展开长度应用中径展开长度

内外侧面展开图作法：

① 在正投影中将内外圆弧各作 4 等分，过各等分点各自下引垂线交俯视图相应线上于各点，内侧为 1、2、3、4、5 各点，外侧为 a、b、c、d、e 各点

② 取线段 AB 和 CD 分别等于内外侧板中径圆弧的长度，并都同样作 4 等分，过等分点作垂线，以线段为中心对应截取俯视图中各线的实长得到 1′、2′、3′、4′、5′ 和 a′、b′、c′、d′、e′ 各点，光滑连接各点即得到内外侧板的展开图形［见展开图］

前面板和后面板相同，可只作一块的展开。在正视图中将内外侧弧线等分点作 b-1、c-2、d-3 和 a-1、b-2、c-3、d-4 等连接线，即将此面分割成许多块小三角形

过正视图各等分点作水平投影线，利用俯视图中各点间距离以直角三角形法将各实长线求出。两边各等分弧长不可利用侧板展开弧长。然后用三角形法作出展开图（见前后面板展开图）

放样展开图

前后面板展开

放样图　　　展开图

内侧中径弧长　　　外侧中径弧长

② 变截面矩形口直角弧面弯管展开作图实例，见表 7-7。

表 7-7　变截面矩形口直角弧面弯管展开作图实例

视图	
展开图作法	此构件两端口均是矩形且互相垂直，从正视图看内外侧板是被截切的圆柱面，后面板在正视图中反映实形，前面板是直纹面。放样仍用内径，内外侧板的展开用中径。展开方法可参阅上例（表 7-6），展开图画法见放样展开图
放样展开图	

（8）被不可展椭圆面截切后的圆柱管构件展开作图实例

椭圆柱面截切后的圆柱管展开实例见表 7-8。

表 7-8　椭圆柱面截切后的圆柱管展开实例

构件图	

用平行线法展开	此构件中圆管直插椭圆柱面，圆管外壁和椭圆柱内壁接触，所以放样图中圆管以外径而椭圆管以内径画出。两管相贯线在左视图中的投影是椭圆柱截面的一部分，所以利用右视图可以直接求出圆管素线的实长。圆管用中径展开，利用平行线法展开可作出圆管展开的全部图形（见放样展开图）

放样展开图	

第 8 章
铆工手工成形技术

8.1 弯形和绕弹簧技术

8.1.1 手工弯形技巧

（1）弯形概述

将坯料弯成所需形状的加工方法称为弯形。弯形的工作就是使材料产生塑性变形，因此只有塑性好的材料才适合弯形。

弯形工件表面金属变形严重，容易出现拉裂或压裂现象，特别是在弯形半径越变越小的情况下，为了防止弯形件拉裂或压裂，必须使工件的弯形半径大于导致材料开裂的临界弯形半径——最小弯曲半径，其值由实验确定。各种型材最小弯曲半径见表 8-1。

表 8-1　各种型材最小弯曲半径

名称	简图	状态	$R_{\min}$ 计算公式
等边角钢外弯		热	$R_{\min}=\dfrac{b-z_0}{0.14}-z_0 \approx 7b-8z_0$
		冷	$R_{\min}=\dfrac{b-z_0}{0.04}-z_0 = 25b-26z_0$
等边角钢内弯		热	$R_{\min}=\dfrac{b-z_0}{0.14}-b+z_0 \approx 6(b-z_0)$
		冷	$R_{\min}=\dfrac{b-z_0}{0.04}-b+z_0 = 24(b-z_0)$

续表

名称	简图	状态	R_{min} 计算公式
不等边角钢小边外弯		热	$R_{min} = \dfrac{b - x_0}{0.14} - x_0 \approx 7b - 8x_0$
		冷	$R_{min} = \dfrac{b - x_0}{0.04} - x_0 = 25b - 26x_0$
不等边角钢大边外弯		热	$R_{min} = \dfrac{B - y_0}{0.14} - y_0 \approx 7b - 8y_0$
		冷	$R_{min} = \dfrac{B - y_0}{0.04} - y_0 = 25b - 26y_0$
不等边角钢小边内弯		热	$R_{min} = \dfrac{b - x_0}{0.14} - b + x_0 \approx 6(b - x_0)$
		冷	$R_{min} = \dfrac{b - x_0}{0.04} - b + x_0 = 24(b - x_0)$
不等边角钢大边内弯		热	$R_{min} = \dfrac{B - y_0}{0.14} - B + y_0 \approx 6(B - y_0)$
		冷	$R_{min} = \dfrac{B - y_0}{0.04} - B + y_0 = 24(B - y_0)$
工字钢以 y_0-y_0 轴弯曲		热	$R_{min} = \dfrac{b}{2 \times 0.14} - \dfrac{b}{2} \approx 3b$
		冷	$R_{min} = \dfrac{b}{2 \times 0.04} - \dfrac{b}{2} = 12b$
工字钢以 x_0-x_0 轴弯曲		热	$R_{min} = \dfrac{h}{2 \times 0.14} - \dfrac{h}{2} \approx 3h$
		冷	$R_{min} = \dfrac{h}{2 \times 0.04} - \dfrac{h}{2} = 12h$
槽钢以 y_0-y_0 轴外弯		热	$R_{min} = \dfrac{b - z_0}{0.14} - z_0 \approx 7b - 8z_0$
		冷	$R_{min} = \dfrac{b - z_0}{0.04} - z_0 = 25b - 26z_0$

铆工自学·考证·上岗一本通

续表

名称	简图	状态	R_{min} 计算公式
槽钢以 y_0-y_0 轴内弯		热	$R_{min} = \dfrac{b-z_0}{0.14} - b + z_0 \approx 6(b-z_0)$
		冷	$R_{min} = \dfrac{b-z_0}{0.04} - b + z_0 = 24(b-z_0)$
槽钢以 x_0-x_0 轴弯曲		热	$R_{min} = \dfrac{h}{2\times0.14} - \dfrac{h}{2} \approx 3h$
		冷	$R_{min} = \dfrac{h}{2\times0.04} - \dfrac{h}{2} = 12h$
圆钢弯曲		热	$R_{min}=d$
		冷	$R_{min}=2.5d$
扁钢弯曲 当 $\dfrac{a}{t} < 10$ 时		热	$R_{min}=3a$
		冷	$R_{min}=12a$

材料弯形过程中也还有弹性变形存在，使得弯形角度和弯形半径发生变化，这种现象叫回弹。工件在弯形过程中应多弯过一些，以抵消工件的回弹。

图 8-1（a）为弯形前的钢板，图 8-1（b）所示为钢板弯形后的情况。从图样可看出它的外层材料伸长了（图中 ee' 和 dd'），内层材料缩短（图中 aa' 和 bb'），而中间一层材料（图中 cc'）在弯形时长度不变，这一层叫中性层，同时材料的断面也产生了变形，但其面积保持不变，如图 8-1 所示。

(a) 弯形前　　　　　　　　(b) 弯形后

图 8-1　弯形处横断面的变形

图 8-2　弯形半径和弯形角

如图 8-2 所示，材料弯形变形的大小与下列因素有关。

① 当 r/t 值愈小时，则变形愈大；反之 r/t 值愈大时，则变形愈小（r 为弯形半径，t 为材料厚度）。

② 弯形角 α 愈小，则变形愈大；反之弯形角 α 愈大，则变形就愈小。

弯形变形引起的内应力以及弯形处的冷作硬化，可用退火的方法来消除。

（2）弯形工艺方法与弯形技术

1）弯形分类

在常温下进行弯形叫冷弯形，对于厚度大于 5mm 的板料以及直径较大的棒料和管子等常把工件加热到呈樱桃红色后再进行弯形叫热弯形。热弯一般是由锻工进行的，通常情况下冷作钣金工只做冷弯操作。

此外，弯形的方法还可分为手工弯形和机械弯形。下面介绍几种手工弯形的方法。

2）手工弯形的工艺方法

① 板料的弯形技巧。

a. 直角工件的弯形技巧。对于一些薄板或扁钢，当工件尺寸不大时，可直接在台虎钳上弯成直角。但在弯曲前要在弯曲部位划好线，并把它夹持在台虎钳上，夹持时要使划线处刚好与钳口对齐，且两边要与钳口相垂直。如果钳口的宽度比工件短或是其深度不够时，则应用角铁做的夹持工具或直接用两根角铁来夹持工件，也可用 C 形夹夹持，然后用木锤敲成直角，如图 8-3 所示。

若弯曲的工件在钳口以上较长时，则应按图 8-4 所示方法，用左手压在工件上部，再用木锤在靠近弯曲部位的全长上轻轻敲击，使弯曲线以上的平面部分不受到锤击和产生回弹，这样就可以把工件逐渐弯成一个很

铆工自学·考证·上岗一本通

整齐的角度，如图8-4（a）所示。如敲打板料上端，如图8-4（b）所示，由于板料的回跳，不但影响到平面的不平整，而且角度也不易弯好。如弯曲线以上部分较短，应如图8-5所示，先用硬木块垫在弯曲处敲打，弯成直角，再直接用锤子用力敲击，使工件弯曲成形。如工件弯曲部位的长度大于钳口长度2～3倍，而且工件两端又较长，无法在台虎钳上夹持时，应参照如图8-3（c）所示的方法，将一边用压板压紧在带T形槽的平板上，在弯曲处垫上木方条，用力敲打木方条，使其逐渐弯成需要的角度；或用角铁制作的夹具来夹持工件进行弯曲，如图8-3（a）、（b）所示。

(a) (b) (c)

图8-3 用角铁和平板夹持弯直角

(a) 正确的方法 (b) 错误的方法   (a) (b)

图8-4 弯上段较长的直角件   图8-5 弯上段较短的直角件

　　b. 圆弧工件的弯形技巧。如图8-6所示。弯形时应先划线，按线夹持在台虎钳的两块角铁衬垫里，然后用方头锤子的窄头锤击所需弯曲部位，最后在半圆模上修整圆弧，使工件符合要求。

　　② 管子的弯形技巧。管子的直径在φ13mm以下时，一般是采用冷弯的，在φ13mm以上时则采用热弯。但管子的最小弯曲半径必须大于管子直径的4倍。常用机械弯管方法见表8-2，常用机械弯管芯轴及应用特点见表8-3，其中，R_x为相对弯曲半径，t_x为相对壁厚。

图 8-6　圆弧工件的弯形

当弯曲管子的直径在 φ10mm 以下时，不需要在管子内灌砂，但当直径大于 φ10mm 时，弯曲时则一定要在管子内灌砂，且砂子一定要装紧才好，然后用木塞将管子的两端塞紧，如图 8-7（a）所示，这样在弯曲时管子才不会瘪下去。对于有焊缝的管子，弯曲时必须将焊缝放在中性层的位置上，否则弯曲时管子会使焊缝裂开，如图 8-7（b）所示。

冷弯管子可以在台虎钳或其他弯管工具上进行。如图 8-8 所示。管子 2 的一端置于模子 3 的凹槽中，并用压板固定，再用手扳动杠杆 4，杠杆上的滚轮 5 便会压紧管子，迫使管子按模子进行弯曲。

(a) 管子弯前的灌砂　(b) 焊缝在中性层中的位置

图 8-7　冷弯管子及弯前的灌砂

图 8-8　手工弯管子工具
1—平台；2—管子；3—模子；
4—杠杆；5—滚轮

热弯管子时，则可在弯曲处加热，加热长度可按经验公式来计算。例如曲率半径为管子直径的 5 倍时，则：

$$加热长度 =（弯曲角度 /15）× 管子直径$$

将管子弯曲处加热后取出放在钉好铁桩的工作台上，按规定的角度弯曲，如图 8-9 所示。若加热部位太长，可浇水冷却，使弯曲部分缩短到需要的长度。

铆工自学·考证·上岗一本通

表 8-2　常用机械弯管方法

弯管方法		简图	设备	适用范围	备注
压(顶)弯	自由弯曲		压力机或顶弯机	一般 $R_x > 10$	①冷压或热压　②管内加支撑或不加支撑
	带矫正			管内加特殊支撑时可用于 $R_x \geqslant 1$	
滚弯			卷板机或滚弯装置	① $R_x > 10$　②螺旋管	需带槽滚轮,冷弯
回弯	碾压式		立式或卧式弯管机	冷弯:无芯 $R_x \geqslant 1.5$,$t_x \approx 0.1$有芯 $R_x \geqslant 2$热弯:充砂 $R_x \geqslant 4$	使用最广泛。①冷、热弯;②管内加支撑或不加支撑
	拉拔式				
推弯			推弯机	①大直径厚壁管②单件小批生产	①外壁减薄小;②弯曲半径可调;③热弯;④不需模具
挤弯	芯棒式		专用推挤机	$R_x \geqslant 1$	热挤

286

续表

弯管方法		简图	设备	适用范围	备注
挤弯	型模式		压力机	$R_x \geqslant 1$	冷挤
			专用挤压机	$R_x \geqslant 0.5$	需加热顶弯至 $R_x \leqslant 1.5$ 挤压后精整

表 8-3 常用机械弯管芯轴及应用特点

形式	简图	特点	适用范围	
圆头式		制造方便 防扁效果差	钢管 $R_x=2$ $t_x \geqslant 0.05$ $R_x \geqslant 3$ $t_x=0.035$	铜管 $R_x=1.5$ $t_x \geqslant 0.035$ $R_x \geqslant 3$ $t_x=0.02$
尖头式		芯轴可向前伸进 防扁效果较好 有一定防皱作用		
勺式		与外壁支撑面更大，防扁效果好，有一定防皱作用	钢管 $R_x=2$ $t_x \geqslant 0.05$ $R_x \geqslant 3$ $t_x=0.035$	铜管 $R_x=1.5$ $t_x \geqslant 0.035$ $R_x \geqslant 3$ $t_x=0.02$

续表

形式	简图	特点	适用范围
单向轴节		可伸入管子内部与管子一起弯曲，防扁效果更好。可对管子进行矫圆，除单向轴节有方向性外，其余两种无方向性	与防皱板顶镦机构配合可用于 $R_x \geqslant 1.2$
万向轴节			
软轴式			

（3）弯曲工件展开长度的计算技巧

工件弯曲后，只有中性层长度不变，因此计算弯曲工件展开长度时可按中性层长度计算。材料变形，中性层一般不在材料正中，而是偏向内层材料一边，如图 8-10 所示。

中性层的实际位置与材料的弯曲半径 r 和材料的厚度有关，可用下面的公式来计算：

$$R = r + x_0 t$$

式中　R——中性层的曲率半径，mm；

　　　r——材料弯曲半径，mm；

　　　t——材料厚度，mm；

　　　x_0——中性层位置的经验系数，其值可查表 8-4。

一般情况下，为简化计算，当 $r/t \geqslant 4$ 时，即可按 $x_0 = 0.5$ 计算。

表 8-4　中性层位置的经验系数 x_0

r/t	0.1	0.25	0.5	1.0	1.5	2.0	3.0	4.0	> 4
x_0	0.28	0.32	0.37	0.42	0.44	0.455	0.47	0.475	0.5

中性层位置确定后，弯曲工件如图 8-11 所示的展开长度 $L(\mathrm{mm})$ 可按下式计算：

$$L=A+B+(r+x_0 t)\pi\alpha/180°$$

式中　A,B——工件直线部分长度，mm；

　　　　α——弯曲角，(°)；

　　　　r——工件弯曲内圆弧半径，mm；

　　　　t——材料厚度，mm。

图 8-9　热弯大管子　　图 8-10　中性层的实际位置　图 8-11　带圆弧的弯曲工件

圆钢（钢管）弯曲件展开长度的计算见表 8-5。

表 8-5　圆钢（钢管）弯曲件展开长度的计算

简图	计算公式
	$L = A + B - 2(R+d) + \dfrac{\pi}{2}\left(R + \dfrac{d}{2}\right)$
	$L=2A+B+2C-4R_{外}-4R_{内}-8d+\pi\left(R_{外}+R_{内}+d\right)$

简图	计算公式
	$l_1=0.017453（R+0.5d）（180°-\alpha）$ $L=A+B+l_1$
	$L=A+B+\pi（R+0.5d）$
	$L=1.57\sqrt{8(a^2+b^2)-(a-b)^2}$ 或 $L\approx1.57（A+B）$
	$L=\pi D$
	此螺旋又称涡旋或阿基米德螺旋 $L=1.57n（D_1+D_2）$ 式中　n——弯制圈数 　　　D_1，D_2——管中心线尺寸
	$L=2X+2Y+Z$ 式中　$X=A-（r+d）$ 　　　$Y=[0.175（r+0.5d）（180°-0.5\beta）]$ 　　　$Z=[0.087（D-d）（360°-\beta）]$

简图	计算公式
	$$L = A - \frac{\pi\beta(D-d)}{360°} + \frac{\pi(D-d)(360°-\beta)}{360°}$$
	$$L = A - \left(\frac{D}{2}+R\right)\sin\alpha + \frac{\pi\alpha}{180°}\left(R+\frac{d}{2}\right) + \pi\,(D-d) - \frac{\pi(D-d)\left[\beta-(90°-\alpha)\right]}{360°}$$
	$$L = 3\left[A - 2(R+d) + \frac{\pi\,(R+d/2)(180°-\beta)}{180°}\right]$$
	$$L = A + B + C - 2R - 2r - 4d + \frac{\pi}{2}(R+r+d)$$

简图	计算公式
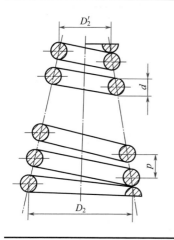	$$L = n\sqrt{p^2 + \pi^2 D_2^2}$$ 式中　　n——圈数 p——节距 D_2——中径
	$$L = n\sqrt{p^2 + (\pi/2)^2(D_2 + D_2')^2}$$ 式中　　n——圈数 p——节距 D_2——中径（大端） D_2'——中径（小端）

（4）弯形工艺实例及弯形技巧

1）弯曲工件展开长度的计算实例

【例 8-1】　若图 8-11 中：A=100mm，B=150mm，t=6mm，r=18mm，α=150°，求零件展开长度。

解：$\dfrac{t}{\delta} = \dfrac{18}{6} = 3$，由表 8-4 中查得 x_0=0.47，则展开长度

$$L = 100 + 150 + \frac{3.14 \times 150°}{180°} \times (18 + 0.47 \times 6)$$

$$= 100 + 150 + 54.48$$

$$= 304.48 \text{(mm)}$$

弯曲工件展开长度的计算诀窍：如果一个零件有几个弯形角时，可仍按上述方法计算，只要把零件所有直线部分和所有圆弧部分中性层长度相加即可，其展开长度公式

$$L = \sum L_{直} + \sum L_{弯}$$

当内边弯曲成直角不带圆弧或圆弧半径很小的零件，如图 8-12 所示，其计算公式

$$L = A + B + 0.5t$$

据上式可知，直角部分中性层长度为 0.5t。

【例 8-2】 若图 8-12 中：A=100mm，B=120mm，t=8mm，求零件展开长度。

解：L=100+120+0.5×8=224

2）弯圆弧和角度结合工件的技巧

弯制如图 8-13（a）所示的工件，先在窄长板料上划好弯曲线。弯曲前，先将两端的圆弧和孔加工好。弯曲时用衬垫将板料夹在台虎钳内，先将两端的 1、2 两处弯好，如图 8-13（b）所示，最后在圆钢上弯工件的圆弧，如图 8-13（c）所示。

图 8-12 折角弯形零件

图 8-13 弯圆弧和角度结合工件的顺序

3）板料在宽度方向上弯形的技巧

板料在宽度方向上弯形可利用金属材料的延伸性能，在弯形的外弯部分进行锤击，使材料向一个方向延伸，达到弯形的目的，如图 8-14（a）所示。弯制如图 8-14（b）所示的工件，可以在特制的弯形模上用锤击法，使工件弯曲变形。另外也可自制简单的弯形工具进行弯形，如图 8-14（c）所示。弯形工具中两只转盘的圆周上都有按工件厚度加工的槽，固定圆盘直径应与弯制的圆弧一致。使用时，将工件一端固定，另一端插入两转盘槽内，移动活动转盘使工件达到所要求的形状。

图 8-14　板料在宽度方向上弯形

4）板料弯形的技能与技巧

板料直角弯形操作步骤以图 8-15 所示多直角零件为例，零件有四处直角需要弯形。

① 准备工具、辅具、量具。选取台虎钳一台，角钢制作的夹具一套，与弯形尺寸有关的衬垫二块，锤子、划针、方木块、90° 角尺、钢直尺各一件。

② 检查板料毛坯。计算图样展开长度 L，检查毛坯长宽及厚度尺寸是否正确，材料及表面质量是否合格。

③ 板料直角弯形操作步骤与技巧

a. 用钢直尺测量，在弯曲部位用钢直尺、90° 角尺、划针划四条平行线、确定弯曲位置。如图 8-16 所示。

b. 旋转手柄，松开台虎钳，将两块角铁垫插入台虎钳的钳口上，使角铁垫块两边靠紧钳口。再将板料装入两块角铁之间，使板料的 B 线与角铁边缘对齐，旋转台虎钳手柄，夹紧板料，如图 8-17 所示。

c. 将木块放在板料伸出端的顶部，用锤子敲打木块，直至将板料弯成直角为止，如图 8-18 所示。

图 8-15 零件图

图 8-16 划弯曲位置线

图 8-17 摆放

图 8-18 弯形

d. 松开台虎钳，将角铁抽出一块，翻转工件，将弯成的直角紧靠衬垫①夹紧，如图 8-19 所示。

e. 重复步骤 c 的操作，将板料弯成图 8-19 所示的直角。

f. 松开台虎钳，把工件再翻转 90° 角，将另一个衬垫②插入工件 U 形底部，并夹紧，如图 8-20 所示。

g. 重复 c 步骤的操作，将工件的两端弯曲成另两个直角，如图 8-21 所示。

h. 自检。用钢直尺检查弯形后的工件尺寸，是否满足图样及工艺要求。

图 8-19 重新摆位

图 8-20 摆形

图 8-21 弯形

i. 工作结束，整理工作现场。

④ 弯形操作禁忌与注意事项。

a. 弯曲位置线要划得清楚、准确。

b. 工件装夹要对正弯曲位置线，并要牢固、可靠。

c. 弯曲力要加在弯形部位上。

5）矫正和弯形常见的废品分析

① 工件断裂。主要是由于矫正或弯形过程中多次折弯、或塑性较差、*r/t* 值过小、材料发生较大的变形等造成的。

② 工件弯斜或尺寸不准确。主要是由于夹持不正或夹持不紧、锤击偏向一边，或用不正确的模具、锤击力过重等造成的。

③ 材料长度不够。多是由于弯形前毛坯长度计算错误。

④ 管子熔化或表面氧化。管子热弯形时温度太高造成。

以上几种废品形式，只要在工作中细心操作和仔细检查、计算，都是可以避免的。

8.1.2 弹簧绕制技巧

（1）弹簧的种类

弹簧是经常使用的一种机械零件，在机构中起缓冲、减振和夹紧作用。

弹簧常用类型有螺旋弹簧和板弹簧两类：按受力情况可分为压缩弹簧、拉伸弹簧和扭转弹簧等，按形状分有圆柱弹簧、圆锥弹簧和矩形断面弹簧等，常见的是圆柱弹簧。弹簧的种类如图 8-22 所示。

(a) 圆柱形压缩弹簧   (b) 中凹形压缩弹簧   (c) 圆柱形压缩弹簧（矩形载面材料）   (d) 中凸形压缩弹簧

(e) 变节距压缩弹簧   (f) 圆柱形扭转弹簧   (g) 截锥形压缩弹簧   (h) 圆柱形拉伸弹簧

图 8-22　弹簧的种类

（2）圆柱螺旋弹簧绕制技巧

绕制圆柱螺旋弹簧实质上是一种弯形操作，一般由绕弹簧机或车床绕制，有时因急需也在台虎钳上手工绕制。绕弹簧前，应先做好绕制弹簧的芯棒（俗称摇把），如图 8-23 所示。芯棒的直径可按经验公式计算

$$D_o = KD_1$$

式中　D_o——芯棒直径，mm；

　　　D_1——弹簧内径，mm；

　　　K——弹性系数，$K = 0.75 \sim 0.8$。

图 8-23　手工绕制圆柱螺旋弹簧

手工绕制压缩弹簧步骤与技巧如下。

① 把钢丝一端插入芯棒，另一端夹在台虎钳中。

② 转动手柄同时使重心向前移动，即可绕出圆柱螺旋压缩弹簧。

③ 当绕到一定长度后，从芯棒上取下，按规定的圈数稍长一点截断，把两端磨平。

④ 低温回火。

绕制拉伸弹簧方法与此类似。区别在于转动手柄时应使弹簧丝间没有间隙，且两端按要求做成圆环或其他形状。

（3）绕制弹簧操作方法、技巧与诀窍

弹簧的绕制方法有多种：可以在设备上冷绕，也可以在专用的胎具上加热绕制。常在台虎钳上手工绕制拉簧、压簧等。

手工绕弹簧利用台虎钳和专用的绕制芯轴手工将钢丝绕成各种尺寸的弹簧，绕后进行整形，热处理。

1）绕制拉簧、压簧和扭簧的操作技巧与诀窍

手工绕制拉簧、压簧和扭簧的方法基本相同。不同点是压簧的两端需压平，拉簧的两端需弯制出拉钩，而扭簧的两端需弯制出扭钩。

① 读图。钢丝直径 $\phi 2$mm，弹簧内径 $\phi 18_{-0.5}^{0}$mm，压弹螺距 3mm，长度 80mm，如图 8-24 所示。

② 准备工具。选择所需的台虎钳一台，软钳口一副，卡尺、锤子、錾子、钢丝钳、手锯各一件。选取直径为 $\phi 14.4$mm 的芯轴一件，并将芯轴夹持在台虎钳上，用锤子将芯轴弯成手柄式直角摇把，再用手锯在摇柄

的端头锯一个宽 2.5mm，深 3mm 的开口，如图 8-25 所示。

(a) 压缩弹簧

(b) 拉伸弹簧　　　　(c) 扭转弹簧

图 8-24　常用弹簧　　　　图 8-25　手柄式直角摇把

③ 检查坯料。准备 ϕ2mm 钢丝，长度要适当长些。

④ 绕制弹簧的操作技巧与诀窍。

a. 将软钳口放入台虎钳的钳口中，再把 ϕ2mm 钢丝的一端从台虎钳钳口的下方经台虎钳的两片软钳口中间引出，引出部分长 20mm，旋转台虎钳手柄，轻轻适度地夹住 ϕ2mm 钢丝。

b. 将芯轴的端头开口卡住软钳口露出的钢丝头，试绕 2 ～ 3 圈，如图 8-26（a）所示，测量节距，调整钢丝夹紧力度。然后，左手扶正芯轴，右手握住摇把，保持正确的弹簧节距，绕制弹簧。绕制时，通过右手推拉芯轴控制节距，芯轴不能上下及左右摆动，旋转摇柄时不能忽快忽慢，要连续绕制不停步，绕制圈数比规定的圈数多 3 ～ 4 圈，如图 8-26（b）所示。

c. 绕制拉簧时，为要使弹簧圈之间紧密扣接，可将芯轴调整至与钳口成 90° 位置进行绕制，这样便于一扣接一扣。连续绕制至规定的圈数后，再多绕 3 ～ 4 圈，供弯制拉钩用。

d. 扭转弹簧圈之间也是紧密扣接的。绕制时，除保持弹簧簧圈之间扣接外，弹簧两端还应留出足够的长度供弯制扭簧两端的扭钩用。弹簧的圈数也应按图样要求如数绕制。

钢丝

芯棒

(a)   (b)

图 8-26   绕制弹簧过程

e. 退出芯轴，取下弹簧半成品，撤下软钳口，按图 8-27（b）所示的方法，用锤子、錾子截断弹簧与钢丝坯料，使弹簧截断部分保持足够的弯钩长度。

f. 用钢丝手钳整形压缩弹簧两端的端面，如图 8-28 所示。整形时，先磨掉钢丝头部毛刺，然后再由钢丝头部开始，逐渐将第一圈的螺旋平面扭平。

手钳

弹簧

(a)   (b)   (c)

图 8-27   截断钢丝   图 8-28   整形端面

g. 拉伸弹簧两端的拉钩弯制方法与技巧，如图 8-29 所示。弯制时，先用钢丝钳将两端的环扣根部夹扁至弹簧中心，然后，在第一圈和第二圈之间插入一斜铁，外端放置平垫铁，并一起夹持在台虎钳钳口中，先用錾子插入，后用平板压平两端的拉钩。

h. 扭转弹簧两端的扭钩，可根据扭钩的具体形状、尺寸，利用钢丝钳或其他专用辅具等，参照拉伸弹簧拉钩的弯制方法弯制成形。

i. 自检。用卡尺按图样尺寸检查绕制的弹簧。

j. 工作结束，整理工作现场。

图 8-29　环钩弯制方法

2）绕制拉簧、压簧和扭簧的禁忌与注意事项

① 绕制弹簧的芯轴尺寸要正确，对于直径、螺距尺寸要求较严的弹簧，可车制出带螺距槽的芯棒进行绕制，确保弹簧各部尺寸。

② 绕制时，要防止钢丝头从开口槽中脱出，绕制结束时，也要注意另端钢丝头滑弹出来伤人。

③ 弯形两端弯钩时，要磨掉钢丝头的尖角，并注意操作安全。

8.2　放边、收边与拔缘技术

8.2.1　放边的方法

（1）铆工手工锤放的方法

铆工钣金放边是指用使零件某一边变薄伸长的方法来制造曲线弯边的零件，如图 8-30 所示。铆工放边的方法主要有打薄放边与拉薄放边。

图 8-30　放边零件

制造凹曲线弯边的零件，可用直角型材在铁砧或平台上锤放角材边缘成型，如图8-31所示，使边缘材料厚度变薄、面积增大、弯边伸长，愈靠近角材边缘伸长愈大，愈靠近内缘伸长愈小，这样直线角材就逐渐被锤放成曲线弯边的零件。

图 8-31　打薄锤放

在锤放的操作过程中，首先是计算出零件的展开尺寸，放边时角材底面必须与铁砧表面保持水平，不能太高或太低，否则在放边过程中角材要产生翘曲。锤痕要均匀并成放射形，锤击的面积占弯边宽度的3/4，不能沿角材的R处敲打，锤击的位置要在弯曲部分，有直线段的角形零件，在直线段内不能敲打。在放边过程中，材料会产生冷作硬化，发现材料变硬后，要退火处理，继续锤放易打裂。在操作过程中，随时用样板或量具检查外形，达到要求后进行修整、校正和精加工。

（2）放边零件展开尺寸计算

放边零件展开尺寸的计算方法见表8-6。

8.2.2　收边的方法

（1）铆工手工收边方法

铆工手工收边的操作方法见表8-7。

（2）收边零件展开尺寸的计算

收边零件展开尺寸的计算方法见表8-8。

8.2.3　拔缘的方法

（1）拔缘原理、特点及应用

铆工拔缘也叫做手工翻边，即用放边和收边的方法，把零件的边缘翻出凸缘。拔缘分为内拔缘、外拔缘和管节拔缘三种。板料拔缘是在平板封闭的边缘轮廓利用放边与收边的方法加工出凸缘的工艺，如图 8-32 所示，当此边缘为内轮廓线时，称为内拔缘；当此边缘为外轮廓时，称为外拔缘。

表 8-6　放边零件展开尺寸的计算方法

名称	简图	计算公式
角形放边成半圆形零件		如图所示半圆形零件的展开宽度可用弯曲型材展开长度的计算公式来计算：$$B = a + b - \left(\frac{r}{2} + t\right)$$ 式中　B——展开料宽度 a，b——放边宽度 r——圆角半径 t——材料厚度 展开长度由于在放边的平面中各处材料伸展程度的不同，外缘变薄量大、伸展得多，内缘变薄量小，伸展得少，所以展开料长度取放边宽度 b 一半处的弧长来计算 $$L = \pi\left(R + \frac{b}{2}\right)$$ 式中　L——展开料长度，mm R——零件弯曲半径，mm b——放边一边的宽度，mm
角形放边成直角形零件		如图所示直角形零件展开宽度与上式相同，展开长度 L 等于直线部分和曲线部分之和。即：$$L = L_1 + L_2 + \frac{\pi}{2}\left(R + \frac{b}{2}\right)$$ 式中　L_1、L_2——展开料长度，mm R——零件弯曲半径，mm b——放边一边的宽度，mm

302

表 8-7 手工收边的操作方法

名称	简图	方法
收边 （皱缩）	 波纹合理 $h<a$ $l=\frac{3}{4}L$ 折皱钳	先用折皱钳使板料边缘形成皱褶波纹，使其达到所需的曲率，然后把皱褶波纹在防止伸直复原的状态下用橡胶锤锤平。此时，板料边缘皱褶消除，长度缩短，厚度增大
收边 （搂）		将坯料夹在型胎上，用铝锤顶住坯料，用木锤敲打顶住的部分，坯料逐渐被收缩而收边

表 8-8 收边零件展开尺寸的计算方法

名称	简图	计算公式
角形收边成半圆形零件	 半圆形零件	如图所示，展开料的计算式为： $$B = a + b - \left(\frac{r}{2} + t\right)$$ $$L = \pi(R + b)$$ 式中　L——展开料长度，mm 　　　R——圆角半径，mm 　　　a、b——弯边宽度 　　　B——展开料宽度，mm 　　　r——零件弯曲半径，mm 　　　t——材料厚度，mm

铆工自学·考证·上岗一本通

名称	简 图	计算公式
角形收边成直角形零件	 直角形零件	如图所示，展开料的计算式为： $$B = a + b - \left(\frac{r}{2} + t\right)$$ $$L = L_1 + L_2 + \frac{\pi}{2}(R + b)$$ 式中　L_1，L_2——展开料长度，mm 　　　R——圆角半径，mm 　　　a，b——弯边宽度 　　　B——展开料宽度，mm 　　　r——零件弯曲半径，mm 　　　t——材料厚度，mm

　　平板内、外拔缘后，封闭的边缘轮廓线仍然是封闭的，但边缘的周长却改变了。内拔缘使周长变长，因此变形过程主要是拉伸；外拔缘时周长变短，因此变形过程主要是收缩。内拔缘成形的难点是板件变薄以及容易拉裂；外拔缘成形的难点是易起褶皱。

　　平板经拔缘加工后，刚度提高，增强制件抗变形的能力，也可有效减轻制件的重量。这一作用与型钢类似。拔缘还可用于连接，如管制件进行咬缝加工时，需要拔缘。

(a) 外拔缘折角弯边　　　　(b) 内拔缘圆角弯边

图8-32　拔缘的类型

（2）拔缘工艺特点

拔缘的加工方法有自由拔缘和型胎拔缘两种。拔缘工艺特点及步骤见表 8-9。

表 8-9 拔缘工艺特点及步骤

名称	简图	工艺特点及步骤
自由拔缘	顶铁　顶棒顶住弯边根部 （a）　　（b） （c） 图 1　内拔缘工艺过程	（1）内拔缘操作步骤如下 ① 下坯料并修光边缘毛刺，划出拔缘宽度线，见图 8-32 ② 将要拔缘的边在顶铁上敲出根部弯曲轮廓，如图 1（a）所示，再用榔头抛开边缘达到拔缘高度，如图 1（b）所示 ③ 拉薄伸展并修整弯边，如图 1（c）所示
	（a）　图 2　外拔缘工艺过程　（b）	（2）外拔缘操作步骤如下 ① 下坯料并修光边缘毛刺，划出拔缘宽度线，见图 8-32 ② 将要拔缘的边在铁砧上敲出根部弯曲轮廓，再敲出波纹或用折波钳作波纹，如图 2（a）所示 ③ 逐个打平波纹使边缘收缩而成凸缘弯边，如图 2（b）所示，划线修去余料

续表

名称	简图	工艺特点及步骤
自由拔缘	图3　管节拔缘 (a) 颈缩 (b) 外凸　　(c) 内凹 图4　管节拔缘操作不当 容易出现的问题	（3）管节拔缘 　如图3所示。在管节口内侧划出拔缘线，然后按放边的锤击方法翻出凸缘，其操作过程与内拔缘相似，需要分若干次锤放才能锤放出直角凸缘。否则，会出现撕裂。管节拔缘的应用之一，是手工制作多节弯头时弯接各节的咬口连接 　在管节拔缘的操作中，若在拔缘线处錾击锤放的延伸量过大或者凸缘外端錾击的延伸量不够而硬将凸缘翻成直角时，就会出现"颈缩"的质量问题，如图4（a）所示。当凸缘外端錾击延伸量不够时，又会出现外凸的情况，如图4（b）所示。如果凸缘外端錾击延展量过大时，则会出现内凹的形状，如图4（c）所示。出现内凹后，一般较难修复到正确的形状
型胎拔缘	(a)　　　　　　(b) 图5　型胎拔缘	型胎拔缘，如图5所示，是将坯料加热（加热面略大于拔缘宽度线），固定于型胎上收放，一次成形

名称	简图	工艺特点及步骤
型胎拔缘	(a) 外拔缘 (b) 内拔缘 图 6 型胎拔缘实例 1—压板；2—坯料；3—型胎； 4—钢圈；5—凸块	型胎拔缘实例： ① 型胎外拔缘。可预先在坯料的中心焊装一个钢套，用以固定拔缘的位置。拔缘过程可以分段依次进行，一次弯曲成形，如图 6（a）所示 ② 型胎内拔缘。用凸模一次冲出弯边，如图 6（b）所示

8.3 卷边技术

8.3.1 卷边及操作过程

（1）卷边分类

卷边是指将板件的边缘卷过来的操作。通常是在折边或拔缘的基础上进行的。

卷边分夹丝卷边和空心卷边两种，如图 8-33 所示。夹心卷边是指在卷边内嵌入一根铁丝，以加强边缘的刚度。铁丝的粗细根据零件的尺寸和所受的力来确定，一般铁丝的直径为板料厚度的 3 倍以上。包卷铁丝的边缘应不大于铁丝直径的 2.5 倍。

（2）卷边应用实例

机器零件中各种整流罩、机罩等，日常生活中用的锅、盆、壶、桶等的边缘一般都需要卷边加强。如图 8-34～图 8-37 所示。

夹丝卷边　　　　　空心卷边

卷成的铁丝　　　　　不大于铁丝直径的2.5倍

图 8-33　卷边

图 8-34　罩盖（1）

1—切边；2—卷边

图 8-35　罩盖（2）

1—预卷边；2—初卷边；3—终卷边

图 8-36　盆

1，2—切边；3—卷边

图 8-37　盘

1—切边；2—卷边

（3）卷边操作工艺过程

如图 8-38 所示，卷边操作工艺过程如下。

① 将板料切成所需要的尺寸。

② 沿边量出 2.5 倍铁丝直径距离划线。

③ 将板料按划线折成直角 [图 8-38（a）]。

④ 用钢丝钳将铁丝剪为适当长度。

⑤ 用木锤在光滑平板上打直铁丝。

⑥ 把铁丝放入已折好的边内 [图 8-38（b）]，并用钳夹固定铁丝位置。

图 8-38　卷边操作

1—手钳；2—木锤

⑦ 用木锤或铆钉锤锤打板缘包住铁丝，如图 8-38（c）、（d）所示。

⑧ 用铆钉锤逐段扣紧成型［图 8-38（e）］。

（4）卷边注意事项

手工空心卷边的过程与夹丝卷边的制作过程一样，只需使卷边与铁丝不要靠得太紧，最后将铁丝抽出来，抽铁丝时把铁丝一端夹紧，将构件一边转一边向外拉。

8.3.2　卷边零件展开尺寸的计算

卷边零件由直线和曲线两部分组成，主要是算出卷曲部分的长度，然后再加上直线部分，便得出总的展开尺寸。

图 8-39 所示零件的展开长度 L 为：

$$L = L_1 + \frac{d}{2} + L_2$$

式中　L_1——板料的直线部分长度；

　　　d——铁丝的直径；

　　L_2——板料加卷曲部分的长度，$L_2 = \dfrac{3\pi}{4}(d+t) = 2.35(d+t)$。

所以：

$$L = L_1 + \frac{d}{2} + 2.35(d+t)$$

式中　t——材料厚度。

图 8-39　卷边展开尺寸的计算

8.4 咬缝技术

咬缝是指把一块板料的两边或两块板料的边缘折转扣合，并彼此压紧。由于咬缝能将板料连接得很牢固，在许多地方代替钎焊。

8.4.1 咬缝的结构形式

各种咬缝的结构形式见表 8-10。

表 8-10 咬缝的结构形式

咬缝名称	缝扣	适用板厚 /mm
匹茨堡缝		0.6 ～ 1.0 1.0 ～ 1.25
		0.6 ～ 1.0 1.0 ～ 1.5
立缝		0.9 ～ 1.25
		0.9 ～ 1.5
卡扣缝		0.6 ～ 1
		0.6 ～ 1
槽缝		0.8 ～ 1.25 1.25 ～ 1.5

咬缝名称	缝扣	适用板厚 /mm
双折底缝	11	0.5 ～ 1
	11	0.5 ～ 1
套扣缝	28	0.5 ～ 1.25
	11	0.6 ～ 1.25 1.25 ～ 1.5

8.4.2　咬缝的制作方法

各种咬缝的制作方法与技巧见表 8-11。

表 8-11　咬缝的制作方法

咬缝名称	制作过程简图	制作方法
匹茨堡直缝	(a)　　　(b) (c)　　　(d)	如图所示，此缝包括两部分，即图（a）所示的单扣和图（b）所示的袋扣。制作时，把单扣放入袋扣中[图（c）]，然后把凸缘锤平[图（d）]即可

续表

咬缝名称	制作过程简图	制作方法
匹茨堡曲缝		匹茨堡缝应用广泛，其优点之一是单扣可以做成圆弧状，而袋扣可在平板上制好后再配合单扣展成圆弧，如图所示
立缝	 (a) (b) (c) (d) 立缝制作	立缝也称便捷缝，是一种典型的纵长缝。这种缝含有一个弯成直角的双折缝［图（a）］和一个单折边［图（b）］。把双折边放在单折边上［图（c）］，并用木锤打扁［图（d）］即可
槽缝	 (a) W (b) (c) 槽缝制作	槽缝是连接薄板或中等板最常用的接缝方式。这种缝有两个相同的折边［图（a）］，这两个折边相互钩住［图（b）］，然后用手槽砧的做槽工具或用起槽机合拢缝扣［图（c）］

咬缝名称	制作过程简图	制作方法
双折缝	(a)　　　(b)　　　(c) (d)　　　　(e)	单边折成直角［图（a）］，双折边做成如图（b）所示的形状，两者结合方式如图（c）所示，然后在砧铁上弯折［图（d）］，最终完成的接缝如图（e）所示
套扣缝	(a) 弯扣　　(b) 两边已弯的套扣 (c) 已完成的套扣边	套扣缝用以连接方导管横断方向的接缝。把要连接的管件按如图方式把两边弯折成扣，其边缘的宽度视工件需要而定
S形滑扣		套扣缝一般都和 S 形滑扣合用。S 形滑扣是一个做成 S 形的板条，形成两个袋扣的连接。如图所示为横断接缝的 S 形滑扣

续表

咬缝名称	制作过程简图	制作方法
滑扣和套扣缝	导管在此切开，以示各缝口连接导管的方式	和套扣合用时，S形滑扣最常用的地方是连接导管的断面，也常用在两段板片需要以平缝方式结合且无需连接强度的场合。如图所示表示如何使用S形滑扣和套扣来连接导管的断面
套接缝	(a) 单扣　(b) 双扣　(c) 套接的缝扣	套接缝常用于纵长方向的角缝。其结构如图所示，由单扣[图（a）]和双扣[图（b）]组成套接缝[图（c）]
榫缝	(a)　(b)　1—榫片；2—开缝；3—弯包凸缘的榫片；4—凸缘	榫缝是连接圆桶和凸缘的便捷方法，主要用于圆管和椭圆管。其制作方法是把圆桶的端口开缝，并按如图（a）所示方法每隔一片折成直角。弯折的榫片起止挡作用，而竖直的榫片准备弯包在欲连接的凸缘上，如图（b）所示，且接缝采用软钎焊固定，以保持密封性
导管套接缝	结构细节放大　结构细节放大　(a) 正确的结构　(b) 不正确的结构	采用套接缝制作导管时[图（a）]，必须注意各结合角隅是否平直，毛边是否修磨，否则整个导管会扭曲，或各导管的边缘参差不齐，如图（b）所示

8.5 拱曲技术

图 8-40 拱曲件的厚度变化

8.5.1 拱曲特点和分类

利用顶杆或胎模将平板坯件中部锤放延展、外缘起皱收边、形成双向弯曲曲面的手工操作称为拱曲操作。拱曲过程中，零件的外缘壁厚增大，中部减薄，如图 8-40 所示。

8.5.2 拱曲工艺方法、技巧与诀窍

钣金拱曲常用工艺方法与技巧见表 8-12。

表 8-12　钣金拱曲工艺方法

名称	简图	工艺方法
顶杆拱曲		可直接成形零件，也可作为其他拱曲的后续工序，比如胎模拱曲成形到手锤无法继续时，需套在顶杆上继续进行。大直径拱曲件在顶杆上对外缘收边可节省大的型胎，并可在顶杆上进行矫正及修光外表面。操作时先将板料边缘用起皱钳作出皱褶，在顶杆上将皱褶拍平（如图所示），使板料向内弯曲，同时轻轻而均匀地用木锤敲击中部，使中部延展拱起，拱曲时应不断转动坯料。如此反复进行几次，拱曲到达图样要求（应计入回弹量）即可。最后的工序是切边、修边及在顶杆上将工件修光。必要时，还要在拱曲中间退火以消除硬化
在凹陷的砧座上锤击拱曲		如图所示，砧座可用硬木、铅等做成不同尺寸的浅坑，应根据工件凹陷的程度选择拱曲手锤合适的尺寸。拱曲步骤和要点如下： 　①从坯料的外缘开始拱曲。锤击时用力要均匀，每锤击一次转动一下坯料，由内向外逐步进行 　②对外缘形成的褶皱，可在球形砧座上锤击修平

续表

名称	简图	工艺方法
胎模拱曲	(a) (b) (c) (d) 橡胶	如图所示，将坯料压紧在胎模上，用木锤从模腔的边缘开始逐渐向中心部位锤击，使坯料下凹，直至全部贴合模腔。拱曲变形量较大时，应分几次进行，每次一个模具，如图中虚线所示。拱曲过程中，可垫橡胶、沙袋、软木来使坯料伸展，这样不仅伸展较快，而且拱曲后的零件表面平滑。胎模拱曲适于尺寸较大、深度较浅的零件制作
在步冲机上手工拱曲	—	将胎模安装在步冲机的工作平台上，坯料压在胎膜上，并随工作台旋转，上模做上下锤击运动，上模与下模间还有一个相对的径向运动。该方法的拱曲质量好，生产效率高
热拱曲	B B' $C'C$ 冷却后 加热时 $A(A')$ (a) 热拱曲原理	（1）热拱曲原理 热拱曲是利用热胀冷缩原理使金属变形并成形的工艺，变形时有时辅以外力。其原理如下： 如图（a）所示，在坯料边缘的 ABC 三角区域局部加热，该区域受热后强度下降，因周边冷态金属的强度较高，所以虽然受热，但膨胀不开，只能被压缩变厚，冷却后被收缩为 A' B' C' 所示更小的区域

名称	简图	工艺方法
热拱曲	 (b) 热拱曲后零件的形状	（2）**热拱曲工艺** ① 沿坯料的周边按原理进行加热和冷却，拱曲的程度取决于加热点的多少和每一点的加热范围。加热点越密集，加热范围越大，则拱曲程度也就越大 ② 加热方法：当加热面积较大时，可采用加热炉加热；当加热面积较小时（一般认为在 $300mm^2$ 以内），一般用喷枪加热 ③ 热拱曲过程中可进行形状检验（如样板检验），拱曲度不够时要再次加热收缩，但加热部位不应重合，同时加热过程要配合手工修整 ④ 拱曲程度很难在事先准确估计，也难以在冷却中加以控制，需要操作者在实际操作中不断探索和总结经验

8.5.3　手工拱曲注意事项与操作禁忌

（1）**手工拱曲的注意事项**

① 拱曲度较大的钣金工件，可在顶杆上用收缩和交错的方法进行（图 8-41）。

② 拱曲时，用木锤轻轻而均匀地敲打中部，使中部的坯料伸展拱曲。敲打的位置要稍稍超过支承点，敲打位置要准确，否则容易打出凹痕，甚至打破。

③ 敲打时，用力要轻而均匀，而且打击点要稠密，边敲打边旋转坯料。根据目测随时调整敲打部位，使表面光滑、均匀。凸出的部位不应再敲打，否则愈打愈凸起。

④ 敲打到坯料中心时，要不断转动，不能集中在一处敲打，以免坯料中心伸展过多而凸起。依次收边敲打中部，并配合中间检查，使其达到要求为止。考虑到最后修光时会产生回弹变形，一般拱曲度要稍大些。

图 8-41 半球形零件的拱曲与修整
1—零件；2—皱缩；3—顶杆；4—伸展中部或修光

⑤ 用平头锤在圆杆顶上把拱曲成形好的零件进行修光，然后按要求画线，并进行切割，锉光边缘。在加工过程中，如发现坯料由于冷作而硬化，应及时进行退火处理，否则容易产生裂纹。

在用胎模拱曲时应注意：敲打要轻且均匀，使整个加工表面均匀地伸展形成凸起的形状；操作中不能过急，应分几次使坯料逐渐全部贴合胎模成形；最后用平头锤在顶杆上打光敲击凸痕。

（2）手工拱曲的操作禁忌

为使拱曲顺利进行，毛坯料应在使用前焖火，在加热过程中，发现毛坯料冷作硬化时应立即进行退火处理。

第9章

铆工弯曲

根据采用的设备和工具的不同，铆工钣金弯曲分为压弯、滚弯、拉弯和转板等。

将毛坯或半成品钣金制件沿弯曲线弯成一定角度和形状的冲模，称为弯曲模。

9.1　弯曲变形过程及弯曲回弹的预防

9.1.1　弯曲变形过程

（1）弯曲变形过程

弯曲过程变形区切向应力的变化如图 9-1 所示。变形区集中在曲率发生变化的部分，外侧受拉，内侧受压。受拉区和受压区以中性层为界。初始阶段变形区内、外表层的应力小于材料的屈服强度 σ_s，这一阶段称为弹性弯曲阶段，如图 9-1（a）所示。弯曲继续进行时，变形区曲率半径逐渐减小，内、外表层首先由弹性变形状态过渡到塑性变形状态，随后塑性变形由内、外两侧继续向中心扩展，最后达到塑性变形过程，切向应力的变化，如图 9-1（b）、（c）所示。

弹性弯曲时，中性层位于料厚的中心，塑性弯曲时，中性层的位置随变形程度的增加而内移。

对于相对宽度（料宽 b 和料厚 t 的比值）$b/t < 3$ 的窄板，宽向和厚向材料均可自由变形。弯曲时横截面将产生很大的畸变，如图 9-2 所示，其应变状态是立体的，宽度方向应力为 0，为平面应力状态。

(a) 弹性弯曲 (b) 弹-塑性弯曲 (c) 塑性弯曲

图 9-1　弯曲过程变形区切向应力分布发生的变化

中性线

图 9-2　窄板弯曲时横截面的畸变

对于相对宽度 $b/t > 3$ 宽板，宽度方向受到材料的约束，不能自由变形，为平面应变状态，其应力状态是立体的。

（2）最小弯曲半径

弯曲时毛坯变形外表面在切向拉应力作用下产生的切向伸长变形用下式计算

$$\varepsilon = \frac{1}{2r/t+1} \tag{9-1}$$

式中　r——弯曲零件内表面的圆角半径，mm；

t——料厚，mm。

从上式可以看出，相对弯曲半径 r/t 越小，弯曲的变形程度越大。

在使毛坯外层纤维不发生破坏的条件下，能够弯成零件内表面的最小圆角半径称为最小弯曲半径 r_{min}，实际生产中用它来表示弯曲工艺的极限变形程度。

影响最小弯曲半径的因素如下。

① 材料的力学性能。材料的塑性指标越高、最小弯曲半径的数值越小。

② 弯曲线的方向。弯曲线与材料轧纹方向垂直时，最小弯曲半径的

数值最小。平行时，数值最大。

③ 板材的表面质量和剪切面质量。质量差会使材料最小弯曲半径增大，清除毛刺和剪切面硬化层有利于提高弯曲的极限变形程度。

④ 弯曲角。弯曲角较小时，变形区附近的直边部分也参与变形，对变形区外层濒于拉裂的极限状态有缓解作用，有利于降低最小弯曲半径。弯曲角对最小弯曲半径的影响如图 9-3 所示。$\alpha < 70°$ 时影响显著。

⑤ 材料厚度。厚度较小时，切向应变变化梯度大，邻近的内层可起到阻止外表面金属产生局部的不稳定塑性变形作用。这种情况下可获得较大的变形和较小的最小弯曲半径。料厚对最小弯曲半径的影响见图 9-4 所示。

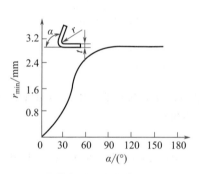

图 9-3　弯曲角对最小弯曲半径的影响　　图 9-4　料厚对最小弯曲半径的影响

各种钣金材料的最小弯曲半径见表 9-1。

表 9-1　各种钣金材料的最小弯曲半径

材料		弯曲线与轧纹方向垂直	弯曲线与轧纹方向平行
牌号	状态		
08F、08Al	—	$0.2t$	$0.4t$
10、15	—	$0.5t$	$0.8t$
20	—	$0.8t$	$1.2t$
25、30、35、40、10Ti、13MoTi、16MnL	—	$1.3t$	$1.7t$
65Mn	退火	$2.0t$	$4.0t$
65Mn	硬	$3.0t$	$6.0t$

续表

材料		弯曲线与轧纹 方向垂直	弯曲线与轧 纹方向平行
牌号	状态		
1Cr18Ni9	硬	0.5t	2.0t
	半硬	0.3t	0.5t
	软	0.1t	0.2t
1J79	硬	0.5t	2.0t
	软	0.1t	0.2t
3J1	硬	3.0t	6.0t
	软	0.3t	6.0t
3J53	硬	0.7t	1.2t
	软	0.4t	0.7t
TA1	硬	3.0t	4.0t
TA5	硬	5.0t	6.0t
TB2	硬	7.0t	8.0t
H62	硬	0.3t	0.8t
	半硬	0.1t	0.2t
	软	0.1t	0.1t
HPb59-1	硬	1.5t	2.5t
	软	0.3t	0.4t
BZn15-20	硬	2.0t	3.0t
	软	0.3t	0.5t
QSn6.5-0.1	硬	1.5t	2.5t
	软	0.2t	0.3t
QBe2	硬	0.8t	1.5t
	软	0.2t	0.2t
T2	硬	1.0t	1.5t
	软	0.1t	0.1t
L3（1050）、L4（1035）	硬	0.7t	1.5t
	软	0.1t	0.2t
LC4（7A04）	淬火加 人工时效	2.0t	3.0t
	软	1.0t	1.5t

续表

材料		弯曲线与轧纹方向垂直	弯曲线与轧纹方向平行
牌号	状态		
LF5（5A05）、LF6（5A06）、LF21（3A21）	硬	2.5t	4.0t
	软	0.2t	0.3t
LY12（2A12）	淬火加自然时效	2.0t	3.0t
	软	0.3t	0.4t

注：1. t 为材料厚度。

2. 括号内为对应材料新牌号。

3. 表中数值适用于下列条件：原材料为供货状态，90°角 V 形校正压弯，材料厚度小于 20mm，宽度大于 3 倍料厚，剪切面的光亮带在弯角外侧。

9.1.2 弯曲回弹及预防措施与诀窍

塑性弯曲和任何一种塑性变形一样，外载卸除以后，都伴随有弹性变形，使工件尺寸与模具尺寸不一致，这种现象称为回弹。回弹的表现形式有两种，如图 9-5 所示。

第一种，曲率减小。曲率由卸载前的 $\dfrac{1}{\rho}$ 减小至卸载后的 $\dfrac{1}{\rho'}$。回弹量 $\Delta R = \dfrac{1}{\rho} - \dfrac{1}{\rho'}$。

第二种，弯角减小。弯曲角由卸载前的 α 角减少至卸载后的 α'。回弹角 $\Delta\alpha = \alpha - \alpha'$。

（1）影响回弹的因素

① 材料的力学性能。材料的屈服点 σ_s 越大，硬化指数 n 越大，弹性模 E 越小，回弹量越大。

② 相对弯曲半径减小，变形程度增大时，回弹量减小。

③ 弯曲角 α。α 越大，变形区长度越大，$\Delta\alpha$ 越大，对曲率的回弹无影响。

④ 弯曲条件。

a. 弯曲方式及模具结构。不同的弯曲方式和模具结构，对毛坯弯曲过程，受力状态及变形区和非变形区都有关系，直接影响回弹的数值。

b. 弯曲力。弯曲工艺经常采用带有一定校正成分的弯曲方法，校正力对回弹量有影响，但单角弯曲和双角弯曲影响各不相同。

c. 模具的几何参数。凸、凹模间隙，凸模圆角半径，凹模圆角半径对回弹的影响见图 9-6 ～图 9-8。

图 9-5　弯曲时的回弹

图 9-6　凸、凹模间隙对回弹的影响

图 9-7　凸模圆角对回弹的影响

图 9-8　凹模圆角对回弹的影响

（2）回弹量计算技巧

几种碳钢作 V 形弯曲时，不同弯曲角、不同相对弯曲半径时的回弹角 $\Delta\alpha$，如图 9-9 ～图 9-12 所示。

图 9-9　08 ～ 10 钢弯曲时的回弹角 $\Delta\alpha$

图 9-10　15 ～ 20 钢弯曲时的回弹角 $\Delta\alpha$

图 9-11　25 ～ 30 钢弯曲时的回弹角 $\Delta\alpha$

图 9-12　35 钢弯曲时的回弹角 $\Delta\alpha$

（3）减小回弹的措施与诀窍

① 修正工作部分的几何形状。根据有关资料提供的回弹值，对模具

工作部分的几何形状作相应的修正。

② 调整影响因素。利用弯曲毛坯不同部位回弹的规律，适当地调整各种影响因素（如模具的圆角半径、间隙、开口宽度、顶件板的反压，校正力等）来抵消回弹。图 9-13 是将凸模端面和顶件板做成弧形。卸载时利用弯曲件底部的回弹来补偿两个圆角部分的回弹。

③ 控制弯曲角。利用聚氨酯橡胶等软凹模取代金属刚性凹模，采用调节凸模压入软凹模深度的方法来控制弯曲角，使卸载回弹后零件的弯曲角符合精度要求，如图 9-14 所示。

④ 变凸模局部形状将弯曲凸模做成局部凸起的形状或减小圆角部分的模具间隙，使凸模力集中作用在弯曲变形区。改变变形区外侧受拉、内侧受压的应力状态，变为三向受压的应力状态，改变了回弹性质，达到减小回弹的目的，如图 9-15 ～图 9-17 所示。

⑤ 采用带摆动块的凹模结构。如图 9-18 所示，可以采用带摆动块的凹模结构。

⑥ 采用提高工件结构刚性的办法。如图 9-19 ～图 9-21 所示，可以采用提高工件结构刚度的办法减小回弹量。

图 9-13　弧形凸模的补偿作用

图 9-14　弹性凹模弯曲图

图 9-15　凸模局部凸起的单角弯曲

图 9-16　凸模局部凸起的双角弯曲

图 9-17　圆角部分间隙减小的弯曲

图 9-18　带摆动块的凹模结构

图 9-19　在弯角部位加三角筋

图 9-20　在弯角部位加条形筋

图 9-21　在环箍上加筋

图 9-22　拉弯

⑦ 采用拉弯。拉弯如图 9-22 所示。毛坯弯曲时加以切向拉力改变毛坯横截面内的应力分布，使之趋于均匀，内、外两侧都受拉，以减少回弹。

9.1.3　铆工弯曲有关计算

（1）弯曲毛坯展开长度的计算

由于弯曲前后中性层的长度不变，因此弯曲毛坯的展开长度为直线部分和弯曲部分中性层长度之和。中性层曲率半径如图 9-23 所示。

图 9-23　中性层的曲率半径 ρ

中性层曲率半径按下式计算。

$$\rho = r + xt \tag{9-2}$$

式中　x——中性层位移系数，按表 9-2 选取；

　　　ρ——中性层曲率半径，mm；

　　　t——毛坯的厚度，mm。

（2）弯曲力的计算诀窍

弯曲力是设计模具和选择压力机的重要依据。影响弯曲力的因素很多，包括材料的性能、工件的形状、弯曲的方法以及模具结构等。很难用理论方法准确计算，在生产中通常采用表 9-3 所列的经验公式进行弯曲力估算。

表 9-2　中性层位移系数 x

$\dfrac{r}{t}$	弯曲形式			
	V	U	U	⌐
0.3	0.1	0.21	—	—
0.5	0.14	0.23	0.1	0.77
0.6	0.16	0.24	0.11	0.76
0.7	0.18	0.25	0.12	0.75
0.8	0.2	0.26	0.13	0.73
0.9	0.22	0.27	0.14	0.72
1	0.23	0.28	0.15	0.70
1.1	0.24	0.29	0.16	0.69

$\dfrac{r}{t}$	弯曲形式			
	V形	U形	U形	L形
1.2	0.25	0.30	0.17	0.67
1.3	0.26	0.31	0.18	0.66
1.4	0.27	0.32	0.19	0.64
1.5	0.28	0.33	0.20	0.62
1.6	0.29	0.34	0.21	0.60
1.8	0.30	0.35	0.23	0.56
2.0	0.31	0.36	0.25	0.54
2.5	0.32	0.38	0.28	0.52
3	0.33	0.41	0.32	0.50
4	0.36	0.45	0.37	0.50
5	0.41	0.48	0.42	0.50
6	0.46	0.50	0.48	0.50

注：1. 本表适用于低碳钢。

2. 表中 V 形压弯角度按 90° 考虑，当弯曲角 $\alpha < 90°$ 时，x 应适当减小，反之应适当增大。

表 9-3　计算弯曲力的经验公式

弯曲方式	简图	经验公式	备注
V 形自由弯曲		$p = \dfrac{Cbt^2\sigma_{b}}{2L}$ $= Kbt\sigma_{b}$ $K \approx \left(1 + \dfrac{2t}{L}\right)\dfrac{t}{2L}$	p——弯曲力，N b——弯曲件宽度，mm σ_{b}——抗拉强度，MPa t——料厚，mm $2L$——支点内距离，mm r_{p}——凸模圆角半径，mm C——系数，$C=1\sim1.3$ K——系数
V 形接触弯曲		$p = 0.6\dfrac{Cbt^2\sigma_{b}}{r_{p}+t}$	

弯曲方式	简图	经验公式	备注
U形自由弯曲		$p=Kbt\sigma_b$	p——弯曲力，N b——弯曲件宽度，mm σ_b——抗拉强度，MPa t——料厚，mm r_p——凸模圆角半径，mm C——系数，$C=1\sim1.3$ K——系数，$K\approx0.3\sim0.6$ F——校形部分投影面积，mm^2 q——校形所需单位压力，MPa，见表9-4
U形接触弯曲		$p=0.7\dfrac{Cbt^2\sigma_b}{r_p+t}$	
校形弯曲的校形力		$p_c=Fq$	

表 9-4　校形弯曲时的单位压力 q

材料	单位压力 q/MPa	
	材料原度 $t<3$mm	$t=3\sim10$mm
铝	$30\sim40$	$50\sim60$
黄铜	$60\sim80$	$80\sim100$
$10\sim20$ 钢	$80\sim100$	$100\sim120$
$25\sim35$ 钢	$100\sim120$	$120\sim150$
钛合金 BT1	$160\sim180$	$180\sim210$
钛合金 BT3	$160\sim200$	$200\sim260$

9.2 铆工钣金弯曲件设计

9.2.1 弯曲件结构工艺性设计

弯曲件结构工艺性直接影响产品的质量和生产成本，是设计弯曲零件的主要依据。

(1) 弯曲半径设计诀窍

弯曲件的圆角半径应大于表9-1所示最小弯曲半径，但也不宜过大。弯曲半径过大时，受回弹的影响，弯曲角度和弯曲半径的精度都不易保证。

（2）弯边高度设计诀窍

弯直角时，为了保证工件的质量，弯边高度 h 必须大于最小弯边高度 h_{min}，如图 9-24 所示，即

$$h > h_{min} = r + 2t$$

（3）局部弯曲根部结构设计诀窍

局部弯曲根部由于应力集中容易撕裂，需在弯曲部分和不弯曲部分之间冲孔 ［图 9-25（a）］、切槽 ［图 9-25（b）］ 或将弯曲线位移一定距离 ［图 9-25（c）］。

图 9-24　弯边高度

（a）冲孔　　　　　　　（b）切槽　　　（c）弯曲线位移一定距离

图 9-25　局部弯曲根部结构

（4）弯曲件的孔边距设计诀窍

孔位过于靠近弯曲区时孔会产生变形，图 9-26 所示孔边到弯边的距离 t 满足以下条件时，可以保证孔的精度：

$t < 2mm$ 时，$l \geqslant r + t$

$t \geqslant 2mm$ 时，$l \geqslant r + 2t$

图 9-26　弯曲件的孔边距

9.2.2 弯曲件公差选择

弯曲件的精度要求应合理。影响弯曲件精度的因素很多，如材料厚度公差、材料性质、回弹、偏移等。对于精度要求较高的弯曲件，必须减小材料厚度公差，消除回弹。但这在某些情况下有一定困难，因此，弯曲件的尺寸精度一般在 IT13 级以下。角度公差最好大于 15′；一般弯曲件长度的自由公差见表 9-5，角度的自由公差见表 9-6。

表 9-5 弯曲件长度的自由公差　　　　　　　mm

长度尺寸		3～6	>6～18	>18～50	>50～120	>120～260	>260～500
材料厚度	≤2	±0.3	±0.4	±0.6	±0.8	±1.0	±1.5
	>2～4	±0.4	±0.6	±0.8	±1.2	±1.5	±2.0
	>4	—	±0.8	±1.0	±1.5	±2.0	±2.5

表 9-6 弯曲件角度的自由公差

	L/mm	≤6	>6～10	>10～18	>18～30
	Δa/(°)	±3°	±2°30′	±2°	±1°80′
	L/mm	>30～50		>50～80	>80～120
	Δa/(°)	±1°15′		±1°	±50′
	L/mm	>120～180		>180～260	>260～360
	Δa/(°)	±40′		±30′	±25′

9.2.3 铆工钣金弯曲件的工序安排技巧

（1）弯曲件工序的确定原则与诀窍

除形状简单的弯曲件外，许多弯曲件都需要经过几次弯曲成形才能达到最后要求。为此，就必须正确确定工序的先后顺序。弯曲件工序的确定，应根据制件形状的复杂程度、尺寸大小，精度高低，材料性质、生产批量等因素综合考虑。如果弯曲工序安排合理，可以减少工序，简化模具。反之，安排不当，不仅费工时，且得不到满意的制件。工序确定的一般原则如下。

① 对于形状简单的弯曲件，如 V 形、U 形、Z 形件等，尽可能一次弯成。

② 对于形状较复杂的弯曲件，一般需要二次或多次弯曲成形，如

图 9-27、图 9-28 所示。多次弯曲时，应先弯外角后弯内角，并应使后一次弯曲不影响前一次弯曲部分，以及前一次弯曲必须使后一次弯曲有适当的定位基准。

图 9-27　二次弯曲成形

图 9-28　三次弯曲成形

③ 弯曲角和弯曲次数多的制件，以及非对称形状制件和有孔或有切口的制件等，由于弯曲很容易发生变形或出现尺寸误差，为此，最好在弯曲之后再切口或冲孔。

④ 对于批量大、尺寸小的制件，如电子产品中的接插件，为了提高生产率，应采用冲裁、压弯和切断等多工序的连续冲压工艺成形，如图 9-29 所示。

⑤ 非对称的制件，若单件弯曲时毛坯容易发生偏移，应采用成对弯曲成形，弯曲后再切开，如图 9-30 所示。

（2）弯曲件的工序安排技巧

对弯曲件安排弯曲工序时，应仔细分析弯曲件的具体形状、精度和材料性能。特别小的工件，尽可能采用一次弯曲成形的复杂弯曲模，这样有利于定位和操作。当弯曲件本身带有单面几何形状，在结构上宜采用成对弯曲，这样既改善模具的受力状态，又可防止弯曲毛料的滑移（表 9-7）。

图 9-29 连续工艺成形

图 9-30 成对弯曲成形

表 9-7 弯曲件的工序安排

分类	简图		
二道弯曲工序	展开图	第一道弯曲	第二道弯曲
三道弯曲工序	展开图	第一道弯曲	第二道弯曲	第三道弯曲
对称弯曲			

9.3 铆工弯曲模结构设计

9.3.1 弯曲模的设计要点

弯曲模的结构与一般冲裁模很相似，也有上模和下模两部分，并由凸模、凹模，定位件、卸料件、导向件及紧固件等组成。但是，弯曲模有它自己的特点，如凸、凹模的工作部分一般都有圆角，凸、凹模除一般动作外，有时还有摆动或转动等动作。设计弯模是在确定弯曲工序的基础上进行的，为了达到制件要求，设计时必须注意如下内容。

（1）毛坯放置在模具上应有准确的定位

首先，应尽量利用制件上的孔定位。如果制件上的孔不能利用，则应在毛坯上设计出工艺孔。图 9-31 所示是用导正销定位。图 9-31（a）是以毛坯的外形作粗定位，用凸模上的导正销作精定位，它适合平而厚的板料弯曲，所得部件精度好，生产率也高。当采用外形定位有困难或制件材料较薄时，应利用装在压料板上的导正销定位，见图 9-31（b），但此时压料板与凹模之间不允许有窜动。在不得已的情况下，要使用发生变形的部位作定位时，应有不妨碍材料移动的结构，见图 9-31（c）。应该说明的是，当多道工序弯曲时，各工序要有同一定位基准。

图 9-31　用导正销定位

（2）在压弯过程中，应防止毛坯滑动或偏移

对于外形尺寸很大的制件，毛坯的压紧装置尽可能地利用压机上的气垫。它与弹簧相比，易于获得较大的行程，且力量大，在工作中可保持恒定压力。但缺点是受所用压力机类别的限制，且会给模具的安装调整带来一些困难。当压力垫为浮动结构时，为了安全，必须防止因强大的弹力作用使某些板件飞出的危险，而应将其设计成如图 9-32 所示的限程装置。

在弯曲小件时，可以用专用弹簧式压力垫（有时也兼作定位用）。对于上模，通常采用弹簧或橡胶压料装置。

图 9-32 限程装置

（3）消除回弹

为了消除回弹，在冲程结束时，应使制件在模具中得到校正或在模具结构上考虑到能消除回弹的具体措施。

（4）要有利于安全操作，并保证制件质量

毛坯放入和压弯后从模具中取出，均应迅速方便；为尽量减少制件在压弯过程中的拉长、变薄和划伤等现象（这对于复杂的多角弯曲尤为重要），弯曲模的凹模圆角半径应光滑，凸、凹模间的间隙不宜过小；当有较大的水平侧向力作用于模具零件上时，应尽量予以均衡掉。

9.3.2 铆工常见弯曲模结构设计

铆接弯曲模随弯曲件的不同而有各种不同结构，这里主要介绍一些常见的单工序结构模具。

（1）V形件弯曲模设计

V形件即单角弯曲件，可以用两种方法弯曲。一种是按弯角的角平分线方向弯曲，称为V形弯曲；另一种是垂直于一条边的方向弯曲，称为L形弯曲。

V形件弯曲模的基本形式如图 9-33 所示，图中弹压顶杆是为了防止压弯时毛坯偏移而采用的压料

图 9-33 V形弯曲模

装置。如果弯曲件的精度要求不高，压料装置可不用。这种模具结构简单，在压力机上安装和调整都很方便，对材料厚度公差要求也不严。制件在冲程末端可以得到校正，回弹较少，制件平整度较好。

如图 9-34 所示为通用 V 形件弯曲模。这种通用模因装有定位装置和压顶件装置，而使弯曲的制件精度较一般通用弯曲模高。该模具的特点是：两块组合凹模 7 可配合成四种角度，并与四种不同角度的凸模相配使用，弯曲成不同角度的 V 形件。毛坯由定位板 4 定位，其定位板可以根据毛坯大小做前后、左右调整。凹模 7 装在模座 1 内由螺钉 8 固紧。凹模与模座的配合为 J7/js6，从而保证了制件的弯曲质量和精度。制件弯曲时，先由顶杆 2 通过缓冲器使毛坯在凸模力的作用下紧紧压住，防止移动；弯曲后，还由顶杆 2 通过缓冲器把制件顶出。

图 9-34　通用 V 形件弯曲模

1—模座；2—顶杆；3—T 形块；4—定位板；5—垫圈；

6，8，9，12—螺钉；7—凹模；10—托板；11—凸模；13—模柄

L 形件弯曲模用于两直边相差较大的单角弯曲件，如图 9-35 所示。制件面积较大的一边被夹紧在压料板与凸模之间，另一边沿凹模圆角滑动而向上弯起。压料板的压力大小可通过调整缓冲器得到。对于材料较厚的制件，因压紧力不足而容易产生坯料滑移。如果在压料板上装设定位销，用毛坯上的孔定位，则可防止滑移并能得到较高精度的弯曲件，见图 9-35（a）。然而，由于校正力未作用于模具所弯曲的制件直边所以有回弹现象。图 9-35（b）为带有校正作用的 L 形件弯曲模，它由于压料板和凹模的工作面都有斜面，从而使 L 形制件在弯曲时倾斜一个角度，校正力作用于竖边，因此可以减少回弹。图中倾斜角 α，对于厚料可取 10°，薄料取 5°。当 L 形制件的一条边很长时，可采用如图 9-35（c）所示结构。

图 9-35　L 形弯曲模

（2）U 形件弯曲模设计

图 9-36 所示为 U 形件弯曲模。其中图 9-36（a）为一种最基本的

U 形件弯曲模，弯曲时压料板将毛坯压住，一次可弯两个角。只要左右凹模的圆角半径相等，毛坯在弯曲时就不会滑移。弯曲后，制件由压料板顶起。如果划件卡在凸模上，可在凸模里装设推杆或设置固定卸料装置。图 9-36（b）为用于夹角小于 90° 的 U 形件弯曲模，它的下模座里装有一对有缺口的转轴凹模，缺口与制件外形相适应。转轴的一端由于拉簧的作用而经常处于图的左半部位置，凸模具有制件内部形状，压弯时毛坯用定位板定位。凸模下降时，先将毛坯弯成 90° 夹角的 U 形件，然后继续下压，使制件底部压向转轴凹模缺口，迫使转轴凹模向内转动，将制件弯曲成形。当凸模上升时，带动转轴凹模反转，转轴凹模上的销钉因拉簧的拉力而紧靠在止动块上，制件从垂直于图面方向取下。

图 9-36　U 形件弯曲模

　　图 9-37 为圆杆件 U 形弯曲校正模。使用时，毛坯用定位块 11 及顶板（兼压料板）12 的凹槽定位。上模下行时，先由凸模 2 与成形滑轮 3 将毛坯压成 U 形。上模继续下行，凸模 2 通过毛坯压住顶板 12 继续往下运动，它与滑轮架摆块 5 的斜面作用，使滑轮架摆块 5 带动成形滑轮 3 向中心摆动，将坯料压成"凵"形，用以克服制件脱模后的回弹。将凹模做成滑轮，是为了减少毛坯与凹模的摩擦力，并在压弯时使坯料得到定位。凸模与圆杆件压紧部分加工成半圆槽。这种模具的特点是，滚轮凹模使用寿命长，磨损后便于维修。

图 9-37 圆杆件 U 形弯曲校正模

1—打杆；2—凸模；3—成形滑轮；4—轴销；5—滑轮架摆块；6，13—顶杆；
7—侧挡块；8，12—顶板；9—轴销；10—挡板；11—定位块；14—模柄

（3）"凵"形件弯曲模设计

如图 9-38 所示，对于"凵"形件，可一次压弯成形，也可两次压弯成形。图 9-38（a）为二次弯曲成形，第一次先弯成"冂"形，第二次弯成"凵"形。弯曲成形前，坯料由压料板压住，第二次压弯凹模的外形兼作坯料的定位作用，结构很紧凑。图 9-38（b）为一次弯曲成形的模具工作原理，因其毛坯在弯曲过程中受到凸模和凹模圆角处的阻力，材料有拉长现象，因此弯曲件的展开长度存在较大的误差。如果把弯曲凸模改成如图 9-38（c）所示，则材料拉长现象有所改善。图 9-38（d）为将两个简单模复合在一起的弯曲模，它主要由上模部分的凸凹模 4、下模部分的固定凹模 2 与活动凸模 1 组成。弯曲时，毛坯由定位板 3 定位，凸凹模 4 下行，先弯成 U 形，继续下行与活动凸模 1

作用，将毛坯弯成"冖"形。这种结构需要在凹模下腔有足够大的空间，以便在弯曲过程中制件侧边的摆动。图9-38（e）为采用摆动式的凹模结构，其两块凹模可各自绕轴转动，不工作时缓冲器通过顶杆将摆动凹模顶起。

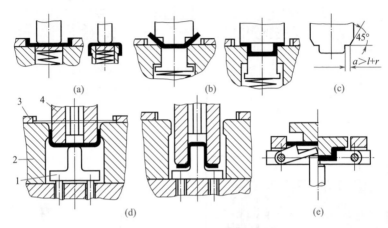

图 9-38 "冖"形件弯曲模示意图

（4）Z形件弯曲模设计

Z形件因两条直边的弯曲方向相反，所以弯曲模必须有两个方向的弯曲动作，如图9-39所示。图9-39（a）所示的弯曲模，冲压前利用毛坯上的孔和毛坯的一个端面，由定位销对毛坯定位。由于橡皮7的弹力，使压块3与凸模2的端面齐平，或压块3略高一点。冲压时，压块3与顶块5将毛坯夹紧。由于托板6上橡皮7的弹力大于顶块5上缓冲器的弹力，毛坯随凸模2和压块3下行，顶块5下移，先使毛坯的左端弯曲。当顶块5与下模座4接触时，托板6上的橡皮7压缩，使凸模2相对压块3下降，将毛坯的右端弯曲成形。当限位块8与上模座1相碰时，整个制件得到校正。这种弯曲模动作称为双向弯曲。图9-39（b）所示结构与图9-39（a）相似，不同处只是将制件倾斜约20°～30°。此结构适宜冲制折弯边较长的制件，冲压终了时制件受到校正作用，回弹较小。图9-38（c）所示Z形件弯曲模用于弯曲直边较短的薄料制件，其定位板为整体式，上凸模2铆接在固定板6上，上凸模1和下凸模4的非工作端设有弹压装置，压弯过程中毛坯始终被压紧，不会滑移，制件弯曲精度较高。

图 9-39　Z 形件弯曲模

（5）弯圆模设计

弯圆成形一般有三种方法。第一种方法是把毛坯先弯成 U 形，然后再弯成 O 形，这种模具结构比较简单，如图 9-40 所示。如果制件圆度不好，可以将制件套在芯模上，旋转芯模连续冲压几次进行整形。这种方法适用于弯 ϕ10mm 以下的薄料小圆。如果是厚料，且对圆度的要求较高，可用三道工序进行弯曲。如图 9-41 所示是第二种弯圆方法，先把毛坯弯成波浪形或两头有一定圆弧形，见图 9-40，然后弯成 O 形，这种方法一般用于直径大于 ϕ40mm 的圆环。其模具结构见图 9-41（c），波浪形状由中心角 120° 的三等分圆弧组成。首次弯曲的波浪部分的形状尺寸，必须经试验修正。末次弯曲后，可推开支承，将制件从凸模上取下。模料很薄、冲压力不大时，支承可以不用。第三种弯圆方法是采用摆动式凹模一次弯成，此法一般用于直径 10 ~ 40mm、材料厚度为 1mm 左右的圆环。其模具结构如图 9-42 所示，一对活动凹模 8 安装在座架 4 中，它能绕轴销 7 转动。在非工作状态时，由于弹簧 5 作用于顶柱 6，两块活动凹模处于张开位置。模柄体 1 上固定凸模 3，工作时，毛坯放置在凹模上定位；凸模下行，把毛坯弯成 U 形。凸模继续下压，毛坯压入凹模底部，迫使活动凹模绕轴销 7 转动，压弯成 O 形件。支承 2 对凸模 3 起稳定加强作用，它可绕轴 1 旋转，从而可将制件从凸模 3 上取下。

图 9-40　小圆弯曲模

(a)　　　　　　　　　(b)　　　　　　　　　(c)

图 9-41　圆管弯曲模

制件图

$\phi10$

0.8

6

20

材料:黄铜板

图 9-42　一次弯成的弯圆模

第 10 章
铆工模具成形

10.1　铆接起伏成形

10.1.1　铆接起伏成形特点

（1）铆接成形工序及特点

所谓铆接钣金模具成形，是指在钣金冲压生产中，除冲裁、弯曲和拉深工序外，用各种不同性质的局部变形来改变钣金及坯料形状的各种工序，主要有缩口、外凸曲线翻边、内凹曲线翻边、翻孔、扩口、起伏、卷边、胀形、整形、校平、压印等。

① 伸长类成形工艺。钣金翻孔、内凹曲线翻边、起伏、胀形、液压（橡皮）成形等属于伸长类成形工艺，如图 10-1 所示，变形区材料受切向拉应力作用，产生伸长变形，厚度减薄，容易发生开裂。此类工艺的极限变形程度主要受材料塑性的限制。当材料硬化指数 n 和厚向异性系数 r 较大时，极限变形程度也较大。

② 压缩类成形工艺。钣金缩口和外凸曲线翻边工艺属于压缩类成形工艺，如图 10-2、图 10-3 所示。变形区材料受切向压应力作用，产生压缩变形，厚度增加。此类工艺的极限变形程度不受材料塑性的影响，而受压缩失稳的限制，即有变形区的起皱和非变形区（例如缩口时的刚性支承区）的失稳两种。

（2）铆接起伏成形特点

铆接钣金起伏成形是使钣金材料发生拉深，形成局部凸起或凹下，从而改变毛坯或制件形状的一种工艺方法。这种方法不仅可以增强制件的刚度，也可用作表面装饰或标记，如加强筋、花纹、文字等，如图 10-4 所示。其变形特点是靠局部变薄成形，所以开裂决定它的成形极限。一般来说，材料的伸长率 δ 越大，可能达到的极限变形程度就越大。

(a) 翻孔　(b) 内凹曲线翻边　(c) 起伏

(d) 胀形　(e) 液压(橡胶)成形

图 10-1　伸长类变形

(a) 缩口前　　(b) 缩口后

图 10-2　开口空心件缩口

(a) 缩口　(b) 外凸曲线翻边

图 10-3　压缩类成形

(a) 压文字　　(b) 压加强筋

图 10-4　起伏成形

10.1.2　铆工钣金起伏成形工艺

（1）钣金冲压所需要压力

钣金冲压加强筋所需要的压力 F（N）可近似用下式进行计算：

$$F=Lt\sigma_b K$$

式中　L——加强筋的周长，mm；

　　　t——材料厚度，mm；

　　　σ_b——材料的抗拉强度，MPa；

　　　K——系数，由筋的宽度及深度决定，一般取 0.7～1。

（2）钣金成形几何参数的选择

钣金一次成形允许的加强筋的几何参数见表 10-1；平板局部冲压凸包

时的极限成形高度 h_{max} 可参照表 10-2 确定。

表 10-1　加强筋的形式和尺寸　mm

名称	简图	R	h	b	r_p	α
半圆形筋		$(3 \sim 4)t$	$(2 \sim 3)t$	$(7 \sim 10)t$	$(1 \sim 2)t$	—
梯形筋		—	$(1.5 \sim 2)t$	$\geqslant 3h$	$(0.5 \sim 1.5)t$	$15° \sim 30°$

表 10-2　平板局部冲压凸包时的极限成形高度 h_{max}　mm

简图	材料	h_{max}
	软钢	$(0.15 \sim 0.2)d$
	铝	$(0.1 \sim 0.15)d$
	黄铜	$(0.15 \sim 0.22)d$

钣金起伏成形的间距和边距的极限尺寸可参照表 10-3 选择确定。

表 10-3　起伏成形的间距和边距的极限尺寸　mm

简图	D	l_1	l
	6.5	10	6
	8.5	13	7.5
	10.5	15	9
	13	18	11
	15	22	13
	18	26	16
	24	34	20
	31	44	26
	36	51	30
	43	60	35
	48	68	40
	55	78	45

10.2 铆接翻边与翻孔

铆接翻边和翻孔在铆工钣金冲压生产中应用较为广泛，尤其是在汽车、拖拉机等领域应用极为普遍。所谓翻边和翻孔是利用模具把板材上的孔缘或外缘翻成竖边的冲压加工方法，主要用于制出与其他零件的装配部位，或是为了提高零件的刚度而加工出特定的形状，如图 10-5 所示。

① 翻边是使钣金材料沿不封闭的外凸或内凹曲线，弯曲而竖起直边的方法，如图 10-5（a）所示；翻边分为外凸曲线翻边 [图（10-6）] 和内凹曲线翻边 [图 10-7（b）]。外凸曲线翻边的变形性质和应力状态类似于浅拉深，变形程度用 $K_{fb}=r/R_0$ 表示；内凹曲线翻边变形程度用翻边系数 $K'_{fb}=\dfrac{r_0}{r_0+b}$ 来表示，当曲线的中心角 $\alpha \leqslant 180°$ 时，$K'_{fb}=\dfrac{K_{fk}\alpha}{180°}$（翻孔系数 K_{fk} 按表 10-4 选取）；当 $\alpha > 180°$ 时，$K'_{fb}=K_{fk}$。

表 10-4　翻孔系数 K_{fk}

材料	K_{fk}	K_{min}
白铁皮	0.70	0.65
碳钢	0.74 ～ 0.87	0.65 ～ 0.71
合金结构钢	0.80 ～ 0.87	0.70 ～ 0.77
镍铬合金钢	0.65 ～ 0.69	0.57 ～ 0.61
软铝	0.71 ～ 0.83	0.63 ～ 0.74
钝铜	0.72	0.63 ～ 0.69
黄铜	0.68	0.62

注：1. 竖边允许有不大的裂纹时可用 K_{min}。
2. 钻孔、冲孔毛刺朝凸模一侧时 K_{fk} 取较小值。
3. 采用球形凸模及 t/d_0 较大时 K_{fk} 取较小值。

② 翻孔是在钣金毛坯上预先加工孔（或不预先加工孔），使孔的周围材料弯曲而竖起凸缘的冲压方法，如图 10-5（b）、图 10-7（a）所示。

(a) 翻边	(b) 翻孔

图 10-5　翻边与翻孔

图 10-6　外凸曲线翻边

(a) 翻孔	(b) 内凹曲线翻边

图 10-7　翻孔及内凹曲线翻边

10.2.1　铆接翻边工艺与翻边模

（1）铆接翻边

① 外凸曲线翻边。外凸曲线翻边是指沿着具有外凸形状的不封闭外缘翻边，如图 10-8 所示。

外凸曲线翻边的变形程度 $\varepsilon_凸$ 可用下式表示；外凸曲线翻边的极限变形程度见表 10-5。

$$\varepsilon_凸 = b/R + b$$

式中　b——翻边的宽度，mm；

R——翻边的外凸圆半径，mm。

(a) 外凸曲线翻边   (b) 外凸曲线翻边坯料修正

图 10-8 外凸曲线翻边及坯料修正

表 10-5 翻边允许的极限变形程度

材料名称及牌号		$\varepsilon_{凸}$/%		$\varepsilon_{凹}$/%	
		橡胶成形	硬模成形	橡胶成形	硬模成形
铝合金	1035（软）（L4M）	25	30	6	40
	1035（硬）（L4Y1）	5	8	3	12
	3A21（软）（LF21M）	23	30	6	40
	3A21（硬）（LFY1）	5	8	3	12
	5A02（软）（LF2M）	20	25	6	35
	5A03（硬）（LF3Y1）	5	8	3	12
	5A12（软）（LY12M）	14	20	6	30
	5A12（硬）（LY12Y）	6	8	0.5	9
	2A11（软）（LY11M）	14	20	4	30
	2A11（硬）（LY11Y）	5	6	0	0
黄铜	H62（软）	30	40	8	45
	H62（半硬）	10	14	4	16
	H68（软）	35	45	8	55
	H68（半硬）	10	14	4	16
钢	10	—	38	—	10
	120	—	22	—	10
	1Cr18Ni9（软）	—	15	—	10
	1Cr18Ni9（硬）	—	40	—	10
	2Cr18Ni9	—	40	—	10

外凸曲线翻边的毛坯形状可参照浅拉深方法的计算。但是，外凸曲线翻边是沿不封闭曲线边缘进行的局部非对称的变形，变形区各处的切向压应力和径向拉应力的分布是不均匀的，因而变形也是不均匀的。如果采用翻边外缘宽度 b 一致的毛坯形状，则翻边后零件的高度为两端低中间高的形状，而且竖边的两端边缘线与不变形平面不垂直（向外倾斜）。为了得到平齐的高度和平面垂直的端线，需对毛坯形状修正。修正方向与内凹曲线翻边相反，如图 10-8（b）虚线所示。外凸曲线翻边的模具设计要考虑防止起皱问题。当零件翻边高度较大时，应设置防皱的压紧装置压紧坯料的变形区。

② 内凹曲线翻边。内凹曲线翻边是指沿着有凹形状的曲线翻边，如图 10-9 所示。

内凹曲线翻边程度 $\varepsilon_{凹}$ 可用下式表示，内凹曲线翻边的极限变形程度见表 10-5。

$$\varepsilon_{凹}=b/R-b$$

式中　b——翻边的宽度，mm；

　　　R——翻边的内凹圆半径，mm。

因为内凹曲线翻边变形区各处的切向拉深变形不均匀，两端部的变形程度小于中间部分［见图 10-9（b）］，因此采用翻边宽度 b 一致的毛坯形状在翻边后的零件竖边会呈两端高中间凹的形状，而且竖边的两端边缘线与不变形的平面（向内倾斜）。为了得到平直一致的竖边，需要对毛坯轮廓进行修正。修正的方法是：使竖边毛坯宽度 b 逐渐变小；使坯料端线按修正角 β 下料，如图 10-9 虚线所示。β 取 $25° \sim 40°$，r/R 值和 α 角越小，修正量就越大。如果 r/R 值较大且 α 角也很大，坯料形状可按照翻孔确定。

(a) 内凹曲线翻边　　　　　(b) 内凹曲线翻边坯料修正

图 10-9　内凹曲线翻边及坯料修正

内凹曲线翻边模具设计时要注意设置定位压紧装置，压紧平面不变形区部分。还可以采用两件对称的冲压方法，使水平方向冲压力平衡，以减少坯料的窜动趋势。

（2）铆接钣金翻边模

① 外凸、内凹曲线翻边模，既可以用刚性冲模实现，也可以用软模或其他方法实现。如图 10-10 所示为用橡胶模翻边的方法。

(a) 用橡胶　　　　　　(b) 用楔块　　　　　　(c) 用铰链压板

(d) 用棒　　　　　　(e) 用活动楔块　　　　　　(f) 用圈

图 10-10　橡胶模翻边方法

② 图 10-11 所示为圆筒形工件的翻边模，坯件套在定位芯上，当压力机滑块下降时，凸模 5 压下坯料，顶板 7 下降，进入凹模 8，对坯料进行翻边。压力机滑块上升时，压力机在弹顶器的作用下，顶板 7 升至原来的位置。推杆 2、推件板 4 把工件从凸模上顶下。

③ 图 10-12 是对矩形孔翻边问题的解决方法。对矩形孔用冲孔翻边方法会在 X 角部发生撕裂现象，克服的方法是先压窝，再将底部冲掉。如果仍有撕裂现象，可先将图示虚线部分冲掉后再翻边。如果仍无收效，就应该考虑增加拐角与圆角半径。

④ 图 10-13 所示为面板翻边模，凸模、凹模、凸凹模对工序件进行内外翻边，生产效率较高。

⑤ 图 10-14 所示为内外缘翻边复合模。这是典型的翻边复合模，其加工工件如图 10-14（b）所示。工件内、外缘均需要翻边。毛坯套在内缘翻边凹模 7 上，并由它定位，而它装在压料板 5 上。为了保证它的位置准确，压料板需与外缘翻边凹模 3 按照 H7/h6（间隙配合）装配。压料板既起压

图 10-11　圆筒形件翻边模

图 10-12　矩形孔翻边

1—卸料螺钉；2—推杆；3—固定板；4—推件板；

5—凸模；6—定位芯子；7—顶板；8—凹模

(a) 制件

(b) 模具

图 10-13　面板翻边模

1—限位套；2，14—凸凹模；3—弹簧；4—活动挡料装置；5—卸料板；6—凹模；7—空心垫板；

8—凸模固定板；9—推杆；10，13—推板；11—垫块；12—凸模料作用又起整形作用。所以压至下止点时应与下模座刚性接触，最后还起顶件作用。内缘翻边后，在弹簧作用力下，顶件块 6 将工件从内缘翻边凹模 7 中顶起。推件板 8 由于弹簧的作用，冲压时始终与毛坯保持接触。到下止点时，与凸模固定板 2 刚性接触，因此推件板 8 也起整形作用，冲出的工具比较平整。上模出件时，为了防止弹簧力的不足，最终采用刚性推件装置将工件推出。

(a) 模具结构

(b) 工件图　　材料：08　料厚：1

(c) 毛坯图

图 10-14　内外缘翻边复合模

1—外缘翻边凸模；2—凸模固定板；3—外缘翻边凹模；4—内缘翻边凸模；
5—压料板；6—顶件块；7—内缘翻边凹模；8—推件板

10.2.2　铆接翻孔工艺与翻孔模

（1）铆接翻孔

① 变形分析。翻孔的主要变形是变形区内材料受切向和径向拉伸，越接近预冲孔边缘变形就越大。因此，翻孔失败的原因往往是边缘拉裂，但拉裂与否主要取决于拉伸变形程度的大小。翻孔的变形程度，一般用坯料预冲孔直径 d_0 与翻孔后的平均直径 D 的比值 K_0 表示，称为翻孔系数。

显然，翻孔系数越大变形程度就越大。翻孔系数 K_0 与竖边边缘厚度变薄量的关系是非常密切的，也就是说翻孔系数越小，坯料边缘变形就越严重。当翻孔系数减小到使孔的边缘濒于拉裂时，这种极限状态下的翻孔系数就称为极限翻孔系数。

影响翻孔系数的因素及提高变形程度的主要措施有：

a. 孔边的加工性质及状态。翻孔前孔边表面质量高（无撕裂、无毛刺）并无加工硬化层时有利于翻孔，极限翻孔系数可小些。对于冷轧低碳钢板、冲裁边缘的伸长变形能力比切削边缘减少 30%～80%，因此，为了提高冲裁边缘的翻孔变形能力，可考虑以切削孔、钻孔代替冲孔，也可对坯料退火以消除硬化；以铲刺或刮削的方法去除毛刺也可以提高材料的变形能力；采用锋利刃口和大于料厚的间隙，可使剪切面近似拉伸断裂，因此，加工硬化与损伤都较少，有利于翻孔；采用图 10-15 所示的压印法，从毛刺一侧压缩挤光剪切带，可提高材料伸长率 100% 左右，是改善孔边缘状态的有效方法；采用图 10-16 所示的翻孔方向与冲孔方向相反的方法，也可提高材料的翻孔变形能力。由坯料的一侧预先稍加翻边，然后由相反的一侧用圆锥凸模再翻边，可以提高翻边极限，在允许边缘折痕的情况下，可得到与切削边缘相同的翻孔系数。

b. 材料的种类和力学性能。材料的塑性越好，翻孔系数 K_0 就可以小一些。

c. 材料的相对厚度（δ/d）。翻孔前材料的厚度 δ 和孔径 d 的比值 δ/d 越大，即材料相对厚度较大时，在断裂前材料的绝对伸长量可以大些。因此，较厚材料的极限翻孔系数 K_0 可以小些，材料从厚到薄翻孔凸模的头部形状如图 10-17 所示。

② 工艺计算

a. 平板毛坯翻孔的工艺计算。翻孔的毛坯计算是利用板料中性层长度不变的原则近似地进行预冲孔直径大小和翻边高度计算的；平板毛坯翻孔预冲孔直径 d_0 可以近似地按照弯曲展开计算。

b. 在拉深件底部翻孔的工艺计算。在拉深件底部的翻孔是一种常见的冲压方法。当翻孔高度较高，一次翻孔难以达到要求时，可将平板毛坯先进行拉深，再在拉深件底部冲孔后再翻孔。其工艺计算过程是：先计算允许翻孔高度 h，然后按照零件的要求高度 H 及 h 确定拉深高度 h_1 及预冲直径 d_0。

图 10-15 压印法　图 10-16 反向再翻边　图 10-17 翻孔凸模的头部形状

(a) 压印前　(b) 压印后

c. 翻孔力的计算。翻孔力一般不是很大，其大小与凸模形式及凸、凹模间隙有关，当使用平底凸模时，翻孔力可以按下式计算：

$$F=1.1\pi\left(D-d_0\right)\delta\sigma_s$$

式中　d_0——翻孔前冲孔直径，mm；

　　　D——翻孔后直径，mm；

　　　σ_s——材料屈服强度，MPa。

d. 凸凹模间隙。凸凹模单边间隙可取（0.75～0.85）δ，也可按照表 10-6 选取。

表 10-6　翻孔凸、凹模单边间隙　　　　mm

材料厚度	0.3	0.5	0.7	0.8	1.0	1.2	1.5	2.0
平毛坯翻边	0.25	0.45	0.6	0.7	0.85	1.0	1.3	1.7
拉深后翻边	—	—	—	0.6	0.75	0.9	1.1	1.5

（2）铆接钣金翻孔模

翻孔模具的结构与拉深模十分相似，不同之处就是翻孔模的凸模圆角半径一般比较大，甚至有的翻孔凸模的工作部分做成球形或抛物线形，以利于翻孔工作的进行。翻孔凹模的圆角半径对材料变形影响不大，一般可取工件的圆角半径。

图 10-18 和图 10-19 分别给出了冲孔、翻边连续模和落料、翻孔、冲孔复合模的示意图。

(a) 冲孔　　　　　　　　　(b) 翻孔

图 10-18　冲孔、翻孔连续模示意图

图 10-19　落料、翻孔、冲孔复合模

10.3　铆接胀形

铆接钣金胀形是利用模具对板料或管状毛坯的局部施加压力，使变形区内的材料厚度减薄和表面积增大，以获取制件几何形状的一种变形工艺。其变形情况如图 10-20 所示。在凸模力 F 的作用下，变形区内的金属处于两向（径向 σ_1 和切向 σ_2）拉应力状态（忽略料厚度方向的应力 σ_3）。其应变状态为两向（径向 ε_1 和切向 ε_2）受拉，一向受压（厚度方向 ε_3）的三向应变状态。其成形极限将受到拉裂的限制。材料的塑性越好，硬化指数值越大，则极限变形程度就越大。在大型覆盖件的冲压成形过程中，为使毛坯能够很好地贴模，提高成形件的精度和刚度，必须使零件获得一定的胀形量。因此，胀形是冲压变形的一种基本的方法。

10.3.1　铆接胀形工艺及特点

（1）铆接胀形件的特点

① 胀形件的形状应尽可能简单、对称。轴对称胀形件在圆周方向上的变形是均匀的。其工艺性最好，模具加工也比较容易；非轴对称胀形件也应避免急剧的轮廓变化。

② 胀形部分要避免过大的高径比（h/d）或高宽比（h/b），如图 10-21 所示。过大的 h/d 和 h/b 将引起破裂，一般需要增加预成形工序，通过预先聚料来防止破裂的发生。

③ 胀形区过渡部分的圆角不能太小，否则该处材料厚度容易严重减薄而引起破裂，如图 10-22 所示。

图 10-20　胀形变形方式

图 10-21　局部胀形的高径比和宽径比

(a) $r_1 \geqslant (1 \sim 2)\delta$

(b) $r_2 \geqslant (1 \sim 1.5)\delta$

图 10-22　局部胀形区的过渡圆角

（注：δ 为材料的厚度）

④ 对胀形件壁厚均匀性不能要求太高。因为胀形时材料必然变薄，在极限变形的情况下，对于平板局部胀形，中心部分变薄可达到 $0.5\delta_0$ 以上，对于空心管件胀形，最大变薄可达 $0.3\delta_0$ 以上（δ_0 为平板毛坯或空心毛坯胀形前的厚度）。

（2）铆接钣金胀形工艺方法

① 平板毛坯的局部胀形。平板毛坯的局部胀形是板料在模具作用下，通过局部胀形而产生凸起或凹下的冲压加工方法。这种成形工艺的主要目的是用来增强零件的刚度和强度，也可用作表面装饰或标记。常见的有压加强筋、压凸包、压字和压花等，如图 10-23 所示。

② 圆柱形空心毛坯胀形。圆柱形空心毛坯胀形是通过模具的作用，将空心毛坯材料向外扩张成曲面空心零件的成形方法，如图 10-24 所示，胀形时，变形区钣金材料厚度变薄。用这种方法可以制造成许多形状复杂的零件，如波纹管、带轮等。

图 10-23 平板毛坯局部胀形的几种形式 （a）压凸包 （b）压加强筋 （c）压字

图 10-24 空心胀形

常用圆柱形空心毛坯胀形一般要用可分式凹模，常用胀形方法见表 10-7。

表 10-7 钣金空心胀形方法

序号	1	2	3	4	5	6
简图						
特点	工件与液体直接接触			采用液压-橡胶膜	直接采用橡胶	

续表

序号	7	8	9	10	11
简图					
特点	直接采用橡胶	采用钢球	采用刚性分瓣模	采用炸药	采用旋压

注：表中，1—凸模；2—凹模（或型胎）；3—橡胶；4—阀；5—胀形模；6—炸药；7—滚轮；8—工件。

常用分式凹模胀形模如图 10-25 所示。凸模材料为聚氨酯橡胶，有一定的弹性、强度和寿命，适宜制造各种成形模零件。由于工件的形状要求，凹模 2、3 分成上下两部分，以便取出，凸模 1 则制成相似工件的形状，略小于工序件的内径。

(a) 工序件　　(b) 成品　　(c) 模具

图 10-25　分式凹模胀形模

1—凸模；2，3—凹模

10.3.2　铆接常用胀形方法与模具

常用的胀形方法主要有刚模胀形、固体软模胀形等。

（1）刚模胀形

图 10-26 所示为刚模胀形。为了获得零件所要求的形状，可采用分瓣

式凸模结构，生产中常采用 8～12 个模瓣。当胀形变形程度小，精度要求低时，采用较少的模瓣，反之采用较多的模瓣，一般情况模瓣数目不少于 6 瓣。模瓣圆角一般为（1.5～2）δ（δ 为毛坯厚度）。半锥角 α 一般选用 8°、10°、12° 或 15°，较小的半锥角有利于提高力比，但却增大了工作行程，半锥角的选取应该由压力机的行程决定。

刚模胀形时，模瓣和毛坯之间有着较大的摩擦力，材料的切向应力和应变的分布很不均匀。成形之后，零件的表面上有时会有明显的直线段和棱角，很难得到高精度的零件，而且模具结构也复杂。

图 10-27 是轴向加压胀形模。此模具用于杯形工件的腰部胀形。毛坯放在下模 2 内，置于顶板 4 上，压力机滑块下降时，由上、下模 1 和 2 对毛坯进行胀形。当压力机滑块上升时，由卸件块 3 和顶板 4 将冲件从上模 1 和下模 2 内退出。用这种方法胀出的埂，其高度不能大于管壁的厚度，其范围不能超过 90°，否则，管子会在胀出埂以前被压垮。

图 10-26　刚体分瓣凸模胀形

图 10-27　轴向加压胀形模

1—上模；2—下模；3—卸件块；4—顶板

图 10-28 是筒形件局部凸包胀形模。冲头下行时，压板 6 将筒件压在芯轴 7 上，在上模斜楔的作用下，三个小凹模 2 向中心推进，将筒件压紧在芯轴 7 上，形成刚性压边，接着顶销 5 的圆锥头压向凸模 3 斜面，使其向外伸出，将筒件压出凸包。冲头上行时，凹模 2 由弹簧恢复到原来位置。螺栓 8 带动顶板 10、顶杆 9 和顶件环 1 将工件顶出。这时三个凸模 3 向中心收缩，由限位钉 4 限制其位置。

图 10-28　筒形件局部凸包胀形模

1—顶件环；2—凹模；3—凸模；4—限位钉；5—顶销；6—压板；
7—芯轴；8—螺栓；9—顶杆；10—顶板

（2）固体软模胀形

用固体软模胀形可以改善刚模胀形的某些不足（如工件变形不均匀、模具结构复杂等）。此时凸模可采用橡胶、聚氨酯或 PVC（聚氯乙烯）等材料。胀形时利用软凸模受压变形并迫使板材向凹模型腔贴靠。根据需要，钢质凹模可做成整体式与可分式两种形式，如图 10-29 所示。

软体模的压缩量与硬度对零件的胀形精度影响很大，最小压缩量一般在 10% 以上才能确保零件在开始胀形时具有所需的预压力，但最大不能超过 35%，否则软凸模很快就会损坏。一般常采用聚氨酯橡胶制作凸模。为了使毛坯胀形后能充分贴模，应在凹模壁上适当位置开设通气孔。

对于不同材料，胀形后的回弹也各不相同。有的材料，如钛合金，回弹量不可忽视（约占基本尺寸的 0.35%）。但是由于回弹量与零件形状密切相关，针对不同形状的零件，要经过多次修模和试模之后才能够比较稳定地生产合格的产品。

图 10-30 是用石蜡的胀形方法。在凸模 1 压力下，筒件和其中的石蜡 4 受轴向压缩，在上、下凹模 3 和 5 内成形。在压缩过程中，当单位压力 q 超过一定数值后，石蜡从凸模 1 中的溢流孔 A 溢出，由螺钉 2 调节溢流孔的大小，以控制石蜡对筒件的压力。

(a) 整体式　　　　(b) 可分式

图 10-29　固体软模胀形

图 10-30　石蜡胀形模

1—凸模；2—螺钉；3—上凹模；4—石蜡；
5—下凹模；A—溢流孔

10.4　铆接缩口

缩口模广泛地运用于国防工业、机械制造业和日用工业生产中。所谓缩口就是将先拉深好的圆筒形件或管件坯料通过缩口模具使口部直径缩小的一种成形工序。若用缩口代替拉深工序来加工某些零件，可以减少成形工序。

10.4.1　铆接钣金缩口工艺特点

（1）铆接钣金缩口变形的方式

图 10-31　整体凹模缩口

1—推料杆；2—上模板；
3—凹模；4—定位器；5—下模板

根据零件的特点，在实际的生产过程中，可以采用不同的缩口方式。常见的缩口方式有以下几种。

① 整体凹模缩口。这种方式适用于中小短件的缩口。如图 10-31 所示。

② 分瓣凹模缩口。这种方式多用于长管口。图 10-32 是将管端缩口成球形的工艺实例，分瓣凹模安装在快速短行程通用偏心压力机上，此时，管材要一边送进一边旋转。

③ 旋压缩口。这种方式适用于相对料厚小的大中型空心坯料的缩口，如图 10-33 所示。

364

图 10-32　分瓣凹模缩口　　　　　　　图 10-33　旋压缩口
1—上半模；2—零件；3—下半模

（2）铆接钣金缩口的变形程度

钣金缩口变形主要是毛坯受切向压缩而使直径减小，厚度与高度都略有增加。因此在缩口工艺中毛坯发生失稳起皱。同时，在未变形区的筒壁，由于承受全部缩口压力，也易产生失稳变形。所以，防止失稳是缩口工艺的主要问题。钣金缩口的极限变形程度主要受失稳条件的限制，它是以切向压缩变形的大小来衡量的，一般采用缩口系数 K 表示。

$$K=d/D$$

式中　　D——缩口前口部直径，mm；

　　　　d——缩口后口部直径，mm。

由上式可以知道，缩口系数 K 越小，变形程度越大。如果零件要求总的缩口变形很大，那么就需要进行多次缩口了。

缩口系数的大小主要与材料的种类、厚度以及模具结构形式有关。表 10-8 是不同材料、不同厚度的平均缩口系数。表 10-9 给出了不同材料和不同模具形式的平均缩口系数。

表 10-8　不同材料、不同厚度的平均缩口系数

材料	材料厚度 /mm		
	≤ 0.5	> 0.5 ～ 1	> 1
黄铜	0.85	0.8 ～ 0.7	0.7 ～ 0.65
钢	0.85	0.75	0.7 ～ 0.65

表 10-9　不同材料和不同模具形式的平均缩口系数

材料名称	模具形式		
	无支承	外部支承	内部支承
软铜	0.7～0.75	0.55～0.60	0.30～0.35
黄铜 H62、H68	0.65～0.70	0.50～0.55	0.27～0.32
铝	0.38～0.72	0.53～0.57	0.27～0.32
硬铝（退火）	0.73～0.80	0.60～0.63	0.35～0.40
硬铝（淬火）	0.75～0.80	0.68～0.72	0.40～0.43

从表 10-8 和表 10-9 所列举的数值可以看出：材料塑性越好，厚度越大，或者模具结构中对筒壁有支承作用的，缩口系数就小些。多道工序缩口时，一般第一道工序的缩口直径系数 K_1 为 $0.9k_i$，以后各道工序的缩口系数 K_n 为 $(1.05～1.1)k_i$（注：k_i 为每一道工序的平均缩口系数；K_n 为缩口 n 次后的缩口系数）。

10.4.2　钣金常用缩口模

（1）铆接钣金缩口模具的种类

缩口模具按照支承形式一般可以分为三种。

① 无支承形式。这种模具结构简单，但是毛坯稳定性差，如图 10-34 所示。

② 外支承形式。这种模具比无支承缩口模复杂，但是毛坯稳定性较好，允许的缩口系数可以小些，如图 10-35（a）所示。

③ 内外支承形式。这种模具较前两者都复杂，但是稳定性更好，允许缩口系数可以取得更小，如图 10-35（b）所示。

图 10-34　无支承的缩口模

(a) 外支承　　(b) 内外支承

图 10-35　有支承的缩口模

（2）典型的铆接钣金缩口模

① 薄壁压延件缩口模。图 10-36 是对薄壁压延件的缩口模。将压延件置入配合良好的下模 1，放入粘在钢板 3 上的橡胶柱 2。上模下行时，先由有锥尖的模块 4 将钢板 3 和橡胶柱 2 定位，图 10-36（a）所示；接着对工件上端进行缩口，图 10-36（b）所示。

② 非圆形件的缩口模。图 10-37 是非圆形件的缩口模。上模下行时，由弹簧 3 作用的侧压板 2 将菱形盒紧靠在下模 5 上，由压块 1 压住，此时上模 4 进行缩口，但要用不同形状的缩口模分几次完成一个工件四个角和四条直边的缩口工作。

(a) 工件定位   (b) 缩口

图 10-36 薄壁压延件的缩口模

1—下模；2—橡胶柱；3—钢板；4—模块

(a) 工件图   (b) 缩口模

图 10-37 非圆形件缩口模

1—压块；2—侧压板；3—弹簧；4—上模；5—下模

③缩口镦头模。图 10-38 为缩口镦头模，此模具对圆管料进行缩口镦头。圆管放置在凸模 5 和顶杆 6 的卸料板 4 上，当压力机滑块下降时，在凹模 3、7 和卸料板 4 的作用下，圆管被缩口镦头。当压力机滑块上升时，卸料板 4 在顶杆 6 的作用下，将冲件顶起。如冲件被凹模 3 和 7 带起，推销 2、推杆 1 把冲件推下。

图 10-38 缩口镦头模
1—推杆；2—推销；3、7—凹模；4—卸料板；5—凸模；6—顶杆

④灯罩缩口模。如图 10-39 所示，由模芯保证缩口尺寸，在缩口前，工件由斜楔推动的下模夹紧，上模下降进行缩口。

图 10-39　灯罩缩口模

1—模芯；2—斜模；3，4—下模；5—上模

⑤ 空心球缩口成形过程。如图 10-40 所示，是由管子经多次缩口，最后经过点焊、抛光成为空心球。

图 10-40　空心球缩口成形过程

⑥ 缩口与扩口复合模。缩口与扩口复合工艺是管形制件两端直径差较大时，将管子两端同时进行缩口和扩口的工艺方法。可用管子制成空心阶梯形或锥形的工件，如图 10-41 所示。此工艺简单，消耗材料少，模具成本低。最后加一道整形工序，可提高工件质量。缩口与扩口复合模如图 10-42 所示。

图 10-41　缩口与扩口复合工艺　　　　图 10-42　缩口与扩口复合模

10.5　铆接钣金其他成形方法

10.5.1　铆接钣金液压成形

液压成形是在无摩擦状态下成形，与其他成形方法相比，极少出现变形不均匀现象。因此，液压成形法多用于生产表面质量和精度要求较高的复杂形状零件。

（1）液压成形特点

图 10-43　直接加压液体成形法

1—凹模；2—液体；3—橡胶垫；4—坯料

液压成形是指用液体（如油、水等）作为传压介质来成形零件的一种工艺方法，可以完成拉深、挤压、胀形等工序。

（2）液压成形方法

液压成形方法大致有两种：一种是液体直接作用在成形零件上；另一种是液体通过橡胶囊间接地作用在成形零件上。图 10-43 是直接加压液压成形法，用这种方法成形之后还需将液体倒出，生产效率较低。图 10-44 是橡胶囊充液成形。工作时向橡胶囊内打入高压液体，橡胶囊成形之后迫使毛坯向凹模贴靠成形。这种方法的优点是密封问题容易解决，每次成形时压入和排除的液体量小。因此生产效率比直接加压面成形法高。缺点是橡胶囊的制作比较麻烦，使用寿命较短。

在设计模具时，应根据零件的形状和大小，并考虑操作的方便程度及取件难易等因素，将凹模设计成整体式与分块式两种。在凹模壁上也需开设不大的排气孔，以便毛坯充分贴模。

图 10-45 是在双动冲床上使用的成形模具。可自行确定一定的液体量。将盛满液体的杯形件置于下模 1 内，外冲头下行，上模 2 和凸模外套 4 先下降，将多余的液体排出，接着内冲头下行，凸模 3 插入外套 4 内成形。

图 10-44 橡胶囊充液成形法

1—凹模；2—毛坯；3—橡胶囊；4—液体

图 10-45 双动冲床用液压成形模具

1—下模；2—上模；3—凸模；4—凸模外套

10.5.2 铆接钣金旋压成形

旋压属于回转加工，是利用钣金坯料随芯模旋转（或旋压工具绕坯料与芯模旋转）和旋压工具与芯模相对进给，使坯料受压力作用并产生连续、逐点的变形，从而完成工件的加工。

（1）旋压的分类

根据坯料厚度变化情况，旋压可分为不变薄旋压（普通旋压）和变薄旋压（强力旋压）两大类，见表 10-10。

表 10-10　旋压成形分类

类别			图例
不变薄旋压	拉深旋压		
	缩口旋压		
	扩口旋压		
变薄旋压	锥形件变薄旋压（剪切旋压）		
	筒形件变薄旋压	正旋	
		反旋	

（2）旋压成形的特点

① 旋压属于局部连续塑性变形加工，瞬间的变形区小，所需的总变形力较小。

② 有一些形状复杂的零件或高强度难变形的材料，传统工艺很难甚至无法加工，用旋压成形却可以方便地加工出来。

③ 旋压件的尺寸公差等级可达 IT8 左右，表面粗糙度 $Ra < 3.2\mu m$，强度和硬度均有显著提高。

④ 旋压加工材料利用率高，模具费用低。

（3）旋压材料的种类及工件形状特点

可旋压的钣金材料见表 10-11。

表 10-11　旋压加工常用材料

材料	牌号
优质碳素钢	20 钢、30 钢、35 钢、45 钢、60 钢、15Mn、16Mn
合金钢	40Cr、40Mn2、30CrMnSi、15MnPV、15MnCrMoV、14MnNi、40SiMnCrMoV、28CrSiNiMoWV、45CrNiMoV、PCrNiMo
不锈钢	1Cr13、1Cr18Ni9Ti、1Cr21Ni5Ti
耐热合金	CH-30、CH128、Ni-Cr-Mo
非铁金属及其合金	T2、HNi65-5、HSn62-1、LG2（1A90）、LD8（2A80）、LF3（5A03）、LF5（5A05）、LF6（5A06）、LF12（5A12）、LF21（3A21）、LY12（2A12）、LD2（6A02）、LD10（2A14）、LC4（7A04）、LD7（2A70）、LG4（1A97）、LG3（1A93）
难熔金属及稀有金属	烧结纯钼、纯钨、纯钽、铌合金 C-103、Cb-275、纯钛、TC$_4$、TB$_2$、6Al-4V-Ti、纯锆、Zr-2

注：括号内为材料新牌号。

可旋压的工件只能是旋转体，主要有筒形、锥形、曲母线形和组合形（前三种相互组合而成）四类，如图 10-46 所示。

图 10-46　旋压件的形状示例

（4）旋压成形完成的工序

旋压成形可以完成旋体工件的拉深、缩口、扩口、胀形、翻边、弯边、叠缝等不同工序，见表10-10。

各种旋轮的形状和对应旋轮的主要尺寸可参考表10-12选择确定。

表10-12　旋轮的形状及主要尺寸　　　　mm

(a) 旋压空心件用　(b) 变薄旋压用　(c) 缩口、滚波纹管用　(d) 精加工用　(e) 精加工用

旋轮直径 D	旋轮宽度 b（旋压空心件用）	旋轮圆角半径 R				
		图（a）	图（b）	图（c）	图（d）	图（e）[α/(°)]
140	45	22.5	6	5	6	4 (2)
160	47	23.5	8	6	10	4 (2)
180	47	23.5	8	8	10	4 (2)
200	47	23.5	10	10	12	4 (2)
220	52	26	10	10	12	4 (2)
250	62	31	10	10	12	4 (2)

（5）钣金旋压加工实例

① 航空和宇宙工业是钣金旋压产品的主要用户。例如，发动机整流罩、燃烧室、机匣壳体、涡轮轴、导弹和卫星的鼻锥和封头、助推器壳体、喷管等，都是旋压成形的。图10-47所示是卫星鼻锥，用不锈钢经两次变薄旋压和一次不变薄旋压而成。

② 旋压成形技术在机电工业中的应用正在日益扩大，主要用于制造汽车和拖拉机的车轮、制动器缸体、减振管等，各种机械设备的带轮、耐热合金管、复印机卷筒、雷达屏和聚光镜罩等。图10-48所示是汽车轮辐，其厚度向外周渐薄，原用普通冲压成形，工序较多，改用旋压工艺后，用圆板坯料直接旋压成形。

图 10-47　卫星"探险者"1号的鼻锥

③ 大型封头零件的传统工艺为拉深，也有采用爆炸成形的。但作为主要加工手段，现已转为旋压工艺。如图 10-49 所示是容器或锅炉常用的平底封头和碟形封头的旋压成形，借助旋压机上可作纵向和横向调节的辅助旋轮，可旋压不同直径的封头。图 10-50 是平边拱形封头的两种旋压法。半球形封头可一次装夹或两次装夹旋压而成，如图 10-51 所示，前者用于硬化指数不大的材料（如铝板和钢板）。

图 10-48　汽车轮辐

(a) 平底封头　　(b) 碟形封头

图 10-49　平底封头和碟形封头旋压

(a) 外旋压法

(b) 内旋压法

图 10-50　平边拱形封头旋压

(a) 一次装夹旋压法

(b) 两次装夹旋压法

图 10-51　半球形封头旋压

10.5.3　铆接钣金高速成形

　　高速成形（又叫高能成形）是利用炸药或电装置在极短的时间（低于数十微秒）内释放出的化学能或电能，通过介质（空气或水等）以高压冲击作用于坯料，使其在很高的速度下变形和贴模的一种方法。它包括爆炸成形、电水成形和电磁成形，见表 10-13。

表 10-13　高速成形方法比较

加工方法		能源形式	所用设备	成形方法的多样性与灵活性	工件形状的复杂程度	成形工件尺寸	生产效率	组织生产的难易程度	适用生产规模
爆炸成形	井下	炸药	简单	较大	较复杂	尺寸较大，但受井限制	低	困难	小批量
	地面	炸药	非常简单	大	复杂	不受限制	很低	困难	小批量、单件
电水成形		高压电源	复杂	小	一般	尺寸不大，受设备功率限制	较高	容易	较大批量
电磁成形		高压电源	复杂	小	一般	尺寸不大，受设备功率限制	高	最容易	较大批量

高速成形是用传压介质——空气或水代替刚体凸模或凹模，适用于加工某些形状复杂、难以用成对钢模制造的工件。用高速成形可以进行拉深、胀形、起伏、弯曲、扩孔、缩口、冲孔等冲压加工工序。在高速变形的条件下，冲压件的精度很高，而且使某些难加工的金属也能变得很容易成形了。

（1）爆炸成形

爆炸成形装置简单，操作容易，可能加工工件的尺寸一般不受设备能力限制，在试制或小批量生产大型工件时经济效益尤其显著。

爆炸拉深与爆炸胀形见图 10-52 和图 10-53。在地面上成形时，可以采用一次性的简易水桶（图 10-52）或可反复使用的金属水桶（图 10-53）。为了保证要件的质量，除用无底模成形外，都必须考虑排气问题。

图 10-52　爆炸拉深

1—纤维板；2—炸药；3—绳索；4—坯料；
5—密封袋；6—压边圈；7—密封圈；
8—定位圈；9—凹模；10—抽真空孔

图 10-53　爆炸胀形

1—密封圈；2—炸药；3—凹模；
4—坯料；5—抽真空孔

爆炸成形的工艺参数如下。

① 炸药与药包形状。常用的炸药有三硝基甲苯（梯恩梯，TNT）、黑索金（RDX）、太安（PETN）、特屈儿等。药包可以是压装、铸装和粉装的。药包形状选择可参见表 10-14。

表 10-14　药包形状选择

零件特点	药包形状
球形、抛物面形零件拉深	球形、短圆柱形、锥形
大型封头零件拉深	环形

零件特点	药包形状
筒形或管子类零件胀形与整形	长圆柱形（长度与零件长度相适应）
大中型平面零件的成形与整形	平板形、网格形、环形

② 药位与水头。药位是指药包中心至坯料表面的距离（图 10-52 中的 R）。它对工件成形质量影响极大，药位过低导致坯料中心部位变形大、变薄严重；过高的药位，必须靠增加药量弥补成形能力的不足。生产中常用相对药位 R/D（D 为凹模口直径）的概念。

短圆柱形、球形、锥形药包：$R/D=0.2 \sim 0.5$。

环形药包：$R/D=0.2 \sim 0.3$。

药包中心至水面的距离称为水头（图 10-52 中的 H）。一般取 $H=1/2 \sim 1/3$。

常用爆炸成形模具体材料见表 10-15。

表 10-15 爆炸成形模具材料的选用

模具材料	特点	适用
锻造合金钢	抗冲击性能好，尺寸稳定，成形工件精度高，表面质量好，寿命长，但加工困难，制造周期长，成本高	适用于形状非常复杂、尺寸精度要求高、厚度大、强度高而尺寸不大的工件的成形与胀形。批量较大
铸钢	基本同前项，但冲击能力稍差，成本稍低于锻钢	适用于形状复杂、尺寸精度要求较高、厚度较大的黑色金属或高强度的非铁金属工件的成形与胀形。批量较大
球墨铸铁	成本低，易于制造，能保证一定的成形尺寸公差，但抗冲击能力差	适用于一定批量的黑色金属与非铁金属的成形模
锌合金	可反复熔铸，加工方便，制造周期短，成本低，但强度低，受冲击后尺寸容易变化，成形精度不高，而且寿命较低	中小型工件、小装药量、精度要求不严格的成形模。单件试制与小批量生产
水泥本体用玻璃钢或环氧树脂衬里	成本低，容易制造，不要求模具加工设备，但抗冲击能力差，寿命很低	适用于大型、厚度小的工件成形。单件试制与小批量生产

（2）电水成形和电爆成形

电水成形原理如图 10-54 所示。由升压变压器和整流器得到的 20 ～ 40kV 的高压直流电向电容器充电，当充电电压达到一定数值时，辅助间隙击穿，高压加在由两个电极板形成的主间隙上，将其击穿并放电，形成的强大冲击电流（达 3×10^4 A 以上）在介质（水）中引起冲击波及液流冲击，使金属坯料成形。与爆炸成形一样，可进行拉深（图 10-54）、成形（图 10-55）、矫形、冲孔等。

电水成形的加工能力

$$W = 1/2Cu^2$$

式中　C——电容器的容量度，F；

　　　u——充电电压，V。

图 10-54　电水成形原理

1—升压变压器；2—整流元件；3—充电电阻；4—辅助间隙；5—电容器；6—水；
7—水箱；8—绝缘；9—电极；10—坯料；11—凹模；12—抽气孔

图 10-55　电水胀形

1—电极；2—水；3—凹模；
4—坯料；5—抽气孔

图 10-56　用同轴电极的闭式电水成形装置

1—抽气孔；2—凹模；3—坯料；4—水；
5—外电极；6—绝缘；7—内电极

假如把两个电极用细金属丝连接起来，放电时产生的强大电流将使金属丝迅速熔化并蒸发成高压气体，并在介质中形成冲击波使金属成形，这就是电爆成形的原理。

常用放电电极形式有对向式（图 10-54、图 10-55）和同轴式（图 10-56）。

（3）电磁成形

工作原理如图 10-57 所示。与电水成形一样，电磁成形也是利用储存在电容器中的电能进行高速成形的一种加工方法。当开关闭合时，将在线圈中形成高速增长和衰减的脉冲电流，并在周围形成一个强大的变化磁场，处于磁场中的坯料内部会产生感应电流，与磁场相互作用的结果是使坯料高速贴模成形。

电磁成形工艺对管子和管接头的连接装配特别适用，目前在生产中得到推广应用。

应用电磁成形工艺需注意的问题如下。

① 线圈。线圈是电磁成形中最关键的元件，它直接与坯料作用，其参数及结构直接影响成形效果。线圈的结构应根据工件的形状和变形特点设计。常用的结构形式有：平板式线圈、多叠式线圈、带式线圈和螺管线圈。前两种适用于板坯，后两种适用于管坯。在进行工艺试验或单件生产时，可采用一次性简易线圈，成形时即烧毁。永久性线圈则应用玻璃纤维环氧树脂绝缘及固定。

图 10-57 电磁成形原理

1—升压变压器；2—整流元件；3—限流电阻；
　4—电容器；5—线圈；6—坯料

图 10-58 集磁器

1—管坯；2—集磁器；3—螺形线圈

② 集磁器。若要求强而集中磁场，应采用集磁器。它可以改善磁场分布以满足成形工件的要求，并且分担部分线圈所受的机械负荷。集磁器一般应采用高导电率、高强度材料（如铍青铜等）制成，放在线圈内部。根据不同工件的要求，集磁器可以设计成各种形状。图 10-58 是一局部缩颈用集磁器的实例。

③ 工件材料电导率。电磁成形加工的材料应具有良好的电导率。若坯料的电导率小，应于坯料与线圈之间放置高电导率的材料作驱动片。

第11章

铆接校平与矫正

11.1 铆接钣金校平及压印

11.1.1 铆接钣金校平技巧与诀窍

铆接钣金校平是钣金校形的一种方法，是作为成形后的补充加工，虽然使工序有所增加，但从整个工艺设计考虑却往往是经济合理的。有了这一环节，前面的成形工序就可以更好地满足成形规律的要求。

所以，钣金校平就是将冲压件或钣金毛坯的不平面，放在两个平光面或带有齿形刻纹的表面之间进行校平的一种工艺方法。

钣金校平时，板料在上下两块平模板的作用下产生反向弯曲变形，出现微量塑性变形，从而使板料压平。当冲床处于下止点位置时，上模板对材料进行强制压紧，使材料处于三向应力状态，卸载后回弹小，在模板作用下的平直状态就被保留下来。

（1）钣金校平方法

根据板料的厚度和对表面的要求，钣金校平可采用光面校平模、齿形校平模以及加热校平等方法，其钣金校平方法及工艺特点如下。

① 光面校平模。光面校平模如图 11-1 所示。

一般对于薄料和表面不允许有压痕的钣金零件，采用光面校平模。由于材料回弹的影响，对材料强度较高的零件，校平效果较差。为了使校平不受压力机滑块导向精度的影响，校平模最好采用如图 11-1 所示浮动式结构。

② 齿形校平模。当零件平面度要求较高或采用钣金材料较厚、较硬时，通常采用齿形校平模，如图 11-2 所示。齿形校平模可分为细齿校平模

和粗齿校平模。如图11-2（a）所示，细齿校平是将齿尖挤压进入零件表面一定的深度，使之形成很多塑性变形的小网点，改变了零件材料原有的应力状态，故能减少回弹，校平效果较好；但由于细齿校平零件表面压痕较深，而且又易粘在模板上，造成操作上的困难，因此细齿校平多用于材料较厚，强度高，表面允许有压痕的零件。而粗齿校平模适用于厚度较薄的铝、青铜、黄铜等表面不允许有压痕的零件，如图11-2（b）所示。安装齿形校平模时，要使上下模齿形相互交错，其形状和尺寸可参考图11-2中给定数值选择。

(a) 上模浮动式   (b) 下模浮动式

图 11-1　光面校平模

(a) 细齿校平   (b) 粗齿校平

图 11-2　齿形校平模

③ 加热校平。当零件的平面度要求较高且又不允许有压痕或零件尺寸较大时，也可采用加热校平的方法。加热校平是指把要校平的零件叠成叠，用夹具压紧成平直状态，放入加热炉内加热，因温度升高而使屈服强度降低、回弹减小，从而校平零件的整形方法。一般情况下，铝材加热温度为 $300 \sim 320℃$，黄铜（H62）为 $400 \sim 450℃$。

（2）钣金校平力选择

钣金校平的工作行程不大，但校平力却很大，可参照表11-1选择确定。

表 11-1 校平和整形单位压力

方法	p 值 /MPa
光面校平模校平	50 ～ 80
细齿校平模校平	80 ～ 120
粗齿校平模校平	100 ～ 150
敞开形制件整形	50 ～ 100
拉深件减小圆半径及对底、侧面整形	150 ～ 200

11.1.2 铆接钣金压印技巧

钣金压印是使钣金材料厚度发生变化，将挤压的材料充塞在有起伏的模腔内，使钣金零件上形成起伏花纹或字样。在大多数情况下压印是在封闭模内进行的，从而避免了金属被挤压到型腔外面，如图 11-3 所示。对于尺寸较大或形状特殊需要切边的钣金零件，则可采用敞开式模具进行表面压印。

钣金压印广泛用于制造钱币、纪念章以及在餐具和钟表等钣金零件上压出标记或花纹。钣金零件压印的厚度精度一般可以达到 ±0.1mm，高的可以达到 ±0.05mm。设计压印模时应该注意花纹的凸起宽度不要高而窄，更要避免尖角。如图 11-4 所示，如果压印花纹深度 $h \leqslant (0.3 \sim 0.4)\delta$，则压印花纹工作可在光面凹模上进行。如果 $h > 0.4\delta$，需按凸模形状作相应的凹槽，其宽度比凸模的凸出部分大，深度则比较小。

图 11-3 压印模简图   图 11-4 压印花纹时模具成形部分尺寸

计算压印毛坯尺寸时，可以用钣金零件与毛坯体积相等的原则确定，对于事后需要切边的钣金零件，还需在计算时考虑加飞边余量。

在压印加压过程中，虽然金属的位移不会太大，但为了得到理想、清晰的花纹，则需要相当大的单位压力，压印力可按下式计算：

$$F=Ap \tag{11-1}$$

式中　F——压印力，N；

　　　A——零件的投影面积，mm^2；

　　　p——单位面积压力，MPa，其试验值见表 11-2。

表 11-2　压印时单位压力的试验值

工作性质	单位压力 p/MPa
在黄铜板上敞开压凸纹	200～500
在 δ＜1.8mm 的黄铜板上压凹凸图案	800～900
用淬得很硬的凸模，在凹模上压制轮廓	1000～1100
金币的压印	1200～1500
银币或镍币的压印	1500～1800
在 δ＜0.4mm 的薄黄铜板上压印单面花纹	2500～3000
不锈钢上压印花纹	2500～3000

11.2　铆接机械矫正

11.2.1　铆接矫正概述

（1）矫正的定义及特点

铆工消除条料、棒料、管材或板材的弯形、翘曲和凹凸不平等变形缺陷的作业过程叫做矫正。

铆工件材料的变形主要是由于在轧制或剪切等外力作用下，内部组织发生变化产生的残余应力所引起的。另外，原材料在运输和存放过程中处理不当时，也会引起变形缺陷。

此外，轧制材料及金属压力加工半成品的瓢曲、弧弯、波浪形或弯曲等缺陷，应矫正后才能划线、切割或转其他工序。一般轧制材料下料前的允许偏差见表 11-3。

表 11-3　轧材下料前的允许偏差　　　　　　　　　　　mm

偏差名称	简图	允许偏差
钢板局部平面度	检查用长平尺　1000　δ　f	在 1mm 范围内：δ＞14，f≤1，δ≤14，f=2

偏差名称	简图	允许偏差
角钢局部波状及平面度		全长直线度 $f \leqslant (1/1000) L$，且局部波状及平面度在每米长度内不超过 2mm
		腿宽不成 90° 按腿宽 B 计算：$f \leqslant (1/100) B$，但不大于 1.5mm（不等边角钢按长腿宽度计算），且局部波状及平面度在每米长度内不超过 2mm
槽钢与工字钢直线度		全长直线度 $f \leqslant (1.5/1000) L$，且局部波状及平面度在每米长度内不超过 2mm
槽钢与工字钢歪扭		歪扭：$L \leqslant 1000$，$f \leqslant 3$；$L \leqslant 10000$，$f \leqslant 5$。且局部波状及平面度在每米长度内不超过 2mm
		腿宽倾斜 $f \leqslant (1/100) B$，且局部波状及平面度在每米长度内不超过 2mm

矫正的目的就是使钣金材料发生塑性变形，实质是使钣金材料产生新的塑性变形来消除原有的不平、不直或翘曲变形，将原来不平直的变为平直。矫正时不仅改变了工件的形状，而且使钣金材料的性质也发生了变化。矫正后金属材料内部组织也要发生变化，金属材料表面硬度增大，性质变脆。这种在冷加工塑性变形过程中产生的钣金材料变硬的现象叫做冷硬现象。冷硬后的钣金材料将会给进一步的矫正或其他冷加工带来了一定的困难，必要时应进行退火处理，使钣金材料恢复到原来的力学性能。

（2）矫正的分类

① 按矫正时工件的温度不同可分为冷矫正和热矫正。

② 按矫正时产生矫正力的方法不同可分为手工矫正和机械矫正。

本章介绍的主要内容有机械矫正、手工矫正和火焰矫正。其中手工矫正主要是指铆工用手锤在平台、铁砧或在台虎钳等工具上进行，包括扭转、弯形、延伸和伸张等四种操作方法。根据工作变形情况，有时单独用一种方法，有时几种方法并用，使工件恢复到原来的平面度要求。因此只有塑性好的钣金材料（材料在破坏前能发生较大的塑性变形）才能进行矫正，而塑性较差的钣金材料，如：铸铁、淬硬钢等就不能进行矫正，否则工件就会断裂。

11.2.2 钣金机械矫正技巧

（1）机械矫正方法与技巧

机械矫正是在矫正机上通过弯曲或拉深完成的，主要用于冷矫正；当变形程度大或设备能力不足时或采用热矫正。

机械矫正的分类及适用范围见表 11-4；常用矫正设备的矫正精度见表 11-5。

表 11-4　机械矫正方法及适用范围

类别		简图	适用范围
拉伸机矫正			① 薄板瓢曲矫正 ② 型材扭曲矫正 ③ 管材、带材、线材的矫直
压力机矫正			板材、管材、型材的局部矫正
辊式机矫正	正辊		板材、管材、型材的矫正
	斜辊		圆截面管材、棒材的矫正
			圆截面薄壁细管的精矫

类别		简图	适用范围
辊式机矫正	斜辊	α α	圆截面厚壁管、棒材的矫直

表 11-5　常用矫正设备的矫正精度

类别	设备	矫正范围	矫正精度 / （mm/m）
辊式矫正机	多辊板材矫平机	板材矫平	1.0 ～ 2.0
	多辊角钢矫正机	角钢矫直	1.0
	矫直切断机	卷材（棒材、扁钢）矫直切断	0.5 ～ 0.7
	斜辊矫正机	圆截面管材及棒材的矫正	毛料 0.5 ～ 0.9 精料 0.1 ～ 0.2
压力机	卧式压力弯曲机	工字钢、槽钢的矫直	1.0
	立式压力弯曲机	工字钢、槽钢的矫直	1.0
	摩擦压力机	坯料的矫直	精料模矫时 0.05 ～ 0.15
	手动压力机	坯料的矫直	
	液压机	大型轧材的矫正	

（2）板材和带材的矫平技巧

① 多辊矫平机矫平技巧。用多辊矫板机矫板时，板材由轴辊的转动而咬入。当其通过这些轴辊时，受到多种原始曲率伸长和再向相反方向的多次正反交变再弯曲，使弯曲部分产生塑性变形，最终将板材矫平。多辊矫板机矫板如图 11-5 所示。

多辊矫板机矫平的最小曲率半径：

$$\rho_{\min}=Cp \tag{11-2}$$

式中，常数 C 与矫平机的辊数有关，五辊时 $C=1.17$，七辊时 $C=0.9$，

九辊时 $C=0.8$；p 为辊轴距。矫板质量与矫板机的辊数越多，材料的弹性模量与屈服极限之比越大，或矫正的曲率 $1/\rho$ 越大，板材越厚，矫平的质量越高，反之则相反。一般情况下，矫平过程要反复多次，方可获得很好的矫平质量。

图 11-5　多辊矫板机矫板

在多辊矫板机上矫平有特殊变形缺陷的板料或较小的坯料或零件时，可采取表 11-6 中的一些特殊措施。

② 压力机矫平技巧。压力机矫平的方法是：将坯料放在压力机工作台上，使其凸起部位向上，在两个最低部位垫上两块等厚垫板作为支点，如坯料变形曲率较小、可减小支点间距，然后在凸起部位上方加一方钢，下压方钢直至坯料原变形部位变平后再稍许下凹，控制下凹量等于回弹量，去压后板料变平为止，如图 11-6 所示。为防止过压，可在坯料下方加一适当厚度的垫铁，当坯料被压下抵住垫铁时，即不再压下。

表 11-6　几种特殊情况下的板料矫平

钢板特征	简图	矫平方法
松边钢板（中部较平，两侧纵向呈波浪形）	工件	调整托辊，使上辊向下挠曲
	垫板 工件	在钢板的中部加垫板

钢板特征	简图	矫平方法
紧边钢板（中部纵向呈波浪形两侧较平）	工件	调整托辊，使上辊向上挠曲
	工件　垫板	在钢板两侧加垫板
单边钢板（一侧纵向呈波浪形，另一侧矫平）	工件	调整托辊，使上辊倾斜
	工件　垫板	在紧边一侧加垫板
小块钢板	工件　平板	将厚度相同的小块钢板布于大平板上矫正后翻转再矫

用压力机矫平操作的顺序是：先局部后整体；先扭曲后弯曲。

图 11-6　压力机上矫平板材扭曲　　　　图 11-7　型材冷矫

（3）管材、型材的矫直技巧

①用多辊型材矫直机矫直技巧。用多辊型材矫直机矫直工作原理类似于板材矫平，不同之处是型材矫直机中的矫直辊具有与被矫型材断面相应的外轮廓形状，如图 11-7 所示。矫直不同型材时，可更换不同轮廓的矫直辊。矫直时，型材通过上下两列矫直辊而受到反复弯曲，使纤维拉长，从而得到矫直。该类矫直机有正辊、斜辊之分。正辊矫直机的各矫直辊轴线互相平行，适用于各种型材的矫直。斜辊矫直机矫直辊外轮廓为双曲线，上下矫直辊轴线互相倾斜，使被矫圆材产生附加旋转运动，增强了矫直效果；适用于管、棒、线材的矫直。其中，斜辊矫直机的矫正效率和

精度最高，应用最广。常用斜辊机的结构见表 11-7。

一般型材可冷矫的最小曲率半径及最大挠度见表 11-8。超出此范围应当采取适当措施防止型材截面畸变和扭转。

表 11-7　常用斜辊机构的结构特点

型式	简图	特点
2—2—2 型		① 主动辊成对布置以保证对称施加圆周力，使工件保持稳定 ②具有一个矫正循环
2—2—2—1 型		① 主动辊成对布置以保证对称施加圆周力，使工件保持稳定 ②具有两个矫正循环，矫正质量较高
3—1—3 型		①具有一个矫正循环 ②由三个辊子构成夹持孔型，比两个辊子的夹持力大，矫正能力大，矫正不圆度效果好

表 11-8　型材冷矫最小曲率半径及最大挠度　　mm

型材名称	简图	中性轴	最小弯曲半径	最大挠度	备注
扁钢		I — I II — II	$50t$ $100b$	$L^2/400t$ $L^2/800b$	
角钢		I — I II — II	$90b$	$L^2/720b$	L——弯曲弦长
槽钢		I — I II — II	$50h$ $90b$	$L^2/400h$ $L^2/720b$	

型材名称	简图	中性轴	最小弯曲半径	最大挠度	备注
工字钢		$I-I$ $II-II$	$50h$ $50b$	$L^2/400h$ $L^2/400b$	L——弯曲弦长

② 用型材撑直机矫直技巧。用型材撑直机矫直时，型材平放在滚轴上，置于一个推撑和两个支撑之间，凸出部位由推撑挡住，压向支撑，两支撑沿垂直于推撑压力方向作往复水平张开收拢运动，坯料受到推撑和支撑周期性的作用力而产生周期性的反复弯曲，从而达到矫直的目的。两支撑间的距离可按需要调整，但工件的两端各有一段矫不到的盲区。除矫直外，撑直机还有弯曲的功能。

图 11-8　撑直机的工作部分

1—型钢；2—推撑；3—支撑

撑直机的工作部分如图 11-8 所示。型钢 1 放置在推撑 2 与支撑 3 之间，两支撑的间距由操纵手轮进行调节间距的大小由型钢弯曲程度而定。当推撑 2 由电动机驱动做水平往复运动时，周期性地加力于被矫正的型钢 1 上，从而产生反方向的弯曲。推撑的位置可以调节，以调节撑力的大小，即型钢的弯曲程度，这样逐段进行矫正，直到全部矫直为止。为减轻型钢来回移动的力，撑直机的两旁设有滚轮装置，型钢就搁于该轮上。

（4）矫正力与矫正机基本参数选择

① 矫正力计算。矫正力可按表 11-9、表 11-10 中公式近似计算。

② 矫正机基本参数。矫正机型号及基本参数可参考铆工常用设备选择。

表 11-9　矫正力的计算公式

受力简图	适用设备	公式	备注
	拉伸矫正机	$F = \sigma_s A$	F——矫正力，N F_{max}——单根矫正辊最大矫正力，N $\sum F$——各矫正辊总矫正力，N M——塑性弯曲力矩，N·mm K_1——型材截面形状系数（见表11-10） A——材料截面积，mm² l——辊距，mm n——辊数
	弯曲矫正压力机，2-2-2型斜辊矫正机（不计夹持工件力）	$F = \dfrac{4M}{l}$	
	正辊机 2-2-2-2-1 型斜辊机（不计夹持工件力）	$F_{max} = F_3 = \dfrac{8M}{l}$ $\sum F = \dfrac{4(n-2)}{l}\left(\dfrac{1}{K_1}+1\right)M$ $M = K_1 \sigma_s W$	
	3-1-3 型斜辊机	$F = \dfrac{8M}{l}$	

表 11-10　型材截面形状系数 K_1

截面形状及弯曲方式	简图	公式	数值
矩形			$K_1 = 1.5$

截面形状及弯曲方式	简图	公式	数值
正方形侧放			$K_1=2.0$
圆形			$K=1.7$
工字形及槽形竖放		$K_1 = 1.5h\dfrac{bh^2 - (b-d)(h-2t)^2}{bh^3 - (b-d)(h-2t)^3}$	标准截面时 $K_1=1.2$
工字形横放		$K_1 = 1.5h\dfrac{2th^2 + (b-2t)d^2}{2th^3 + (b-2t)d^3}$	标准截面时 $K_1=1.8$
槽形横放		$K_1 = \dfrac{3ht(h-\eta)^2}{b\eta^3 - (b-2t)(\eta-d)^3 + 2t(h-\eta)^3}$	标准截面时 $K_1=1.55$

续表

截面形状及弯曲方式	简图	公式	数值		
T字形翼缘朝内或朝外		$$K_1 = \frac{1.5hd(h-\eta)^2}{b\eta^3 - (b-d)(\eta-t)^3 + d(h-\eta)^3}$$	标准截面时 $K_1=1.5$		
等边角形翼缘朝内或朝外		$$K_1 = \frac{1.5hd(h-\eta)^2}{h\eta^3 - (h-d)(\eta-d)^3 + d(h-\eta)^3}$$			
等边角形侧放	$h=\dfrac{a}{\sqrt{2}}$		$K_1=1.5$		
管子		$$K_1 = \frac{4(3-6t_x+4t_x^2)}{3\pi(1-t_x)(1-2t_x+2t_x^2)/1-\beta^4}$$ 或 $K_1 \approx 1.7(1-\beta^3)/1-\beta^4$ $t_x = \dfrac{t}{D_e}$ $\beta = \dfrac{D_i}{D_e}$	t_x	K_1	β
			$0 \sim 0.05$	1.3	$0.9 \sim 1$
			$0.06 \sim 0.12$	1.4	$0.75 \sim 0.89$
			$0.13 \sim 0.20$	1.5	$0.6 \sim 0.74$
			$0.21 \sim 0.30$	1.6	$0.4 \sim 0.59$

11.2.3 铆接机械矫正注意事项与操作禁忌

(1) 注意事项

① 下料前对原材料的矫正。例如卷筒板料，要经过开卷、矫平才能下料。其他板材、型材，由于运输、存放不当，其中一些可能产生了畸变，也要调平矫直后才能下料。

② 对钢结构零件的矫正。如对板件的矫平、型钢件的矫直，一般是在下料以后或成形以后进行。

③ 对焊接变形的矫正。包括部件及产品的焊接变形，都要进行矫正。

④ 对变形部位的修正。钢结构产品在使用过一段时期以后进行修理，对所有变形部位进行修正。

在加工工艺过程中，根据变形的可能性，矫正工序常常是伴随着下料、组装、焊接等工序而多次进行的。

(2) 操作禁忌

1) 开机前

① 准备好个人防护用品和所用工具。

② 查看交接班记录，注意前一班是否有遗留问题。

③ 检查设备上易松动部位是否紧固。

④ 检查油、气路系统中的压力是否合适，管路有无漏油、漏气。

⑤ 按要求对设备加注润滑油。

⑥ 查看工艺文件、生产任务单，核查所用模具及其安装情况，核查冲裁件的材料规格、牌号、零件数量及工艺文件中规定的有关事项。

2) 开机后

① 接通电源，待飞轮旋转正常后，压力机空冲几次，检查离合器、制动器及控制系统是否灵敏可靠；检查安全防护装置是否有效；同时，注意观察模具的工作情况是否正常。

② 试冲几个工件，自检并交检查员检查，合格后方可进行正常生产。

③ 工作时，如出现质量问题、冲床运转不正常、操纵失灵、离合器及制动器反应不灵敏等问题，应立即停机，严禁设备带故障运行。

3) 工作完毕后

① 脱开离合器，关闭电源。

② 清扫工作场地，擦拭压力机及模具，按要求涂保护油。

③ 认真记好交接班记录。

11.3 铆接手工矫正

11.3.1 铆接手工矫正工具

铆接手工矫正所用的工具分如下三大类，若干个品种，可参见第 3 章。

① 支承矫正件的工具，如铁砧、矫正用平板和 V 形块等。

② 加力工具，如锤子、铜锤、木锤和压力机等。

③ 检验工具，如平板、90° 角尺、钢直尺和百分表等。

11.3.2 铆接手工矫正方法与诀窍

手工矫正常用方法及特点见表 11-11。

表 11-11 手工矫正常用方法及特点

名称	简图	工艺特点
扭转法		扭转法是用来矫正条料扭曲变形的，如图所示。它一般是将条料夹持在台虎钳上，左手扶着扳手的上部，右手握住扳手的末端，施加扭力，把条料向变形的相反方向扭转到原来的形状
伸张法	圆木	伸张法是用来矫正细长线材的，矫正时将线材一头固定，然后从固定处开始，将弯形线材绕圆木一周，紧握圆木向后拉，使线材在拉力作用下绕过圆木得到伸长矫直，如图所示
弯形法	 (a) (b)	弯形法用来矫正钣金棒料、轴类和条形铆工件的弯形变形 直径较小的棒料和钣金薄条料可夹在台虎钳上用扳手弯制，如图所示

名称	简图	工艺特点
弯形法	(a) (b)	直径大的棒料和较厚的钣金条料，则用压力机矫正，如图所示。矫正前，先把轴架在两块V形块上，两V形块的支点和距离可以按需要调节。将轴转动检测，用粉笔画出弯形变形部分，然后转动压力机的螺杆，使压块压在圆轴最高凸起部分。为了消除弹性变形所产生的回翘现象，可适当压过一些，然后检查。边矫正，边检查，直至符合要求
延展法		延展法用来矫正各种型钢和钣金板料的翘曲等变形，是用锤子敲击工件材料，使其延展伸长来达到矫正目的 如图所示为宽度方向上弯形变形的钣金条料，如果利用弯形法矫正，就会发生裂痕或折断，如果采用延展法，即锤击弯形里边的材料，使里面材料延展伸长就能得到矫正

11.3.3 铆接手工矫正工艺实例与技巧

铆接手工矫正工艺实例及技巧与诀窍见表11-12。

表11-12 手工矫正工艺实例与技巧

名称	简图	工艺特点
板料矫正	凸起 波浪形 (a)　(b) 延展法矫正薄板	钣金板料最容易产生中部凸起、边缘呈波浪形，以及对角翘曲等变形，其矫正方法分别如下： 钣金板料中间凸起，是由于变形后中间材料变薄引起的，矫正时可锤击板料边缘，使边缘材料延展变薄。锤击时，由外向里逐渐由重到轻，由密到稀，如图（a）所示。若表面有相邻几种凸起，应先在凸起的交界处轻轻锤击，使几处凸起合成一处，然后再锤击四周而矫平 钣金板料四周呈波浪形但中间平整时，说明板料四周变薄而伸长，此时应按图（b）所示方法锤击 钣金板料发生对角翘曲时，就应沿另外没有翘曲的对角线方向锤击使其延展而矫平

名称	简图	工艺特点
板料矫正	 用抽条抽平薄板料	钣金薄板有微小扭曲时,可用抽条从左到右(或从右到左)反复抽打,但抽打用力要均匀,直到薄板平整,如图所示
	 (a) (b) 薄板扭曲矫正	厚度很薄、材质较软的铜箔或铝箔的矫平,应该用木锤轻轻地矫平,或用平整的木块在平板上推压材料的平面,使其达到平整,如图所示
	 气割板料的矫平方法	用氧-乙炔气割下料的圆盘板料,板料外圆因在气割过程中冷却较快,致使收缩较为严重,造成割下的板料不平。矫正一般用锤击法进行,且锤击时,边缘重而密,第二、三圈轻而稀,这样很快就能使板料达到平整,如图所示
角钢扭曲和翘曲矫正	 角钢扭曲矫正	角钢扭曲矫正如图所示,将角钢平直部分放在铁贴上,锤击上翘的一面。锤击时应由边向里、由重到轻(见图中箭头)。锤击一遍后,反过方向再锤击另一面,方向相同,锤击几遍可使角钢矫直

铆工自学·考证·上岗一本通

名称	简图	工艺特点
角钢扭曲和翘曲矫正	(a) 角钢里翘　(b) 角钢外翘 (c) 矫直角钢里翘方法　(d) 矫直角钢外翘方法	角钢翘曲一种是向里翘如图（a）所示，另一种是向外翘如图（b）所示 矫正的方法和技巧：将角钢翘曲的高起处向上平放在砧座上。若向里翘，则应锤击角钢一条边突起处，如图（c）箭头所指处，锤击力量由重到轻，角钢的外侧面会逐渐趋于平直。但需注意，角钢与砧座接触的一条边必须和砧面垂直，锤击时，不至于使角钢歪倒，否则要影响锤击效果。若向外翘，则应锤击角钢凸起的一条边，如图（d）箭头所指处，不准锤击凸起的面。经过锤击，角钢凸起的内侧面也会随着角钢的边一起逐渐平直。翘曲现象基本消除后，可用手锤锤击微曲的面，做进一步修正
条料矫直	内侧中间 (a) 摆位 (b) 矫直 条料矫直	钣金条料在宽度方向发生弯曲时，可用延展法矫正。以条料在宽度方向弯曲的矫正为例，如图（a）所示，条料在宽度方向上发生弯曲，直线度允差为1mm。将条料摆放在平板上，用锤子击打变形的内曲面（弯曲处凹面部分），锤击点从中间向两端展开。越靠里侧，锤击点越密，锤击力越大，使它的延展量为最大，直至里侧伸长后的长度和外侧相等为止，如图（b）所示

名称	简图	工艺特点
光杠矫直	 (a) 光杠 (b) 检测 螺杆 压块 轴 V形架 (c) 矫直 光杠矫直	如图（a）所示，光杠的直线度允差 0.15mm/ 全长 　　根据光杠的实际长度将两个 V 形块相隔一段距离摆放在平板上，将光杠安放在 V 形块上，转动光杠，用百分表找出光杠弯曲最大值及弯曲点，如图（b）所示。用粉笔在最大弯曲点作出标记。光杠矫直步骤如下 　　① 将光杠从平板上的 V 形垫块中移至矫直压力机的 V 形块上，使光杠凸起部位朝上，调整支承 V 形块至最大凸起部位，如图（c）所示，旋转压力机螺杆，使压力机压块压在光杠最大凸起的部位上 　　② 本着"矫枉过正"的原则，转动螺杆进行加压，可适当地压"过头"一点，但应注意不可过分 　　③ 旋松螺杆，使压头与光杠脱开。将光杠移至平板上的 V 形块上，用百分表复检矫直情况 　　④ 若仍未达到要求，再重复①、②步骤，直至矫直合格为止 　　⑤ 自检。将光杠放入平板上的 V 形块中，均匀转动光杠，用百分表最终检查光杠的直线度是否在允差之内

11.4　铆接火焰矫形技术

　　铆接火焰矫正是手工矫形中的一种特殊形式，在焊接结构的变形矫正中，得到了极为广泛的应用。

11.4.1　铆接火焰矫形的原理

（1）火焰矫形的原理

　　火焰矫形是利用加热点有选择、有规范地进行局部加热，使其冷却后产生收缩来实现矫形的。由于加热部位、加热形状、加热温度和加热时间的严格限制，加热部位受周边未变形部位的压缩，它的热膨胀只能向空中进行，这就是平板中点状加热表面不平的根本原因。但当冷却时，加热部位同一厚度的各向收缩却是均等的（不同厚度由于受热温度的不均匀，在不同的厚度上，应力是有一定的差别）。这样，加热部位的收缩对周边产生一个拉力。这个拉力随着加热温度的下降而增大，产生的应力与变形规律和焊接是相同的。因此，需要火焰矫形的板状构件其加热部位一般都在弯曲部位中弧长较长的外侧。

为了获得更好的矫形效果和工作效率，可在火焰矫形的基础上，再实施强制水冷、锤击和施加外力，如图11-9、图11-10所示。

图11-9　施加外力　　　　　图11-10　　浇水冷却

（2）火焰矫形的条件

火焰矫形的条件见表11-13。

表11-13　火焰矫形的条件

名　称	影响条件和因素
（1）淬硬倾向	对淬硬倾向较为敏感的钢种，要注意加热温度，尤其是加热后的冷却速度不能过快，以免产生淬硬组织。因此，这类钢材不能采用水火矫正，矫正后的环境温度也不能过低
（2）处理状况	由于火焰矫正是通过局部应力的不均匀性来达到矫形的目的，因此，经过热处理的构件由于已经做了消除内应力的处理，采用水火矫形很难达到预期效果。因此凡是采用水火矫形的构件，必须在水火矫形进行完毕之后，方可进行热处理
（3）焊接结束时间	引起变形的焊接应力，经过一段时间后能够得到部分或大部分甚至全部的释放，随之的火焰矫形效果也因矫形前的应力较低而达不到预期的效果。进行火焰矫形应当在焊接结束后尽快进行，以提高矫正效果

名 称	影响条件和因素
（4）影响火焰矫形的因素	影响火焰矫形的因素有加热位置、加热形状、加热能量。这些因素在热矫形中起着关键作用。不合理的热矫形会产生过矫形的相反后果，不仅增加了需要进行反矫形的工作，还有可能造成因无法再进行矫正而使焊接结构件报废的可能。因此，恰当地选择火焰加热部位、火焰加热形状、控制火焰加热能量是达到快速、准确矫正目的的主要措施。对于普通碳素结构钢和普通低合金高强度结构钢，火焰加热温度一般取 600～700℃，加热金属表面颜色为暗樱红色至樱红色。温度过低，效果不佳，温度过高，超过相变温度线时，使金属晶粒增大，会有损金属的组织

11.4.2　铆接火焰矫形的操作技巧与诀窍

（1）铆接火焰矫形的操作方法与技巧

① 被矫构件的摆放技巧。被矫构件的摆放不得由于局部加热、自重等因素产生其他变形。对于弯曲和板的凸凹不平的矫正，其弯曲和凸凹部位应向上。

② 加热位置的选择诀窍。加热位置是关系到矫形效果的关键，应为焊缝或收缩最严重地方的对称部位。确定加热位置时既需要掌握热矫形原理，同时也需要有对焊接变形、应力分布进行判断的经验。

③ 加热形状的选择诀窍。需要矫形的构件几何形状、焊缝分布、材料断面的不同，决定了加热形状的不同。常用的加热形状、特点及选择实例见表 11-14。

④ 加热能量选择诀窍。加热能量不同，矫正变形的能力和矫正效果也不同。加热不足，达不到矫正的目的；加热过量，则容易产生矫正过量的后果。

⑤ 加热次数选择诀窍。同一部分的加热次数一般只加热一次，最多不应超过两次。因为第三次加热的效果不及总效果的 20% 甚至更低。

（2）注意事项

① 厚度小于 8mm 的钢板，加热后可浇水急冷，而厚度过大的钢板不宜水冷，以防表里温差过大而产生裂纹。

② 应根据材料厚度来确定加热面积、加热速度和加热温度。加热温度一般取 500～800℃。温度过低，矫正效果不明显；温度过高，易损伤金属的组织结构。

表 11-14　火焰矫形加热形状、特点及选择实例

名称	简图	实例及工艺特点
点状加热	 图1　平板凸凹的点状加热	① 点状加热特点。点状加热适用于变形总量大，但变形分散相对均匀、单位变形量相对较小的焊缝分布在板类周围的焊接变形的构件。点状加热主要应用于对板的局部矫平 ② 点状加热原理。将不平的板面随机地划成若干小区后，依次对当前凸起最高的小区进行加热。通过若干矫平小区的积累，实现整体不平的矫正，因此，加热点宜小不宜大。当加热的点数达到 3～5 点或更多点时，被矫正构件一般会发出一声沉闷的"砰"声。这是钢板内局部应力释放的一种现象，说明了该加热矫形部位已部分达到目的。但在整体矫形后，还要进行全面检查，对仍然未达到理想的部位，重新进行矫形，但加热点应选择未加热的地方 ③ 点状加热实例与诀窍。以如图1所示的盖板为例，由于四周均布焊缝，盖板中间向上凸起。变形特点为大面积地向一侧凸起。点状加热时，应当保持凸起面向上，加热顺序为从凸起最高的点开始。待第一点冷却后，再以新出现的最高凸起点加热（见图1中的加热序号）。当被矫形钢板的厚度为 4～8mm 时，为了提高矫正效果，加热停止时，立即锤打加热点的周围数锤，然后再击打加热点。打击用锤的锤顶应呈圆弧形，锤顶边缘不应存在棱角，以免产生锤痕。对于能够进行水火矫形的钢种，锤击加热点结束后，立即用水浇在加热点，进行强化冷却，达到提高矫形效果和工作效率的目的。在作业环境能承受的前提下，用水量大比用水量小强，水的压力大比水流量大冷却效果好一些。加热点的位置、间距、顺序等不是一成不变的，要根据焊接应力大小、变形程度等许多因素确定

名称	简图	实例及工艺特点
线状加热		① 线状加热适用场合：线状加热主要应用于呈角（弧形）变形焊接构件的矫正，工字梁的上下翼缘板矫正，如图2所示 ② 线状加热的特点：加热线的横向收缩大于纵向收缩，横向收缩随着加热线的宽度增加而增加。加热线的宽度要据实际情况而定，一般为钢板厚度的 0.5～2 倍。线状加热采取浇水强制冷却的原则，和点状加热不同之处在于线状加热和浇水为连续进行。浇水位置以不明显影响加热的前提下，距离越近越好 ③ 线状加热分类：线状加热分为直线、U 形曲线、螺旋线三种，如图3所示，直线加热宽度最窄。虽然 U 形线和螺旋线的加热宽度是直线的一倍至数倍，但从整体上来讲，仍然属于线状
三角形加热		① 三角形加热主要适用场合：三角形加热主要适用于侧弯变形，如图 4（a）所示，其加热区为三角形。由于加热区面积大，收缩量大，常用于矫正厚度较大、刚性较强的焊接构件的。由于加热面积大，可同时用两个或多个烤炬进行加热 ② 三角形加热的工艺特性：三角形加热的横向深度与三角形的顶角 α [图 4（b）] 随矫形板由宽到窄而由小到大变化。当板窄到一定程度时，加热的三角形就呈弓形 [图 4（c）]。当板变得更窄时，加热形状就变成带状 [图 4（d）]

（图中文字）
加热部位
h
图 2　角变形的线状加热
h—加热宽度

（a）直线加热
h
（b）螺旋线加热
h
（c）回形线加热
图 3　线状加热方式

（a）　　　　（b）
α
（c）　　　　（d）
图 4　三角形加热的几种形式

③ 应正确选择加热区形状和加热厚度，这样才能取得最好的矫正效果。

④ 需要进行重复加热矫正时，应尽量避免与原来的加热位置重合。

（3）操作禁忌

① 加热速度要快，热量要集中，尽力缩小加热区外的受热范围。这样可以提高矫正效果，在局部获得较大的收缩量。

② 加热时，焊嘴要做圈状或线状晃动，不要只烤一点，以免烧坏被矫钢材。

③ 当第一遍矫正过后，需重复进行局部加热矫正时，加热区不得与前次加热区重合。

④ 为了加快加热区收缩，有时常辅之以锤击，但要用木锤或铜锤，不得用铁锤。

⑤ 为了加快冷却速度，可采用浇水急冷的方法。但要注意被矫材料的材质，具有淬硬倾向的材料（如中碳钢、低合金结构钢等），不可浇水急冷。较厚材料在其表层和内部冷却速度不一致时，容易在交界处出现裂纹，故也不宜采用浇水急冷。

第 12 章

铆工焊接与热切割

12.1 金属焊接与热切割的基本知识

12.1.1 焊接原理、分类和特点

(1) 焊接原理

在金属结构及其他机械产品的制造中，需将两个或两个以上零件连接在一起，使用的方法有螺栓连接、铆钉连接和焊接等，如图 12-1 所示。前两种连接都是机械连接，是可拆卸的，而焊接则是利用两个物体原子间产生的结合作用来实现连接的，连接后不能再拆卸，成为永久性连接。

(a) 螺栓连接　　　　(b) 铆钉连接　　　　(c) 焊接

图 12-1　零件的连接方式

1—螺栓；2—零件；3—螺母；4—铆钉；5—焊缝

焊接不仅可以使金属材料永久地连接起来，而且可以使某些非金属材料达到永久连接的目的，如塑料焊接等，但生产中主要是用于金属的焊接。

焊接就是通过加热或加压，或两者并用，并且用或不用填充材料，使工件达到结合的一种方法。为了获得牢固接头，在焊接过程中必须使被焊工件中原子彼此接近到原子间的引力能够相互作用的程度。因此，对需要结合的地方通过加热使之熔化，或者通过加压（或者先加热到塑性状态后再加压），使原子或分子间达到结合与扩散，形成牢固的焊接接头。

焊接不仅可以应用于在静载荷、动载荷、疲劳载荷及冲击载荷下工作的结构，而且可以应用于在低温、高温、高压及有腐蚀介质条件下使用的结构。

随着社会生产和科学技术的发展，焊接已成为机械制造和修理行业中重要的加工工艺，也是现代工业生产中不可缺少的加工方法，如石油的勘探、钻采、输送，迅速发展的石油、化纤工业中的金属容器、塔、杆构件，造船、锅炉、汽车、高铁、飞机、矿山机械、冶金、电子、原子能及宇航等工业领域都广泛采用焊接工艺。

（2）焊接方法的分类

按照焊接过程中金属所处的状态不同，可以把焊接方法分为熔焊（熔化焊）、压焊和钎焊三种类型。

① 熔焊。熔焊是将待焊处的母材金属熔化以形成焊缝的焊接方法。当被焊金属加热至熔化状态形成液态熔池时，原子间可以充分扩散和紧密接触，因此冷却凝固后，即可形成牢固的焊接接头。

② 压焊。压焊是在焊接过程中，对焊件施加压力（加热或不加热）以完成焊接的方法。这类焊接有两种形式，一是将被焊金属接触部分加热至塑性状态或局部熔化状态，然后施加一定的压力，以使金属原子间相互结合形成牢固的焊接接头。二是不进行加热，仅在被焊金属的接触面上施加足够大的压力，借助于压力所引起的塑性变形，使原子间相互接近而获得牢固的挤压接头。

③ 钎焊。钎焊是硬钎焊和软钎焊的总称。采用比母材熔点低的金属材料作钎料，将焊件和钎料加热到高于钎料的熔点，低于母材熔化温度，利用液态钎料润湿母材，填充接头间隙并与母材相互扩散实现连接焊件的方法。

焊接方法的简单分类如图 12-2 所示。各种焊接方法的基本原理及用途见表 12-1。

图 12-2 焊接方法的分类

表 12-1　各种焊接方法基本原理及用途

焊接方法		基本原理	用途
熔焊	螺柱焊	将金属螺柱或类似的其他紧固件焊于工件上的方法统称为螺柱焊	在造船或机车制造中焊接将木板固定于钢板上的螺柱，在大型建筑钢结构上焊接 T 形钉，以制造钢梁混凝土结构等
	焊条电弧焊	利用电弧作为热源熔化焊条和母材而形成焊缝的一种焊接方法	应用广泛，适用于焊短小焊缝及全位置焊接
	埋弧焊	以连续送进的焊丝作为电极和填充金属，焊接时，在焊接区的上面覆盖一层颗粒状焊剂，电弧在焊剂层下燃烧，将焊丝端部和母材熔化，形成焊缝	适用于长焊缝焊接，焊接电流大，生产效率高，广泛应用于碳钢，不锈钢焊接，也可用于纯铜板焊接，易于实现自动化
	氩弧焊（熔化极）	采用焊丝与被焊工件之间的电弧作为热源来熔化焊丝与母材金属，并向焊接区输送氩气，使电弧、熔化的焊丝及附近的母材金属免受空气的有害作用，连续送进的焊丝不断熔化过渡到熔池，与熔化的母材金属熔合形成焊缝	用于焊接不锈钢、铜、铝、铁等金属
	CO_2 焊	原理与熔化极氩弧焊基本相同，只是采用 CO_2 作为焊接区的保护气体	主要用于焊接黑色金属
	氩弧焊（钨极）	采用钨极和工件之间的电弧使金属熔化而形成焊缝，焊接过程中钨极不熔化，只起电极作用，同时由焊炬的喷嘴送出氩气保护焊接区，还可根据需要另外添加填充金属	用于焊接不锈钢、铜、铝、铁等金属
	氢原子焊	是靠氢气在高温中的化学反应热以及电弧的辐射热来熔化金属和焊丝的一种焊接方法	主要用于碳钢、低合金钢及不锈钢薄板的焊接
	等离子弧焊	利用气体在电弧内电离后，再经过热收缩效应和磁收缩效应产生的一束高温热源来进行熔化焊接，等离子体能量密度大、温度高，通常可达 20000℃左右	用于焊接不锈钢，高强度合金钢，低合金耐热钢、铜、铁及合金等，还可焊接高熔点及高导热性材料

焊接方法		基本原理	用途
熔焊	气焊	利用气体火焰作为热源来熔化金属的焊接方法，应用最多的是以乙炔为燃料的氧 - 乙炔焰，以氢气为燃料的氢氧焰及液化石油气、天然气为燃料的氧丙烷焰、氧甲烷焰等	适用焊接较薄的工件，有色金属及铸铁等
	热剂焊	将留有适当间隙的焊件接头装配在特制的铸型内，当接头预热到一定温度后，采用经热剂反应形成的高温液态金属注入铸型内，使接头金属熔化实现焊接的方法	主要用于钢轨的连接或修理，铜电缆接头的焊接等
	电渣焊	利用电流通过熔渣产生电阻热来熔化母材和填充金属进行焊接，它的加热范围大，对厚的工件能一次焊成	焊接大型和很厚的零部件，也可进行电渣熔炼
	电子束焊	利用电子枪发射高能电子束轰击焊件，使电子的动能变为热能，以达到熔化金属形成焊缝的目的。电子束焊分真空电子束焊和非真空电子束焊两种	真空电子束焊主要用于尖端技术方面的活泼金属、高熔点金属和高纯度金属。非真空电子束焊一般用于不锈钢焊接
	激光焊	利用聚焦的激光光束对工件进行加热熔化的焊接方法	适用于铝、铜、银、不锈钢、钨、铝等金属的焊接
	电阻点焊、缝焊	使工件处在一定的电极压力作用下，并利用电流通过工件所产生的电阻热将两工件之间的接触表面熔化而实现连接的焊接方法	适用于焊接薄板、板料
	电阻对焊	将两工件端面始终压紧，利用电阻热加热至塑性状态，然后迅速施加顶端压力（或不加顶端压力，只保持焊接时压力）完成焊接的方法	主要用于型材的接长和环形工件的对接
	摩擦焊	利用焊件表面相互摩擦所产生的热，使端面达到塑性状态，然后迅速顶锻完成焊接的方法	几乎所有能进行热锻且摩擦系数大的材料均可焊接，且可焊接异种材料

焊接方法		基本原理	用途
压焊	闪光对焊	对接工件接通电源，并使其端面移近到局部接触，利用电阻热加热这些接触点（产生闪光），使端面金属熔化，直至端在一定深度范围内达到预定温度时，迅速施加顶锻力完成焊接的方法	用于中大截面工件的对接，不但可对接同种材料，也可对接异种材料
	冷压焊	不加热，只靠强大的压力，使两工件间接触面产生很大程度的塑性变形，工件的接触面上金属产生流动，破坏了氧化膜，并在强大的压力作用下，借助于扩散和再结晶过程使金属焊在一起	主要用于导线焊接
	超声波焊	利用超声波向工件传递超声波振动产生的机械能并施加压力而实现焊接的方法	点焊和缝焊有色金属及其合金薄板
	爆炸焊	以炸药爆炸为动力，借助高速倾斜碰撞，使两种金属材料在高压下焊接成一体的方法	制造复合板材料
	锻焊	焊件在炉内加热至一定温度后，再锤锻使工件在固相状态下结合的方法	焊接板材
	扩散焊	在一定的时间、温度或压力作用下，两种材料在相互接触的界面发生扩散和界面反应，实现连接的过程	能焊弥散强化高温合金，纤维强化复合材料、非金属材料、难熔和活泼性金属材料
钎焊		采用比母材熔点低的材料作填充金属，利用加热使填充金属熔化，母材不熔化，借液态填充金属与母材之间的毛细现象和扩散作用实现工件连接的方法	一般用于焊接薄的、尺寸较小的工件

为了适应工业生产和新兴技术中新材料、新产品的焊接需要，将不断研究出新的焊接工艺方法和先进的焊接技术。

（3）焊接工艺特点

① 节约金属材料。用焊接比用钢接制成的金属结构可省去很多零件，因此能够节约金属 15% ～ 20%。另外，同样的构件也可比铸铁、铸钢件节约很多材料。

② 减轻结构重量。采用焊接制成的构件可以在节省材料的同时减轻自身的重量，从而可以加大构件的承载能力。

③ 减轻劳动强度，提高生产率。焊接与铆接相比，劳动强度减轻。由于简化了生产准备工作，缩短了生产周期，从而提高了生产率。

④ 构件质量高。焊接可以将两块材料连接起来，同时焊缝是连续的，具有和母材相同或更高的机械性能，并且能够获得较高致密性（容器能达到水密、气密、油密），因而提高了产品结构的质量。

⑤ 焊接的材料厚度基本不受限制。金属焊接的方法很多，同一种焊接方法也可采用多种焊接工艺，因而焊接的材料厚度一般不受限制。

⑥ 金属焊接的不足之处。

a. 由于焊接是局部不均匀的加热、冷却或加压，所以焊后的金属易产生焊接变形及焊接应力。

b. 焊接接头的材质要发生一定的变化。

c. 焊接接头的裂纹在受力时会有延伸倾向，从而导致构件破坏。

（4）焊接方法的选择

① 选择焊接方法首先应能满足技术要求及质量要求，在此前提下，尽可能地选择经济效益好、劳动强度低的焊接方法。表 12-2 给出了不同金属材料适用的焊接方法，不同焊接方法所适用材料的厚度不同。

② 不同焊接方法对接头类型、焊接位置的适应能力是不同的。电弧焊可焊接各种形式的接头，钎焊、电阻点焊仅适用于搭接接头。大部分电弧焊接方法均适用于平焊位置，而有些焊接方法，如埋弧焊、射流过渡的气体保护焊不能进行空间位置的焊接。表 12-3 给出了常用焊接方法所适用的接头形式及焊接位置。

③ 尽管大多数焊接方法的焊接质量均可满足实用要求，但不同方法的焊接质量，特别是焊缝的外观质量仍有较大的差别。产品质量要求较高时，可选用氩弧焊、电子束焊、激光焊等；质量要求较低时，可选用手工电弧焊、CO_2 焊、气焊等。

④ 自动化焊接方法对工人的操作技术水平要求较低，但设备成本高，管理及维护要求也高。手工电弧焊及半自动 CO_2 焊的设备成本低，维护简单，但对工人的操作技术水平要求较高。电子束焊、激光焊、扩散焊设备复杂，辅助装置多，不但要求操作人员有较高的操作水平，还应具有较高的文化层次及知识水平。选用焊接方法时应综合考虑这些因素，以取得最佳的焊接质量及经济效益。

表 12-2　不同金属材料所适用焊接方法的选择

材料	厚度/mm	手工电弧焊	埋弧焊	喷射过渡	脉冲喷射	短路过渡	管状焊丝气体保护焊	钨极气体保护焊	等离子弧焊	电渣焊	气电立焊	电阻闪光焊	气焊	扩散焊	摩擦焊	电子束焊	激光焊	火焰钎焊	炉中钎焊	感应加热钎焊	电阻加热钎焊	浸渍钎焊	红外线钎焊	扩散钎焊	软钎焊
碳钢	≤3	△		△	△	△	△	△				△	△			△	△	△	△	△	△	△	△	△	△
	3～6	△	△	△		△	△	△				△	△			△	△	△	△	△	△	△	△	△	△
	6～19	△	△	△	△	△	△					△	△		△	△	△	△	△	△					△
	≥19	△	△	△	△		△			△	△				△	△	△		△					△	
低合金钢	≤3	△		△	△	△	△	△				△	△			△	△	△	△	△	△	△	△	△	△
	3～6	△	△	△		△	△	△				△	△			△	△	△	△	△	△	△	△	△	△
	6～19	△	△	△	△	△	△					△	△	△	△	△	△	△	△	△				△	△
	≥19	△	△	△	△		△			△	△			△	△	△	△		△					△	
不锈钢	≤3	△		△	△	△	△	△	△			△				△	△	△	△	△	△	△	△	△	△
	3～6	△	△	△	△	△	△	△	△			△			△	△	△	△	△	△				△	△
	6～19	△	△	△	△				△			△		△	△	△	△	△		△				△	△
	≥19	△	△	△						△	△			△	△	△	△							△	
铸铁	3～6	△					△										△	△	△	△	△		△	△	△
	6～19	△					△					△	△				△	△	△	△				△	△
	≥19	△					△					△	△				△	△	△	△				△	△

续表

材料	厚度/mm	手工电弧焊	埋弧焊	熔化极气体保护焊 喷射过渡	熔化极气体保护焊 潜弧	脉冲喷射	管状焊丝气体保护焊 短路过渡	钨极气体保护焊	等离子弧焊	电渣焊	气电立焊	电阻焊	闪光焊	气焊	扩散焊	摩擦焊	电子束焊	激光焊	火焰钎焊	炉中钎焊	感应加热钎焊	电阻加热钎焊	浸渍钎焊	红外线钎焊	扩散钎焊	软钎焊
镍及其合金	≤3	△				△	△	△	△			△	△	△			△	△	△	△	△	△	△	△	△	△
	3～6	△	△	△		△	△	△	△			△	△			△	△	△	△	△	△				△	△
	6～19	△	△	△		△			△				△			△	△	△	△	△					△	
	≥19	△	△	△		△				△						△	△	△	△	△					△	
铝及其合金	≤3			△		△		△	△			△	△	△		△	△	△	△	△	△	△	△	△	△	△
	3～6			△		△		△	△			△	△		△	△	△	△	△	△			△		△	△
	6～19			△				△	△				△		△	△	△		△	△			△		△	
	≥19			△						△	△				△		△	△	△	△					△	
钛及其合金	≤3					△		△	△			△	△				△	△	△	△	△			△	△	
	3～6			△		△		△	△						△	△	△	△	△	△					△	
	6～19			△		△		△	△						△	△	△	△	△	△					△	
	≥19			△		△									△	△	△		△	△					△	

材料	厚度/mm	手工电弧焊	埋弧焊	熔化极气体保护焊 喷射过渡	熔化极气体保护焊 渣弧	熔化极气体保护焊 脉冲喷射	熔化极气体保护焊 短路过渡	管状焊丝气体保护焊	钨极气体保护焊	等离子弧焊	电渣焊	气电立焊	电阻焊	闪光焊	气焊	扩散焊	摩擦焊	电子束焊	激光焊	硬钎焊 火焰钎焊	硬钎焊 炉中钎焊	硬钎焊 感应加热钎焊	硬钎焊 电阻加热钎焊	硬钎焊 浸渍钎焊	硬钎焊 红外线钎焊	硬钎焊 扩散钎焊	软钎焊
铜及其合金	≤3			△		△			△	△				△				△		△	△	△				△	△
	3～6			△		△				△				△			△	△		△	△	△	△			△	△
	6～19													△			△	△		△			△			△	
	≥19																	△			△					△	
镁及其合金	≤3			△		△			△					△				△		△	△					△	
	3～6			△		△			△					△				△		△	△					△	
	6～19			△		△								△			△	△	△	△	△					△	
	≥19			△		△											△	△	△								
难熔金属	≤3								△	△				△				△		△	△	△	△			△	
	3～6			△		△				△				△				△		△	△					△	
	6～19													△				△							△		
	≥19																										

注：△——被推荐的焊接方法。

表 12-3 常用焊接方法所适用的接头形式及焊接位置

适用条件		手工电弧焊	埋弧焊	电渣焊	熔化极气体保护焊				氩弧焊	等离子焊	气电立焊	电阻点焊	缝焊	凸焊	闪光对焊	气焊	扩散焊	摩擦焊	电子束焊	激光焊	钎焊
					喷射过渡	潜弧	脉冲喷射	短路过渡													
碳钢	对接	A	A	A	A	A	A	A	A	A	A	C	C	C	A	A	A	A	A	A	C
	搭接	A	A	B	A	A	A	A	A	A	C	A	A	A	C	A	A	C	B	A	A
	角接	A	A	B	A	A	A	A	A	A	B	C	C	C	C	A	C	C	A	A	C
焊接位置	平焊	A	A	C	A	A	A	A	A	A	C					A			A	A	
	立焊	A	C	A	B	A	A	A	A	A	A					A			C	A	
	仰焊	A	C	C	C	A	A	A	A	A	C					A			C	A	
	全位置	A	C	C	C	A	A	A	A	A	C					A			C	A	
	设备成本	低	中	高	中	中	中	中	低	高	高	高	高	高	高	低	高	高	高	高	低
	焊接成本	低	低	低	中	低	中	低	中	中	低	中	中	中	中	中	高	低	高	中	中

注：A—好；B—可用；C——般不用。

12.1.2　热切割的原理和分类

热切割是利用热能将材料分离的方法。热切割方法的分类如图 12-3 所示。按照加热能源的不同，金属热切割大致可分为：气体火焰的热切割、气体放电的热切割和高能束流的热切割三种。

图 12-3　热切割方法的分类

（1）气体火焰热切割

气体火焰热切割是由金属氧化燃烧产生切割所需热量，氧化物或熔融物被切割氧流驱出的热切割方法。

① 气割。气割是采用气体火焰的热能将工件切口处预热到燃烧温度后，喷出高速切割氧流，使其燃烧并放出热量实施切割的方法。

气体火焰有：氧 - 乙炔焰、氧 - 丙烷焰、氧 - 液化石油气焰等。

② 氧熔剂切割。氧熔剂切割是在切割氧流中加入纯铁粉或其他熔剂，

利用它们的燃烧和造渣作用实现切割的方法。

氧熔剂切割有：金属粉末-火焰切割、金属粉末-熔化切割、矿石粉末-火焰切割等。

采用气体火焰热切割的方法还有：火焰气刨、火焰表面清理、火焰穿孔、火焰净化等。

（2）气体放电热切割

① 电弧-氧切割。电弧-氧切割是利用电弧加切割氧进行切割的热切割方法。电弧在空心电极与工件之间燃烧，由电弧和材料燃烧时产生的热量使材料能通过切割氧进行连续燃烧，熔融物被切割氧排出，反应过程沿移动方向进行而形成切口。

② 电弧-压缩空气气刨。电弧-压缩空气气刨是利用电弧及压缩空气在表面进行切割的热切割方法。

③ 等离子弧切割。采用等离子弧的热能实现切割的方法，分如下两种。

a. 转移电弧的等离子弧切割。转移电弧进行等离子弧切割时，工件处于切割电流回路内，故被切割的材料必须是导电的。

b. 非转移电弧的等离子弧切割。非转移电弧进行等离子弧切割时，工件不需要处于切割电流回路内，故可以切割导电及不导电的材料。

（3）高能束流的热切割

① 激光切割。采用激光束的热能实现切割的方法。

a. 激光-燃烧切割。激光-燃烧切割是利用激光束将适合于火焰切割的材料加热到燃烧状态而进行切割的方法。在加热部位含氧射流将材料加热至燃烧状态并沿移动方向进行时，产生的氧化物被切割氧流驱走而形成切口。

b. 激光-熔化切割。激光-熔化切割是利用激光束将可熔材料局部熔化的切割方法。熔化材料被气体（惰性的或反应惰性的气体）射流排出，在割炬移动或工件（金属或非金属）进给时产生切口。

c. 激光-升华切割。激光-升华切割是利用激光束局部加热工件，使材料受热部位蒸发的切割方法。高度蒸发的材料受气体（压缩空气）射流及膨胀的作用被驱出，在割炬移动或工件进给时产生切口。

② 电子束切割。电子束切割是利用电子束的能量将被切割材料熔化，熔化物蒸发或靠重力流出而产生切口。

12.2 钣金焊接接头形式及坡口的选择

12.2.1 焊接接头和坡口的基本形式及应用特点

(1) 焊接接头的特点及作用

用焊接的方法连接的接头称为焊接接头（简称接头）。熔焊时，不仅焊缝在焊接电弧作用下发生熔化到固态相变等一系列的变化，而且焊缝两侧相邻的母材，即熔合区和热影响区，也要发生一定的金相组织和力学性能的变化。所以说，焊接接头主要是由焊缝、熔合区和热影响区三部分组成的，如图 12-4 所示。

c表示焊缝宽度，h表示焊缝高度(余高)，s表示焊缝熔深

(a) 焊接接头的组成部分　　(b) 焊接接头尺寸

图 12-4　焊接接头示意图

1—焊缝；2—熔合区；3—热影响区；4—母材；

c—焊缝宽度；h—焊缝高度（余高）；s—焊缝熔深

1）焊接接头的主要作用

① 工作接头。主要进行工作力的传递，该接头必须进行强度计算，以确保焊接结构的安全可靠。

② 联系接头。虽然也参与力的传递，但主要作用是用焊接的办法使更多的焊件连接成一个整体，主要起连接作用。这类接头通常不作强度计算。

③ 密封接头。保证焊接结构的密封性、防止泄漏是其主要作用，可以同时是工作接头或联系接头。

2）焊接接头的特点

① 焊缝是焊件经过焊接后所形成的结合部分。通常由熔化的母材和焊材组成，有时也全由熔化的母材构成。

② 热影响区是在焊接过程中，母材因受热的影响（但是没有被熔化）金相组织和力学性能发生了变化的区域。

③ 熔合区是焊接接头中焊缝向热影响区过渡的区域。它是刚好加热

到熔点和凝固温度区间的那部分。

（2）焊接接头及坡口基本形式与应用特点

在焊接过程中，由于焊件的厚度、结构的形状及使用条件不同，其接头形式及坡口形式也不相同。根据 GB/T 985.1—2008《气焊、焊条电弧焊、气体保护焊和高能束焊的推荐坡口》，焊接不同的接头形式采用不同的焊接坡口。焊接接头的基本形式可分为对接接头、T 形接头、角接接头、搭接接头四种。有时焊接结构中还有一些其他类型的接头形式，如十字接头、端接接头、卷边接头、套管接头、斜对接接头、锁底对接接头等。

1）对接接头

两焊件端面相对平行的接头称为对接接头，对接接头在焊接结构中是采用最多的一种接头形式。

根据焊件的厚度、焊接方法和坡口准备的不同，对接接头可分为如下几种。

① 不开坡口对接接头。不开坡口对接接头也称为 I 形坡口对接接头，当钢板厚度在 6mm 以下，一般不开坡口，只留 1 ～ 2mm 的根部间隙，如图 12-5 所示。但这也不是绝对的，在有些重要的结构中，当钢板厚度大于 3mm 时要求开坡口。所谓坡口就是根据设计或工艺需要，在焊件的待焊部位加工出一定几何形状的沟槽。

图 12-5　I 形坡口的对接接头

② 开坡口对接接头。开坡口就是用机械、火焰或电弧等加工坡口的过程。将接头开成一定角度叫坡口角度，其目的是保证电弧能深入接头根部，使接头根部焊透，以便于清除熔渣获得较好的焊缝成形，而且坡口能起到调节焊缝金属中母材和填充金属比例的作用。钝边（焊件开坡口时，沿焊件厚度方向未开坡口的端面部分）是为了防止烧穿，但钝边的尺寸要保证第一层焊缝能焊透。根部间隙（焊前，在接头根部之间预留的空隙）也是为了保证接头根部能焊透。

板厚大于 6mm 的钢板，为了保证焊透，焊前必须开坡口。坡口主要形式如下。

a. V 形坡口。钢板厚度为 7 ～ 40mm 时，采用 V 形坡口。V 形坡口有：V 形坡口、钝边 V 形坡口、单边 V 形坡口、带钝边单边 V 形坡口四种，如图 12-6 所示。V 形坡口的特点是加工容易，但焊后焊件易产生角变形。

图 12-6　V 形坡口

b. 双 V 形坡口。钢板厚度为 12～60mm 时可采用双 Y 形或双 V 形坡口，也称为 X 形坡口，如图 12-7 所示。X 形坡口与 V 形坡口相比较，具有在相同厚度下，能减少焊着金属量约二分之一，焊件焊后变形和产生的内应力也小些。所以它主要用于大厚度及要求变形较小的结构中。

图 12-7　X 形坡口对接接头

c. U 形坡口。U 形坡口有带钝边 U 形坡口、带钝边双 U 形坡口、带钝边 J 形坡口，如图 12-8 所示。当钢板厚度为 20～60mm 时，采用带钝边 U 形坡口，当厚度为 40～60mm 时采用带钝边双 U 形坡口。

图 12-8　U 形坡口

　　U 形坡口的特点是焊着金属量最少，焊件产生的变形也较小，焊缝金属中母材金属占的比例也比较小。但这种坡口加工较困难，一般应用于较重要的焊接结构。

　　不同厚度的钢板对接焊接时，如果厚度差（$\delta-\delta_1$）不超过表 12-4 的规定时，则接头基本形式与尺寸应按较厚板的尺寸数据选取。如果对接钢板的厚度差超过表 12-4 的规定，则应在较厚的板上开出单面［如图 12-9（a）所示］和双面［如图 12-9（b）所示］的削薄部分，其削薄长度为 $L \geqslant 3$（$\delta-\delta_1$）。

(a)　　　　　　　　　　　　　　(b)

图 12-9　不同厚度板的对接要求

表 12-4　不同厚度钢板对接的厚度差范围表　　　　　　　mm

较薄板的厚度 δ_1	$\geqslant 2 \sim 5$	$> 5 \sim 9$	$> 9 \sim 12$	> 12
允许厚度差（$\delta-\delta_1$）	1	2	3	4

　　2）T 形接头

　　一焊件的端面与另一焊件表面构成直角或近似直角的接头，称为 T 形接头，T 形接头的形式如图 12-10 所示。T 形接头在焊接结构中被广泛地采用。特别是造船厂的船体结构中，约 70% 的焊缝是这种接头形式。按照焊件厚度和坡口准备的不同，T 形接头可分为不开坡口、单边 V 形、带钝边双单边 V 形坡口及带钝边双 J 形四种形式。

(a) 不开坡口　　　(b) 单边V形坡口　　　(c) 带钝边双单边V形坡口　　　(d) 带钝边双J形坡口

图 12-10　T 形接头

　　T 形接头作为一般联系焊缝，钢板厚度在 2 ～ 30mm 时，可采用不开坡口的形式，它不需要较精确的坡口准备。若 T 形接头的焊缝要求承受载荷，则应按照钢板厚度和对结构强度的要求，可分别选用单边 V 形、带钝边双单边 V 形或带钝边双 J 形等坡口形式，使接头能焊透，保证接头强度。

3）角接接头

两焊件端面间构成角度大于 30°，但小于 135° 夹角的接头，称为角接接头。角接接头形式如图 12-11 所示。

(a) I形坡口　　(b) 单边V形坡口　　(c) 带钝边V形坡口　　(d) 带钝边双单边V形坡口

图 12-11　角接接头

角接接头一般用于不重要的焊接结构中。根据焊件厚度和坡口准备的不同，角接接头可分为 I 形坡口、单边 V 形坡口、带钝边 V 形坡口及带钝边双单边 V 形坡口四种形式，但开坡口的角接接头在一般结构中较少采用。

4）搭接接头

两焊件部分重叠构成的接头称为搭接接头。搭接接头根据其结构形式和对强度的要求不同，可分为不开坡口、塞焊缝或槽焊缝，如图 12-12 所示。

(a) 不开坡口　　(b) 塞焊缝　　(c) 槽焊缝

图 12-12　搭接接头

不开坡口的搭接接头，一般用于 12mm 以下钢板，其重叠部分为 3～5 倍板厚，并采用双面焊接。这种接头的装配要求不高，也易于装配，但这种接头承载能力低，所以只用在不重要的结构中。

当遇到重叠钢板的面积较大时，为了保证结构强度，可根据需要分别选用圆孔塞缝和长孔槽焊缝的接头形式。这种形式特别适合于被焊结构狭小处及密闭的焊接结构，塞焊缝和槽焊缝的大小和数量要根据板厚和对结构的强度要求而定。

5）板料接头

气焊过程中常用的板料接头如图12-13（接头形式）所示。

(a) 卷边接头　　　　　(b) 对接接头　　　　　　　　　(c) 角接接头

(d) T形接头　　　　　　　　　　　　　　(e) 搭接接头

图 12-13　板料接头

6）棒料接头

气焊过程中常用的棒料接头如图12-14（接头形式）所示。

(a) 不开坡口接头　　　(b) 开坡口对接接头　　　(c) X形坡口对接接头

(d) 圆周坡口对接接头　　　　　　　(e) 搭接接头

图 12-14　棒料接头

7）坡口的名称及几何尺寸

①坡口面。待焊件上的坡口表面叫坡口面。

②坡口面角度和坡口角度。

a. 坡口面角度。待加工坡口的端面与坡口面之间的夹角称为坡口面角度，如图12-15所示。

b. 坡口角度。两坡口面之间的夹角称为坡口角度，如图12-16所示。

图 12-15　坡口的几何尺寸名称

c. 根部间隙。焊前在接头根部之间预留的空隙称为根部间隙。其作用是打底焊时能保证根部焊透。

d. 钝边。焊件开坡口时，沿焊件接头坡口根部的端面直边部分称为钝边。钝边的作用是防止根部烧穿。

e. 根部半径。在 J 形、U 形坡口底部的圆角半径称为根部半径，

图 12-16　焊缝倾角

如图 12-16 所示。它的作用是增大坡口根部的空间，使焊条或焊丝伸入根部，有利于根部焊透。

气焊、手工电弧焊及气体保护焊焊缝坡口的基本形式与尺寸可参阅 GB/T 985.1—2008《气焊、焊条电弧焊、气体保护焊和高能束焊的推荐坡口》标准；埋弧焊焊缝坡口的基本形式与尺寸可参阅 GB/T 985.2—2008《埋弧焊的推荐坡口》标准；铝及铝合金气体保护焊焊缝坡口的基本形式与尺寸可参阅 GB/T 985.3—2008《铝及铝合金气体保护焊的推荐坡口》标准。

12.2.2　焊接位置及焊缝形式和焊接参数的选择

（1）焊接位置

焊接位置即熔焊时，焊件接缝所处的空间位置，可用焊缝倾角来表示，并有平焊、立焊、横焊和仰焊等位置之分。焊缝倾角，即焊缝轴线与水平面之间的夹角，如图 12-17 所示。

① 平焊位置。焊缝倾角为 0°，焊缝转角为 90° 的焊接位置，如图 12-17（a）所示。

② 横焊位置。焊缝倾角为 0°、180°，焊缝转角为 0°、180° 的对接位置，如图 12-17（b）所示。

③ 立焊位置。焊缝倾角为 90°（立向上）、270°（立向下）的焊接位置，如图 12-17（c）所示。

(a) 平焊 (b) 横焊 (c) 立焊　(d) 仰焊　　　(e) 平角焊　(f) 仰角焊

图 12-17　各种焊接位置

④ 仰焊位置。对接焊缝倾角为 0°、180°，转角为 270° 的焊接位置，如图 12-17（d）所示。

⑤ 平角焊位置。角焊缝倾角为 0°、180°，转角为 45°、135° 的角焊位置，如图 12-17（e）所示。

⑥ 仰角焊位置。角焊缝倾角为 0°、180°，转角为 45°、315° 的角焊位置，如图 12-17（f）所示。

在平焊位置、横焊位置、立焊位置、仰焊位置进行的焊接，分别称为平焊、横焊、立焊、仰焊。T 形、十字形和角接接头处于平焊位置进行的焊接称为船形焊。工程上常用的水平固定管焊接（管子 360° 焊接）有仰焊、立焊、平焊，所以称为全位置焊接。当焊件接缝置于倾斜位置（除平、横、立、仰焊位置以外）时进行的焊接称为倾斜焊。

（2）焊缝形式及形状尺寸

① 焊缝形式。焊缝是焊件经焊接后所形成的结合部分。

按不同的分类方法，焊缝可分为下列几种形式。

a. 按焊缝在空间所处的位置不同可分为：平焊缝、立焊缝、横焊缝、仰焊缝四种形式。

b. 按焊缝结合形式不同可分为：对接焊缝、角焊缝、塞焊缝。

c. 按焊缝断续情况可分为：定位焊缝、连续焊缝、断续焊缝。

② 焊缝形状尺寸。焊缝的形状用几何尺寸来表示，不同形式的焊缝，其形状参数也不一样。

a. 焊缝宽度。焊缝表面与母材的交界处叫焊趾，焊缝表面两焊趾之间的距离称为焊缝宽度，如图 12-18 所示。

b. 余高。超出母材表面焊趾连线上面的那部分焊缝金属的最大高度称为余高。在静载下它有一定的加强作用，所以它又叫加强高。但在动载或交变载荷下，它非但不起加强作用，反而因焊趾处应力集中而易于使其脆断。所以余高不能低于母材但也不能过高。手弧焊时的余高值为

0～3mm。

图 12-18　焊缝宽度

c. 熔深。在焊接接头横截面上，母材或前焊道焊缝熔化的深度称为熔深，如图 12-19 所示。

d. 焊缝厚度。在焊缝横截面中，从焊缝正面到焊缝背面的距离称为焊缝厚度，见图 12-20。焊缝计算厚度是设计焊缝时使用的焊缝厚度。对接焊缝焊透时它等于焊件的厚度；角焊缝时它等于在角焊缝横截面内画出的最大等腰直角三角形中，从直角的顶点到斜边的垂线长度习惯上也称喉厚，见图 12-20。

e. 焊脚。角焊缝的横截面中，从一个直角面上的焊趾到另一个直角面表面的最小距离，称为焊脚。在角焊缝的横截面中画出的最大等腰直角三角形中直角边的长度称为焊脚尺寸，如图 12-20 所示。

图 12-19　熔深

图 12-20　焊缝厚度及焊脚

f. 焊缝成形系数。熔焊时，在单道焊缝横截面上焊缝宽度（B）与焊缝计算厚度（H）的比值（$\phi=B/H$）称为焊缝成形系数。该系数值小，则表示焊缝窄而深，这样的焊缝中容易产生气孔和裂纹，所以焊缝成形系数应该保持一定的数值，例如埋弧自动焊的焊缝成形系数 ϕ 要大于 1.3。

g. 熔合比。熔合比是指熔焊时，被熔化的母材在焊道金属中所占的百分比。

焊缝形式及形状尺寸在图样上的表示法可参阅 GB/T 324—2008《焊缝符号表示法》。

（3）焊接参数及其对焊缝形状的影响

焊接参数是指焊接时为保证焊接质量而选定的诸多物理量（例如，焊接电流、电弧电压、焊接速度、线能量等）的总称。

焊接参数选择得正确与否，直接影响焊缝的形状、尺寸、焊接质量和生产率，因此选择合适的焊接参数是焊接生产不可忽视的一个重要问题。

① 焊接电流。焊接时，流经焊接回路的电流称为焊接电流。焊接电流的大小是影响焊接生产率和焊接质量的重要因素之一。

增大焊接电流能提高生产率，但电流过大易造成焊缝咬边、烧穿等缺陷，同时增加了金属熔渣飞溅，也会使接头组织因过热而发生变化。而电流过小也易造成夹渣、未焊透等缺陷，降低焊接接头的力学性能，所以应适当选择其电流。焊接时决定电流强度的因素很多，如焊条类型、焊条直径、焊件厚度、接头形式、焊缝位置和层数等，但主要因素是焊条或焊丝直径、焊缝位置和焊条类型。

焊接电流对焊缝形状的影响，以埋弧自动焊为例，由埋弧自动焊实验得出：焊接过程中，当其他因素不变时，增加焊接电流则电弧吹力增强，使焊缝有效厚度增大，但电弧摆动小，所以焊缝宽度变化不大。另外由于焊接电流增大，填充金属（焊丝）的熔化速度也相应增快，因此焊缝余高稍有增加。

② 电弧电压。电弧电压与电弧长度成正比关系。电弧长，电弧电压高；电弧短，电弧电压低。在焊接过程中，电弧不宜过长，否则会出现下列几种不良现象。

a. 电弧燃烧不稳定，易摆动，电弧热能分散，金属熔渣飞溅增多，造成金属和电能的浪费。

b. 焊缝有效厚度小，容易产生咬边、未焊透、焊缝表面高低不平整、焊波不均匀等缺陷。

c. 对熔化金属的保护差，空气中氧、氮等有害气体容易侵入，使焊缝产生气孔的可能性增加，焊缝金属的力学性能降低。

电弧电压对焊缝形状的影响是：当其他条件不变时，电弧电压增加焊缝宽度显著增加，而焊缝有效厚度和余高将略有减少。这是因为电弧电压增加意味着电弧长度的增加，因此电弧摆动范围扩大而导致焊缝宽度增加。其次，弧长增加后，电弧的热量损失加大，所以用来熔化母材和焊丝的热量减少，相应焊缝厚度和余高就略有减小。

焊接电流是决定焊缝有效厚度的主要因素，而电弧电压则是影响焊缝宽度的主要因素。为得到良好的焊缝形状，即得到符合要求的焊缝成形系数，这两个因素是互相制约的，即一定的电流要配合一定的电压，不应该将一个参数在大范围内任意变动。

③ 焊接速度。焊接速度对焊缝有效厚度和焊缝宽度有明显影响。当焊接速度增加时，焊缝有效厚度和焊缝宽度都大为下降。这是因为焊接速度增加时，焊缝中单位时间内输入的热量减少了。

从焊接生产率考虑，焊接速度愈快愈好。但当焊缝有效厚度要求一定时，为提高焊接速度，就得进一步提高焊接电流和电弧电压，所以，这三个工艺参数应该在一起进行综合考虑并选用。

④ 其他工艺参数及因素对焊缝形状的影响。电弧焊除了上述三个主要工艺参数外，其他工艺参数及因素对焊缝形状也有一定的影响。

a. 电极（焊丝）直径和焊丝外伸长度。当焊接电流不变时，随着焊丝直径的增大，电流密度减小，电弧吹力减弱，电弧的摆动作用加强，使焊缝宽度增加而焊缝有效厚度稍减小；焊丝直径减小时，电流密度增大，电弧吹力加大使焊缝有效厚度增加。故用同样大小的电流焊接时，小直径焊丝可获得较大的焊缝有效厚度。

当焊丝外伸长度增加时，则电阻热作用增大，使焊丝熔化速度增快，以致焊缝有效厚度稍有减少，余高略有增加。

b. 焊丝倾斜的影响。焊接时焊丝位置有垂直，也有倾斜方式，焊丝倾斜对焊缝形状具有一定的影响。

焊丝向焊接方向倾斜称为后倾，反焊接方向倾斜则称为前倾，见图 12-21。焊丝后倾时，电弧吹力对熔池液态金属的作用加强，有利于电弧的深入，故焊缝有效厚度和余高增大，而焊缝宽度明显减小。焊丝前倾时，电弧对熔池前面的焊件预热作用加强，使焊缝宽度增大，而焊缝有效厚度减小。

c. 焊件倾斜的影响。有时焊件因处于倾斜位置，因此有上坡焊和下坡焊之分，如图 12-22 所示。

(a) 焊丝后倾　　(b) 焊丝前倾

焊接方向

图 12-21　焊丝倾斜

(a) 下坡焊　　(b) 上坡焊

图 12-22　焊件倾斜

当进行上坡焊时，熔池液体金属在重力和电弧力作用下流向熔池尾部，电弧能深入到加热熔池底部的金属，从而使焊缝有效厚度和余高都增加。同时，溶池前部加热作用减弱，电弧摆动范围减小，因此焊缝宽度减小。上坡角度愈大，影响也愈明显。当上坡角度 $\alpha=6°\sim12°$ 时，焊缝就会因余高过大，两侧出现咬边而使成形恶化。因此，在自动电弧焊时，尽量避免采用上坡焊。

下坡焊的情况正好相反，即焊缝有效厚度和余高略有减小，而焊缝宽度略有增加。因此倾角 $\alpha=6°\sim8°$ 的下坡焊可使表面焊缝成形得到改善，手弧焊焊薄板时，常采用下坡焊。这是因为一方面它能避免焊件烧穿，另一方面可以得到光滑的焊缝表面成形。如果倾角过大，则会导致未焊透和熔池铁水溢流，使焊缝成形恶化。

⑤ 装配间隙与坡口大小。当其他条件不变时，增加坡口深度和宽度或增加装配间隙，焊缝有效厚度、宽度均略有增加，而余高显著减小。

除了上述因素外，焊剂的成分、密度、颗粒度及堆积高度，保护气体的成分，母材金属的化学成分等对焊缝的形状均有影响。

12.3　钣金焊缝符号及其标注方法

12.3.1　焊缝符号及组成

在图样上标注焊接方法、焊缝形式和焊缝尺寸的符号称为焊缝代号。

（1）基本符号

基本符号是表示焊缝横截面形状的符号，它采用近似于焊缝横截面形状的符号来表示，见表 12-5。

表 12-5　基本符号

序号	名称	示意图	符号
1	卷边焊缝 （卷边完全熔化）		八
2	I 形焊缝		‖
3	V 形焊缝		∨
4	单边 V 形焊缝		⼳
5	带钝边 V 形焊缝		Y
6	带钝边单边 V 形焊缝		⼪
7	带钝边 U 形焊缝		Y
8	带钝边 J 形焊缝		⼪
9	封底焊缝		⌣
10	角焊缝		◺
11	塞焊缝或槽焊缝		⊓
12	点焊缝		○

序号	名称	示意图	符号
13	缝焊缝		⊕
14	陡边V形焊缝		Ⅴ
15	陡边单V形焊缝		Ⅴ
16	端焊缝		‖‖
17	堆焊缝		◠◠
18	平面连接（钎焊）		=
19	斜面连接（钎焊）		∥
20	折叠连接（钎焊）		⊋

（2）基本符号的组合形式

标注双面焊焊缝或接头时，基本符号可以组合使用，见表12-6。基本符号的应用示例见表12-7。

表 12-6　基本符号的组合形式

序号	名称	示意图	符号
1	双面 V 形焊缝 （X 焊缝）		╳
2	双面单 V 形焊缝 （K 焊缝）		K
3	带钝边的双面 V 形 焊缝		Ⴟ
4	带钝边的双面单 V 形焊缝		Ƙ
5	双面 U 形焊缝		Ⴖ

表 12-7　基本符号的应用示例

序号	符号	示意图	标注示例	备注
1	V			
2	Y			
3	◺			
4	╳			
5	K			

（3）补充符号

① 补充符号是为了补充说明焊缝或接头的某些特征（诸如表面形状、衬垫、焊缝分布、施焊地点等）而采用的符号，补充符号见表12-8。

② 补充符号的应用示例，见表12-9。

③ 补充符号的标注示例，见表12-10。

表12-8　补充符号

序号	名称	符号	说明
1	平面		焊缝表面通常经过加工后平整
2	凹面		焊缝表面凹陷
3	凸面		焊缝表面凸起
4	圆滑过渡		焊趾处过渡圆滑
5	永久衬垫	M	衬垫永久保留
6	临时衬垫	MR	衬垫在焊接完成后拆除
7	三面焊缝		三面带有焊缝
8	周围焊缝	○	沿着工件周边施焊的焊缝 标注位置为基准线与箭头线的交点处
9	现场焊缝		在现场焊接的焊缝
10	尾部	<	可以表示所需的信息

表12-9　补充符号应用示例

序号	名称	示意图	符号
1	平齐的V形焊缝		
2	凸起的双面V形焊缝		
3	凹陷的角焊缝		

435

续表

序号	名称	示意图	符号
4	平齐的 V 形焊缝和封底焊缝		
5	表面过渡平滑的角焊缝		

表 12-10 补充符号标注示例

序号	符号	示意图	标注示例
1			
2			
3			

12.3.2 焊缝基本符号及指引线的位置规定

（1）基本要求

在焊缝符号中，基本符号和指引线为基本要素。焊缝的准确位置通常由基本符号和指引线之间的相对位置决定，基本位置包括箭头线的位置、基准线的位置和基本符号的位置。

（2）指引线

指引线一般由带有箭头的指引线（简称箭头线）和两条基准线（一条为实线，另一条为虚线）两部分组成，如图 12-23 所示。

图 12-23 指引线

（3）箭头线

箭头线直接指向接头侧为"接头的箭头侧"，与之相对的一侧为"接头的非箭头侧"，如图 12-24 所示。

图 12-24 接头的"箭头侧"及"非箭头侧"示例

（4）基准线

基准线一般应与图样的底边相平行，必要时亦可与底边相垂直。实线和虚线的位置可根据需要互换。

（5）基本符号与基准线的相对位置

为了能在图样上确切地表示焊缝的位置，特将基本符号相对基准线的位置作如下规定。

① 基本符号在实线侧时，表示焊缝在箭头侧，如图 12-25（a）所示。

② 基本符号在虚线侧时，表示焊缝在非箭头侧，如图 12-25（b）所示。

③ 对称焊缝允许省略虚线，如图 12-25（c）所示。

④ 在明确焊缝分布位置的情况下，有一些组织双面焊缝也可以省略虚线，如图 12-25（d）所示。

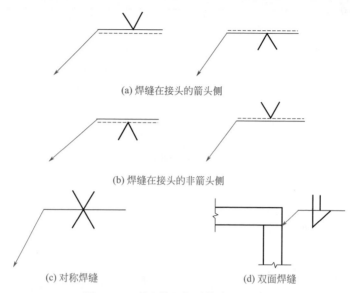

(a) 焊缝在接头的箭头侧

(b) 焊缝在接头的非箭头侧

(c) 对称焊缝　　　　　　(d) 双面焊缝

图 12-25　基本符号相对基准线的位置

12.3.3　焊缝尺寸符号及其标注示例

(1) 一般要求

必要时可在焊缝符号中标注尺寸。焊缝尺寸符号见表 12-11。

表 12-11　焊缝尺寸符号

符号	名称	示意图	符号	名称	示意图
δ	工件厚度		c	焊缝宽度	
α	坡口角度		K	焊脚尺寸	
β	坡口面角度		d	点焊：熔核直径 塞焊：孔径	
b	根部间隙		n	焊缝段数	

符号	名称	示意图	符号	名称	示意图
p	钝边		l	焊缝长度	
R	根部半径		e	焊缝间距	
H	坡口深度		N	相同焊缝数量	
S	焊缝有效厚度		h	余高	

（2）标注规则

焊缝尺寸符号的标注方法，如图 12-26 所示。

图 12-26　焊缝尺寸的标注方法

① 焊缝横向尺寸，标在基本符号的左侧。

② 焊缝纵向尺寸，标在基本符号的右侧。

③ 坡口角度、坡口面角度、根部间隙等尺寸，标在基本符号的上侧或下侧。

④ 相同焊缝数量符号，标在尾部（国际标准 ISO 2553 对相同焊缝数量及焊缝段数未作明确区分，均用 n 表示）。

⑤ 当需要标注的尺寸较多又不易分辨时，可在尺寸数据前面标注相应的尺寸符号。

当箭头线方向变化时，上述原则不变。

（3）焊缝尺寸的标注示例

焊缝尺寸的标注示例，见表 12-12。

表 12-12 焊缝尺寸的标注示例

序号	名称	示意图	尺寸符号	标注方法
1	对接焊缝		S：焊缝有效厚度	
2	连续角焊缝		K：焊脚尺寸	
3	断续角焊缝		l：焊缝长度 e：间距 n：焊缝段数 K：焊脚尺寸	
4	交错断续角焊缝		l：焊缝长度 e：间距 n：焊缝段数 K：焊脚尺寸	
5	塞焊缝或槽焊缝		l：焊缝长度 e：间距 n：焊缝段数 c：槽宽	
			e：间距 n：焊缝段数 d：孔径	
6	点焊缝		n：焊点数量 e：焊点距 d：熔核直径	
7	缝焊缝		l：焊缝长度 e：间距 n：焊缝段数 c：焊缝宽度	

（4）焊缝符号应用举例

焊缝符号应用举例，见表 12-13。

表 12-13　焊缝符号应用举例

序号	符号	示意图	图示法	标注方法
1	$\parallel$			
2	V			
3	⊬			
4	◁			
5	◿			

续表

序号	符号	示意图	图示法	标注方法
6	双面 ‖			
7	⋁ ⊃			
8	双面 ⋁			
9	双面 丫			
10	⋁ 丫			

续表

序号	符号	示意图	图示法	标注方法
11	△			
12	⋈			
13	(X)			
14	⋌			
15	8			

续表

序号	符号	示意图	图示法	标注方法
16	⊓			
17	∟			
18	Φ			
19	○			

（5）焊缝符号的简化标注

焊缝符号的简化标注方法，见表 12-14。

表 12-14　焊缝符号的简化标注方法

序号	视图或剖视图的画法示例	焊缝符号及定位尺寸的简化注法示例	说明
1		$s \, \text{II} \, n \times l(e)$	断续 I 形焊缝在箭头侧，其中 L 是确定焊缝起始位置的定位尺寸
		$s \, \text{II} \, l(e)$	焊缝符号标注中省略了焊缝段数和非箭头侧的基准线（虚线）
2		$K \frac{n \times l(e)}{} \quad K \frac{n \times l(e)}{}$	对称断续角焊缝，构件两端均有焊缝
		$K \, l(e) \quad K \, l(e)$	焊缝符号标注中省略了焊缝段数，焊缝符号中的尺寸只在基准线上标注了一次
3		$K \frac{n \times l}{n \times l} \frac{(e)}{(e)}$	交错断续角焊缝，其中 L 是确定箭头侧焊缝起始位置的定位尺寸；工件在非箭头侧两端均有焊缝
		$K \, l \frac{(e)}{}$	说明见序号 2

铼工自学·考证·上岗一本通

续表

序号	视图或剖视图的画法示例	焊缝符号及定位尺寸的简化注法示例	说明
4			交错断续角焊缝，其中 L_1 是确定箭头侧焊缝起始位置的定位尺寸；L_2 是确定非箭头侧焊缝起始位置的定位尺寸
			说明见序号 2
5			塞焊缝在箭头侧；其中 L 是确定焊缝起始孔中心位置的定位尺寸
			说明见序号 1
6			槽焊缝在箭头侧；其中 L 是确定焊缝起始槽对称中心位置的定位尺寸
			说明见序号 1
7			点焊缝位于中心位置；其中 L 是确定焊缝起始焊点中心位置的定位尺寸
			焊缝符号标注中省略了焊缝段数
8			点焊缝偏离中心位置，在箭头侧
			说明见序号 1

序号	视图或剖视图的画法示例	焊缝符号及定位尺寸的简化注法示例	说明
9		$d\ n×(e_1)(e_2)$ $\quad$ $d\ n×(e_1)(e_2)$ L $\quad$ L	两行对称点焊缝位于中心位置；其中 e_1 是相邻两焊点中心的间距；e_2 是点焊缝的行间距；L 是确定第一列焊缝起始焊点中心位置的定位尺寸
	L e_1 d e_2	$d\ (e_1)(e_2)$ $\quad$ $d\ (e_1)(e_2)$ L $\quad$ L	说明见序号 7
10	L_1 e_1 d e_2 L_2 e_1	$d\ n×(e_1)\ (e_2)$ $\quad$ $d\ n×(e_1)\ (e_2)$ L_1 $\quad$ L_1 L_2 $\quad$ L_2	交错点焊缝位于中心位置，其中 L_1 是确定第一行焊缝起始焊点中心位置的定位尺寸；L_2 是确定第二行焊缝起始焊点中心位置的定位尺寸
		$d\ (e_1)\ (e_2)$ $\quad$ $d\ (e_1)\ (e_2)$ L_1 $\quad$ L_1 L_2 $\quad$ L_2	说明见序号 2
11	l e l c	$c\ n×l(e)$ $\quad$ $c\ n×l(e)$	缝焊缝位于中心位置；其中 l 是确定起始缝对中心位置的定位尺寸
		$c\ l(e)$ $\quad$ $c\ l(e)$	说明见序号 7

续表

序号	视图或剖视图的画法示例	焊缝符号及定位尺寸 的简化注法示例	说明
12		$c \overset{n\times l(e)}{\bullet}$ $c \overset{n\times l(e)}{\bullet}$ $c \overset{l(e)}{\bullet}$ $c \overset{l(e)}{\bullet}$	缝焊缝偏离中心位置，在箭头侧；说明见序号 11 说明见序号 1

注：1. 图中 L、L_1、L_2、l、e、e_1、e_2、s、d、c、n 等是尺寸代号，在图样中应标出具体数值。

2. 在焊缝符号标注中省略焊缝段数和非箭头侧的基准线（虚线）时，必须认真分析，不得产生误解。

12.4 钣金焊接操作工艺与操作技巧

12.4.1 焊条电弧焊引弧技巧

焊条电弧焊时，引燃电弧的过程称为引弧。引弧是焊条电弧技能操作中最基本的动作，如果引弧的方法不当会产生气孔、夹渣等焊接缺陷。

把焊机的搭铁线（地线）与焊接用支架连接在一起，并把工件平放到焊接支架上。也可以把焊接电缆的地线固定在一块方钢上，便于使用时随时移动，如图 12-27 所示。

图 12-27 固定焊接电缆的方钢

焊条的装夹：引弧准备工作完成后，通常左手从焊条筒中取出适合焊接的焊条，右手手持焊钳，用大拇指按下焊钳的弯臂，用力打开焊钳的夹持部位，左手把焊条裸露的夹持端放进焊钳钳口夹持位置的凹槽内，这时立即松开焊钳的弯臂。不得夹在槽外或夹在焊条的药皮上，防止夹持不牢固或接触不良而影响焊接。

引弧操作：右手四个手指由下自上握住焊钳手柄，握住的位置尽量靠前，但也不能太靠近焊条端，以免焊接产生的热量烧伤手腕，大拇指放在与焊钳手柄方向一致的位置上。不要过分用力，以免焊接时右手的过度疲劳。左手手持焊接面罩，作准备引弧的保护姿势。焊接面罩一定要拿稳定，以免晃动产生焊接错觉。当焊钳握好，并找准了引弧的位置且保持稳定时，开始进行引弧。引弧开始时立即同步地用焊接面罩遮住操作者的整个面部，以免焊接弧光伤害到操作者的眼睛和面部。

焊条电弧焊一般不采用不接触引弧方法，主要采用接触引弧方法。引弧的方法有两种，即直击法和划擦法。

① 直击法技巧。焊条电弧焊开始前，先将焊条的末端与焊件表面垂直轻轻一碰，便迅速将焊条提起，保持一定的距离，通常是 2 ～ 4mm 左右，电弧随之引燃并保持一定的温度燃烧，如图 12-28 所示。

(a) 直击法操作示意图　　(b) 直击法接头处的引弧

图 12-28　直击法引弧

直击法引弧的优点是：不会使焊件表面造成电弧划伤的缺陷，又不受焊件表面大小及焊件形状的限制，不足的地方是引弧成功率比较低，焊条与焊件往往要碰击几次才能使电弧引燃并保持稳定燃烧，操作不容易掌握。

② 划擦法技巧。将焊条末端对准引弧处，然后将手腕扭动一下，像划火柴一样，使焊条在引弧处轻微划擦一下，划动长度一般为 20mm 左右，电弧引燃后，立即使弧长保持在 2 ～ 4mm，并保持电弧燃烧稳定，如图 12-29 所示。

这种引弧方法的优点是电弧容易燃烧，操作简单，引弧效率高，缺点是容易损坏焊件的表面，有电弧划伤的痕迹，在焊接正式产品时应该尽量少用。

(a) 划擦法操作示意图　　(b) 划擦法接头处的引弧

图 12-29　划擦法引弧

　　以上两种方法相比，划擦法比较容易掌握，但是在狭小工作面上或不允许烧伤焊件表面时，应该采用直击法引弧。直击法对初学者较难掌握，一般容易发生电弧熄灭或造成短路的现象，这是由于没有掌握好离开焊件时的速度或保持距离不适当。如果操作时焊条上拉太快或提得太高，都不能引燃电弧或电弧只燃烧一瞬间就熄灭了。相反，动作太大则可能使焊条与焊件粘在一起，造成焊接回路的短路。

　　引弧时如果焊条和焊件粘在一起，只要将焊条左右摆动几下，就可以脱离焊件。如果此时还不能脱离焊件，就应该立即将焊钳放松，使焊接回路断开，待焊条稍冷后再拆下。如果焊条粘住的时间过长，就会因为过大的短路电流使焊机烧坏。因此，引弧时手腕动作必须灵活和准确，而且要选择好引弧起始点的位置。

　　酸性焊条引弧时可以采用直击法或划擦法，但是碱性焊条引弧时，最好采用划擦法引弧，因为直击法引弧容易在焊缝中产生气孔。为了引弧方便，焊条的末端应该裸露出焊芯，如果焊条的端部有药皮套筒，可戴手套捏除。

12.4.2　焊条电弧焊运条技巧与诀窍

　　焊接过程中，焊条相对焊缝所做的各种动作的总称叫运条。运条是整个焊接过程的重要环节，运条的好坏直接影响到焊缝的外表成形和内在的质量，也是衡量焊接操作技术水平的重要标志之一。

　　(1) 运条的基本动作

　　运条分三个基本的动作，即焊条沿中心线向熔池送进、焊条沿焊接方向的移动和焊条在焊缝宽度做横向摆动（平敷焊时可不做横向摆动），如图 12-30 所示。

　　① 焊条沿中心线向熔池送进的技巧。焊接时要保持电弧的长度不变，

则焊条向熔池方向送进的速度要与焊条熔化的速度相等（图12-31）。如果焊条送进的速度小于焊条熔化的速度，则电弧的长度将逐渐增加，导致断弧的现象发生〔图12-32（a）〕；如果焊条送进的速度太快，就会导致电弧迅速缩短，使焊条末端与焊件接触发生短路的现象，同时电弧也会随之而熄灭〔图12-32（b）〕。如果运送过快，焊条就会粘在焊件上。

图 12-30　运条的基本动作　　　　图 12-31　电弧长度始终相等

图 12-32　焊条送进速度

　　实际操作中焊条的送进速度代表着焊条熔化的快慢，可以通过改变电弧长度来调节焊条熔化的快慢，弧长的变化将影响焊缝的熔深及熔宽，长弧（弧长大于焊条的直径）焊接时，虽然可以加大熔宽，但电弧却飘忽不定，保护效果也差，飞溅大，熔深浅，焊接质量也会下降。所以一般情况下，应该尽量采用短弧（弧长等于或小于焊接直径）焊接。

　　② 焊条沿焊接方向移动的技巧。焊条沿焊接方向移动逐渐形成了焊道（图12-33）。焊条沿焊接方向移动的快慢代表着焊接速度，即每分钟焊接的焊缝长度。焊条的移动速度对焊缝质量、焊接生产效率有很大的影响。如果焊条移动的速度太快，电弧还来不及熔化足够的焊条与母材金属，产生未熔透或焊缝较窄的不良现象；如果焊条移动的速度太慢，就会造成焊缝过高、过宽、外形不整齐；在焊接较薄焊件时容易烧穿。因此，移动的速度要根据具体的焊接情况而适当进行，使焊缝均匀美观。

③ 焊条在焊缝宽度作横向摆动的技巧。焊条横向摆动作用是为了获得一定的焊缝宽度，如图 12-34 所示，并保证焊缝两侧熔合良好。其摆动幅度应根据焊缝宽度的要求（如焊件厚度、坡口形式、焊缝层次）和焊条直径来决定，一般情况焊件越厚焊条摆动的幅度就越大 ［图 12-35（a）］，V 形坡口比 I 形坡口摆动要大 ［图 12-35（b）］，外层焊要比内层焊摆动要大 ［图 12-35（c）］。

图 12-33　焊道的形成　　　　图 12-34　焊条横向的摆动

图 12-35　焊条横向摆动幅度

横向摆动时力求均匀一致，使焊缝宽度整齐美观。这一点可以通过观察焊机上的电流表和电压表确定，如两指针只做微小的摆动，就表明动作十分均匀了；如果两指针摆动的幅度很大，表明动作还不够熟练，需要进一步加强训练。

（2）运条的基本方法、技巧与诀窍

运条的方法有很多，操作者可以根据焊接接头形式、装配间隙、焊缝的空间位置、焊条直径与性能、焊接电流及操作熟练程度等因素合理地选择各种运条方法。运条常用的方法有直线形运条法、直线往复运条法、锯齿形运条法、月牙形运条法、斜三角形运条法、正三角形运条法、正圆圈形运条法、斜圆圈形运条法、8 字形运条法等，如表 12-15 所示。

表 12-15　运条的基本方法、技巧与诀窍

序号	运条方法	图　示	说　明
1	直线形		焊条沿焊接方向直线运动，电弧燃烧很稳定，可获得较大熔深
2	直线往复		焊接过程中，焊条末端沿着焊缝的纵向做往复直线运动
3	锯齿形		焊条末端在向前移动的同时，连续在横向做锯齿摆动，焊条末端摆动到焊缝两侧应稍停片刻，防止焊缝出现咬边的缺陷
4	月牙形		焊条末端沿着焊接方向做月牙形横向摆动，摆动的幅度要根据焊缝的位置、接头形式、焊接宽度和焊接电流的大小来决定
5	斜三角形		焊条末端做连续的斜三角形运动，并不断地向前移动
6	正三角形		焊条末端做连续的正三角形运动，并不断地向前移动
7	正圆圈形		焊条末端连续做正圆环形运动，并不断地向前移动，只适用于焊接较厚焊件的平焊缝
8	斜圆圈形		焊条末端在向前移动的过程中，连续不断地做斜圆环运动，适用于平、仰位置的T形焊缝和对接接头的横焊缝焊接
9	8字形		焊条末端做8字形运动，并不断向前移动

（3）平敷焊运条操作

平敷焊主要以直线形运条、直线往复运条和锯齿形运条为主，操作者在运条的过程中要特别仔细地观察焊接熔池的状态，要学会区分铁水和熔渣，操作方法说明见表 12-16。

表 12-16　平敷焊主要运条方法说明

运条方法	示意图	说明
直线形运条法		① 焊接电流调至100～110A，操作姿势和焊条角度保持不变 ② 焊缝不美观、焊缝宽度和熔深不一致是主要缺陷

续表

运条方法	示意图	说明
直线往复运条法		① 焊接电流调至100～130A，姿势保持不变 ② 电弧长度约为2～4mm，焊条沿着焊缝纵向快速往复摆动 ③ 容易出现焊条摆动速度过慢、向前摆动幅度过大、向后摆动停留位置靠前的现象，造成焊缝脱节
锯齿形运条法		① 焊接电流调至100～120A，姿势保持不变 ② 采用短弧，焊条在一般情况下要摆动6～8mm，焊条在两侧停留的时间要相等，摆动的排列要尽量密集 ③ 容易出现焊条横摆过宽现象导致的焊缝过宽、焊波粗大、熔合不良等；横摆前进幅度过大（摆动排列稀疏），导致焊缝两侧不整齐，局部缺少填充金属、咬边等现象，焊缝可能呈蛇形

12.4.3 焊缝起头和接头技巧与诀窍

（1）焊缝的起头技巧

焊接刚开始时由于焊件的温度较低，引弧后不能马上使焊件的温度迅速地升高，因此焊接起头的位置焊道会较窄，且余高也稍微显高，甚至会出现熔合不良和夹渣的缺陷。因此，为了避免产生这样的现象，在开始焊接时，引弧后先将电弧稍微拉长，对焊缝起点进行预热，然后适当缩短电弧，进行正常的焊接，如图12-36所示。

图12-36 焊缝起头的方法

（2）焊缝的接头技巧

后焊接的焊缝与先焊接的焊缝的连接处称为焊缝的接头。焊条电弧焊时，由于受到焊条长度的限制或焊接位置的限制，在焊接过程中产生两段焊缝接头的情况是不可避免的，接头处的焊缝应力求均匀，防止产生过高、脱节、宽窄不一致等缺陷。

① 接头的种类。焊缝接头的种类有四种，即中间接头、相背接头、相向接头和分段退焊接头，见表 12-17。

表 12-17　焊缝接头的种类

接头名称	示意图	焊接方法	说明
中间接头			后焊焊缝从先焊焊缝收尾处开始焊接
相背接头			两端焊缝起头处接在一起。要求先焊焊缝起头稍低，后焊焊缝应在先焊焊缝起头处前10mm左右引弧，然后稍拉长电弧，并将电弧移至接头处，覆盖住先焊焊缝端部，待熔合好再向焊接方向移动
相向接头			两段焊缝的收尾处接在一起。当后焊焊缝焊到先焊焊缝收弧处时，应降低焊接速度，将先焊焊缝弧坑填满后，以较快速度向前焊一段，然后熄弧
分段退焊接头			后焊焊缝的收尾与先焊焊缝起头处连接

② 接头注意事项与操作禁忌。

a. 接头要快。接头是否平整，与操作者技术水平有关，同时还和接头处的温度有关。温度越高，接头处熔合得越好，填充的金属合适（不多不少），接头平整。因此，中间接头时，熄弧时间越短越好，换焊条越快越好。

b. 接头要相互错开。多层多道焊时，每层焊道和不同层焊道的接头必须相互错开一段距离，不允许接头相互重叠或在一条线上，以免影响接头强度。

c. 要处理好接头处的先焊焊缝。为了保证好接头及接头质量，接头处的先焊焊道必须处理好，没有夹渣及其他缺陷，最好焊透，接头区呈斜坡状。如果发现先焊焊缝太高，或有缺陷，最好先将缺陷清除掉，并打磨成斜坡状。

12.4.4　焊缝收弧的方法与技巧

收弧是指一条焊缝焊接完成后如何填满弧坑的操作。收弧是焊接过程中的关键动作，焊接结束时，如果立即将电弧熄灭，就会在焊缝收尾处产生凹陷很深的弧坑，如图 12-37 所示，不仅会降低焊缝收尾处的强度，还容易产生弧坑裂纹，如图 12-38 所示。过快地拉断电弧，使熔池中的气体来不及逸出，就会产生气孔等缺陷。为了防止出现这些缺陷，必须采取合理的收弧方法，填满焊缝收尾处的弧坑。

图 12-37　焊缝收尾处弧坑

图 12-38　弧坑裂纹

（1）收弧的方法与技巧

收弧的方法主要有反复断弧法、划圈收弧法、回焊收弧法和转移收弧法，见表 12-18。

（2）注意事项与操作禁忌

① 连弧收弧方法可分为焊接过程中更换焊条的收弧方法和焊接结束时焊缝收尾处的收弧方法。更换焊条时，为了防止产生缩孔，应将电弧缓

慢地拉向后方坡口一侧约 10mm 后再衰减熄弧。焊缝收尾处的收尾应将电弧在弧坑处稍作停留，待弧坑填满后将电弧慢慢地拉长，然后熄弧。

表 12-18　收弧的方法与技巧

收弧方法	示意图	说明
反复断弧法	 熄灭电弧　引燃电弧　焊接方向	反复断弧法也称灭弧法。焊条移到焊缝终点时，在弧坑处反复熄弧、引弧数次，直到填满弧坑为止
划圈收弧法	 划圈收弧	焊条移至焊缝终点处，沿弧坑作圆圈运动，直到填满弧坑再拉断电弧，此法适用于厚板收弧
回焊收弧法	 3移动　2变换角度　1　75°~80°　75°~80°　焊接方向	焊条移至焊缝终点时，电弧稍作停留，并向与焊接相反的方向回烧一段很小的距离（约 10mm），然后立即拉断电弧
转移收弧法		焊条移至焊缝终点时，在弧坑处稍作停留，将电弧慢慢抬高，引到焊缝边缘母材坡口内，这时熔池会逐渐缩小，凝固后一般不出现缺陷

② 采用断弧法操作时，焊接过程中的每一个动作都是起弧和收弧的动作。收弧时，必须将电弧拉向坡口边缘后再熄弧，焊缝收尾处应采取反复断弧的方法填满弧坑。

12.5　钣金热切割操作工艺与操作实例

12.5.1　钣金气割操作工艺与操作实例

（1）气焊与气割用气体

气焊、气割所用的气体分为两类，即助燃气体（氧气）和可燃气体（如乙炔、液化石油气等）。可燃气体的种类很多，但目前采用最普遍的是乙炔气体，其次是液化石油气，也有的地方根据本地区、本单位的自然条件，使用氢气、天然气及煤气等。

因为乙炔的发热量较大，火焰的温度最高，是目前气焊与气割中应用最广泛的一种可燃气体。但是制取乙炔要消耗电石（CaC_2），而且生产电石要消耗大量的电力，电石也是重要的合成化学原料，因此，乙炔有逐渐被液化石油气等所替代的趋势。因此，在气割中要积极推广液化石油气等乙炔代用气体。

可燃气体与氧气混合燃烧时，放出大量的热，形成热量集中的高温火焰（火焰中的最高温度一般可达 2000～3000℃），可将金属加热和熔化。

1）氧气

氧气的纯度对气焊与气割的质量、生产效率和氧气本身的消耗量都有直接的影响，气焊与气割对氧气的要求是纯度越高越好。氧气纯度越高工作质量和生产效率越高，而氧气的消耗量却大为降低。

气焊与气割用的工业用氧气一般分为两级，一级氧氧气含量≥99.2%，二级氧氧气含量≥98.5%，水分的含量每瓶都必须＜10mL。对于质量要求较高的气焊与气割应采用一级纯度的氧。

氧气在室内积聚，其体积分数超过23%时有发生火灾的危险。因此，在堆放氧气瓶的仓库里应该保持通风，并设有通风的装置。

2）乙炔

乙炔是可燃性气体，它与空气混合燃烧时所产生的火焰温度为2350℃，而与氧气混合燃烧时所产生的火焰温度为3000～3300℃，足以迅速熔化金属进行焊接和切割。乙炔是一种具有爆炸性的危险气体，当压力在0.15 MPa时，如果气体温度达到580～600℃时，乙炔就会自行爆炸，压力越高乙炔自行爆炸所需要的温度就越低；温度越高则乙炔自行爆炸所需要的压力也越低。乙炔与空气或氧气混合而成的气体也具有爆炸性，乙炔的含量（按体积计算）在2.2%～81%范围内与空气形成的混合气体，以及乙炔的含量（按体积计算）在2.8%～93%范围内与氧气形成的混合气体，只要遇到火星就会立刻爆炸。

乙炔与铜或银长期接触后，会生成爆炸性的化合物，即乙炔铜和乙炔银。当它们受到剧烈振动或者加热到110～120℃时就会引起爆炸。所以凡是与乙炔接触的器具设备禁止用银或纯铜制造，只准用含铜量不超过70%的铜合金制造。乙炔和氧、次氯酸盐等化合会发生燃烧和爆炸，所以，乙炔燃烧时绝对禁止用四氯化碳来灭火。

3）氢气

由于氢气的密度小（0.08kg/m³），装瓶后的运输效率很低，而且氢和氧的混合气体也容易爆炸，加之火焰温度较低，所以在气割作业中的运用并不是很多，主要用于水下的切割。

4）液化石油气

液化石油气是油田开发或炼油工业中的副产品，有一定的毒性，当空气中液化石油气的体积分数（含量）超过0.5%时，人体吸入少量的液化石油气，一般不会中毒；若在空气中其体积超过10%时，停留2min，人体就会出现头晕等中毒症状。

液化石油气达到完全燃烧所需的氧气比乙炔需氧气量大。采用液化石油气替代乙炔后，消耗的氧气量较多，所以不能直接用氧乙炔焊（割）炬进行焊（割）工作，必须对原有的焊（割）炬进行改造。

5）天然气

天然气也叫甲烷（CH₄），是碳氢化合物，也是油气田的产物，其成分随产地而异。它在空气中的燃烧温度约为900～1400℃，比乙炔低得多，因此，切割时预热时间长。通常在天然气比较丰富的地区作为气割的燃气。

（2）气焊与气割气体火焰

1）可燃气体的发热量及火焰温度

自己本身能够燃烧的气体称为可燃气体。工业上常常采用的可燃气体有氢和碳氢化合物。如乙炔、丙烷、丙烯、天然气（甲烷）、煤气、沼气等。可燃气体的发热量与火焰温度见表12-19。

表12-19　可燃气体的发热量与火焰温度

气体名称	发热量 /(kJ/m²)	火焰温度 /℃	气体名称	发热量 /(kJ/m²)	火焰温度 /℃
乙炔	52963	3100	天然气（甲烷）	37681	2540
丙烷	85764	2520	煤气	20934	2100
丙烯	81182	2870	沼气	33076	2000
氢气	10048	2660			

2）氧乙炔焰种类与应用

目前，采用气焊与气割的可燃气体主要是乙炔气体，乙炔与氧气混合燃烧形成的火焰称为氧乙炔焰。根据氧气和乙炔混合比的不同，可分为中性焰、碳化焰和氧化焰三种，如图 12-39 所示。

(a) 中性焰　　　　　(b) 碳化焰　　　　　(c) 氧化焰

图 12-39　氧-乙炔焰

1—焰芯；2—内焰；3—外焰

① 中性焰。在焊炬或割炬的混合气室内，氧与乙炔的混合体积比为 1.1～1.2 时，乙炔气体被完全燃烧，无过剩的游离碳和氧，这种火焰称为中性焰。中性焰由焰心、内焰和外焰三部分组成。

a. 焰心。呈尖锥形，色白而亮，轮廓清晰。焰心的长度与混合气体的流速有关，流速快则焰心长，流速慢则焰心短。焰心的光亮是由碳的颗粒发光所致，亮度较高，但是温度不高，一般不到 1000℃。

b. 内焰。内焰紧靠焰心的末端，呈杏核形，蓝白色，并带有深蓝色线条，微微闪动。焰心中分解出的碳在该区域内与氧剧烈燃烧，生成 CO，故温度较高，在距离焰心末端 3mm 处的温度最高，可达到 3100℃。气焊与气割主要利用这部分火焰，该处火焰的 CO 较多，在气焊时对熔池有一定的还原氧化作用。

c. 外焰。外焰与内焰无明显的界限，主要靠颜色来区分。外焰的颜色由内向外由蓝白色变为淡紫色和橘黄色。外焰的温度比焰心高，可以达到 2500℃，具有一定的氧化性，由于外焰内含有较多的 CO_2 气体，因此在气焊时外焰对熔池有一定的保护作用。

中性焰的乙炔在氧气中得到了充分的燃烧，没有乙炔和氧的过剩，是焊接和气割经常使用的火焰。一般焊接低碳钢、低合金钢和有色金属材料都采用中性焰。

② 碳化焰。碳化焰又称为还原焰，是氧气与乙炔的混合比小于 1 时的火焰。火焰中含有游离碳，具有较强的还原作用，也有一定的渗碳作用。

碳化焰整个火焰比中性焰长，碳化焰中有过剩的乙炔，并分解成游离状态的碳和氢，它们会渗透到熔池中，使焊缝的含碳量增加，塑性下降，过多的氢进入熔池，可使焊缝产生气孔和裂纹。由于碳化焰对焊缝金属具有渗碳作用，故碳化焰只适用于含碳量较高的高碳钢、铸铁、硬质合金及高速钢的焊接。碳化焰的最高温度为 2700 ～ 3000℃。

③氧化焰。氧气和乙炔的混合比大于 1.2 时（一般在 1.2 ～ 1.7 之间），混合气体的燃烧加剧，出现过剩的氧，这种火焰称为氧化焰。氧化焰中整个火焰和焰心都明显缩短，内焰消失，只能看到焰心和外焰。焰心呈蓝白色，外焰呈蓝紫色。火焰挺直，并带有"呼呼"的响声。氧的比例越大，火焰就越短，响声就越大。由于氧化焰的氧化性较强，不适合于焊接钢件，一般焊接黄铜时采用此火焰。

气焊与气割中火焰的调节是很重要的，它直接影响气焊与气割产品的内部和外在的质量。在点火和焊接、切割中发现火焰异常的情况时，一定要对火焰异常现象进行消除。

（3）气割的基本原理、应用范围及特点

1）气割的基本原理

气割是利用金属在纯净的氧气中能够剧烈地燃烧，生成熔渣和放出大量热量的原理而进行的金属切割工艺。因此，利用气体火焰的热能将工件待切割处预热到一定温度后，喷出高速切割氧气流，使其燃烧并放出热量实现切割的方法称为气割。

① 氧气气割的过程。氧气气割的过程示意图如图 12-40 所示。

a. 用预热火焰（中性焰）将金属切割处预热到能使金属燃烧的温度（燃点）。碳钢的燃点为 1100 ～ 1150℃。

b. 向加热到燃点的被切割金属开放切割氧气，使金属在纯净的氧气中剧烈燃烧。

图 12-40 氧气切割过程示意图

c. 金属开始燃烧后，生成熔渣并放出大量的热量，熔渣被切割氧气吹走，产生的热量和预热火焰一起又将下一层金属预热到燃点，这样的过程一直继续下去，直到将金属切割到底（割穿）为止。

d. 移动割炬就可得到各种形状不同的割缝。

因此，金属气割的过程，实际上就是"预热 → 燃烧 → 吹渣"的连续过程；其实质就是金属在纯净的氧气中燃烧的过程，而不是金属熔化的过程。

② 氧气切割的条件。以上气割过程说明，并不是所有的金属都能用

氧气进行切割，为使切割过程顺利地进行，被切割的金属材料一般应满足以下条件：

a. 金属在氧气中燃点低于金属的熔点，否则，不能实现氧气切割，而变成了熔割；

b. 金属在氧气流内能够剧烈地燃烧，燃烧时产生的氧化物（熔渣）的熔点应低于金属的熔点，而且在液态下的流动性要好；

c. 金属在氧气中燃烧时应放出较多的热量；

d. 金属的导热性不应太高；

e. 金属氧化物的黏度低，流动性应较好，否则会粘在切口上，很难吹掉，影响切口边缘的整齐；

f. 金属中含阻碍切割过程进行和提高淬硬性的成分及杂质要尽量少，金属中的合金元素对切割性能的影响见表 12-20。

表 12-20　合金元素对金属切割性能的影响

元素	影响
碳	含碳＜ 0.25%，气割性能良好；含碳＜ 0.40%，气割性能尚可；含碳＞ 0.50%，气割性能显著变坏；当含碳＞ 0.70%，必须将割件预热到 400 ～ 700℃才能进行切割；含碳＞ 1%，则不能气割
锰	含锰＜ 4%，对气割性能无明显影响，随着含锰量的增加，气割性能将变差，含锰≥ 14% 时就不能气割；当钢中含碳＞ 0.30% 且含锰＞ 0.80% 时，淬硬倾向和热影响区的脆性增加，不宜气割
铬	铬的氧化熔点高，使熔渣黏度增加。含铬≤ 5% 时，气割性能尚可；当含量大时，应采用特种气割的方法
硅	硅的氧化物使熔渣黏度增加。含硅＜ 4% 时可以气割；含量再增大，气割性能显著变坏
镍	镍的氧化物熔点高，使熔渣黏度增加。含镍＜ 7% 时气割性能尚可；含量较高时，应采用特种气割的方法
钼	钼可以提高钢的淬硬性，含钼＜ 0.25% 时对气割性能无影响
钨	钨能增加钢的淬硬倾向，氧化物熔点高。含量接近 10% 时气割困难，超过 20% 时不能气割
铜	含铜＜ 0.70% 时，对气割性能没有影响
铝	含铝＜ 0.50% 时，对气割性能影响不大，超过 10% 则不能气割
钒	含少量的钒对气割性能没有影响
硫、磷	在允许的含量内，对气割性能没有影响

2）气割的应用范围

目前，气割主要用于切割各种碳钢和普通低合金钢，其中淬火倾向大的高碳钢和强度等级高的普通低合金钢气割时，为了避免切口淬硬或产生裂纹，应采取适当加大预热火焰能率和放慢切割速度，甚至在割前先对钢材进行预热等处理措施。厚度较大的不锈钢板和铸铁件冒口可以采用特种气割法进行气割。

随着各种自动、半自动气割设备以及新型割嘴的应用，特别是数控火焰切割技术的发展，使得气割可以代替部分机械加工。有些焊接坡口可一次性直接用气割的方法切割出来，切割后可直接进行焊接。因此，气体火焰切割的精度和效率大大提高，使气体火焰切割的应用技术领域更加广阔。

3）气割的特点

① 气割的优点。气割的优点是设备（施）简单、使用灵活、操作方便，而且生产效率高，成本较低，能在各种位置上进行切割，并能在钢板上切割各种形状复杂的零件。

② 气割的缺点。气割的缺点是对切口两侧金属的成分和组织能产生一定的影响，并会引起工件的变形等。

常用材料的气割特点见表 12-21。

表 12-21　常用材料的气割特点

材料类别	气割特点
碳钢	低碳钢的燃点（约 1350℃）低于熔点，易于气割；随着含碳量的增加，燃点趋近熔点，淬硬倾向增大，气割的过程恶化
铸铁	碳、硅含量较高，燃点高于熔点；气割时生成的二氧化硅熔点高，黏度大，流动性差；碳燃烧生成一氧化碳和二氧化碳会降低氧气流的纯度；不能采用普通的气割方法，可采用振动气割的方法进行切割
高铬钢和铬镍钢	生成高熔点的氧化物（Cr_2O_3、NiO）覆盖在切口的表面，阻碍气割过程的进行；不能采用普通的气割方法，可采用振动气割的方法进行切割
铜、铝及其合金	导热性好，燃点高与熔点，其氧化物熔点高，金属在燃烧（氧化）时，释放出的热量少，不能进行气割

4）气割前的准备工作

① 按照零件图样要求放样、备料。放样划线时应考虑留出气割毛坯的

加工余量和切口宽度。放样、备料时应采用套裁法，可减少余料的消耗。

②根据割件厚度选择割炬、割嘴和气割参数。

③气割之前要认真检查工作场所是否符合安全生产的要求。乙炔瓶、回火防止器等设备是否能正常进行工作。检查射吸式割炬的射吸能力是否正常，然后将气割设备按操作规程连接完好。开启乙炔气瓶阀和氧气瓶阀，调节减压器，使氧气和乙炔气达到所需的工作压力。

④应尽可能将割件垫平，并使切口处悬空，支点必须放在割件以内。切勿在水泥地面上垫起割件气割，如确需在水泥地面上切割，应在割件与地板之间加一块铜板，以防止水泥爆溅伤人。

图 12-41　切割气流的
形状和长度

⑤用钢丝刷或预热火焰清除切割线附近表面上的油漆、铁锈和油污。

⑥点火后，将预热火焰调整适当，然后打开切割阀门，观察风线形状，风线应为笔直和清晰的圆柱形，长度超过厚度的 1/3 为宜，切割气流的形状和长度如图 12-41 所示。

（4）典型金属材料的气割工艺要点

1）叠板气割工艺要点

大批量薄板零件气割时，可将薄板叠在一起进行切割。切割前将每块钢板的切口附近仔细清理干净，然后叠合在一起，薄板之间不能有缝隙，因此必须采用夹具夹紧的方法装夹。为使切割顺利，可使上下钢板错开，造成端面叠层有 3°～5° 的倾角。

叠板切割可以切割厚度在 0.5mm 以上的薄板，总厚度不应大于 120mm。切割时的氧压力应增加 0.1～0.2MPa，速度应该慢些。采用氧丙烷切割比氧乙炔要优越。

2）大厚度钢板气割工艺要点

大厚度钢板是指厚度在 300mm 以上的钢板。其主要问题是在工件厚度方向上的预热不均匀，下部的比上部的慢，切口后拖量大，甚至切不透，切割速度较慢。

因此大厚度钢板切割时应采用的相应工艺措施如下。

①采用大号的割炬和割嘴。切割时氧气要保证供应充足，可将数瓶氧气汇集在一起使用。

②切割时的预热火焰要大。要使钢板厚度方向全部均匀的加热，如

图 12-42（a）所示，否则产生未割透，如图 12-42（c）所示。

(a) 正确　　(b) 不正确　　(c) 未割透

图 12-42　大厚度钢板的切割预热

3）不锈钢的振动气割工艺要点

不锈钢振动气割的特点是在切割过程中使割炬振动，以冲破切口处产生的难熔氧化膜，达到逐步分离切割金属的目的。

振动切割不锈钢时预热火焰应比切割碳素钢大而集中，氧气压力也要增大 15% ~ 20%，采用中性火焰。切割过程如图 12-43 所示。

切割方向

图 12-43　不锈钢的振动气割

切割开始时将工件边缘预热到熔融状态，打开切割氧阀门，少许提高割炬，熔渣即从切口处流出，这时割炬做一定幅度的前后、上下摆动。振动的切割氧气气流冲破切口处产生的高熔点氧化铬，使铁继续燃烧，并通过氧气流的上下、前后冲击研磨作用，把熔渣冲掉，实现连续切割。

振动气割的振幅为 10 ~ 15mm，前后振幅应大些。频率为 80 次 /min 左右。切割时保持喷嘴一定的后倾角。

4）铸铁的振动气割工艺要点

铸铁的振动气割与不锈钢振动气割类似。不同的是割炬不仅可以做上下、前后摆动，而且可以做左右摆动。横向摆动振幅在 8 ~ 16mm，振动频率为 60 次 /min 左右。当切割一段后振幅、频率可逐渐减小，甚至可以不振动，像一般的气割一样。

（5）手工气割操作技术

1）操作准备

① 设备。氧气瓶、乙炔瓶、气路、氧气减压器、乙炔减压器等。

② 割炬。在切割操作中一般采用的割炬为 G01-30 型的割炬，割嘴为 2 号环形割嘴。

③ 工件。准备低碳钢钢板一块，长 × 宽 × 厚为 450mm×300mm× 8mm。如果没有合适厚度的板材，厚度也可以取 6 ～ 10mm 之间。

④ 辅助工具。钢丝刷、手锤、扳手、通针、点火枪或打火机、防护眼镜等。

2）操作方法与操作技巧

① 割件清理。在进行切割之前应用准备好的钢丝刷把割件的表面铁锈、污垢和氧化皮等彻底地清除干净。把清理好的待割件放在耐火砖或专用支架上，并用小块耐热材料将其架空。在切割工件的下面放一块薄铁板，防止在切割时火焰的高温把水泥地烤裂或炸开。

② 工艺参数的选择。气割工艺参数主要是根据被割材料的厚度来进行选择的，具体的基本参数可参考表 12-22 进行适当选择。

表 12-22　不同板厚的气割工艺参数

板厚/mm	割炬型号	割嘴型号及切割孔径/mm	割嘴形状	氧气压力/MPa	乙炔压力/MPa	割嘴倾角	割嘴距工件距离/mm
< 5	G01 ～ 30	1 号 0.6	环形	0.2 ～ 0.3	0.01 ～ 0.06	后倾 25°～ 45°	3 ～ 5
5 ～ 10	G01 ～ 30	2 号 0.8	环形	0.3 ～ 0.4	0.01 ～ 0.08	后倾 80° 或垂直	3 ～ 5
10 ～ 20	G01 ～ 30	3 号 1.0	环形	0.4 ～ 0.5	0.01 ～ 0.10	垂直	3 ～ 5

③ 点火。点火前先检查一下割炬的射吸力是否正常，方法是拔下乙炔气管，打开混合阀门，此时应有氧气从割嘴中吹出，再打开乙炔阀门，用手指按住乙炔进气口，若感觉有吸力，则为正常。然后，关闭所有的阀门，安装好乙炔胶管。

点火时，先打开乙炔阀门少许，放掉气路中可能存有的空气，然后打开预热氧阀门少许，乙炔阀门开启一般要比氧气阀门开启略微大些，这样可以防止点火时的"放炮"。准备点火时手要避开火焰，也不能把火焰对准其他人或易燃易爆的物品，防止造成烧伤或引发火灾，火焰点燃后调整为中性焰或轻微氧化焰。

火焰调整好后，再开启切割氧阀门，看火焰中心切割氧产生的圆柱状风线是否正常，若风线直而长，并处在火焰中心，说明割嘴良好。否则，应关闭火焰，用通针对割嘴喷孔进行修理后再试。

④ 操作姿势。点燃割炬调好火焰之后就可以进行切割。操作姿势如图 12-44 所示，双脚成外八字形（如图 12-45 所示）蹲在工件的一侧，右臂靠住右膝盖，左臂放在两腿之间，便于气割时移动，但是因为个人的习惯不同，操作姿势也可以多种多样，一般初学者常用的姿势就是这种"抱切法"。右手握住割炬手把并以右手大拇指和食指握住预热氧调节阀，便于调整预热火焰能率，一旦发生回火时能及时切断预热氧。左手的大拇指和食指握住切割氧调节阀，便于切割氧的调节，其余三指平稳地托住射吸管，使割炬与割件保持垂直，气割时的手势如图 12-46 所示。气割过程中，割炬运行要均匀，割炬与割件的距离保持不变。每割一段需要移动身体位置时，应关闭切割氧调节阀，等重新切割时再度开启。

图 12-44　操作姿势

图 12-45　双脚成外八字

⑤ 预热技巧。开始气割时，将起割点材料加热到燃烧温度（割件发红），称为预热。起割点预热后，才可以慢慢开启切割氧调节阀进行切割。预热的操作方法，应根据零件的厚度灵活掌握。

a.对于厚度＜50mm 的割件，可采取割嘴垂直于割件表面的方式进行预热。对于厚度＞50mm 的割件，预热分两步进行，如图 12-47 所示。开始时将割嘴置于割件边缘，并沿切割方向后倾 10°～20° 加热，如图 12-47（a）所示。待割件边缘加热到暗红色时，再将割嘴垂直于割件表面继续加热，如图 12-47（b）所示。

图 12-46　气割时的手势

图 12-47　厚割件的预热

　　b. 气割割件的轮廓时，对于薄件，可垂直加热起割点；对于厚件，应先在起割点处钻一个孔径约等于切口宽度的通孔，然后再加热割件，该孔边缘作为起割点预热。

　　⑥ 起割技巧。

　　a. 首先应点燃割炬，并随即调整好火焰（中性焰），火焰的大小，应根据钢板的厚度调整适当。

　　b. 将起割处的金属表面预热到接近熔点温度（金属呈红色或"出汗"状，有火星冒出），此时将火焰局部稍移出割件边缘并缓缓开启切割氧气阀门，当看到钢水被氧射流吹掉，再加大切割气流，待听到"噗、噗"声时，便可按所选择的气割参数进行切割。

　　c. 起割薄件内轮廓时，起割点不能选在毛坯的内轮廓线上，应选在内轮廓线之内被舍去的材料上，待该割点割穿之后，再将割嘴移至切割线上进行切割。起割薄件内轮廓时，割嘴应向后倾斜 20°～40°，如图 12-48 所示。

图 12-48　起割薄件内轮廓割嘴的倾角

图 12-49　割嘴与割件的距离

⑦ 正常切割。气割后割嘴的移动速度要均匀平稳，割嘴与割件之间的距离一般保持在 5 ～ 8mm 左右（如图 12-49 所示），托稳割炬的同时要严格控制割嘴在行走过程中的高低起伏，防止因割嘴距离割件过大（如图 12-50 所示）而造成回火。如果割缝很长，那么就需要适当地移动身体的位置再进行切割，移动身体时应先关闭高压切割氧的阀门，身体的位置移动到合适范围后，再在预热前割缝的末端接着继续向前进行切割。

图 12-50　割嘴与割件距离抖动

　　在气割过程当中，有时会因为割嘴过热或割嘴距离工件的位置太近，氧化铁渣的飞溅而堵住了割嘴的喷射孔，这时的火焰会伴有"啪啪"的爆鸣声或造成突然熄灭，同时会有"呼呼"的火焰倒流的声音，说明已经发生了回火的现象。此时千万不要慌张，应立即关闭气割氧的阀门，并迅速关闭预热氧和乙炔阀门，用手摸割嘴和混合管，有烫手的感觉。待割嘴和混合管稍微冷却后对割嘴进行修理，重新点火后再进行切割。

　　⑧ 收尾。气割临近终点即将完成切割时，割嘴可沿着气割的方向后倾一定的角度，使割件下部提前割透，割缝在收尾处比较平整。当切割全部结束时，应迅速关闭高压切割氧阀门，并将割炬抬起，准备下一次的切割。如果工作结束或较长时间停止切割，就应将氧气阀门关闭，松开减压调节螺钉，将氧气从胶管中放净，同时关闭乙炔瓶阀，放松减压螺钉，将乙炔管中的乙炔放净。

　　⑨ 注意事项与操作禁忌。

　　a. 在切割进程中，应经常注意调预热火焰，保持中性焰或轻微的氧化焰，焰芯尖端与割件表面距离为 3 ～ 5mm。同时应将切割氧孔道中心对准钢板边缘，以利于减少熔渣的飞溅。

　　b. 保持熔渣的流动方向基本上与切口垂直，后拖量尽量小。

　　c. 注意调整割嘴与割件表面间的距离和割嘴倾角。

　　d. 注意调节切割氧气压力与控制切割速度。

e. 防止鸣爆、回火和熔渣溅起、灼伤。

f. 切割厚钢板时，因切割速度慢，为防止切口上边缘产生连续珠状渣、上边缘被熔化成圆角和减少背面的黏附挂渣，应采取较弱的火焰能率。

g. 注意身体位置的移动。切割长的板材或做曲线形切割时，一般在切割长度达到 300～500mm 时，应移动一次操作位置。移位时，应先关闭切割氧调节阀，将割炬火焰抬离割件，再移动身体的位置。继续施割时，割嘴一定要对准割透的接割处并预热到燃点，再缓慢开启切割氧调节阀继续切割。

⑩ 手工气割质量和效率。为了有效提高手工气割的切割质量和效率，可按照以下几点进行。

a. 提高工人操作技术水平。

b. 根据割件的厚度，正确选择合理的割炬、割嘴、切割氧压力、乙炔压力和预热氧压力等气割参数。

c. 选用适当的预热火焰能率。

d. 气割时，割炬要端平稳，使割嘴与割线两侧的夹角为 90°。

e. 要正确操作，手持割炬时人要蹲稳。操作时呼吸要均匀，手勿抖动。

f. 掌握合理的切割速度，并要求均匀一致。气割的速度是否合理，可通过观察熔渣的流动情况和切割产生的声音加以判别，并灵活控制。

g. 保持割嘴整洁，尤其是割嘴内孔要光滑，不应有氧化铁渣的飞溅物粘到割嘴上。

h. 采用手持式半机械化气割机，它不仅可以切割各种形状的割件，具有良好的切割质量，还由于它保证了均匀稳定的移动，所以可装配快速割嘴，大大提高切割速度。如将 G01-30 型半自动气割机改装后，切割速度可从原来 7～75cm/min 提高到 10～124cm/min，并可采用可控硅无级调整。

i. 手工割炬如果装上电动匀走器，如图 12-51 所示，利用电动机带动滚轮使割炬沿割线匀速行走，既减轻劳动强度，又提高了气割质量。

j. 手工割炬使用辅助装置，如手动割圆磁力引导装置或手动直线切割磁力引导装置，这些辅助装置都能较好地提高气割质量和效率。

图 12-51　手工气割电动匀走器结构

1—螺钉；2—机架压板；3—电动机架；4—开关；5—滚轮架；6—滚轮架压板；
7—辅轮架；8—辅轮；9—滚轮；10—轴；11—联轴器；12—电动机

（6）中厚板气割操作技巧与诀窍

厚度在 4 ～ 25mm 的板材一般为中厚板，在气割这样厚度的钢板时一般选用 G01-100 型割炬和 3 号环形割嘴，割嘴与工件表面的距离大致为焰芯长度加上 2 ～ 4mm，切割氧的风线长度应超过工件板厚的 1/3。气割时，割嘴向后倾斜 20° ～ 30°。切割的钢板越厚后倾角应越小。

① 中板气割。厚度在 4 ～ 20mm 的钢板进行气割时一般不会产生很大的变形，或变形不十分明显，比较容易形成割缝，操作的难度也不是很大。但是值得注意的是，切割时的割嘴倾斜角度保持垂直，切割快要完成时割嘴应后倾 10° ～ 20° 左右，如图 12-52 所示。

另外，切割速度的快慢也直接影响割口的质量，切割速度正常时氧化铁渣的流动性好，切割的纹路与工件的表面基本是垂直的（如图 12-52 所示），如果切割速度过快，就会产生很大的后拖量（如图 12-53 所示），有时甚至会出现割不透的现象（如图 12-54 所示），造成切割质量明显降低。

图 12-52　中板气割　　　　图 12-53　后拖量增大　　　　图 12-54　切割不透

② 厚板气割。气割厚度为 25mm 以上的大厚板时，要选用大型的割炬和割嘴，氧气和乙炔的压力也要相应地加大，对于风线的质量要求也必

图 12-55　风线的要求

须提高。一般情况下风线的长度应该比割件的厚度长至少 1/3，并且要有较强的流动力量，如图 12-55 所示。预热时首先从割件的边缘棱角处开始预热，当达到切割的温度后，再打开切割氧的阀门并增大切割氧的流量，同时割嘴与割件前倾 5°～10°，然后开始正常的切割，如图 12-56 所示。当割件的边缘几乎全部割透以后，割嘴就要垂直于割件了，如图 12-57 所示，并沿横向作月牙形的摆动。

(a) 开始预热　　　(b) 起割前预热　　　(c) 切割开始

图 12-56　厚板的切割

图 12-57　割嘴与割线
两侧垂直

③ 大厚板气割。大厚板也称为特厚板，通常把厚度超过 100mm 的工件切割称为大厚板的切割。气割大厚板时由于工件的上下受热不均匀不一致，所以下层金属燃烧比上层金属要慢，切口容易形成较大的后拖量，有时可能会割不透，熔渣也容易堵塞切口的下部，影响气割过程的顺利进行。因此气割大厚板时应该采取以下的措施。

a. 选用切割能力较大的 G01-300 型割炬和大号的割嘴，以最大限度提高火焰的能率。

b. 氧气和乙炔要保证充分的供应，氧气的供应不能中断，通常可以将多个氧气瓶并联起来供气，同时使用流量较大的双吸式氧气减压阀。

c. 气割前要调整好割嘴与工件的垂直度，即割嘴与割线两侧平面成 90° 的夹角。

d. 开始气割时预热火焰要大，先从割件的边缘棱角处开始进行预热，如图 12-58 所示,并使上下层全部预热均匀,图 12-58(a)。如果上下预热不均匀,就会产生图 12-58(c)所示的未割透的现象。

(a) 正确　　　(b) 不正确　　　(c) 起割点选择不当造成未割透现象

图 12-58　大厚板起割点的选择方法

操作时注意要让上下层全部均匀预热到切割温度,逐渐开大切割氧气的阀门并将割嘴后倾,如图 12-59(a)所示,等割件的边缘被全部切透时,马上加大切割气流,且将割嘴垂直于割件,再沿割线向前移动割嘴。切割的过程中还要注意切割的速度不能太快,而且割嘴应作横向的月牙形小幅度摆动,如图 12-59(b)所示,此时割缝表面的质量会略有下降。当气割完成时可使速度适当放慢,尽量减小后拖量,而且容易使整条割缝完全割断。

有时,为了加快气割的速度,可先将整个气割线预热一次,然后再进行正常的气割。

如果被割件的厚度超过了 300mm,可以选用重型割炬或自行改装,将原收缩式割嘴内嘴改制成缩放式割嘴内嘴,如图 12-60 所示。

(a)　　　　　(b)　　　　　(a) 收缩式割嘴内嘴　(b) 缩放式割嘴内嘴($a_2>a_1$)

图 12-59　大厚度割件切割过程　　**图 12-60　割嘴的改制**

e.在气割的过程当中,如果遇到气割不透的情况,应立即停止气割,以免气涡或熔渣在割缝中旋转而使割缝产生凹坑。重新起割时最好是选择另一方向作为起割点。整个气割的过程必须是均匀一致的气割速度，以免影响割缝的宽度和表面粗糙度。并应随时注意乙炔压力的变化，及时调整预热的火焰，保持一定的火焰能率。

（7）叠板气割操作技巧与诀窍

叠板气割也称多层钢板气割，就是将大量的薄钢板（一般厚度≤1mm）叠放在一起进行切割，以提高切割的生产效率和质量。

1）叠板气割的特点

① 起割困难。由于每层的板厚都只有1mm左右，叠合在一起的厚度就可以达到了几十毫米（如图12-61所示），预热时往往会出现表面的金属层已经熔化，而下层的金属温度还没有达到要求的温度。

② 上沿易熔化。造成上沿容易熔化的原因就是上下层温差过大，切割时由于温差过大很容易影响切割的速度，使上层板受到的热量过多，形成了上沿易熔化，给切割带来了不利。

③ 切割不透。因为存在多层的问题，加上上层金属燃烧的热量不能有效地向下层金属进行传递，因此如果操作不当，非常容易出现下面几层切割不透的现象，出现所谓的"反浆"或"放炮"，甚至出现回火的现象，使切割的质量受到影响。

2）操作方法与诀窍

① 切割前应仔细清理每件钢板切口附近的氧化皮、污垢和铁锈，这样有利于各层钢板之间的良好导热，同时也可保证氧气气流直接与金属接触，顺利地燃烧氧化。

② 将钢板紧紧地叠合在一起，钢板之间不应留有空隙，使热量的传递更加有效且防止不必要的烧熔。可以采用夹具（如弓形夹或螺栓）夹紧的方法进行必要的紧固，也可在上下两面加两块5～8mm厚的盖板一起叠压。为了使切割更顺利，可使上下钢板有规律地错开，形成端面叠层有3°～5°的倾角，如图12-61和图12-62所示。

值得注意的是，叠板气割虽然可以切割厚度在0.5mm以上的薄钢板，但是总的厚度应不大于120mm；同时，叠板气割与气割同样厚度的钢板相比较，其切割氧的压力应增加0.1～0.2MPa，切割的速度也要慢些。如果采用氧丙烷进行叠板切割，其切割的质量优于氧乙炔焰的气割。

③ 起割前要对叠层钢板进行充分预热，最好是对割件的上表面和下表面同时进行预热，这样对起割后的顺利割透有十分重要的意义。

图 12-61　叠板的形式

图 12-62　多层钢板的叠合方式
1—上盖板；2—钢板；3—下盖板

④ 叠板圆环的切割。除了方形的叠板切割之外，经常还会遇到圆环形的叠板切割。如将 60 块 1mm 厚的方形钢板叠合在一起，气割成圆环形的割件，图 12-63 所示。其切割的顺序是：先将 60 块 1mm 厚的钢板及上下两块 8mm 厚的钢板，按照图 12-63 所示的方式叠合在一起，再用多个弓形夹或螺钉及中间的一个螺钉将钢板夹紧，用钻床在图 12-63 所示的 A、B 两处位置钻通孔，当这些准备工作完成后，选用 G01-100 型割炬和 3 号割嘴进行切割，氧气压力选择 0.8MPa，从 A 处起割圆环内圆，从 B 处起割外圆环。

（8）法兰气割技巧与诀窍

法兰是圆环形的，用钢板气割法兰要借助划规式割圆器进行切割，图 12-64 所示，采用此方法切割法兰，只能先气割外圆，后切内圆，否则将会失去中心位置。

图 12-63　圆环的成叠切割
A—内圆起割点；B—外圆起割点

图 12-64　用割圆器切割法兰
1—圆规杆；2—定心锥；3—顶丝；4—滚轮；
5—割炬箍；6—割炬；7—被割件

1）气割外圆

① 先将工件清理干净后，在工件上找到内外圆的中心位置，用样冲打上样冲眼，再用划规划出若干个同心圆，并用样冲打出所需要切割圆的形状。

② 把工件放在支架上垫好，再将割圆器的锥体置于圆中心的样冲眼内，通过拉动定位杆让割嘴套的中心正对待割圆的割线上或样冲眼上，然后拧紧锥体上的锁紧螺杆。

③ 气割开始时把割嘴套在套嘴内，点燃火焰，再把锥体尖放在圆心的样冲眼内，手持好割炬并对起割点进行预热。

④ 当预热点的金属温度达到能够切割的温度后，割嘴稍微倾斜一些，便于氧化铁渣吹出，再打开切割氧的阀门，随着割炬的移动割嘴角度逐渐转为垂直于钢板进行切割，此时的氧化铁渣将朝割嘴倾斜相反的方向飞出，有效防止了喷孔被堵塞的现象。当氧化铁渣的火花不再向上飞时，说明已经将钢板割透，再增大切割氧沿圆线进行切割，直至外圆被全部切割下来为止。

2）气割内圆

① 将从钢板上掉下来的法兰垫起，支架应离开内圆切割线的下方。

② 再在距离内切割线 5～15mm 的地方，先气割出一个孔，气割孔割穿后就可将割炬慢慢移到内圆的切割线上，定位线进入定位眼后，移动割炬就可割下内圆。

值得注意的是在整个气割的过程中，割嘴的下端应向圆心的方向稍微靠紧一些，以免割嘴脱套；要保持割嘴的高度始终如一，切割速度均匀，不得时快时慢。

如果是采用手工的方法气割法兰，那么就应先割内圆再割外圆，并且要留有加工的余量对法兰进行切削加工。

（9）钣金坡口气割技巧与诀窍

坡口就是指为了保证焊接质量，在焊接前对工件需要进行焊接处的特殊加工，可以气割，也可以通过机械加工切削而成，一般为斜面，有时候也有曲面。例如两块厚 10mm 的钢板要对焊在一起，为了焊接的牢固就可以在钢板的边缘用铣床倒角，这就叫开坡口，如图 12-65 所示。

图 12-65　坡口

1）无钝边 V 形坡口的气割技巧

① 根据钢板的厚度 δ 和单面坡口的角度 α，按照公式 $b=\delta\tan\alpha$ 算出单面坡口的宽度 b，并进行划线，如图 12-66 所示的 V 形坡口的气割。

② 调整割嘴的角度，使之符合 α 角的要求，然后采用后拖或向前推移的操作方法进行切割，如图 12-67 是手工气割坡口的方法。

图 12-66　V 形坡口的手工气割

图 12-67　手工气割坡口

③ 为了得到宽窄和角度都一致的坡口，气割时可将割嘴靠在角钢的一边进行切割，图 12-68（a），也可把割嘴装在角度可以调节的滚轮架上进行切割，图 12-68（b）。

2）带钝边 V 形坡口的气割技巧

① 首先切割垂直面 A，如图 12-69 所示。

② 根据钢板的厚度 δ、钝边的厚度 p 和单面坡口角度 α，根据公式 $b=(\delta-p)\tan\alpha$ 算出单面坡口的宽度 b，然后在钢板上划线。

③ 调整好割嘴的倾角至 $90°-\alpha$，沿划出的线，采用无钝边 V 形坡口的气割方法切割坡口的斜面 B。

(a) 用角钢气割　　　(b) 用滚轮架气割

图 12-68　用辅助工具进行手工气割坡口

图 12-69　带钝边 V 形坡口的气割

3）双面坡口的气割技巧

双面坡口的形式如图 12-70 所示，其具体的操作方法如下。

① 首先切割垂直面 A，如图 12-70（a）所示。

② 按照宽度 b_1 划好线，调整好割嘴的倾角至 α_1，并沿线切割背面坡口的 B 面［图 12-70（a）］。

③ 割好正面坡口 B 面后，将割件翻转，按照宽度 b_2 划线。

④ 调整好割嘴的倾角至 α_2，并沿线切割背面的坡口 C 面［图 12-70（b）］。

⑤ 为了保证坡口的切割质量，气割时可用角铁等辅助工具进行切割（图 12-68）。

(a) 气割正面坡口　　　　(b) 气割背面坡口

图 12-70　双面坡口的气割　　　图 12-71　钢管坡口的气割

4）钢管坡口的气割技巧

如图 12-71 所示为钢管坡口切割示意图，其操作步骤如下。

① 根据公式 $b=(t-p)\tan\alpha$ 计算划线的宽度 b，并沿着管子的外圆划出切割线。

② 调整割炬的角度到 α，沿着切割线进行切割。

③ 切割时除保持割炬的倾角不变之外，还要根据在钢管上的不同位置，不断地调整好割炬的角度。

12.5.2　钣金等离子弧切割工艺与操作实例

(1) 等离子弧切割原理及应用

利用等离子弧的热能实现切割的方法，称为等离子弧切割。等离子弧切割的原理是以高温、高速的等离子弧为热源，将被切割件局部熔化，并利用压缩的高速气流的机械冲刷力，将已熔化的金属或非金属吹走而形成狭窄切口的过程，如图 12-72 所示。

等离子弧是一种比较理想的切割热源，它可以切割氧乙炔焰和普通电弧所不能切割或难以切割的铝、铜、镍、钛、铸铁、不锈钢和高合金钢等，并能切割任何难熔合金和非金属，而且切割速度快，生产效率高，热影响区变形小，割口比较狭窄、光洁、整齐、不粘渣，质量好。

图 12-72　等离子弧切割示意图

等离子弧切割均采用具有陡降外特性的直流电源，要求具有较高的空载电压和工作电压，一般空载电压在 150 ～ 400V 之间。通用电源类型有两种：一种是专用弧焊硅整流器电源，另一种可用两台以上普通弧焊发电机串联。电极采用钍钨极或铈钨极。工作气体采用氮、氩、氢以及它们的混合气体，常用的是氮气。

等离子弧切割的工艺参数主要有空载电压、切割电流、工作电压、气体流量、切割速度、喷嘴到割件的距离、钨极到喷嘴端面的距离及喷嘴尺寸等。工艺参数的选择方法是：首先根据割件厚度和材料性质选择合适的功率，根据功率选用切割电流大小，然后决定喷嘴孔径和电极直径，再选择适当的气体流量及切割速度，便可获得质量良好的割缝。

等离子弧切割原理与一般氧乙炔焰切割原理有本质上的不同。它主要是依靠高温高速的等离子弧及其焰流，把被切割的材料局部熔化、蒸发并吹离基体，随着等离子弧割炬的移动而形成狭窄的切缝。

等离子弧柱的温度高，远远超过所有金属和非金属的熔点，因此等离子切割过程不是依靠氧化反应，而是靠熔化来切割材料，因而比氧乙炔焰切割方法的适用范围大得多，能够切割大部分金属和非金属材料。

采用转移型等离子弧切割金属材料时，其热源来自三个方面：切口上部的等离子弧柱的辐射能量，切口中部的阳极斑点的能量和切口下部的等离子弧焰流的热传导能量（图 12-73），其中以阳极斑点的能量对切口的热作用最为强烈。

（2）等离子弧切割分类

等离子弧切割分普通等离子弧切割、水再压缩等离子弧切割和空气等离子弧切割三种。

1）普通等离子弧切割及使用场合

普通等离子弧切割又有转移弧和非转移弧之分，非转移弧适宜切割非金属材料。图 12-74 为等离子弧切割原理示意图，等离子弧切割的离子气与切割气共用一路气体，所以割炬结构简单。为提高等离子弧能量，切割气宜采用双原子气体。切割薄板可采用小电流等离子弧（微束等离子弧）。

图 12-73　切割时能量分布示意图

L_1—弧柱切割区的长度；L_2—活性斑点切割区的长度；L_3—等离子火焰切割区的长度；1—弧柱作用区；2—活性斑点作用区；3—等离子火焰作用区

图 12-74　等离子弧切割原理

2）水再压缩等离子弧切割使用场合

水再压缩等离子弧除切割气流外，还从喷嘴中喷出高速水流。高速水流有三种作用：增加喷嘴的冷却，从而增强电弧的热收缩效应；一部分压缩水被蒸发，分解成氢与氧一起参与构成切割气体；由于氧的存在，特别在切割低碳钢和低合金钢时，引起剧烈的氧化反应，增强了材质的燃烧和熔化。

水再压缩等离子弧切割通常在水中进行，这样不仅减小了割件的热变形，而且水还吸收了切割噪声、电弧紫外线、灰尘、烟气、飞溅等，因而大大改善了工作环境。图 12-75（a）、（b）分别表示压缩水的两种喷射形式，其中径向喷水式对电弧的压缩作用更强烈。水再压缩等离子弧切割的缺点是：由于割枪置于水中，引弧时先要排开枪体内的水，因而离子气流量增大，引弧困难，必须提高电源的空载电压；水对引弧高频电有强烈的吸收作用，因而在割枪结构上要增强枪体与水的隔绝，必须提高高频振荡器的功率；水的电阻比空气小得多，因而易于发生双弧现象。

(a) 径向喷水式　　　　　　　　(b) 环形喷水式

图 12-75　水再压缩等离子弧切割原理

3）空气等离子弧切割及使用场合

空气等离子弧切割分为两种形式，如图 12-76（a）所示的离子气和切割气都为压缩空气，因而割枪结构简单，但压缩空气的氧化性很强，不能采用钨极，而应采用纯锆、纯铪或其合金做成镶嵌式电极。如图 12-76（b）所示的等离子气为惰性气体，切割气为压缩空气，因而割枪结构复杂，但可以采用钨极。空气等离子弧的温度为（18000±1000）℃，分解和电离后的氧会与割件金属产生强烈的氧化反应，因而适宜切割碳钢和低合金钢。

(a) 单一空气式　　　　　　　　(b) 复合式

图 12-76　空气等离子弧切割原理

空气等离子弧切割摒弃了传统的惰性气体作离子气，采用取之不尽的干燥空气经压缩后直接接入喷嘴作为工作气体。空气是氮的体积分数约为80%和氧的体积分数约为20%的混合气，其切割性能介于氮等离子弧和氧等离子弧之间。因此既可用于切割不锈钢和铝合金，也适合于切割碳素钢和低合金钢等。

由于等离子弧中含有氧气，切割碳素钢时，切口中氧与铁的放热反应提供附加的热量，同时生成表面张力低、流动性好的FeO熔渣，改善了切口中熔融金属的流动特性，因此不但切割速度快，而且切割面较光洁，切口下线基本上不粘渣，切割面的倾斜角也小（一般在3°以下）。但是，空气对高温状态的钨会产生氧化反应，为此采用锆、铪或其合金作电极。为了提高电极寿命，电极一般做成直接水冷的镶嵌式形状。小电流时，也可不用水冷。

空气等离子弧切割法的主要缺点是：

① 切割面上附有氧化物层，焊接时焊缝中会产生气孔，因此用于焊接的切割边需用砂轮打磨，耗费工时；

② 电极和喷嘴易损耗，使用寿命短，需经常更换。

由于压缩空气成本低，尤其是加工工业中应用最多的碳素钢和低合金钢的切割速度快，热变形小，颇受工业部门的重视。切割不锈钢和铝合金时，氧与铝和不锈钢中的铬起反应，形成高熔点氧化物，因此切割面比较粗糙。

空气等离子弧切割与气割法的切割速度比较见图12-77。由图可见，空气等离子弧切割速度比低压扩散形喷嘴快好几倍。

图 12-77　空气等离子弧切割速度与气割速度比较

1—250A空气等离子弧切割（割断速度）；2—250A空气等离子弧切割（实用切割速度）；3—高压扩散形割嘴（切割氧压力1.57MPa）气割；4—低压扩散形割嘴（切割氧压力0.69MPa）气割

空气等离子弧切割按所使用的工作电流大小一般分大电流切割法和小电流切割法。大电流空气等离子弧切割，其工作电流在100A以上，实际使用上多为150～300A，采用水冷式割炬结构，其应用面并不很广。

小电流空气等离子弧切割，其工作电流小于100A。因切割电流低，喷嘴和电极等受热减少，一般不需使用水冷却，而用空气冷却即可，从而使割炬结构简化、重量减轻、体积缩小，甚至可制成微型笔状割炬。图12-78所示为小电流空气等离子弧切割的原理图。由于小型割炬既可手持切割又可安装到各种小型切割机上使用，耗电量也小，而且能用同一把割炬切割碳素钢、不锈钢及有色金属，适应性好，特别适合多品种、小批量生产的中小企业使用。

图12-78　小电流空气等离子弧切割原理图

小电流空气等离子弧切割的工艺特点如下。

a. 可切割厚0.1mm的薄金属，包括镀锌板和表面预先涂装的彩色板，切割后不影响涂装层的质量。因此在钣金及薄板零件的裁切中可替代剪切、锯切等机械切割法，提高零件的加工精度，可解决机械切割难以加工的曲线边和内部开孔等困难。

b. 切割质量好，切口宽度小，熔渣黏附少。在采用接触式工艺切割薄板时，其质量甚至优于气割，而且切割变形大大减小。

c. 可施行接触式切割。通过适当地选择喷嘴孔径和气体流量，某些切割电流低于70A的割炬可将喷嘴直接靠在工件进行切割（即接触式切割），且不会产生"双弧"现象，大大改善了切割性能以及可操作性和安全性。

小电流等离子弧接触式与非接触式切割的工艺操作性能对比见表 12-23。

表 12-23　接触式与非接触式切割的工艺操作性比较

项目	接触式切割	非接触式切割
切割性能	切口宽度小 切口上缘不熔塌 切割面近于垂直 熔渣黏附很少	切口宽度大 切口上缘出现熔塌 切割面有斜角 略有粘渣现象
操作性	电弧长度固定 割炬抖动少	电弧长度有波动 割炬抖动较大
安全性	遮光好，不刺眼 喷嘴与工件同电位，防触电性好	弧光强、刺眼 需借助保护罩绝缘

（3）等离子弧切割特点

① 可以切割目前所使用的任何金属。包括黑色金属、有色金属及各种高熔点金属，如不锈钢、耐热钢、铸铁、钨、钼、钛、铜、铝及它们的合金等。切割不锈钢、铝等达 200mm 以上。采用非转移型等离子弧还可以切割各种非金属材料，如耐火砖、混凝土、花岗岩、碳化硅等。

② 切割速度快，生产率高。例如切 10mm 厚的铝板，速度可达 200～300m/h，切 12mm 厚的不锈钢板，速度可达 100～130m/h。

③ 切割质量高。切口狭窄，光洁整齐，切口的变形及热影响区小，硬度及化学成分变化小，通常可以切后直接进行焊接，无需再对坡口进行加工清理等。

④ 切割厚板的能力不及气割，切口宽度和切割面斜角较大，但切割薄板时采用特种切割炬或工艺可获得接近垂直的切割面。

（4）等离子弧切割设备

等离子弧切割装置的构成如图 12-79 所示，通常由电源、高频发生器、供气系统、冷却水（气）系统、控制系统（控制箱）、割炬和切割工作台等装置和部件组成。其主要装置和部件的功能和组成见表 12-24。

现有等离子弧切割用的电源品种有：

① 三相磁饱和放大器硅整流电源；

② 三相动铁分磁式整流电源；

③ 饱和电抗器整流式电源；

图 12-79 等离子弧切割设备组成示意图

1—直流电源；2—高频发生器；3—控制箱；4—气瓶；5—冷却水泵；
6—气体混合器；7—起动开关；8—割炬；9—水冷电缆

④ 晶闸管桥式整流电源；

表 12-24 手工等离子弧切割装置的主要部件及其功能

装置和部件	功能及组成
电源	供给切割所需的工作电压和电流，并具有相应的外特性。目前基本上使用直流电源
高频发生器	引燃等离子弧，通常设计成能产生 3 ~ 6kV 高电压、2 ~ 3MHz 高频电流。一旦主电弧建立，高频发生器电路自行断开。现在某些国产小电流空气等离子弧采用接触引弧方式，则不需高频发生器
供气系统	连续、稳定地供给等离子弧工作气体。通常由气瓶（包括压力调节器、流量计）或小型空气压缩机、供气管路和电气阀等组成，使用两种以上工作气体时需设气体混合器和储气罐
冷却水（气）系统	向割炬（和电源）供给冷却水，冷却电极、喷嘴（和电源）等使之不致过热。通常可以使用自来水，当需要量大或采用内循环冷却时，需配备水泵 水再压缩等离子弧切割装置，还要供给喷射水，需配高压泵。同时对冷却和喷射水的水质要求较高，有时需配冷却水软化装置 对小电流空气等离子弧和氧等离子弧割炬只采用气冷时，不设水冷系统，由供气系统供给
割炬	产生等离子弧并实行切割的部件，对切割效率和质量有直接的影响
控制装置（控制箱）	控制电弧的引燃、工作气体和冷却水的压力和流量，调节切割参数等

⑤漏磁变压器加抽头电抗器整流电源；

⑥晶体管逆变电源。

（5）等离子弧切割用气体及电极的选择诀窍

1）等离子弧切割用气体及其选择诀窍

等离子弧切割金属材料时，可用氩（Ar）、氮（N_2）、氢（H_2）、氧（O_2）或它们的混合气体作为切割用气体。依据被切割材料的种类及厚度、切割工艺条件，选择合适的气体种类。等离子弧切割常用气体的选择及其适用性见表 12-25 和表 12-26。

表 12-25　等离子弧切割常用气体的选择

工件厚度 /mm	气体种类、组成（体积分数）	空载电压 /V	切割电压 /V
≤ 12	N_2	250 ～ 350	150 ～ 200
≤ 150	Ar+N_2（N_2：60% ～ 80%）	200 ～ 350	120 ～ 200
≤ 200	N_2+H_2（N_2：50% ～ 80%）	300 ～ 500	180 ～ 300
≤ 200	Ar+H_2（H_2 约 35%）	250 ～ 500	150 ～ 300

表 12-26　各种气体在等离子弧切割中的适用性

气体	主要作用	备注
Ar、Ar+H_2、Ar+N_2、Ar+ H_2+N_2	切割不锈钢、有色金属及合金	Ar 仅用于切割薄金属
N_2、N_2+H_2		N_2 作为水再压缩等离子弧的工作气体，也可用于切割碳素钢
O_2（或粗氧）、空气	切割碳素钢和低合金钢，也用于切割不锈钢和铝	重要的铝合金构件一般不用

①氩气。氩气为单原子气体，原子量大，热导率小，且电离势低，因此易形成电离度高且稳定性好的等离子弧。氩气是惰性气体，它对防止电极、喷嘴烧损有益。单纯用氩气作切割气体时，空载电压较低，但其携热性差，热导率小和弧柱较短，不适宜于切割厚度较大的工件。尤其是氩气成本较高，因此通常并不单独使用。

②氮气。氮气的电离势虽也较低，但原子量较氩气小，它是双原子

气体，分子分解时吸收热量较大，导热和携热性较好，加之氮气等离子弧的弧柱长、切割能力大，故常单独用作工作气体。但因原子量较氩气小，要求电源具有很高的空载电压。

氮气在高温时会与金属起反应，对电极的侵蚀作用较强，尤其在气体压力较高的场合，宜加入氩或氢。另外，用氮气作工作气体时会使切割面氮化，在切割时产生的氮氧化物较多。

③ 氢。氢气原子量最小，热导性能好，分解时吸收大量的分解热，故单纯的氢气不宜形成稳定的等离子弧，因此通常不把氢气单独作为切割气体。另外氢具有还原性，有助于改善切割面的质量。

④ 氧。氧气是双原子气体，离解热高、携热性好，在切割时投入工件的热量多，故可单独用作工作气体。它具有氧化性，尤其在切割铁基金属时，既发生高温等离子弧的熔割过程，又有铁 - 氧燃烧放热过程，增加热量，能加速切割进程。但是，一般的钨极会被迅速烧损，故须采用特种电极材料和割炬结构。

⑤ 空气。空气是氮和氧等的混合物。空气中含约 80% 的氮和约 20% 的氧，它的主要特性与氮接近，又具有氧化性的一些特点，是应用最多的一种工作气体。但它兼有氮气和氧气的不足之处。

氩气、氮气、氢气中任意两种气体混合使用，它们之间相互取长补短，各自发挥其特长。用氢气时，必须重视使用安全问题，除注意管路、接头、阀门等一定不能漏气外，还应注意切割完毕后及时关闭。使用氮 - 氢混合气体进行切割时，为使引弧容易，一般先通氮气，引燃电弧后再打开氢气阀。切割完毕后，应先关闭氢气阀。

2）等离子弧切割电极的选择诀窍

等离子弧切割时，通常采用直流正接，即电极接负，工件接正。选择电极材料时，应选择电子发射能力强、逸出功小、在切割时电极烧损小的材料。实践证明，用高熔点的钨作电极，其烧损仍相当严重。在钨中加入少量的氧化钍而制成的钍钨极，其烧损量比纯钨极小且电弧稳定。但钍钨极内含质量分数为 1.2% ～ 2.0% 的氧化钍，由于钍是放射性元素，对制造者和使用者都有一定的危害。目前国内已不采用。近年来，国内已广泛生产和采用了铈钨极（含氧化铈的质量分数为 3%）。这种材料的电极，其电子发射能力和抗烧损情况都比钍钨极好，它烧损后电极端部仍能保持尖头，这对于维持长时间稳定地切割及保持电弧压缩效果、提高切割效率都是有利的。同时铈钨极没有放射性，这有利于操作者的劳动保护。因此，应尽量采用铈钨极。

等离子弧切割用电极有笔形和镶嵌结构两种。除电极材料的性质外，电极直径、形状也影响电极的烧损和电弧的稳定性。电极端部不宜太尖或太钝。太尖钨极易烧损，太钝则阴极斑点容易漂移，影响切割的稳定性，甚至产生"双弧"或烧坏喷嘴。笔形电极见图 12-80。有的使用单位把电极磨成尖形，燃烧后把尖头烧去，自然形成一种最合适的电极形状。

镶嵌结构电极由纯铜座和发射电子电极金属组成，其结构形式见图 12-81，电极金属使用铈钨、钇钨合金及锆和铪等，通常采用直接水冷方式，可以承受较大的工作电流，并减少电极损耗。

(a) 尖头(圆形)电极 (b) 平头电极

图 12-80　笔形电极端部形状

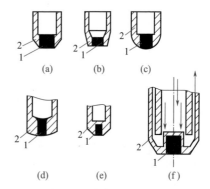

图 12-81　直接水冷式镶嵌电极的形状和结构形式
1—电极；2—纯铜座

（6）等离子弧切割不锈钢法兰操作实例

图 12-82　多柱支架

以 1Grl8Ni9Ti 不锈钢法兰的切割为例：法兰的外径为 219mm，内径为 60mm，厚度为 20mm。切割机型号 LG-400-1，工作台采用多柱式支架，如图 12-82 所示，以防止切割时将支架割断，避免工件切割到最后时由于被切下部分的重力作用，使工件下垂而发生错口。

① 切割方法：手工切割。

② 切割工艺参数：切割电流 320A；切割电压 160V；气体体积流率 2400L/h；切割速度 25 ～ 30m/h；铈钨棒直径 ϕ5.8mm；喷嘴孔径

ϕ5.0mm；喷嘴与工件距离 8～10mm。

③操作步骤。

a. 将 LG-400-1 型等离子弧切割机安装好，由于采用手工切割，故把连接小车控制电缆多芯插头"Z"断开，将手动切割的控制电缆多芯插头"S"接通（图 12-83 中的虚线所示）。

图 12-83　LG-400-1 型等离子弧切割机外部安装接线图

1—电源电缆（A=70mm^2）；2—切割电源（ZX400）；3—多芯电缆；4—流量计；5—控制箱（LG-400-1）；6—自动行走机构；7—割炬；8—工件；9—水冷电缆；10—进气；11—出气；12—电源电缆（A=70mm^2）；13—多芯电缆；14—出水；15—进水；16—手动割炬控制电缆

b. 检查切割机安装接线无误，再进行水、电、气以及高频引弧等的检测。检测完毕即可准备切割。

c. 按照待切割零件的图纸设计工艺尺寸，在不锈钢板上先划好线，见图 12-84。划线时要留出切口余量。余量按下列经验公式计算：

$$b=\delta/5+8$$

式中　b——切口宽，mm；

　　　δ——被切工件厚度，mm。

在离法兰内圆切割线一定距离钻一个 ϕ12mm 的孔，作为切割内圆时的起弧孔。

d. 将已划好线的钢板放在多柱式支架上，注意放平。

e. 先切割法兰的内圆。接通电源，手持割炬，使割炬喷嘴距离工件8～10mm，将割炬上的开关扳向前，这时电路被接通，切割机各部分动作程序与自动切割相同。起弧从起切点开始，由小电弧转到大电弧后进入正常切割。

若电弧引燃后因故不能进行切割，需要将电弧断开时，只要将手动割炬远离切割工件，将拨动开关从前面的位置上拨回来，随即推向前，然后再扳回，电弧即被切断。注意在这种断开引弧过程中，开关的拨动按钮第一次扳回后所停留的时间必须短，否则会烧坏割炬的喷嘴和水冷电阻。停止切割时，将拨动开关推向前，随后再拨回，即可停止切割。

f. 切割好法兰内圆后再切割其外圆，切割方法同前，但是引弧时可不必钻孔，而从离被切工件一定距离的边缘起切，如图 12-85 所示。

g. 切割完毕，关掉电源开关和气源，关闭冷水和总电源开关。

图 12-84　法兰盘切割工艺尺寸设计

图 12-85　切割法兰外圆示意图

（7）螺旋焊管水再压缩式空气等离子弧在线切割工程实例

高频焊接制造的螺旋钢管尺寸为 $\phi219\sim\phi377$mm，壁厚为 7mm。螺旋焊管的生产过程如图 12-86 所示。焊接速度为 5m/min。其圆周速度约等于 3.5m/min。为了保证螺旋焊制钢管的连续生产，要求采用空气等离子弧快速切割，切割速度应≥ 3.5m/min。

① 切割方法。采用水再压缩式空气等离子弧切割，并且采用刀轮夹紧式切管随行机及有关辅助装置。

② 切割工艺参数。通过试验找出最佳工艺参数为 I=260A，U=230V，喷嘴孔径 d=3.5mm；气体流量 Q=1.5L/min，压力 p=0.5MPa。

③ 切割结果。切割速度可达 3.9m/min，管端切斜小于 1.5/2π mm，坡

口等于 30°，符合产品要求，并且验收合格。

图 12-86　螺旋焊管生产线及在线切割

第 13 章
铆接件连接方法

13.1 铆接

13.1.1 铆接概述

铆工借助铆钉将金属结构的零件和组合件连接在一起形成不可拆卸的连接方法称为铆接。

（1）铆接过程

如图 13-1 所示，铆接的过程是：将铆钉插入被铆接工件的孔内，铆钉预制钉头 2 紧贴工件表面，下面用顶模 1 支承，然后将铆钉杆的一端用罩模 4 墩粗为铆合头 3。

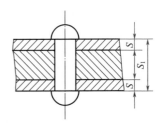

图 13-1　铆接过程

1—顶模；2—预制钉头；3—铆合头；4—罩模；d_1—铆钉杆直径；
d_0—铆钉孔直径；L—铆钉杆长度；l—铆钉厚度；S, S_1—板厚

目前，在很多零件连接中，随着焊接技术的不断进步，铆接已被焊接

代替，但因铆接具有韧性和塑性好、传力均匀、使用方便、连接可靠以及易于检查质量和检修等特点，所以仍广泛地应用在桥梁、机车、船舶和机器设备、工具制造等方面。

（2）铆接种类及使用

① 按使用要求不同可分为如下几种。

a. 结合部分可以相互转动的活动铆接，如剪刀、划规的铆接等。

b. 结合部分是固定不动的固定铆接。它还可分为：强固铆接，应用于结构需要有足够的强度、承受强大作用力的地方，如桥梁、车辆等；紧密铆接，应用于低压容器装置，这种铆接只能承受很小的均匀压力，但要求接缝处非常严密，以防止渗漏，如气筒、水箱、油罐等；强密铆接，这种铆接不但能承受很大的压力，而且要求接缝非常紧密，即使在较大压力下，液体或气体也保持不渗漏，一般应用于锅炉、压缩空气罐以及其他高压容器的铆接。

特别是强固结合用半圆头铆钉和密固结合用半圆头铆钉应用最为广泛，其尺寸规格见表 13-1。

表 13-1　强固、密固结合用半圆头铆钉　　　　　mm

公称直径 D	头部尺寸		钉杆长度 L	公称直径 D	头部尺寸				钉杆长度 L
	直径 D	高度 H			直径 D		高度 H		
	强固结合用	强固结合用			强固结合用	密固结合用	强固结合用	密固结合用	
1	1.8	0.6	2～6	8	14	14	4.8	4.8	16～60
(1.2)	2.1	0.7	3～8	10	16	17	6.0	6.0	16～85
1.4	2.5	0.8	3～10	(11.5)	19	21	7.0	8.0	20～90
(1.7)	3.0	1.0	3～12	13	21	24	8.0	9.0	22～100
2	3.5	1.2	3～14	16	25	29	9.5	10.0	26～110
2.5	4.6	1.6	5～20	19	30	34	11.0	12.0	32～150
3	5.3	1.8	6～20	22	35	39	13.0	14.0	38～180
(3.6)	6.3	2.1	8～24	25	40	44	15.0	16.0	52～180
4	7.1	2.4	8～28	28	45	50	17.0	18.0	55～180
5	8.8	3.0	8～35	30	50	55	19.0	20.0	55～180
6	11.0	3.6	10～42	34	55	60	21.0	22.0	70～200
7	12.8	4.2	14～50	38	60	65	23.0	24.0	75～200

注：括号内的直径，这两种铆钉都尽可能不采用。

c. 在小型结构中，常用空心或开口铆钉，如图 13-2 所示。半空心式铆钉在技术条件和装配合适时，这种铆钉本质上变成了实心元件，因为孔深刚够形成铆钉头。空心铆钉用于纤维、塑料板和其他软材料时，可自行冲孔。分叉或开口式铆钉的双叉要做成叉尖，当通过纤维板、木材、塑料或金属时，能戳穿自身需要的铆孔。

(a) 半空心式   (b) 空心式   (c) 开口式   (d) 压合式

(e) 螺纹式   (f) 钻通式

图 13-2   空心铆钉

压合式铆钉包括实心元件（阳模）和空心元件（阴模）。把它们放在一起，在适当位置上加压可形成压力配合。因为可以从两边控制钉头，所以常把它们用到刀具上，外形的一致性对刀具来说是很重要的。齐平的钉头显出整洁的外观，且可防止灰尘的聚积。

d. 暗铆钉只在装配件的一边形成钉头，其操作是在已封闭的产品上进行的。大多数暗铆钉都有被拉成的中心钉体，在机械或爆炸的作用下，使之镦粗以便把零件牢固地连接到一起，如图 13-3 所示。因所用工具轻便，并能以最少的时间和最小的力装配起来，暗铆钉的应用日益广泛。

图 13-3   暗铆钉的铆接
1—空心铆钉；2—芯轴；3—定位器

② 按铆接的方法不同来分，则可分为冷铆、热铆和混合铆。

a. 铆接时铆钉不加热叫冷铆，直径在 8mm 以下的钢铆钉和纯铜、黄铜、铝铆钉等，常用这种铆接法。

b. 把铆钉全部加热到一定温度后进行铆接的方法叫热铆，直径在 8mm 以上的钢铆钉常采用热铆。

c. 铆接时热铆和冷铆结合使用的方法叫混合铆。

（3）铆接形式

铆接形式按连接板的相对位置不同，可分为以下几种。

① 搭接。是把一块钢板搭在另一块钢板上进行铆接，如图 13-4 所示。

(a) 单排   (b) 双排   (c) 多排(交错)   (d) 板材与型钢搭接

图 13-4　搭接

② 对接。是将两块钢板置于同一平面，利用盖板铆接。盖板有单盖板和双盖板两种形式，如图 13-5 所示。

(a) 单排单盖板   (b) 双排双盖板

(c) 型钢对接

图 13-5　对接

③ 角接。是指两块钢板互相垂直或组成一定角度的连接。角接可采用角钢做盖板，以保证有足够的刚度，如图 13-6 所示。

(a) 单面角接　　　　　　　　　　(b) 双面角接

图 13-6　角接

（4）铆道及铆距

① 铆道就是铆钉的排列形式，分类如下：

a. 根据铆接强度和密封性能的要求，铆道有单排、双排和多排等，如图 13-7 所示。

(a) 单排搭接　(b) 双排单盖板对接　(c) 双排双盖板对接　　(d) 三排交错搭接

图 13-7　铆钉的排列形式

b. 按连接板上铆钉的排列形式分类，多排铆接还可分为平行排列和交错排列两种连接形式。

② 铆距是指铆钉与铆钉间或铆钉与铆接板边缘的距离，包括铆钉距、排距和边距，如图 13-8 所示。

a. 铆钉距 s。一排铆钉中，相邻两个铆钉中心的距离。

按结构和工艺的要求，铆钉的排列距离有一定规定。如并列排列时，铆距 $t \geqslant 3d$（d 为铆钉直径）。

铆钉单行或双行平行排列时 $s \geqslant 3d$（d 为铆钉杆的直径）。铆钉交错式排列时，其对角距离 $c \geqslant 3.5d$，为了板件连接严密，应使相邻两个铆钉

孔中心的最大距离 $s \leqslant 8d$ 或 $s \leqslant 12t$（t 为板件单件厚度）。

b. 排距 a。指相邻两排铆钉中心的距离，一般 $a \geqslant 3d$。

c. 边距 L。指外排铆钉中心至工件板边的距离。沿受力方向，应使铆钉中心离板边的距离 $L \geqslant 2d$。在垂直受力方向上铆钉中心到板边的距离 $L_1 \geqslant 1.5d$ ［见图 13-8（a）］。为使板边在铆接后接触紧密，应使由铆接中心到板边的最大距离 L 和 L_1 小于或等于 $4d$，L 和 L_1 小于或等于 $8t$。

各种型钢铆接时，若型钢面宽度 b 小于 100mm，可用一排铆钉。型钢面宽度 $b \geqslant 100$mm，应用两排铆钉连接，如图 13-8（b）所示，且应使 $a_1 \geqslant 1.5d+t$，$a_2 = b-1.5d$。

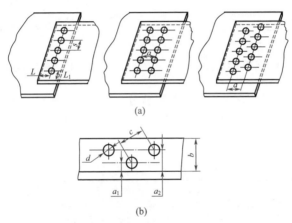

(a)

(b)

图 13-8　铆钉排列的尺寸关系

13.1.2　手工铆接工具与铆钉

(1) 手工铆接工具及使用技巧

铆接工具有以下几种。

① 锤子。常用圆头锤子，规格为 0.25 ~ 0.5kg。

② 压紧冲头。如图 13-9（a）所示，用来消除被铆合的板料之间的间隙，使之压紧。

③ 罩模和顶模。如图 13-9（b）、（c）所示，多数是制成半圆头的凹球面，用于铆接半圆头铆钉，也有按平头铆钉的头部制成凹形的，用于铆接平头铆钉。罩模用于铆接时镦出完整的铆合头；顶模用于铆接时顶住铆钉原头，这样既有利于铆接，又不损伤铆钉原头。

（2）铆钉的种类及选用

铆钉的各部分名称如图 13-10 所示。原头是已制成的铆钉头，铆合头是铆钉杆在铆接过程中做成的第二铆钉头。

(a) 冲头

(b) 罩模

(c) 顶模

图 13-9　手工铆接工具

图 13-10　铆钉的各部分名称

铆钉的种类很多，按铆钉的形状分为平头、半圆头、沉头、半圆沉头、管状空心和皮带铆钉等，见表 13-2。按材料分为钢铆钉、铜铆钉和铝铆钉等。

表 13-2　铆钉的种类及应用

名称	形状	应用
平头铆钉		铆接方便，应用广泛，一般常用于无特殊要求的铆接中，如铁皮箱盒、防护罩壳及其他结合件中
半圆头铆钉		应用广泛，如钢结构的屋架、桥梁和车辆、起重机等，常用这种铆钉
沉头铆钉		应用于框架等制品表面要求平整的地方，如铁皮箱柜的门窗以及有些手用工具等
半圆沉头铆钉		用于有防滑要求的地方，如踏脚板和走路梯板等
管状空心铆钉		用于在铆接处有空心要求的地方，如电器部件的铆接等

续表

名称	形状	应用
皮带铆钉		用于铆接机床制动带以及铆接毛毡、橡胶、皮革材料的制件

（3）铆钉直径的确定

铆钉直径的大小与被连接板的厚度有关。当被连接板材厚度相同时，铆钉直径等于板厚的 1.8 倍，当被连接板材厚度不同时，铆钉直径等于最小板厚的 1.8 倍。铆钉直径也可按表 13-3 选择确定。

表 13-3　铆钉直径与板件厚度的关系　　　　　mm

板厚 t	$5 \sim 6$	$7 \sim 9$	$9.5 \sim 12.5$	$13 \sim 18$	$19 \sim 24$	> 25
铆钉直径 d	$10 \sim 12$	$14 \sim 25$	$20 \sim 22$	$24 \sim 27$	$27 \sim 30$	$30 \sim 36$

标准铆钉及钻孔直径还可按表 13-4 来选取。

表 13-4　标准铆钉的直径及孔径　　　　　mm

铆钉直径 d	2	2.5	3	4	5	6	7	8	10	12	16
孔径 D	2.2	2.8	3.2	4.3	5.3	6.4	7.4	8.4	11	13	17

（4）铆钉长度的确定

铆接时铆钉所需长度，除了被铆接件的总厚度外，还要为铆合头留出足够的长度。铆钉长度 L 可用下列方法算出。

① 半圆头铆钉长度

$$L = (1.65 \sim 1.75)\, d + 1.1\sum\delta$$

② 沉头铆钉长度

$$L = \sum\delta + (0.8 \sim 1.2)\, d$$

式中　$\sum\delta$——铆接件的总厚度，mm；

　　　　d——铆钉直径，mm。

铆钉的长度计算还可参见表 13-5 中的经验公式。

（5）通孔直径的确定

铆接时，通孔直径的大小应随着连接要求不同而有所变化。如孔径过

小，使铆钉插入困难；过大，则铆合后的工件容易松动。合适的通孔直径
应按表 13-6 选取。

表 13-5　铆钉长度计算经验公式　　　　　　　　　　　mm

名称	简图	计算公式							
半圆头铆钉		$L=(1.65\sim 1.75)d+1.1\sum\delta$							
沉头铆钉		$L=A\delta+B+C$ $A=d_1^2/d^2$ $B=\dfrac{h(D^2+Dd_1-2d_1^2)}{3d_1^2}$							
		铆钉直径 d	13	16	19	22	25	29	30
		C	$4\sim 7$	$5\sim 9$	$5\sim 10$	$6\sim 11$		$7\sim 12$	

表 13-6　铆接用通孔直径（GB/T 152.1—1988）　　　mm

铆钉直径 d		2	2.5	3	3.5	4	5	6	8	10	12
钉孔直径 d_0	精装配	2.1	2.6	3.1	3.6	4.1	5.2	6.2	8.2	10.3	12.4
	粗装配	2.2	2.7	3.4	3.9	4.5	5.5	6.5	8.5	11	13

铆钉直径 d		14	16	18	20	22	24	27	30	36
钉孔直径 d_0	精装配	14.5	16.5	—	—	—	—	—	—	—
	粗装配	15	17	19	21.5	23.5	25.5	28.5	32	38

13.1.3　手工铆接工艺方法

铆接按铆接件是否加热分热铆、冷铆和混合铆三类，按操作方式又可分为手工铆接和机械铆接两种。

铆钉直径在 8mm 以下的均采用冷铆，一般铆工工作范围内的铆接也多为冷铆。

（1）固定铆接的操作步骤

① 把板料互相贴合试配铆接件，在铆接件上划好铆钉孔的位置，最好用 C 形夹等工具夹持固定。

② 划线钻孔，为了使铆钉头紧密贴在工件表面上，钻孔后最好在孔口倒角；如果是沉头铆钉钻孔后要锪孔口，锪孔的角度和深度要正确。

③ 确定并修整铆钉杆的长度，装入铆钉。

④ 将铆钉预制钉头放置在顶模上，用压紧冲头压紧板料，如图 13-11（a）所示。

(a) 镦紧板料　(b) 镦粗铆钉头　(c) 把铆钉头锤成圆形　(d) 修成铆合头

图 13-11　铆制半圆头铆合头的方法

⑤ 铆接铆钉时，用锤子镦粗铆钉杆，做出铆合头，并初步锤击成形；在铆接开始时锤击力量不能太大，以防止铆钉被打弯，如图 13-11（b）

所示。

⑥ 用罩模修整铆合头，如图 13-11（d）所示。沉头铆钉还须除去高出部分，使两面平整，如图 13-12 所示。

铆制半圆头铆合头和沉头铆合头的方法见图 13-11、图 13-12。

镦粗

图 13-12　铆沉头铆钉的方法

沉头铆钉的铆接，一种是用现成的沉头铆钉铆接，另一种是用圆钢按铆钉长度的确定方法，留出两端铆合头部分后截断作为铆钉。用截断的圆钢作铆钉的铆接过程如图 13-12 所示。前四个步骤与半圆头铆钉的铆接相同，之后在正中镦粗面 1 和面 2，铆面 2，铆面 1，最后修平高出的部分。如果用现成的沉头铆钉铆接，只需要将铆合头一端的材料，经铆打填平沉头座即可。

（2）活动铆接的操作技巧

活动铆接的形式如图 13-13 所示。

图 13-13　活动铆接的形式

铆接时要轻轻锤击铆钉且不断扳动两块铆接件，要求铆好后仍能活动，又不松旷。

在活动铆接时最好用二台形铆钉，如图 13-14 所示，大直径的一台可使一块铆接件活动，小直径的一台可铆紧另一块铆接件，这样能达到铆接后仍能活动的要求。

(a) 活动铆接　　　　(b) 二台形铆钉

图 13-14　活动铆接

(3) 铆空心铆钉的操作技巧

有些工件是不能重击的，如木料、胶板、量具等上面的绝热手柄，不适合使用上述两种方法进行铆接，因此，就要使用空心铆接（即翻边铆钉）进行铆接。

图 13-15　空心铆钉的铆接方法

其操作方法和技巧如下。

① 空心铆钉插入孔后，先用样冲将铆钉口冲成翻边，使铆钉孔口张开与工件孔口贴紧，如图 13-15（a）所示。

② 再用钉头型冲子冲铆，使翻开的铆钉孔口贴平于工件孔口，如图 13-15（b）所示。

(4) 铆钉的拆卸技巧与诀窍

要拆除铆接件，只有毁坏铆钉的头部，并把铆钉从孔中冲出。对于一般较粗糙的铆接件，直接用錾子把铆钉头錾去，再用样冲冲出铆钉。当铆接件表面不允许受到损伤时，可用钻孔的方法拆卸。对于沉头铆钉的拆卸，先用样冲在铆钉头上冲出中心眼，再用小于铆钉直径 1mm 的钻头钻孔，深度略超过铆钉头的高度，然后用直径小于孔径的冲头将铆钉冲出，如图 13-16 所示。对于半圆头铆钉的拆卸，拆卸前先把铆钉的顶端略微敲平或锉平，用样冲冲出中心眼，钻孔的深度为铆合头的高度，然后用一合适的铁棒插入孔中，将铆钉头折断，最后用冲头冲出铆钉，如图 13-17 所示。

图 13-16　拆卸沉头铆钉　　　　图 13-17　拆卸半圆头铆钉

13.1.4　钣金铆接件的质量分析

铆接时若铆钉直径、长度、通孔直径选择不适或操作不当，都会影响质量。铆工铆接常见的废品形式和产生原因见表 13-7。

表 13-7　铆接常见的废品形式和原因

废品形式	图示	产生原因
铆合头偏歪		① 铆钉太长 ② 铆钉歪斜，铆钉孔未对准 ③ 镦粗铆合头时不垂直造成铆钉歪斜
半圆头铆合头不完整		铆钉太短
沉头孔未填满		① 铆钉太短 ② 镦粗时锤击方向与板材不垂直
铆钉头未贴紧工件		① 铆钉孔直径太小 ② 铆钉孔口未倒角

铆工自学·考证·上岗一本通

504

废品形式	图示	产生原因
工件上有凹痕		① 罩模修整时歪斜 ② 罩模直径太大 ③ 铆钉太短
铆钉杆 在孔内弯曲		① 铆钉孔太大 ② 铆钉直径太小
工件之间有间隙		① 工件板材连接面不平整 ② 压紧冲头未将板材压紧

13.2 管板胀接

13.2.1 胀接原理及结构形式

(1) 胀接原理

胀接是利用管子和管板变形来达到密封和紧固的一种连接方法，它可采用机械、爆炸和液压等方法来扩胀管子直径，使管子产生塑性变形和管板孔壁产生弹性变形，并利用管板孔壁的回弹对管子施加径向压力，使管子与管板的连接头具有足够的胀接强度（拉脱力），保证接头工作时，管子不会被从管板孔中拉出来。同时，它还具有较好的密封强度（耐压力），在工作压力下保证设备内的介质不会从接头处泄漏出来。

管板胀接技术广泛用于锅炉、石油化工容器产品及空调、制冷设备的热交换装置中的管、板连接。

(2) 胀接的结构形式及适用场合选择诀窍

管板胀接结构形式及适用场合选择诀窍见表 13-8。

表 13-8 管板胀接的结构形式

名称	简图	工作压力 /MPa	温度 /℃	胀接长度 /mm	应用场合 与作用
光孔胀接		< 0.6	< 300	< 6	用于低压锅炉加强抗拉强度
扳边胀接		< 0.6	< 300	< 6	用于低压锅炉提高接头胀接强度
翻边胀接		< 0.6	< 300	< 6	用于火管锅炉烟管提高胀接强度和密封性能
开槽胀接		< 3.6	< 300	≥ 20	用于中、低压设备制造提高接头的抗拉强度
光孔胀接加端面焊		< 7	< 350	> 6	用于换热器制造保证接头密封性能
开槽胀接加端面焊		> 7	> 400	≥ 20	用于高压容器和换热器制造提高和加强接头的密封性能

13.2.2 胀接方法分类及胀接工具使用

(1) 胀接方法分类及特点

根据使用动力不同,机械胀接可分为手动胀接、气动胀接、液压气动胀接和电动胀接等。机械胀接装置的组成如图 13-18 所示。机械胀管器的分类与特点见表 13-9。

图 13-18　机械胀接装置的组成

1—胀管器；2—接头；3—活接头；4—胀管机；5—控制仪

表 13-9　机械胀管器的分类与特点

类型		结构特点	适用范围
前进式胀管器	Ⅰ型不翻边	结构简单，使用方便	管径较小 管板较薄
	Ⅱ型翻边	可翻边	
后退式胀管器	Ⅲ型双向转动	管子对管板的轴向力较低，管板变形较小	管径较小 管板较厚
	Ⅳ型单向转动	α角为右旋偏角，胀杆锥度较大，始终顺转，结构简单，轻便，参数易控制，操作方便，胀接均匀	管径较小 管板较厚

（2）胀接方法与诀窍

胀接的方法很多，常用的方法有机械胀接、液压胀接、橡胶胀接和爆炸胀接等，其工作原理和工艺特点如下。

① 机械胀接。机械胀接主要是用机械的滚柱胀管器扩胀管子。图 13-19 所示为前进式胀管器滚柱胀接的工作原理图。由于胀杆和胀子形状都是圆锥形，但二者锥度不同，胀杆锥度为胀子锥度的 2 倍，这样配合起来的外侧面正好为圆柱形。当胀杆推进时，胀子外侧直径 D_n 增加到 D_n'，胀杆进给越多，胀子外侧直径增加越大。

胀管时，将胀管器塞入管内，然后推进胀杆，使胀杆、胀子和管子内壁都相互紧贴后初胀定位，以便在管子内壁进行碾压，迫使管壁金属延展而管径增大，使管壁与孔壁基本紧密接触。

(a) 进给前的组合　　　　　　(b) 进给后的变化

图 13-19　机械胀接胀杆和胀子的组合

② 液压胀接。液压胀接是依靠液压传动装置控制液压胀管器（胀头）进行胀接的，其工作原理如图 13-20 所示。胀管前，液体经油路 1 送入胀头 a，并将增压器活塞推向右方的原始位置，转换控制阀使油路 2 接通，于是高压泵产生的一次压力，由增压器 b 转换成需要的两次压力进行胀管，两次压力从一次压力表上间接显示，压力的大小由调节溢流阀来控制。如转换控制阀使液压系统与油路 3 接通即可卸载，便可将胀头从管中取出。

液压胀头的工作原理，如图 13-21 所示。当高压油通过接头和拉杆油孔进入压力油腔，弹性膜在高压油的作用下，使挤压环胀开扩胀管子（挤压环分为 4 片，如图 13-21 所示的 $A—A$ 断面图）。

图 13-20　液压胀管原理

液压胀接的特点是：胀管区管子与管孔的贴合均匀，胀接长度基本不受限制，不会损伤管子，效率高，一次可同时胀接多根管子，而且变形量也小。

③ 橡胶胀接。橡胶胀接胀管器，如图 13-22 所示，胀管器装有软质橡胶管制成的胀管媒介体。借助于液压缸的牵引力，通过加压杆使软质橡胶受到轴向力。软质橡胶两端装有密封圈，阻止软质橡胶轴向移动，则在径向产生鼓胀力并施加于管子内壁上，进行胀接。

图 13-21 液压胀头

1—接头；2—拉杆；3—压盖；4—弹性圈；5—弹性膜；6—挤压环

④ 爆炸胀接。爆炸胀接的基本原理是用一个条形高能炸药，塞入待胀管内，在引爆雷管激发的瞬间，炸药爆炸产生高压、高温冲击波，迫使管子在极短的时间内膨胀，产生塑性变形，而管孔仍处于弹性变形，从而把管子与管板紧密地胀接在一起，如图 13-23 所示。

爆炸胀接的特点是：管子直径的大小、胀接长度、胀接位置都不受限制，劳动强度低，效率高，可以单根或多根甚至半个和整个加热器的管子都在同一次爆炸中进行胀接，而且质量稳定，管子轴向伸长量少，管板变形小，尤其适合多种金属的结合，对双金属管板不会产生较大的变形或剥离。但是爆炸时要注意安全，尤其是对炸药用量要计算适当，否则很容易发生人身事故、质量事故。

图 13-22 橡胶胀管

1—加压杆；2—密封圈；3—软质橡胶；4—管子；
5—管板；6—辅助密封圈；7—支承套

图 13-23 爆炸胀管

1—导爆束；2—管子；3—定位套；4—导板

各种胀接方法的优缺点见表 13-10。

表 13-10　各种胀接方法的优缺点

方法	优点	缺点
1. 机械胀接	①胀管器制造、维护、使用简便 ②各种动力均适用 ③控制胀接程度方便	胀接为线接触金属碾压变形，残余应力大，劳动强度大，效率较低，胀接质量不理想
2. 液压胀管	①胀管区结合均匀 ②胀接长度、深度不受限制 ③不损伤管子 ④一次可胀多根管子 ⑤管板变形小 ⑥液压胀后再机械胀，可在一定程度上消除轴向力 ⑦参数可以精确控制，胀口质量好、生产效率高	辅助工作多，适用于 $\phi 50mm$ 以下管径，对管孔加工要求较高
3. 爆炸胀管	①操作简单，不需设备，成本低 ②胀接长度不受限制，可胀小直径厚管壁、厚管板，生产效率高 ③可同时胀多根管子 ④管板轴向力、变形小 ⑤适合先焊后胀工艺	质量不易控制，安全性差、噪声大，密封性不易达到，一般仅用于贴胀
4. 橡胶胀管	①可胀各种直径管子的任何部位 ②不损伤管子 ③胀接较安全 ④对邻近管子影响较小，宜采用先焊后胀工艺	胀接程度不易掌握，辅助设备较多

（3）胀接工具及使用技巧

胀接工具及其使用特点如下。

① 手提式胀管机。轻便手提式胀管机是机械胀管时的主要动力工具，如图 13-24 所示。手提式胀管机产生的推动力大，而且还可以借助手柄，

使胀管器产生进给推力。胀管器正转是将管子和管板向胀紧方向推进，反转是将胀管器从已胀好的管内退出。

(a) DZ‑A600W轻型电动胀管机

(b) DZ‑C108型钢管电动胀管机

图 13-24　轻便手提式胀管机

如图 13-24（a）所示 DZ-A600W 轻型电动胀管机，用于将金属管口扩大与管板紧密胀接，使之不漏水、漏气，并能承受一定压力。广泛用于电力、石化、制冷等行业的凝气管、冷凝器、换热器、加热器等金属管的安装、修理；如图 13-24（b）所示 DZ-C108 型钢管电动胀管机用于厚壁、大口径不锈钢、碳钢、合金钢类钢管与管板孔的胀接，广泛用于锅炉制造、钢管热交换器、冷凝器及造船等行业。

②胀管器。胀管器的种类很多，常用的有前进式胀管器、前进式扳边胀管器和后退式胀管器。胀接前要选择合适的胀管器，以保证胀接质量，胀管器结构组成如图 13-25 所示。

前进式胀管器的特点是：结构简单，操作灵活方便，可扩胀和扳边，适宜于管壁不太厚的构件。在胀接管板厚度大、管子直径小的情况下，胀管器必然呈细长形，胀子越长则受到的阻力越大，纤细的胀杆承受的扭矩也越大，所以容易折断。如果采用较短的胀子分段胀接，胀接长度又不好控制，质量不稳定。另外，若管子受胀后伸长方向指向管板里面，则产生轴向力，影响装配质量。

(a) 前进式胀管器　　　　　　　(b) 前进式扳边胀管器

(c) 后退式胀管器

图 13-25　胀管器的组成结构

1—胀杆；2—定位螺母；3、12—弹簧圈；4—弹簧；5—推力球轴承；6—套管；
7—钢球；8—外套壳；9—定位圈；10—胀锥；11—螺钉；13—定位盖；
14—轴承；15—轴承外壳；16—胀子；17—扳边滚子

后退式胀接是由内至外进行胀接的，其特点是：胀管器在工作时是由管内向外拉出，使胀杆在受拉状态下进行工作，可弥补前进式胀管器的不足。其缺点是胀接要分两次进行，工作效率比前进式胀管低。

前进式胀管器主要由胀杆、胀壳、胀子和扳边滚子组成，如图 13-26所示。其胀子经机械加工后，镶嵌于胀壳上（一般 3 枚胀子）和胀壳光滑过渡。胀子呈圆锥形和胀杆（也呈圆锥形）成反向并通过胀壳组成圆柱形，通过胀管机的动力推动胀杆前进，将胀子由胀壳内向外逐渐挤出，并转动前进使管子管壁产生径向蠕动而进行胀管；扳边滚子使管子端口翻边，以增强管板的胀接强度。

图 13-26 前进式胀管器的组成部分

1—胀杆；2—胀子；3—扳边滚子；4—胀壳

13.2.3 钣金胀接形式及应用特点

(1) 光孔胀接

光孔胀接一般用于工作压力小于 0.6MPa、温度低于 300℃、长度小于 20mm 的胀接，如图 13-27 所示。

图 13-27 光孔胀接

(2) 翻边胀接

翻边胀接主要有下面两种形式：

① 扳边胀接。胀接时，管端扳成喇叭口，如图 13-28（a）所示。扳边是为了提高接头的胀接强度，通常除了胀紧外，还进行管端扳边，形成喇叭形。经胀紧和扳边后的管子，其拉脱力是未扳边管子的 1.5 倍。

扳边角度越大，强度越高，一般扳边角度取 12°～15°。但应注意扳边时，喇叭口根部应在管板孔的边缘上，甚至伸入管孔内部 1～2mm，如图 13-28（b）所示。如果喇叭根部的位置在管孔外，就起不到加强连接的作用。

②翻打胀接。胀接时，管端翻边采用压脚工具，如图 13-28（d）所示。

把压脚装在铆钉枪上，将管端已扳边的管口翻打成如图 13-28（c）所示的半圆形，这种形式多用于火管锅炉的烟管，主要是为了防止管端被高温烟气烧坏，并减少烟气流动阻力，以增加接头强度。

(a) 扳边胀接

(b) 喇叭口根部位置

(c) 翻打胀接

(d) 翻边用压脚

图 13-28　翻边胀接

(3) 开槽胀接

开槽胀接用于胀接长度大于 20mm、温度低于 300℃、压力小于 3.9MPa 的设备上，由于工作压力较高，管子的轴向拉力增大，故一方面采取加大胀接长度的措施，另一方面在管板上开槽胀接，如图 13-29 所示。在胀接时能使管子金属镶嵌到槽中去，以提高接头的抗拉脱力。

图 13-29　开槽胀接

（4）胀接加端面焊

锅炉管道随着锅炉工作压力和温度的提高，单靠胀接方法不能满足要求，因此必须采取胀接后再加端面焊的方法，以提高接头的密封性能。它有以下两种形式。

① 光孔胀接加端面焊。一般在工作压力低于 7MPa、温度低于 350℃或介质极易渗透的场合，此时胀接接头强度虽能达到，但密封性能达不到要求，因此接头端面还要增加密封焊来保证其密封性，如图 13-30（a）所示。

(a) 光孔胀接加端面焊

(b) 开槽胀接加端面焊

图 13-30　胀接加端面焊

② 开槽胀接加端面焊。当温度进一步提高后，如果仍旧采用光孔胀接加端面焊时，由于温度升到 400℃以上，会引起金属蠕变，使胀管所造成的径向压力松弛，导致胀接接头失效，所以要用开槽胀接的方法。在胀接时让金属镶嵌到槽中，此时虽然高温蠕变能使胀接失效，但由于开槽的结果，镶嵌在孔中的凸缘能形成足够的抗拉脱力，再加上端面焊，则密封性能得到进一步的提高，如图 13-30（b）所示。但在操作中是先胀后焊，还是先焊后胀？如果先胀后焊，则难免胀管用的润滑剂会进入间隙内，在焊接的高温下，会产生气体，引起焊缝气孔而影响质量；如先焊后胀，胀接时是否会使焊缝开裂？实践证明，只要胀管过程控制得当，是不会产生焊缝开裂的，因此一般采用先焊后胀比较好。

13.2.4　影响胀接质量的因素及胀紧程度的控制技巧

（1）胀管率的计算

胀接质量指标主要有胀接强度（拉脱力）和密封性两项。该两项指标通过胀紧程度来保证。胀紧程度用胀管率 H 表示：

$$H = \frac{d_1 - d_2 - \delta}{d_3} \times 100\%$$

式中　d_1——胀后管子实测内径，mm；

　　　d_2——未胀时管子实测内径，mm；

　　　d_3——未胀时管板孔实测直径，mm；

　　　δ——未胀时管孔实测直径与管子实测外径之差，mm。

一般控制在 $H=1\% \sim 2.1\%$ 范围内。对厚壁管和非铁金属管采用较大值。

对于管子材料为 10、20 钢，管板材料为 20g，管板厚度为 12 ~ 16mm，管子直径为 51mm，管壁厚 3mm，管端采用铅浴退火且为水管锅炉，胀管率 H 亦可按下式计算：

$$H = \frac{D - d_3}{d_3} \times 100\%$$

式中　D——胀后紧贴管板外侧管子外径，mm；

　　　d_3——未胀时管板孔实测直径，mm。

由此式可见胀管率是由控制管子胀后外径的方法实现的。故具有控制方便、精度高的优点。若不符合上述适用条件而采用该公式，应进行试验验证工作来扩大该公式的使用范围。

（2）影响管板胀接质量的因素及控制措施

① 胀紧程度不足（欠胀）或过量（过胀）都不能保证胀接质量。过胀还会因管壁减薄过大而导致管子断裂和管板变形。

② 对光孔，增加胀接长度可增加拉脱力和密封性。对开槽胀接，拉脱力主要由沟槽承受，增加胀接长度，拉脱力并无显著增加。

③ 光洁的胀接表面，胀接强度稍低而密封性较高。一般孔的表面粗糙度以 $Ra\,12.5 \sim 3.2\mu m$ 为宜。

④ 管孔表面有纵向及螺旋形贯穿性刻痕会严重降低密封性。环向刻痕深度小于 0.5mm 可允许存在。

⑤ 换热器管板孔间距 $t \geqslant 1.25D_0$（D_0 为管板孔直径）；锅炉上孔间距应保证孔桥减弱系数不小于 0.3（按 GB/T 16507 规定）。

⑥ 管子硬度及屈服极限高于管板材料会引起过胀；过低于管板材料也会使胀接强度下降。一般管端可退火使硬度略低于管板硬度。

⑦ 管子与管孔间隙过小，穿管困难；间隙过大易引起管子冷作硬化。管板孔径与允许偏差可参考表 13-11 所列数值选择。

表 13-11　管板孔直径与公差　　　mm

管子外径	管板孔直径	直径公差
14	14.3	+0.24 0
16	16.3	
19	19.3	+0.28 0
22	22.3	
25	25.3	
32	32.3	+0.34 0
38	38.3	
42	42.3	
51	51.3	+0.4 0
57	57.3	
60	60.4	
63.5	64	
70	70.5	
76	76.5	
83	83.6	+0.46 0
89	89.6	
102	102.7	
108	108.8	

（3）胀紧程度的控制技巧（表 13-12）

表 13-12　控制管板胀紧程度的方法和技巧

控制方法	控制项目	备注
经验控制	听胀管机器运转声音，观察管子变形情况	需要有经验的操作人员
测量控制	控制胀后管子内径 d_1	d_1 按给定的 H 值计算
自动控制	用液压或电动控制仪控制胀管扭矩，自动停胀或退出	用液压驱动或电动胀接

13.2.5 钣金胀接应用实例及胀接质量分析

（1）常压钣金构件的胀接实例

常压构件的胀接是管子和管板在压力较小的要求下的胀接。换热器的工作压力不高，属于常压容器，如图 13-31 所示。其管子和管板的连接按常压容器进行胀接，由于管壁较薄（2mm 以下），管板（汽包、集箱及平面管板等）板料较厚，如采用焊接易使管壁烧穿，而采用胀接要优于焊接。胀接时，只需先将管子排序（编号）、清理（抛光）、管端退火、管板孔口清理（去毛刺、油污、抛光），然后将管子装入管板孔内，并用楔形扁铁定位（如有上下管板和左右管板时）。管子两端从管板孔伸出的长度一般不超过 10mm，然后在管口内塞入胀管器，胀管器接上胀管机，打开压缩空气，使胀管机带动胀杆和胀子进行胀接工作。胀接一般有初胀和复胀两个过程，初胀时不宜胀得太紧，胀得过紧，复胀时会使管子胀裂，一般以管子两端与管板接触部分不松动为宜；复胀时则应胀紧，但不能使管端胀裂。管子与管板接触部分的管壁也不能胀得太薄，太薄会影响管壁强度，并缩短管子的使用寿命。胀接后要将胀接的管端逐一检查，检查有无胀裂或超薄部位，如有以上情况，则应该调换管子，重新胀接。胀接好以后，还要对管子伸出的超长部分进行刮平，以达到规定的长度，以免藏污纳垢，影响胀接部分的质量。

图 13-31　换热器的胀接

1—散热板；2—容器；3，4—支架；5—输入、输出管道

（2）钣金管板胀接质量分析及控制诀窍

管板胀接前，胀管部分要进行退火处理，退火长度为管厚加 100mm

以降低硬度、提高塑性；胀管前要对管端和管板进行清理，不允许有油污、铁锈、水分和杂质，有时要用刚玉砂布或抛光砂轮进行打磨，然后再进行焊接和胀管；首件胀接工作完成后要检验胀接质量，找出影响质量和产生缺陷的原因，进行改正并得到合格的胀接件后才能进行正式胀接工作。

由于胀管器不良或操作不当造成的缺陷大多数可凭经验作出判断而采取措施予以补救。

（3）钣金胀接缺陷的产生原因及预防措施

钣金胀接缺陷的产生原因及预防措施见表 13-13。

表 13-13　钣金胀接缺陷的产生原因及预防措施

缺陷名称	简图	现象	产生原因	消除办法
未胀牢		手摸管子内壁无凹凸感觉	欠胀	补胀
胀口有间隙		胀口上端或下端有间隙	①胀管器取出太早，或装入距离太小 ②胀子太短 ③胀杆和胀子锥度不合适	①换用合格胀管器 ②补胀
胀偏		管子一边大一边小	胀管器未装正	装正胀管器重胀，严重时应换管重胀
切口		管子内壁过渡部分有棱角式深痕	①胀子下端锥度太小 ②胀子与翻边滚子结合处过渡不圆滑	①采用合格胀管器 ②换管重胀

续表

缺陷名称	简图	现象	产生原因	消除办法
过胀		① 管子下端鼓出太大 ② 管端伸长量太大 ③ 管子内壁起皮 ④ 孔壁下端管子外表面被切	胀接率过大	换管重胀
圈边裂开		翻边有裂纹或裂开	① 管端未退火 ② 管端伸出太长	① 管端退火 ② 换管重胀

13.3 螺纹连接

螺纹连接是一种可拆卸的固定连接，它可以把钣金零件紧固地连接在一起。螺纹连接具有结构简单、连接可靠、拆卸方便及成本低等优点，但紧固动作缓慢、装卸用的时间较长。

13.3.1 螺纹连接的种类及特点

（1）普通螺栓连接

常见普通螺栓的连接形式如图 13-32 所示。

① 图 13-32（a）中，通过螺栓、螺母把两个零件连接起来。这种连接多用于通孔连接，损坏后更换很容易。

② 图 13-32（b）中，用螺栓、螺母把零件连接起来，其零件的孔和螺栓的直径配合精密，主要用于承受零件的切应力。

③ 图 13-32（c）中，采用螺钉直接拧入被连接件的形式，被连接件很少拆卸。

④ 图 13-32（d）中，采用内六角螺钉拧入零件的连接形式，用于零件表面不允许有凸出物的场合。

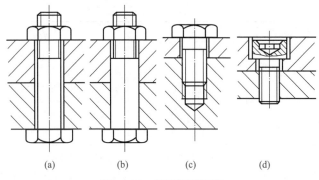

图 13-32 普通螺栓连接

（2）双头螺柱连接

常见的连接形式如图 13-33 所示，即用双头螺柱和螺母将零件连接起来。这种连接形式要求双头螺柱拧入零件后，要具有一定的紧固性。多用于盲孔、被连接零件需经常拆卸的场合。

（3）机用螺栓连接

常见的连接形式如图 13-34 所示。采用半圆头、圆柱头及沉头螺钉等将零件连接起来。用于受力不大、重量较轻零件的连接。

(a) 带台肩   (b) 不带台肩

图 13-33 双头螺柱连接   图 13-34 机用螺栓连接

常见的螺纹连接形式及特点见表 13-14。

13.3.2 螺纹连接时的预紧技巧

（1）预紧定义

为了达到螺纹连接的紧固和可靠，对螺纹副施加一定的拧紧力矩，使螺纹间产生相应的摩擦力矩，这种措施称为对螺纹连接的预紧。

表 13-14 螺纹连接形式及特点

连接形式		图示	特点
螺栓连接	粗制螺栓连接		一般情况下，螺栓的杆径比孔径小 1～1.5mm，对螺栓孔的精度要求不高，在一般钢结构中应用较广
	精制螺栓连接		螺栓杆径略大于孔径，靠螺栓与孔的紧配合来传递外力
	高强度螺栓连接		靠连接件之间的摩擦阻力来承受载荷。安装时，必须将螺母拧得很紧，使螺栓产生较大的预应力
双头螺栓连接			两头有螺纹的杆状连接件。用于盲孔、经常装拆结构较紧凑或工件较厚不宜用单头螺栓的场合
螺钉连接			不用螺母，直接将螺钉拧入被连接件螺孔中实现连接

拧紧力矩可按下式求得

$$M_1 = KP_0 d \times 10^3$$

式中 M_1——拧紧力矩；

   K——拧紧力矩系数（有润滑时 K=0.13～0.15，无润滑时 K=0.18～0.21）；

   P_0——预紧力，N；

   d——螺纹公称直径，mm。

拧紧力矩可按表 13-15 查出后，再乘以一个修正系数（30 钢为 0.75，35 钢为 1，45 钢为 1.1）求得。

表 13-15 螺纹连接拧紧力矩

基本直径 d/mm	6	8	10	12	16	20	24
拧紧力矩 M/N·m	4	10	18	32	80	160	280

（2）控制螺纹拧紧力矩的方法与诀窍

① 利用专门的装配工具。如指针式力矩扳手，电动或气动扳手等。这些工具在拧紧螺纹时，可指示出拧紧力矩的数值，或到达预先设定的拧紧力矩时，自动终止拧紧。

② 测量螺栓伸长量。如图 13-35，螺母拧紧前，螺栓的原始长度为 L_1，按规定的拧紧力矩拧紧后，螺栓的长度为 L_2，根据 L_1 和 L_2 伸长量的变化可以确定（按工艺文件规定或计算的）拧紧力矩是否正确。

③ 扭角法。其原理与测量螺栓伸长法相间，只是将伸长量折算成螺母被拧转的角度。

13.3.3　螺纹连接的损坏形式和修理方法

螺纹连接的损坏形式一般有：螺纹部分或全部损坏、螺钉头损坏及螺杆断裂等。对于螺钉、螺栓或螺母任何形式的损坏，一般都以更换新件来解决；螺孔滑牙后，有时需要修理，大多是扩大螺纹直径或加深螺纹深度，而镶套重新攻螺纹只是在不得已时才采用。

螺纹连接修理时，常遇到锈蚀的螺纹难于拆卸，这时可采用煤油浸润法、振动敲击法及加热膨胀法松动螺纹后再拆卸。

13.3.4　螺纹连接的装配技巧

（1）双头螺柱的装配技巧

以图 13-36 所示压盖装配为例。

图 13-35　测量螺栓伸长量

图 13-36　压盖装配

1）装配要点

① 双头螺柱与机体螺纹的连接必须紧固。

② 双头螺柱的轴线必须与机体表面垂直。

③ 双头螺柱拧入时，必须加注润滑油。

2）装配步骤

① 读装配图。在图 13-36 中双头螺柱与机体螺孔的螺纹配合性质属过渡配合，双头螺柱拧入机体螺孔后应紧固，压端与机体间有密封要求，螺母防松措施采用弹簧垫圈。

② 准备装配工具。选取规格合适的呆扳手、活扳手、90°角尺各一把，L-AN32 全损耗系统用油适量。

③ 检查装配零件。零件配合表面尺寸正确，无毛刺，无磕、碰、伤，无脏物等，具备装配条件。

④ 装配。

a. 在机体螺孔内加注 L-AN32 全损耗系统用油润滑，以防螺柱拧入时产生拉毛现象，同时防锈。

b. 用手将双头螺柱旋入机体螺孔，并将两个螺母旋在双头螺柱上，相互稍微锁紧。再用一个扳手卡住上螺母，用右手顺时针旋转，用另一个扳手卡住下螺母，用左手逆时针方向旋转，锁紧双螺母。如图 13-37 所示。

止动螺钉

长螺母

(a)　　　　　(b)

图 13-37　双头螺柱装拆方法

c. 用扳手按顺时针方向扳动上螺母，将双头螺柱锁紧在机体上，用右手握住扳手，按逆时针方向扳动上螺母，再用左手握住另一个扳手，卡住下螺母不动，使两螺母松开，卸下两个螺母。

d. 用 90°角尺检验或目测双头螺柱的中心线与机体表面垂直。若稍有偏差时，可用锤子锤击光杠部位矫正，或拆下双头螺柱用丝锥回攻矫正螺孔。若偏差较大，不要强行以锤击矫正，否则影响连接的可靠性。

e. 按装配关系，装入垫片、压盖及弹簧垫圈，并用手将螺母旋入螺柱压住法兰盖。

f. 用扳手卡住螺母，顺时针方向旋转，对角、均匀、渐次地压紧压盖。

g. 检查装配质量。按装配图检查零件装配是否满足装配要求。

h. 装配结束，整理现场。

3）注意事项与操作禁忌

① 双头螺柱本身不要弯曲，以保证螺母拧紧后的连接紧固可靠。

② 机体螺孔及双头螺柱的螺纹要除去表面毛刺、碰伤及杂质、污物，防止拧入时阻力增大。

③ 拧入时不要损坏螺纹外圆及螺纹表面。

④ 螺纹误差及垂直度误差较大时，不要强行装配，应修正后再进行装配。

（2）螺母和螺栓的装配技巧

以图 13-38 所示的普通螺母和螺栓的装配为例。

图 13-38　螺母、螺栓的装配

1）装配要点

① 零件的接触表面应光洁、平整。

② 压紧连接件时，要拧螺母，不拧螺栓。

2）装配步骤

① 读装配图。在图 13-38 中，防松装置为弹簧垫圈，部件有密封要求。

② 准备工具。选取规格合适的活扳手、呆扳手。

③ 检查装配零件。尺寸正确，无毛刺，无磕、碰、伤，若螺栓或螺母与零件相接触表面不平整、不光洁，应用锉刀修至符合要求，并清洗零件。

④ 装配。

a. 将垫片、端盖按图中位置，对正光孔中心，压入止口。

b. 将六角螺栓穿入光孔中，并用手将垫圈套入螺栓，再将螺母拧入螺栓。拧入时，左手扶螺栓头，右手拧螺母、轻压在弹簧垫圈上。

c. 用活扳手卡住螺栓头，用呆扳手卡住螺母，逆时针、对角、顺次拧紧。

⑤检查装配。按图自检部件装配符合技术要求。

⑥装配工作结束，整理装配现场。

3）注意事项与操作禁忌

①螺栓、螺母连接的防松装置必须安全、可靠，尤其在发生振动的机械装配中更为重要。

②螺栓、螺母连接一般情况下不使用测力扳手，而凭经验用扳手紧固。对拧紧力矩有特殊要求时，则用测力扳手扳紧。

③沉头螺栓拧紧后，螺栓头不应高于沉孔外面。

（3）成组螺栓或螺母的装配技巧

以图 13-39 中长方形零件上 10 个成组螺母装配为例。

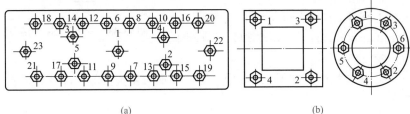

(a)   (b)

图 13-39   成组螺母的拧紧顺序

1）装配要点

①拧紧要按一定的顺序进行。

②拧紧力要均匀，分几次逐步拧紧。

2）装配步骤

①读装配图。成组螺母 10 件，按长方形规律排列。

②准备工具。选取规格合适的套筒扳手一套。

③检查装配零件。零件尺寸正确，清洗干净，无影响装配的缺陷。

④装配。

a. 按装配图装配关系，左手拿螺栓从连接件孔中穿出，右手拿垫圈套入螺栓后，再将螺母拧入螺栓，并逐个轻轻压紧连接零件。

b. 将套筒扳手组件装好，套入成组螺母，按图中序号，由 1 至 10 拧紧螺母。拧紧时，不要一次拧到位，而是分几次逐步拧紧。以避免被连接零件产生松紧不均匀或不规则变形。

⑤ 检查装配。按装配图技术条件自检成组螺母装配满足要求。

⑥ 装配结束，整理现场。

3）注意事项与操作禁忌

① 成组螺栓螺母的装配中，零件上的螺栓孔与机体上的螺孔有时会出现不同心、孔距有误差、角度有误差等。当这些误差都不太大时，可用丝锥回攻借正，不得将螺栓强行拧入。回攻时，先拧紧两个或两个以上螺栓，保证零件不会偏移。

② 若装配时有螺孔位置的尺寸精度要求时，则应进行测量，达到要求后，再依次回攻。

③ 若误差较大，且零件允许修整，可将零件或部件上的螺栓孔加工成腰形孔后再进行装配。

（4）高强度螺栓连接的装配技巧

高强度螺栓连接是依靠连接件之间的摩擦阻力来承受载荷的。高强度的螺栓连接副有大六角头和扭剪型两种。两种连接副中虽然螺栓各不相同，但其螺母和垫圈可相互换用。

高强度螺栓材料有合金钢（35VB、35CrMo）和优质碳素结构钢（45钢），粗牙螺纹共有 M12～M30 等 7 种规格，见表 13-16。

表 13-16 高强度螺栓规格　　　　　mm

螺纹大径 d		M12		M16		M20		M22		M24		M27		M30	
螺距 P		1.75		2		2.5		2.5		3		3		3.5	
钉径 d_0	最大	12.43		16.43		20.52		22.52		24.52		27.84		30.84	
	最小	11.57		15.57		19.48		21.48		23.48		26.16		29.16	
钉长 L		< 5	≥ 5	< 55	≥ 55	< 65	≥ 65	< 70	≥ 70	< 75	≥ 75	< 80	≥ 80	< 85	≥ 85
螺纹长 b		25	30	30	35	35	40	40	45	45	50	50	55	55	60

高强度螺栓的力学性能和硬度见表 13-17。

表 13-17　高强度螺栓的力学性能和硬度

等级	力学性能				洛氏硬度 HRC	
	抗拉强度 R_m/MPa	屈服强度 $R_{p0.2}$/MPa	伸长率 A/%	收缩率 Z/%	最小	最大
10.9S	1040～1240	940	10	42	33	39
8.8S	830～1030	660	12	45	24	31

13.3.5　螺纹连接的防松诀窍及注意事项

（1）螺栓连接的注意事项

螺栓至少要分两次拧紧，同时还要选择适当的拧紧顺序。螺栓按顺序拧紧是为了保证螺栓群中的每一个螺栓的受力都均匀一致。螺栓的拧紧有两项要求：一个是螺栓本身的拧紧次数；另一个是螺栓间的拧紧顺序。螺栓的拧紧顺序分为在压力容器上［图 13-40（a）］和在建筑结构上［图 13-40（b）、图 13-40（c）］两种类型。

图 13-40　法兰、板式、箱型节点高强度螺栓拧紧顺序

① 压力容器的螺栓拧紧顺序。压力容器的螺栓分布多呈环状，在法兰连接中，是为了螺栓的均匀受力以保证稳定的密封性能，压力试验时的盲板螺栓拧紧顺序如图 13-40（a）所示。

预拧主要是把密封圈与法兰盲板通过螺栓稍做拧上，但又未拧紧螺母，只是正确地摆放固定在接管法兰上。呈垂直和倾斜的法兰对摆放法兰盲板尤其是密封圈质量的影响更是不可忽略的。对于凸凹形法兰，要确保

密封垫圈镶入准确后，方可进入加载拧紧的程序。

② 板式、箱型节点高强度螺栓拧紧顺序与诀窍。板式、箱型节点高强度螺栓拧紧顺序 [图 13-40（b）、图 13-40（c）] 是向四周扩展，或从节点板接缝中间向外、向四周依次对称拧紧。

预拧经检验，确认密封垫圈放置合乎要求，各个螺栓都均匀地处于刚刚受力的状态后进行加载拧紧。其特点是螺栓的拧紧顺序呈对角线，如图 13-41（b）所示。加载拧紧的次数与螺栓的直径和螺纹的牙型有关。拧紧次数随直径增大而增多，齿形为梯形或锯齿形的螺纹需增加拧紧次数。

(a) 加载拧紧时的对角拧紧顺序　　　(b) 最终拧紧时的依次拧紧顺序

图 13- 41　螺栓的拧紧顺序

在最终拧紧过程中，拧紧顺序是从第一点开始依次进行的。在这一点上，与加载拧紧顺序是截然不同的。最终拧紧的次数与加载拧紧的规律相同。

③ 高强度螺栓的拧紧顺序与诀窍。初拧和终拧顺序一般都是从螺栓群的中部向两端、四周进行。阀门、疏水阀、膨胀节、截止阀、减压阀、安全阀、节流阀、止回阀、锥孔盲板等一些管路上的控制元件，在管路的连接中，必须保证这些元件安装方向与介质的流动方向是一致的。

（2）螺纹连接的防松装置与诀窍

螺纹本身有自锁作用，正常情况下不会脱开。但在冲击、振动、变负荷或工作温度变化很大的情况下，为了保证连接的可靠，必须采取有效的防松措施，常用螺纹连接的防松措施见表 13-18。

表 13-18　螺纹连接的防松措施

防松措施		简图	防松原理	说明
摩擦防松	弹簧垫圈		弹簧垫圈被压平后，弹性反力使螺纹副保持一定的摩擦阻力，另外垫圈斜口尖端阻止螺母反转	结构简单、尺寸小、工作可靠、应用广泛 装卸后的弹簧垫圈不能重复使用
	双螺母	副 主	双螺母对顶拧紧，确保螺栓旋合段受拉而螺母受压产生附加摩擦力，即使外力消失，拉力仍存在	双螺母配置，上面螺母受力较大，应取厚的。但下面螺母太薄时，扳手不易伸入，所以双螺母取相同的厚度，但外廓尺寸大，不十分可靠，已很少应用
机械防松	开口销		开口销插入螺栓尾部的通孔和槽形螺母的槽内，分开尾叉，使螺栓、螺母约束在一起不松脱	防松安全可靠，广泛用于高速有振动的机械

防松措施		简图	防松原理	说明
机械防松	外舌止动垫圈		将垫圈外舌一边向上敲弯与螺母贴紧，另一边向下敲弯与被连接件贴紧，使螺母锁紧	防松安全可靠、装拆较麻烦，用于较重要或受力较大的场合
	六角螺母用止退垫圈		把带翅垫片内舌嵌入轴上的轴向槽内，拧紧六角螺母后将外舌折入螺母槽内，使螺母锁紧	防松安全可靠，常用于固定滚动轴承
	金属丝		将金属丝依次穿入一组螺钉头部小孔内，相互约束防止松脱	捆扎时应注意金属丝的穿绕方向，应使螺钉旋紧，结构简单、安全可靠，常用于无螺母的螺钉组连接

续表

防松措施		简图	防松原理	说明
破坏螺纹副防松	点焊点铆粘接		利用点焊、点铆或粘接方法,将破坏螺纹副关系	一次性永久防松

13.4 粘接

　　粘接就是用胶黏剂把不同或相同材料牢固连接的操作工艺。其工艺操作方便,连接可靠,在各种机械设备修复过程中取得了良好的效果,因此得到了广泛应用。

13.4.1 粘接的工艺特点

　　① 粘接时温度低,不产生热应力和变形,不改变基体金相组织,密封性好,接头的应力分布均匀,不会产生应力集中现象,疲劳强度比焊、铆、螺纹连接高 3 ～ 10 倍,接头重量轻,有较好的加工性能,表面光滑美观。

　　② 粘接工艺简便易行,一般不需复杂的设备,胶黏剂可随机携带,使用方便,成本低、周期短,便于推广应用,适用范围广,几乎能连接任何金属和非金属、相同的和不同的材料,尤其适用于产品试制、设备维修、零部件的结构改进。对某些极硬、极薄的金属材料、形状复杂、不同材料、不同结构、微小的零件采用粘接最为方便。

　　③ 胶黏剂具有耐腐蚀、耐酸、耐碱、耐油、耐水等特点,接头不需进行防腐、防锈处理,连接不同金属材料时,可避免电位差的腐蚀。胶黏剂还可作为填充物填补砂眼和气孔等铸造缺陷,进行密封补漏,紧固防松,修复已松动的过盈配合表面。还可赋予接头绝缘、隔热、防振,以及导电、导磁等性能,防止电化学腐蚀。

　　④ 粘接有许多难以克服的不足之处,如不耐高温,一般只能在 300℃

以下工作，粘接强度比基体强度低得多。胶黏剂性质较脆，耐冲击力较差，易老化变质，且有毒、易燃。某些胶黏剂需配制和调节，工艺要求严格，粘接工艺过程复杂，质量难以控制，受环境影响较大，分散性较大，目前还缺乏有效的非破坏性质量检验方法。

13.4.2 胶黏剂的种类及选用技巧

胶黏剂简称胶。它是由黏料、增塑剂、稀释剂、固化剂、填料和溶剂等配制而成。

胶黏剂的种类很多，分类方法也不一样。

① 按黏料的化学成分分类。

a. 无机胶黏剂，主要有硅酸盐（水玻璃）、硫酸盐（石膏）、磷酸盐（磷酸 - 氧化铜）等；

b. 有机胶黏剂，主要有天然胶，如动物胶（骨胶）、植物胶（松香）、矿物胶（沥青）、天然橡胶（橡胶水）等；合成胶，如树脂型（环氧树脂）、橡胶型（丁腈橡胶）、复合型（酚醛 - 氯丁橡胶）等。

② 按工艺特点分类：溶剂型、反应型、热熔型、厌氧型、压敏型等。

③ 按基本用途分类有：结构胶、通用胶、特种胶、密封胶等。

④ 按形态分类有：乳胶型、糊状型、粉末型、胶膜胶带型等。

13.4.3 常用胶黏剂的用途及选择技巧与诀窍

常用胶黏剂的性能、用途，见表 13-19。

表 13-19　常用胶黏剂的性能和用途

类别	牌号	主要成分	主要性能	用途
通用胶	HY-914	环氧树脂，液体聚硫橡胶，703 固化剂	双组分，室温快速固化，强度较高，密封性能好，耐水耐油、耐一般化学物质	60℃以下金属、陶瓷、玻璃、热固性塑料、木材、竹材等
	农机2号	E-44 环氧树脂，改性胺固化剂	双组分、室温固化、粘接性能较好、韧性好、中强度	120℃以下各种材料快速粘接修补，应用范围较广
	KH-520	E-44 环氧树脂，液体聚硫橡胶，聚酰胺，703 固化剂	高强度、高韧性、耐油、耐水、双组分，室温快速固化	60℃以下金属、陶瓷、硬质塑料、玻璃等

类别	牌号	主要成分	主要性能	用途
通用胶	502	α-氰基丙烯酸乙酯	单组分、室温快速固化、中强度、耐高温、耐油、耐有机溶剂	常温、受力不大的各种金属、玻璃、陶瓷和一般橡胶等
结构胶	J-19C	环氧树脂，双氰胺	单组分、高压高温固化，高强度、高韧性，耐油、耐水	用于金属结构件及磨、钻、铣、刨、车床刀具的粘接
结构胶	J-04	钡酚醛树脂，丁腈橡胶	单组分、中强度，较高耐热性、耐油、耐水、耐老化	200℃以下受力较大的机件粘接和尺寸恢复，常用于摩擦片、刹车片粘接
结构胶	204（JF-1胶）	酚醛-缩醛、有机硅酸	固化条件：180℃，2h，性能较脆，可在200℃长期使用，300℃短期使用	200℃以下金属与非金属零部件粘接，摩擦片、刹车片、钢粘接
密封胶	Y-150厌氧胶	甲基丙烯酸，环氧树脂	单组分厌氧型，绝缘空气后固化，毒性小，低强度，使用方便，工艺性好	100℃以下螺纹接头和平面配合处紧固、密封、堵漏、工艺固定
密封胶	7302液态密封胶	聚酯树脂	半干性，密封耐压	200℃以下各种机械设备平面、法兰、螺纹连接部位的密封
密封胶	W-1液态密封胶	聚醚环氧树脂	涂覆后长期不固化，起始黏度高，可拆卸，不腐蚀金属	用于连接部位的防漏、密封

第14章

铆接产品的装配与制造

14.1 铆接装配工艺基础

14.1.1 铆接装配方法概述

按铆接产品规定的技术要求，将铆接零件或部件进行配合和连接，使之成为半成品或成品的工艺过程称为铆接装配。

（1）铆接装配基本方法

铆接件装配常用的基本方法有：划线装配法、仿形装配法和模具装配法等。在装配工作中，应结合实际情况，灵活采用多种方法，可提高结构件的装配质量和装配效率。

1）划线装配法

划线装配法（又称划样装配法）有两种：第一种是在零件上画出与有关连接件的结合线进行装配，如图14-1所示；第二种是在工作台上将图样按照1：1的比例画出实样来，再在实样上进行装配，这种方法也称打地样（或划样）。用地样作装配线基准是一种常用的方法，如桥梁、屋架、型材构件等，大多采用这种方法。部分板材制造的结构件也可采用这种方法。

如图14-2所示为一典型的适用于划线装配的屋架构件。装配前，将图样展示的各零件的位置、实际尺寸在平台上一一画出，成为构件实样，再在实样上逐渐进行装配。

如果在实样中的各件轮廓边设置有足够数量的挡铁，便成为可反复使用的地样。在提高生产效率的同时，还可保证装配出来的部件具有较好的同一性。

图 14-1　划线定位与装配示例

图 14-2　划线装配屋架

　　如图 14-3（a）所示为分瓣封头的图样，图 14-3（b）为划线装配法示例，其装配过程如下。

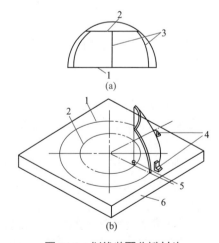

图 14-3　划线装配分瓣封头

1—下口线；2—上口线；3—接缝线；4—挡铁；5—吊线锤；6—平台

① 装配前,在平台上画出封头的中心线,上、下口轮廓线和分瓣位置线。

② 在大口轮廓线处设置挡铁,有孔平台用平台卡、T形槽平台用螺钉和压板固定。

③ 取一件封头分瓣沿大口线摆好并靠紧挡铁定位,其上沿小口垂直落在平台的小口轮廓线上。检验方法为:小型工件用90°角尺检验;大型工件用吊线锤检验(但要保证平台的水平度)。图14-3中是用吊线锤进行的定位检查。

④ 定位无误后便可进行工艺性的支承和装夹。方法为:用临时性的构架进行支承。

⑤ 依次定位所有瓣片,检查无误后装配上极板,便可进行点焊固定连接了。

如图14-4所示为一典型的由四块梯形板构成的大小口构件装配示意图,方法与上例类似。

(a) 大小口图样　　(b)单块板的定位

图 14-4　划线装配板制大小口

1—平台;2—挡铁;3—工件;4—90°角铁;5—工件实样

2)仿形装配法

对于一些截面对称或两侧对称的平面图形结构件,如屋架等桁架结构,可以采用先制出一件作为形状基准,在其上装配其他件的方法。这种方法称为仿形装配法。

图14-2所示的屋架除可采用划线装配法外,也可采用仿形装配法,具体作图方法如下。

① 先用划线装配法装配出第一个单面的桁架,焊后矫形,经检验无误后便可作装配基准了。

② 翻转桁架底面朝上，找平，在其上进行第二个桁架装配。第一个桁架在这里就起到了底样的作用。

采用仿形法装配需要指出的是：不要轻易更换作底样的桁架，以免产生装配误差。同时，也要对作底样的桁架定期进行检验，以保证其可靠性。

仿形法装配具有成本低、效率高的特点，也是一种大量采用的装配方法。

3）模具（胎具）装配法

加工生产中用以限制生产对象的形状和尺寸的装置称为模具。钣金装配模具也称为钣金装配胎具。

模具（胎具）装配，顾名思义就是指在符合工件几何形状或轮廓的胎具或模型（内模或外模）内进行装配。用模具装配焊接结构，具有产品质量好、生产效率高等优点。对于冷作结构件的装配，在产品结构和批量等条件适合的情况下，应当尽量考虑采用模具装配。

如图 14-2 所示，在装配屋架时，若内外挡铁数量足够，再配以适当的卡紧设置，便可作为屋架装配模使用了。

如图 14-5 所示为典型的封头装配模，图 14-5（a）所示是以封头外皮尺寸为准的凹形装配模，图 14-5（b）所示是以封头内皮尺寸为准的凸形装配模。

(a) 凹形装配模　　　　　　(b) 凸形装配模

图 14-5　封头装配模

1—底板；2—封头；3—支承板

在设计制作凹形装配模时，支承板的数量和排列位置应根据封头的大小和分瓣数量来确定。当封头的瓣数较多、瓣片又较大时，每一个瓣片都应考虑由两个支承板支承。

凸形装配模的关键是上、下口圈，对其支承板的数量没有特殊要求，除要求其符合封头的弧度外，只要保证有足够的强度即可。

通常，直径较小的封头可采用凹形装配模；直径较大的封头应采用凸形装配模。

不管使用何种形式的装配模，装配前对每一分瓣片都应当进行矫形和检查，使其形状和尺寸符合要求，以保证装配的顺利进行。

如图 14-6 所示为一典型的由四块梯形板构成的大小口构件，用组装模进行装配的情形。与图 14-4 所示的划线装配的方法相比，显然装配的质量更有保证，工作效率也会大大提高。

图 14-6 模具装配板制大小口

1—底板；2—挡铁；3—定位模板；4—工件

（2）不同铆接装配方法的特点比较

① 常用铆接装配方法及其特点。几种常用铆接装配方法的特点见表 14-1。

表 14-1 常用铆接装配方法及特点

	名称	特点
按定位方式	复制装配（仿形装配）	利用对称断面形状，先装配成单面（一半）结构，再以此为样板装配另一面。适于断面形状对称的结构件，如梁、柱、屋架
	地样装配（划样装配）	在底板（或地面）上划出"十"字线为装配基准，再将构件以 1:1 的实际尺寸绘制出轮廓位置线与接合线，然后按线装配，适于桁、框架类
	模具装配（胎模装配）	在拼装模具（又称组合模具，由模座和各种夹紧、定位支架组合而成）上摆好相应装配零件，定位并夹紧后进行焊装。装配质量与效率高，适于批量生产。若采用专用胎模，适于大量生产。桁架类制件最适宜，靠模装配法是其中一种

名称		特点
按装配方位	卧装（平装）	将细长构件水平放置进行装焊，适于断面不大但较细长的构件
	立装（正装）	构件自上而下进行装配，适于高度不大或下部基础较大的构件
	倒装	将构件按使用状态倒180°进行焊装，适于上部体积大的结构和装配时正装不易放稳，或上盖板无法施焊的箱形梁构件

② 不同铆接装配方法的比较，不同铆接装配方法的比较见表 14-2。

表 14-2　不同铆接装配方法的比较

项别	特点		
	自由装配	模具（胎具）装配	
		简单胎具的装配	复杂胎具的装配
适用范围	适用于单项产品或其他特定产品	适用于中、小批量生产和采用成组技术	适用于大批量生产
工装制作	设计和制作出一些单个独立的夹具或其他工具，成本较低	设计和制作出比较简单的装配胎具，成本较低	经过周密设计，制作出高效率的装配胎具，工装成本较高
定位方式	进行划线定位和样板定位，需要边装配边定位	有定位元件，一般不需要划线定位和找正	完全自动定位，不需划线
夹紧方式	采用各种丝杠、斜楔等形式的简单夹具或通用夹具	主要采用螺旋夹紧器，也可用气压增加压力	主要采用气动、液压等形式的快速夹紧机构，少数辅以其他夹具
上、下料方式	大件吊装，其他件手工操作	大件吊装，小件手工或半自动进料	大件吊装，其他件自动进料
操作特点	要由技术很熟练的工人进行操作	可由一定熟练程度的工人进行操作	要由熟练本胎具特点的工人进行操作

14.1.2 铆接装配技术基础

(1) 铆接装配的三要素

无论采用什么方法进行铆接钣金结构件的装配，对单个零件或部件来讲，铆接钣金件在装配过程中首先必须满足支承、定位和夹紧这三个基本条件，才能将零件固定在准确的位置上，然后才能顺利进行装配。支承、定位和夹紧称为装配三要素。

① 支承。选用某一基准面来支持所装配的钣金结构零配件的安装表面，称为支承。例如，表面具有平面的产品，一般放在平台上或放在某一构架上进行装配。表面形状复杂的产品，则可放在某种特制的模具上进行装配。这里所用的平台、构架、模具都是用来支持装配产品的零件表面，起装配时的支承作用。

支承是装配的第一要素，是解决钣金件在何处装配这一首要问题的。此外，当支承同时又起定位作用时，又称定位支承。

② 定位。对钣金零件或部件找准其工作时应占据的准确位置，称为定位。如图 14-7 所示是在平台 6 上装配工字梁的定位方法。工字梁的两个翼板 4 的相对位置是由腹板 3 与挡板 5 来定位的，而腹板的高低位置则由垫块 2 来实现定位，整个工字梁由平台支承定位。

图 14-7　工字梁的定位与装配技巧

1—调节螺杆；2—垫块；3—腹板；4—翼板；5—挡板；6—平台；7—直角尺

③ 夹紧。钣金零件定位后还不能固定其位置，为此必须先进行夹紧。夹紧就是借助于外力将定位后的钣金件固定在某一位置上。这种外力（即夹紧力）通常是由刚性夹具来实现的，也可利用气动夹具的气压力和液压夹具的液压力来进行夹紧。如图 14-7 所示翼板与腹板间夹紧是通过旋转调节螺杆 1 来实现的。

铆接件装配常用的夹具有手动夹具、气动夹具、液压夹具和电磁夹具等，参见第 3 章。

（2）铆接装配测量技术

在铆接钣金装配过程中，随时随地要对工件进行测量，以保证装配质量符合设计图样的要求。多数情况下，测量基准应选择设计基准或工艺基准，个别情况下也可选择辅助基准来对工件进行测量。测量项目包括主要的尺寸、角度、水平度、垂直度、平面度、倾斜度等。

1）钣金零件的主要技术要求

① 钣金零件的材料除按有关零件标准定使用材料外，允许代用，但代用材料的力学性能不得低于原规定的材料。

② 零件图上未注公差尺寸的极限偏差按 GB/T 1804—2000《一般公差 未注公差的线性和角度尺寸的公差》规定的 IT14 级精度。孔尺寸按H14，轴尺寸按 h14，长度尺寸按 JS14。

③ 零件上未注明的倒角尺寸，除锋口外所有锐边和锐角均应倒角或倒圆，视零件大小，倒角尺寸为 $C0.5 \sim C2$（即 $0.5 \times 45° \sim 2 \times 45°$），倒圆尺寸为 $R0.5 \sim R1$。

④ 零件图上未注明的铸造圆角半径为 $R3 \sim R5$。

⑤ 零件图上未注明的钻孔深度的极限偏差取 $\binom{+0.05}{-0.25}$ mm。

⑥ 螺纹长度表示完整螺纹长度，其极限偏差取 $\binom{+1.0}{-0.5}$ mm。

⑦ 中心孔的加工按 GB/T 145—2001《中心孔》中的规定。

⑧ 滚花按 GB/T 6403.3—2008《滚花》中的规定。

2）钣金零件线性尺寸的检测

钣金零件线性尺寸包括：长、宽、高、沟槽长、宽、深、圆弧半径、圆柱直径、孔径等。其检测方法和常用量具如下。

① 游标量具。包括游标卡尺，游标深度尺和游标高度尺等。主要用来测量零件长、宽、高及沟槽、圆柱直径、孔径等。

② 测微量具。包括千分尺、内径千分尺、深度千分尺、内测千分尺和杠杆千分尺等。可测量零件的直径、孔径等更高精度的尺寸。

③ 指示式量具。包括杠杆百分表、杠杆千分表、内径百分表等。主要用于对零件长度尺寸、轴的直径的直接测量和比较测量，或用比较法测量孔径或槽深。

④ 量块。主要用于鉴定和校准各种长度计量器具和在长度测量中作为比较测量的标准，还可用于钣金件制造中的精密划线和定位。

3）钣金零件角度和锥度的测量

钣金零件角度和锥度的测量方法与技巧如下。

① 角度和锥度的相对测量。将具有一定角度或锥度的量具和被测量的角度或锥度相比较，用光隙法或涂色法测量被测角度或锥度。所用的量具有角度量块、角尺、圆锥量规等。

② 角度和锥度的绝对测量。用分度量具、量仪来测量零件的角度，可以直接读出被测零件角度的绝对数值。常用的量具、量仪有万能角度尺和光学分度头等。

③ 角度和锥度及有关长度的间接测量。其特点是利用万能量具和其他辅助量具，测量出和角度或锥度的有关线性尺寸，通过三角函数关系计算得到要检验的角度或锥度。

测量方法及采用的量具主要有：

a. 用正弦规间接测量角度（或维度）；

b. 用精密钢球和圆柱规间接测量圆锥孔和圆锥半角；

c. 用精密钢圆柱量规和游标高度尺测 V 形槽角度；

d. 用精密圆柱量规和万能角度尺测量 V 形槽槽口宽度；

e. 用两个等直径的精密圆柱量规和万能角度尺测量燕尾槽底面宽度；

f. 用游标卡尺间接测外圆弧面半径；

g. 用三个等直径精密圆柱量规和一个游标深度尺间接测量内圆弧面半径；

h. 用两个等直径的精密圆柱量规和一个万能角度尺间接测量对称形状圆锥体大端尺寸。

冷作钣金件在制作或装配有一般角度的零部件时，通常用预先制作的角度卡样板来测量。也可经计算，用测量相对要素的线性尺寸来保证角度。

在制作或装配矩形零配件时，除对其线性尺寸进行测量外，常通过测量对角线来检测零部件的垂直度。无论是正方形还是长方形，只要其对角线相等，就能保证其四角均为90°，如图 14-8（a）所示。

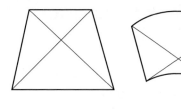

对角线相等——矩形

对角线不等——平行四边形

(a) 测量矩形零件的垂直度　　　　　(b) 测量对称形状的准确度

图 14-8　钣金件测量对角线的应用

此外，对于一些关于轴线两侧对称的工件，如等腰梯形、扇形等，也可用测量对角线的方法进行测量，如图 14-8（b）所示。

小型工件的垂直度检测可直接用 90° 角度尺进行；大型工件垂直度的检测，经常用吊线锤的方法，如图 14-9 所示。通过测量线锤上下距离工件的尺寸 a，便可判断工件是否垂直。

图 14-9　钣金件用线锤测量垂直度

4）钣金件水平度的测量

与铅垂线成垂直关系的位置叫水平。检测水平度最常用的量具和仪表有水平仪、水准仪、水平软管等。

水准仪可用来测量构件的水平线和高度，主要用在大型结构件的现场装配。普通结构件在冷作钣金件装配需要找水平时，大多用水平仪或水平软管测量。

①水平仪。水平仪是用来检测水平度的量具。水平仪的主要构件是水平管，也称水准管，如图14-10所示。

图14-10　水平仪图

水平管用玻璃管制成，在管子内装有一定量的液体（酒精或乙醚），形成一个灵活移动的气泡。由于气、液密度相差悬殊，所以气泡总是居于水平管内液体的最高处。

当水平管处于水平位置时，水平气泡则处于玻璃管内壁圆弧中心处，此点称为水准零点。在零点的两边对称地按一定间隔标明刻度，当气泡偏移一个刻度，其水平轴线则倾斜一定角度。

用水平仪测量水平度时，如果气泡居中，说明被检测的制件表面处于水平位置；气泡偏左，说明左边偏高；气泡偏右，说明右边偏高。

检测时，为了减少水平仪本身制造精度对测量精度的影响，往往在同一测量位置上，双向各测量一次，以两次读数的平均值作为该处的水平度。

当检测大型制件的水平度时，由于被测件的尺寸大而水平仪小，可在被测件上放置平尺作为辅助基准，再将水平仪放在平尺上进行测量，这样检验的结果，可部分补偿因被测面尺寸大和局部不平而受到的影响。

②水平软管。水平软管是一种简易的测量水平度的量具，其结构和使用方法如图14-11所示。

图14-11　水平软管及使用方法

水平软管是由一根较长的橡皮管和两根短玻璃管组成的，管内注入液体。加注液体时，要从其中一端管口注入，不能双管口齐注，以免橡皮管内有气泡而造成测量误差。

测量时，取两根高度相同的标杆，标杆上应有相同的刻度，将玻璃管分别固定在标杆上，把其中的一根标杆置于检验的平台一角，另一根标杆连同橡皮管放在平台上的不同点，观察两根玻璃管内的水平面高度是否相同，以此来判断所测各点水平高度是否相同。

（3）铆接装配的特点

① 铆接钣金结构件由于精度低，互换性差，故装配时多数需要选配或调整。

② 装配过程中和装配后常伴有大量的焊接工作，所以，应该掌握焊接产生应力和构件产生变形的规律，在装配时采取适当措施，以防止或减少构件的焊后变形和矫正工作量。

③ 对于体积较大的金属结构件，由于其刚度较差而容易变形，装配时考虑加固措施。

④ 某些大型的产品需要分组出厂到工地装配时，为了保证总装进度和质量，应先在厂内试装，必要时将不可拆连接改为临时的可拆卸连接。

⑤ 金属结构件虽属单件生产，但也可根据其重复生产的多少、产品结构相似的情况以及产品本身零部件批量生产等特点，装备适当的专用或通用工、夹、模具等，采用机械化、自动化的装配技术，以提高产品质量和生产效率。

（4）工、夹、模具的准备

装配前对所需的工、夹、模具（包括个人必备的量具），要做周密的准备。例如常用的 90° 角度尺、划规、样冲、锤子、錾子和各种卡、压、拉等夹具，应进行校准、检查和试用，以保证其性能完好。对于首次使用的装配模，必须通过工艺验证后才能投入正式生产。

装配模主要用于批量生产、表面形状比较复杂、不便于定位和夹紧的冷作结构件的装配。装配模可以简化零件的定位工作，保证产品零配件的形位精度，提高装配的生产效率和产生质量。

装配模应符合下列要求：

① 模具应有足够的强度和刚度；

② 模具应便于对工件实施装、卸、定位等装配操作；

③ 模具上应划出中心线、位置线、边缘线等基准线；

④ 较大尺寸的装配模应安装在相当坚固的基础上，以避免基础下沉导致模具变形。

（5）装配工作台的准备

装配工作台因装配条件和装配对象的不同而有多种形式。装配平台是铆工常用的工作台。对装配平台的要求是：平面度和水平度要符合要求，同时要具备对零配件定位和夹紧的要求。

① 铸铁平台。铸铁平台是由一块或多块经表面加工的铸铁制成的，上平面精度较高。装配用的平台上有均布的圆孔或 T 形槽，以便于安装夹具夹压工件。

② 导轨平台。导轨平台是由多条导轨安装在水泥基础上制成的，设置简单，成本相对低廉，在装配大型构件时经常用到这种工作台。每条导轨的上表面都经过机械加工，并开有用螺栓、压板夹紧工件的 T 形槽。

③ 水泥平台。水泥平台是用钢筋混凝土制成的。制作时，在适当位置预埋上拉环和交叉设置的带有 T 形槽的导轨等，作为装配作业中固定工件所用。这种平台同样适用于大型构件的装配作业。

此外，在一些特殊情况下，还可以采用一些临时性质的平台和具有特殊用途的平台，如用厚钢板作平台、电磁平台等。

（6）铆接钣金件装配操作方法及步骤

1）阅读产品图样和工艺规程

规定产品或零部件制造工艺过程和操作方法的技术文件，统称为工艺规程。

产品图样和工艺规程是指导装配工作的主要依据，因此首先要读懂产品和图样的工艺规程，通过产品图样和工艺规程主要了解以下问题。

① 按图样上提供的几何尺寸、形位公差及技术要求，弄清楚钣金产品的特性和用途以及各零件之间的相对位置、尺寸和连接方法，有利于装配工艺所采用的装配方法。

② 了解装配工艺所选择的装配方法，了解各工件或部件的相互配合关系，明确装配的基准、支承、定位和夹紧等要素。

③ 了解产品所使用的材料及特性，以便在装配过程中加以注意。

④ 了解工艺规程所选用的工艺装备，包括其性能、特点和使用方法

等，以便装配工作的顺利进行。

2）划分部（组）件

将大型复杂的铆接钣金件划分为若干个部（组）件、合件，形成装配系统，选择装配基准面，确定装配次序。

铆接钣金装配系统图如图 14-12 所示，铆接钣金装配次序图如图 14-13 所示。铆接钣金装配系统图表达了钣金零件、合件、组件、部件、产品五者的关系；铆接钣金装配次序图则表达了各钣金零件、合件、组件、部件装配的先后顺序（由左到右、由下到上或由上到下）。图中"※"为各合件、组件、部件或该产品装配时的基准件。对装修（拆卸）操作而言，在拆卸的同时绘制装配次序图十分重要。

图 14-12　装配系统图

图 14-13　装配次序图

3）选择装配基准面

铆接钣金常用的装配基准面选择诀窍如下。

① 铆接钣金件外形有平面也有曲面时，应以平面作为装配基准面。

② 铆接钣金件上有大小平面时，应选择较大的平面作为装配基准面。

③ 铆接钣金件上有机加工平面或毛坯面时，应选择机加工平面作为装配基准面。

④ 所选取的装配基准面，应最便于对零件的支承、定位和夹紧。

在实际铆接钣金件装配中，应根据具体情况选出最佳基准面。对于复杂的构件，其装配基准面常常不止一个，而是有多个。

4）装配现场的设置

装配现场内的地面应平整、清洁，便于安置装配平台。焊接装配所使用的铸铁或铸钢平台的平面度 $\leqslant 1mm/m^2$，整块平台的平面度 $\leqslant 1.5mm/m^2$，两块以上平台拼装成的平台的平面度 $\leqslant 2mm/m^2$。焊接装配时所使用的工、夹、量、吊具应保证安全、准确、使用可靠。

5）拼装与部件组装

按图样要求对需拼接的大零件进行拼装，对外形较规范的部件进行组装，焊后分别矫正。

① 拼装与部件组装、总装常用工具、夹具的使用如图 14-14 ～图 14-20 所示。

② 圆筒类钣金件定位、装配实例如图 14-21 ～图 14-25 所示。

③ 梁、箱体类钣金件定位、装配实例如图 14-26 所示。

(a)   (b)

图 14-14　螺旋压紧器的使用

力点　　　　　　　重点

支点

图 14-15　杠杆夹具的使用

(a)

(b)　　　　　　　　　(c)

(d)

图 14-16　螺旋拉紧器的使用

(a)　　　　　　(b)　　　　　　(c)　　　　　　(d)

图 14-17　楔形夹具的使用技巧

(a) C形夹头夹紧

(b) 螺旋压紧器压紧

(c) 螺旋拉紧器拉紧

(d) 螺旋顶紧器顶紧

图 14-18　装配夹具的夹紧方式

(a) 装配球平钢

(b) 装配角钢

(c) 装配T形梁

图 14-19　各种型钢装配工具及夹具的使用

图 14-20　磁力夹具及其使用

(a) 用杠杆　　　　　(b) 用杠杆　　　　　(c) 用杠杆

(d) 用螺旋压马　　(e) 用楔条压马　　　(f) 用门形铁

图 14-21　对齐圆筒板边的方法与技巧

1—杠杆；2—压马；3—楔条；4—门形铁

图 14-22　用螺旋拉紧器装配圆筒纵缝

图 14-23　圆筒与底板环缝的装配

1—挡块；2—楔条；3—角钢

(a) 连接板法　(b) 挡铁法

图 14-24　立装圆筒环缝的方法

(a) 多焊　(b) 单焊

图 14-25　用径向推撑器装配圆筒

(a)　　　　(b)　　　　(c)

图 14-26　梁、箱体类零件装配方法（T 形梁的拼焊）

1—翼板；2—挡铁；3—直角尺；4—腹板；5—弓形螺旋夹

6）总装技巧与诀窍

按图样要求将各组件总装，常用的钣金件定位方法见表 14-3，钣金组装方法见表 14-4。

表 14-3　钣金件定位方法

类型	简图
划线定位	
销轴定位	

续表

类型	简图
挡铁定位	工艺上加固 挡铁
样板定位	样板

表 14-4 钣金组装方法

名称	简图
地样组装 （划线装配）	下口线 上口线 挡铁 线锤 平台
仿形复制	连接板 角钢 角钢
胎具组装 （模具装配）	
卧装 立装	(a) 卧装　　(b) 立装

总装中应注意的工艺要领如下。

① 装配用的量具应经常测定，保证精度。工、夹、胎具使用前要有

专人负责检查，合格后才能使用。

②　对需放实样的构件，必须划出中心线，且偏差不大于 0.5mm，并打好样冲标记，以便检查各尺寸的正确性。

③　对尺寸精度要求较高的焊件，应考虑焊件的装配间隙（表 14-5）和焊件收缩量（表 14-6）控制。

表 14-5　一般焊件的装配间隙　　　　　　　　　　　mm

焊缝种类	机加工后端面接触	角焊缝	型钢接头
装配间隙	$0 \sim 1.5$	$\leqslant 2$	$\leqslant 3$

注：1. 装配间隙超过上述尺寸，必须采取堆焊，不得在间隙中加填充物。

2. 角焊缝允许局部间隙为 3mm，但其长度必须小于焊缝长度的 15%。

表 14-6　焊件收缩量控制技巧

简图	焊接收缩量
L_m 适用板厚为 16 ～ 40mm	长度方向的收缩量为（1）～（3）项的总和： （1）$L_m \times 0.3$mm/m （2）与主体焊接的加强板数量，取左、右加强板数多的数量 A 个（$A \times 0.2$mm/ 个） （3）消除应力热处理的收缩量（$L_m \times 0.1$mm/m）
L_m　δ 适用板厚为 16 ～ 40mm	长度方向的收缩量为（1）～（3）项的总和： （1）$L_m \times 0.3$mm/m （2）与主体焊接的间隔板数 B 个（$B \times 0.2$mm/ 个） （3）消除应力热处理的收缩量（$L_m \times 0.1$mm/m）
焊接线　ϕD_m 适用直径 300 ～ 500mm 的筒体	圆周长的收缩量为（1）、（2）两项的总和： （1）$D_m \pi \times 0.4$mm/m （2）消除应力热处理的收缩量（$D_m \pi \times 0.3$mm/m）

④　装配中的零件允许修正，修正前应先划线，后修割。

⑤　焊接装配应考虑焊接时焊工操作的难易程度，需制订出最合理的装配顺序。对少量总装后不能焊接与油漆的部位，必须预先进行焊接与油漆。

⑥　装配过程中要配钻的构件，先组装定位焊，后钻孔，再拆除定位焊，用手提砂轮磨平焊疤后再用螺栓固定。

⑦ 对刚度差的构件，应适当加撑挡或支承工具等工艺加固。

⑧ 对需焊后热处理的构件，若有封闭内腔组件和四周密封焊接的贴合钢板，热处理前需留出气孔（位置），且在热处理后补焊。

⑨ 对刚度差的构件，为了防止运输中变形，焊后应保留刚性支（胎）架。

⑩ 考虑到焊后变形，应采用预防或减少焊接变形的措施。

14.1.3 铆接装配注意事项与操作禁忌

（1）铆接装配注意事项

① 铆接钣金装配大多属于单件或小批量生产，生产效率低；但若按相似性原则成组生产，可降低成本，提高效率。

② 装配过程伴有大量焊接或其他连接加工，焊后变形与矫正量较大。

③ 不可拆连接多，难以返修，需采取合理的装配方法与装配程序，以减少或避免废品。

④ 选配、调整与检验工作较多。

⑤ 产品体积大，局部刚度低，易变形，必要时要加固。

⑥ 大型或特大型产品常要现场装配，应先在厂内试装，试装中宜用可拆卸连接临时代替不可拆卸连接。

（2）铆接装配操作禁忌

装配工序涉及的工种较多，尤其在大型构件装配时，涉及的不安全因素也比较多，因此对装配的安全操作要求内容也比较多，概括起来有以下几方面内容：

① 认真做好装配场地的准备工作。

② 气割所用的乙炔气瓶、氧气瓶，要安放在远离人行道、火源、作业区的指定地点，其安全距离为 10m。

③ 操作者要熟记安全用电常识，使用的电焊机要安全可靠，安放在固定电源附近，一次电缆线长度不得超过 3m。

④ 所有零件、工具和其他辅助设备都要有指定的存放地点，并摆放整齐。不得在通道上作业和摆放物件。

⑤ 操作者要学习、掌握吊运的基本知识。工作中要随时检查吊索、夹具、吊具是否完好、安全可靠，不合格的严禁使用。

⑥ 装配时要根据构件的特点，采用先进的工艺方法，避免零、部件往返运送和过多的翻转构件。

⑦ 多人进行集体作业时，要分工明确，配合协调，并指定专人指挥作业。

⑧ 需要登高作业时，要有相应的安全措施。如构件支承牢固、扶梯安全可靠，个人用的安全带等要经严格检查合格方可使用。

⑨ 操作时应按规定穿戴齐全劳动保护用品。

14.2 铆接装配工艺规程的制订

14.2.1 铆接工艺规程基本知识

将原材料或半成品转变成产品的方法和过程，称为工艺。

改变生产对象的尺寸、形状、相对位置和性质等，使其成为成品或半成品的过程称为工艺过程。

规定产品或零部件制造工艺过程和操作方法的文件称为工艺文件。工艺文件是指导性技术文件，其作用是指导工人操作、管理生产。

生产中的工艺过程的全部内容，是长期生产实践的总结。把工艺过程按一定的格式用文件的形式固定下来，便成为工艺规程。

14.2.2 工艺规程编制步骤

① 对产品进行工艺性分析。包括熟悉产品性能、使用要求、相互装配关系、关键技术；审查装配图和零件图的工艺性、完备性、先进性、标准化程度，必要时进行符合手续的修正补充。

② 拟定工艺路线，即确定加工顺序、装配顺序以及方法。必要时还可绘制装配系统图（产品或部件的）与装配次序图。应准备多套方案进行对比选择，互相补充，选择一套最优方案。必要时，还需进行工艺试验加以验证。

③ 选择和设计制造所用设备、夹具（胎具、模具）、工具和辅具。

④ 制订技术要求与检验、试验规范。

⑤ 确定工时定额、材料定额。

⑥ 预算成本。

⑦ 填写工艺文件，如工艺过程卡、工序卡、工艺守则、各种明细表等。工艺文件可以是文字的、表格的、框图的、图文的多种形式，其简繁程度与生产方式、产品复杂程度、生产复杂程度、生产厂的管理习惯等因素有关。例如，单件生产较简单产品，往往只需一些粗略的文字说明即

14.3 铆接装配工艺规程编制实例

14.3.1 煤斗构件组装工艺规程的制订

煤斗构件组装工艺规程如下（构件图如图14-27所示）。

图 14-27 煤斗结构图

① 零件工艺性分析。煤斗共由10个零件组成（图上略去件名，以件号指出），这10个零件都是由 Q235 钢板制成，其制造工艺见表14-7。

② 构件工艺性分析。薄板壳体结构，局部刚度较差，焊接时易产生变形。宜采用立装，一次装配成形，以避免装配中的翻身。可先组装部件再进行总装，以达到增加刚度减少变形的目的。

表 14-7　煤斗零件的制造工艺

件号	材料	数量	加工工序	件号	材料	数量	加工工序
1	钢板	2	划线、剪切、矫直	6	固定板	1	划线、气割、除渣、划线、钻孔
2	钢板	1	划线、剪切、矫平	7	角钢	2	划线、气割、矫直
3	钢板	1	划线、剪切、矫平	8	钢板	2	划线、剪切、矫平
4	钢板	1	划线、剪切、矫直	9	钢板	2	矫平、划线、气割、矫平
5	钢板	1	划线、剪切、矫平	10	钢板	2	划线、剪切、矫直

③ 组装工艺规程见表 14-8。

表 14-8　煤斗组装工艺规程

工序号	工序内容	设备	工装	
			名称	图号
10	划线：按图划出零部件定位线			
20	点焊：拼装组件	电焊机		
30	焊接组件	电焊机		
40	矫正组件			
50	拼装划线			
60	点焊：拼装部件	电焊机	平台	
70	点焊：拼装组件	电焊机	销轴	×××
80	焊接	电焊机		
90	检验：焊接质量			
100	矫正			
110	检验			

14.3.2　单臂压力机机架的制造与装配工艺

（1）单臂压力机机架的装配构件图

单臂压力机机架的装配，如图 14-28 所示，机架零件的制造工艺见表 14-9。

（2）装配前的准备

① 熟悉图样。识读图 14-28，对单臂压力机机架进行简单工艺分析，可知压力机机架是由侧板 1，上盖板 2，下盖板 4，前盖板 3、5，后盖板

6，支承板 7，肋板 8，底板 9 和工作台 10 共 17 个零件组成，是一种典型的板架结构。在单臂压力机架进行装配时，一定要保证上盖板和下盖板上两圆孔的同轴度、圆孔轴线与机架底面的垂直度，以及工作台面与机架底面的平行度等技术要求。

技术要求

1.压力机工作台装配前，应矫正支承板和肋板。

2.必须保证上、下盖板孔的形位公差。

10	工作台	1	
9	底板	1	
8	肋板	6	
7	支承板	2	
6	后盖板	1	Q235
5	前盖板	1	
4	下盖板	1	
3	前盖板	1	
2	上盖板	1	
1	侧板	2	
序号	名称	数量	材料
单臂压力		件数	
机机架		图号	

图 14-28　单臂压力机机架的装配图

此外，还可从构件图 14-28 的外形尺寸看出，这种单臂压力机的工作重心位置较高，故采用先卧装后立装的方法，这样能使各零件装配时的稳定性要好一些。

表 14-9　单臂压力机机架零件的制造工艺

序号	名　称	材料	数量	零件尺寸 / mm×mm×mm	加工内容
1	侧　板		2	30×1470×2210	划线、气割、矫正
2	上盖板		1	30×590×1130	划线、气割、矫正
3	前盖板		1	30×490×590	划线、气割、矫正
4	下盖板		1	30×590×620	划线、气割、矫正
5	前盖板		1	30×590×1760	划线、气割、矫正
6	后盖板	Q235	1	30×590×1870	划线、气割、矫正
7	支承板		2	30×290×520	划线、气割、矫正
8	肋　板		6	30×175×520	划线、气割、矫正
9	底　板		1	40×820×1500	划线、气割、矫正
10	工作台		1	120×620×1000	划线、气割、矫正、刨平、划线、钻孔

a. 构件长、宽尺寸的分析。图 14-28 中尺寸 1500mm、1000mm 和 2250mm 为单臂压力机装配后的长、宽和高的尺寸。

b. 工作台装配尺寸的分析。图 14-28 中 680mm 为工作台装配高度的尺寸，装配工作台时除保证高度尺寸外，还应注意工作台 ϕ120mm 孔的中心线与上、下盖板孔中心线的同轴度。

c. 同轴度公差的分析。被测要素（即上盖板孔的中心线）相对基准要素 A（即下盖板孔的中心线）的同轴度公差为 0.05mm，由于位置公差要求较高，所以装配时要特别注意。

d. 垂直度公差的分析。被测要素（即上、下盖板孔的中心线）相对基准要素 B（即底板平面）的垂直度公差为 0.05mm。

② 装配现场的设置。装配现场除设置装配平台、电焊机、气割设备和大锤等外，还应将装配现场设置在起重设备工作的范围内，以便于立装时吊起部件进行装配。

③ 检查零件质量。装配前，除核对零件的数量外，还应根据图样尺寸用钢卷尺检查各零件的尺寸，以避免装配后返工。

（3）装配步骤与装配诀窍

① 卧装技巧。将一块机架侧板平放在装配平台上，划出各零件的定位线后，将各零件按划出的定位线分别装配到侧板上，用 90°角尺矫正中间板与侧板的垂直度，以及上、下盖板两个 ϕ360mm 圆孔的同轴度后，再用钢卷尺矫正零件间各部尺寸，最后完全定位，如图 14-29（a）所示。

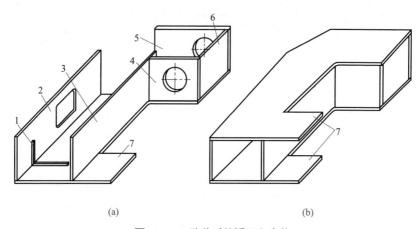

（a）　　　　　　　　　　　　　（b）

图 14-29　卧装时的矫正和定位

1—90°角尺；2—后盖板；3，6—前盖板；4—下盖板；5—上盖板；7—侧板

② 装配另一侧板的技巧。将另一侧板吊放至图样要求的位置后，用 90°角尺矫正两侧板的装配位置及其平行度，以免因两侧板的错位或不平行而引起构件装配后产生扭曲变形或外形尺寸超差，如图 14-29（b）所示。

③ 立装技巧。将底板平放在装配平台上，并划出各零件的位置线后，将卧装部分吊至底板上，按其位置线对正，并用 90°角尺检查各盖板与底面的垂直度，矫正后可初步定位，如图 14-30 所示。

④ 装配肋板及支承板的技巧。在底板和侧板表面划出支承板及肋板的定位线后，将支承板、肋板按图样要求初步固定，检查无误后，再完全定位并进行焊接。

⑤ 装配工作台的技巧。在装配工作台前，先将构件产生焊接变形的部分矫正，再装配工作台，如图 14-31 所示。

由于工作台焊后矫正困难，且要求工作台面与机架底面保持平行，故装配时应使各支承板与工作台的接触面保持水平，另外，工作台定位时，还必须严格检查工作台与底板的平行度，才能初步定位。

图 14-30 立装时的矫正及初步定位
1—挂钩；2—钢丝绳；3—90°角尺

图 14-31 工作台的矫正及定位
1—支承板；2—肋板；3—工作台

⑥ 测量、检查。构件装配结束后，应根据图样要求对构件进行全面质量检查，符合图样要求后，才可进行完全定位。

单臂压力机机架的装配及焊接工艺顺序见表 14-10。

表 14-10 单臂压力机机架的装配及焊接工艺顺序

序号	名称	简要说明
1	装侧板、上盖板、前盖板、下盖板、后盖板	将侧板平放在装配平台上，划出上盖板、前盖板、下盖板、后盖板的位置线，并按线装配，用角尺检查其垂直度，并定位焊固定，然后装配另一侧板
2	装肋板、底板、支承板	将底板平放作为基准，并在其上划出侧板、前盖板、后盖板、肋板、支承板的位置线，然后按线装配定位焊
3	焊接	焊接所有焊缝，焊缝高度不得小于最小板厚
4	热处理	退火处理，以消除焊接应力
5	矫正	消除焊接变形
6	装工作台	将预先已经切割加工好的工作台按装配图所示尺寸装配定位，使工作台台面与底板保持平行，然后定位焊
7	焊接	焊接所有焊缝，焊缝高度不得小于最小板厚

14.3.3　数控机床集屑箱制造工艺规程的编制

（1）集屑箱装配图（图14-32）

9	板框	1	
8	板把夹	4	
7	搬把	2	
6	外板框	1	
5	内板框	1	Q235
4	底板	1	
3	立板	1	
2	后围板	1	
1	前围板	1	
序号	名称	数量	材料
集屑箱		件数	
		图号	

技术要求
集屑箱制造完毕后，应加水试
验，检查是否有漏水之处。

图 14-32　集屑箱装配图

（2）编制工艺规程前的图样分析

①熟悉图样。由图 14-32 分析，可知数控机床集屑箱是由前、后围板
1、2，立板 3，底板 4，内板框 5，外板框 6，搬把 7，搬把夹 8，板框 9
等零件组成。

②分析集屑箱的结构特点。整个构件由板料围成，所以焊接时要尽
可能地减小焊接变形。

（3）编制工艺规程

① 集屑箱零件的放样工艺卡如表 14-11 所示。

表 14-11　集屑箱零件的放样工艺卡　　　　　　　mm

序号	零件名称	线性放样	结构放样	展开放样
1	前围板	700 / 760 / 898 / 230 / 488	700 / 230	900 / 1372 / 230
2	后围板		490 / 900	700 / 1376 / 230
3	立板		200型集屑箱 { }立板 Q235钢δ2 { }1台1件 检 年月日	
4	底板	485 / 695 / 10 / 2		497 / 8 / 707 / 8
5	内板框	485 / 30×30	695 / 485 / 2	28 / 56 / 45° / 1172 90° / 486 / 45°

序号	零件名称	线性放样	结构放样	展开放样
6	外板框			
7	搬把			
8	搬把夹			
9	板框			

② 集屑箱零件的号料工艺卡如表 14-12 所示。

表 14-12　集屑箱零件的号料工艺卡　　　　　　　mm

序号	零件名称	材料	数量	零件尺寸/mm	号料方法
1	前围板	Q235	1		剪切
2	后围板		1		

序号	零件名称	材料	数量	零件尺寸 /mm	号料方法
3	立板	Q235	1		剪切
4	底板		1		
5	内板框		1		
6	外板框		1		
7	搬把		2	$\phi10\times300$	
8	搬把夹		4	$\delta3\times80\times30$	
9	板框		1		

③集屑箱零件的制造工艺卡如表 14-13 所示。

表 14-13　集屑箱零件的制造工艺卡　　　　mm

序号	零件名称	材料	数量	零件尺寸/mm	加工方法
1	前围板	Q235	1	488　898	压弯
2	后围板		1	900　490	
3	立板		1	80　30　φ38　425　750　170　30　485	钻孔剪刀
4	底板		1	485　695　10　2	压弯
5	内板框		2	483　30　693	

序号	零件名称	材料	数量	零件尺寸 /mm	加工方法
6	外板框	Q235	3	30 30 168 485	压弯
7	搬把		2	35° 50 25 φ10 120 190	
8	搬把板		4	R3 R6 3 14 50 50	冲压
9	板框		2	194 30 485	压弯

④ 集屑箱零件的装焊工艺卡如表 14-14 所示。

表 14-14　集屑箱零件的装焊工艺卡

工艺	序号	零件名称	简要说明
部件 装焊	1	板框	先在地样上划出三种板框地样图，并在定位线上放置一定数量的定位挡铁，然后将加工成形的角钢按定位线固定，经矫正后，可完全定位并施焊
	2	围板底板立板	先将底板放置平台上，装配一面围板，并施焊，再装配另一面围板同样施焊，然后在集屑箱中放置一定量的水，检查是否有漏水现象，若无漏水现象，装配立板，只作初步定位

续表

工艺	序号	零件名称	简要说明
	1	内板框	在围板里面划出板框位置线，将板框打入集屑箱中，按定位线定位
总装	2	外板框	集屑箱的内板框装配结束后，再将前周口板框装配到图样要求的位置
	3	辅件装配	最后在围板表面划出搬手夹位置，先固定一个搬手夹，然后将搬手放入搬手夹中，固定另一搬手夹，便完成整个构件的装配

⑤ 集屑箱制造工艺流程图如图 14-33 所示。

图 14-33 集屑箱制造工艺流程图

14.3.4 储气罐装配工艺规程的编制

储气罐属于压力容器，是冷作钣金工作场地必备的基础设施，也是冷作钣金工制作的金属结构产品对象之一。对于压力容器的制作和使用，国家有关部门制定了一系列标准和管理条例。在制作和使用时，必须严格执行相关标准，遵守这些管理条例。

如图 14-34 所示为一压缩空气储气罐结构图样，压缩空气通过进气管路输入罐内，通过出气管和连接管路输出到工作地点。储气罐在此起到了储藏和稳压作用，同时，利用扩容和离心作用分离出压缩空气中的油和水。

图 14-34　储气罐
1—筒体；2，5—封头；3—阀座；4—法兰；6—支座

储气罐由下列一些主要零部件构成。

① 罐体。由筒体和封头组成，是储气罐的主体，也是主要的受压部件。

② 进、出气管。由插管和连接法兰构成，用于连通进、出气管路。

③ 支座。用于支承和安装固定储气罐整体。

④ 阀座。用于安装安全阀、压力表和排污阀。

⑤ 入孔组件。由盖板、把手、固定连接装置构成，用于制作和检修时操作者出入罐体的通道。小型储气罐也可不设。

图 14-35 所示是制造储气罐的工艺流程图，通过工作流程图可以简要了解储气罐的加工制造工艺过程。

以储气罐各零部件制作为例，简要介绍制造压力容器应注意的事项，同时也是工艺规程编写时应重点关注的内容。

① 图样上所有标注的受压件必须按要求进行材料检验，在各道工序还应注意材料标注和移植。

图 14-35 储气罐加工制造工艺流程图

② 筒体和封头备料时，要注意材料的拼接位置，防止出现焊缝距离超标及附件、开孔压焊缝等现象。

③ 板与板对接、筒节对接、筒节与封头的对接等，要严格控制错边量在标准要求范围之内。

④ 冷作作用的焊接材料要符合该产品焊接工艺规程的规定。

简单筒体制作的冷作工艺过程卡见表 14-15。储气罐的冷作装配工艺过程卡见表 14-16。

表 14-15 筒体制作冷作工艺过程卡

×××××厂工艺处			（冷作）工艺过程卡					共　页　第　页	
产品名称	储气罐	产品代号	××××	零部件名称	筒体	零部件代号		××××	
序号	作业区	工序名称	工序内容	设备工装		型号编号	工时	备注	
1	冷作车间	剪切	按展开尺寸×××××剪切，在规定位置打上材料标记钢印。检后转序	剪板机		××××		材质证明齐全	
2	加工车间	刨边	按图样刨削焊接坡口。检后转序	龙门刨		××××			
3	冷作车间	弯曲	卷制圆筒	滚板机卡样板		××××			

序号	作业区	工序名称	工序内容	设备工装	型号编号	工时	备注
4	焊接车间	焊接	焊接圆筒纵缝。检后转序	焊机	××××		焊接规范××××
5	冷作车间	矫形	矫正单节圆筒。检后转序	卡样板			
6	射线室	检测	按图样规定进行射线检测。合格后转序	射线探伤机	××××		出具探伤报告
7							
8							
更改记录							
编制	年 月 日	审核	年 月 日	批准	年 月 日	编号	

表 14-16　储气罐制作冷作装配工艺过程卡

×××××厂工艺处			(冷作装配) 工艺过程卡			共 页 第 页	
产品名称	储气罐	产品代号	××××	零部件名称		零部件代号	
序号	作业区	工序名称	工序内容	设备工装	编号	工时	备注
1	冷作车间	装配	按图样拼接筒节、封头。注意所有纵缝和开孔位置。检后转序	拼装轮架	××××		附材质证明、探伤报告
2	焊接车间	焊接	环缝焊接。检后转序	焊机	××××		焊接规范××××
3	射线室	检测	按图样要求进行射线检测	射线探伤机	××××		出具探伤报告
4	冷作车间	装配	配装支座，注意其方位和其他接管的位置				
5			配装所有接管、阀座。检后转序				

序号	作业区	工序名称	工序内容	设备工装	编号	工时	备注
6	焊接车间	焊接	焊接所有附件	焊机			焊接规范 ××××
7	冷作车间		全面修磨、清理，终检				
8							
更改记录							
编制	年　月　日	审核	年　月　日	批准	年　月　日	编号	

14.4 铆接产品装配制造实例

14.4.1 典型铆接结构件的装配

（1）钢板拼接

钢板的拼接是铆接结构制造中基本的操作。不管是板材结构还是板材-型钢混合结构，都需要进行这种操作。

1）厚钢板拼接

如图 14-36 所示为普通厚钢板的拼接。拼接前要对钢板的平面度进行检查，合格的方可进行拼接。

(a) 平面对接

(b) 预留变形量对接

图 14-36　厚钢板拼接

拼接钢板多在平台上进行，对于经矫平后的钢板，可以在平台上直接进行对接。

由于是厚钢板拼接，开坡口焊接是必须的，而焊后可能产生的变形，也是在拼接钢板时必须加以考虑的。

如图 14-36（a）所示是焊缝开双面对称坡口（双面 K 形、V 形或 U 形）时的对接情形，采用平面对接。只要合理地安排双面交替焊接的顺序，便可有效地抵消焊接产生的收缩变形。

如图 14-36（b）所示是焊缝开单面对称坡口时的对接情形，采用的是预留变形量的对接。由于影响焊接变形的因素很多，如钢板的幅面、坡口的大小、焊接参数等都可能影响到变形的大小，所以预留的变形量要因件而异。

铆工在拼接钢板时要实施定位焊，定位焊缝的数量、大小、间距也要因件而异。通常定位焊的焊缝长为 20～35mm，间隔在 200～350mm 之间。

厚板拼接的其他注意事项如下。

① 要严格按照工艺文件执行。包括焊机、焊接材料的选择，焊接参数的确定等。

② 对于可能要吊运转序的构件，要保证定位焊的强度。

③ 如果采用的是自动焊，要注意定位焊缝的高度，防止影响焊接质量。

④ 为了保证焊缝两端的焊接质量，要按照规定设置引弧板和息弧板。

2）薄钢板拼接

由于不开坡口，薄钢板的拼接相对于厚钢板的拼接要简单一些。

薄钢板拼接的焊缝大多采用双面焊，引起对接钢板角变形的可能相对比较小。但由于薄钢板的刚度差，容易引起波浪变形，这可以在放焊时采取措施加以控制，如采用刚性固定、分段焊接等。

薄钢板拼接的注意事项除了不需设置引弧、息弧板外，其他与厚钢板拼接的注意事项类似。

（2）T 形铆接构件的装配

T 形铆接构件是铆接结构件的基本结构形式之一，由于两块板呈 T 形排列、相互制约，因而使得结构本身具有一定的抵抗变形的能力。但由于结构简单，抵抗变形的能力有限，焊接后容易引起变形，特别是翼板的角变形。

1）划线装配

在小批量或单件生产时，T 形构件的装配一般采用划线装配法，如图 14-37 所示。

图 14-37　划线装配 T 形构件

1—腹板；2—翼板；3—90° 角尺

① 先将两块板矫直、矫平，清除焊缝边缘上的毛刺，开了坡口的要修磨好坡口，然后在翼板上画好腹板的位置线。

② 将腹板按线装配在翼板上，并用 90° 角尺矫正垂直度，然后进行定位焊。在实施定位焊的过程中，垂直度的矫正和定位焊应交替进行，防止腹板可能产生的偏斜。

T 形构件在焊后极易产生角变形，所以，有时工艺要求在 T 形构件装配成形后，在腹板两侧适当加焊支承，在 T 形构件焊好后再割去。这种做法不仅增加了工作量，而且还容易影响工件的外观质量，所以不如在带有刚性固定的模架中装配和施焊效果好。

2）模具装配实例

批量生产时，通常采用模具装配的方法，既能保证 T 形构件装配质量，又能提高生产效率。如图 14-38 所示，用模具装配 T 形构件是一种典型的模具装配法应用实例。

装配模具由模座、水平压紧支架及垂直压紧支架构成，支架下部开有豁槽，起腹板的定位作用。支架上装有活动可调的压紧螺栓，可将定位后的翼板和腹板分别压紧和夹紧。使用这种拼装模具装配 T 形构件可以不用划线，操作方法简便。其装配方法如下。

① 扳起水平压紧支架上的活动夹紧螺栓，升起垂直压紧支架上的夹紧螺栓。

② 将经矫平、矫直的翼板沿豁槽摆好，腹板在翼板上沿支架摆好。

③ 放下水平压紧螺栓，交替拧紧水平和垂直压紧螺栓，使翼板、腹

板固定，定位要准确，结合要严密。

④ 在翼板、腹板结合处两侧分别进行定位焊，然后松开各压紧螺栓，取出 T 形构件，即完成一件 T 形构件的装配。

图 14-38　用模具装配 T 形构件应用实例
1—腹板；2—翼板；3—水平支架；4—垂直支架

该装配模还可作为 T 形构件的焊接模架使用。即在装配完成后，直接在装配模架上对 T 形构件进行焊接操作。这样，拼装模可以对 T 形构件起刚性固定的作用，防止焊接所引起的变形。

（3）工字形铆接构件的装配

工字形铆接构件是由两块翼板和一场腹板装配组合成的。与 T 形构件比较，工字形铆接构件结构多了一块翼板，其抵抗变形的能力也有很大提高。由于多一块翼板限制的原因，也能减少一些焊接变形。

工字形构件也是常见的铆接结构件之一。

1）挡铁定位划线装配

当单件或小批量生产时，采用挡铁定位划线装配工字形构件的方法，如图 14-39 所示。

① 将腹板和两翼板矫平、矫直，清除焊缝边缘的毛刺。

② 将翼板放平在平台上，划腹板的位置线。在两块翼板上临时焊上挡块。

③ 把腹板吊到翼板 1 上，利用 90° 角尺检查腹板与翼板是否垂直，矫

正合格后定位焊固定，组成 T 形构件。

④ 将 T 形构件翻转吊到翼板 5 上，利用 90° 角尺检查垂直度，矫正合格后立位焊固定，完成工字形构件的装配。

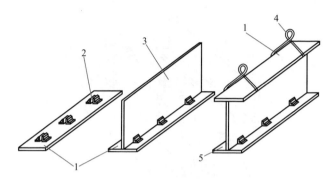

图 14-39　挡铁定位划线装配工字形构件

1，5—翼板；2—挡铁；3—腹板；4—专用吊具

这种装配方法是划线加挡铁定位法的结合应用，比单独用划线法装配在质量和效率上都有提高。但挡铁要事先焊到翼板上，装配完成后还要逐个拆除，容易在翼板上留下疤痕，影响到产品的外观质量。此外，腹板和翼板的垂直度，用 90° 角尺校验也不够精确，而且效率也不高。

2）模具装配

当工字形构件为批量生产或者尺寸规格多变时，可采用如图 14-40 所示的简易装配模来装配。这种装配模结构简单、灵活，可以有效地保证装配质量，提高生产效率。

图 14-40　模具装配工字形构件

1—楔铁；2，5—翼板；3—腹板；4—支承螺钉；6—模架；7—工作台

装配时，调整好装配模的支承螺钉和楔铁，使腹板和翼板夹紧，尺

寸和垂直度靠模具来保证。然后就可进行定位焊了。

这种装配模具也可作刚性固定焊接模架使用。焊好一侧的焊缝后，将制件从模具中取出，再在平焊位置焊另一侧的焊缝。

14.4.2 箱壳类铆接制品的装配

（1）箱形铆接构件的装配

箱形构件也是常见铆接结构形式之一。箱形构件主要由两块翼板、两块腹板构成，需要时，也可在箱内设置肋板。

如图 14-41 所示箱形构件的装配方法如下：

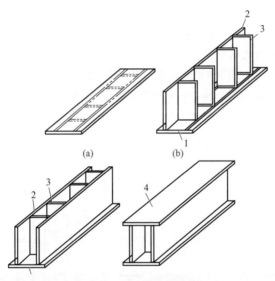

图 14-41　箱形构件的装配
1—翼板 1；2—腹板；3—肋板；4—翼板 2

① 将腹板和两翼板矫直、矫平，清除焊缝边缘的毛刺，如有焊接坡口，应修好坡口。

② 将翼板 1 平放在平台上，在其上划出腹板和肋板的位置线［如图 14-41（a）所示］。按"翼板 1-肋板 - 翼板 2"的顺序逐件装配，如图 14-41（b）、（c）所示。检测垂直度无误后，便可进行定位焊了。

③ 交付焊接。由于结构特点要求，箱体内的焊缝必须在第二块翼板装配前完成。

④ 清理好箱体内部，需要时还要进行矫形。装配第二块翼板，如图 14-41（d）所示，最后完成箱形构件的装配。

（2）**工具箱的制作**

如图 14-42 所示为小型工具箱的外形，它由顶板 1、箱壁 2、门 3、底板 4 和箱脚 5 等组成。对于尺寸较小的箱体，箱壁常用一块板料制成；尺寸较大的箱体，箱壁则需要用两块以上的板料制成。由于工具箱尺寸较小，箱壁一般采用一块板料制成。工具箱的顶板和底板形状、尺寸均相同。

制作时，先加工各零部件，然后装焊成一个整体。其制作方法如下。

① 根据图样将顶板（或底板）、箱壁、门和脚分别展开放样，其结合处切口如图 14-43 所示。

② 将剪切后的顶板、底板、箱壁、门等级坯料分别折弯成形，折弯顺序一般为先两边后中间。

③ 将顶板 1、底板 4 嵌入箱壁 2 中，用角尺检测，使箱壁分别与顶板、底板呈直角，定位后焊接。再将底板朝上，以箱壁为基准安装箱脚 5，定位后焊接。

④ 将门 3 放入箱体门框中，调整门与框间隙，装上铰链、门把手等。最后进行修整、磨平焊缝。

图 14-42　工具箱　　　图 14-43　工具箱结合切口示意图

1—顶板；2—箱壁；3—门；4—底板；5—箱脚

（3）罩壳体的制作

如图 14-44 所示为带传动防护罩。制作时，可采用整体展开放样，如图 14-44（b）所示，把接缝布置在上下两圆弧的中间位置，这样展开图左右对称，接缝较短。剪切后沿上、下圆弧的切线处折弯，再将折弯板料的两端弯曲成形，然后焊接、矫形。

(a) 外形和图样　　　　　　　　　　　　　(b) 展开图样

图 14-44　防护罩

14.4.3　桁架类铆接构件的装配制造

以内弯正五边形角钢框的装配为例，分析说明其装配制造工艺过程如下。

（1）铆接装配构件图

内弯正五边形角钢框，如图 14-45 所示。

（2）装配前的准备技巧

① 熟悉图样。识读图 14-45。对角钢框进行简单工艺分析，可知整个构件先是用一根角钢在其一边切成直角口，然后沿角钢的另一边弯曲加工，最后焊接而成。

a. 角钢框边长尺寸的分析。图 14-45 中的 320mm±1.5mm 尺寸为角钢框去切口后，成形的外框边长尺寸，边长尺寸公差为 ±1.5mm，即五边形角钢框装配成形后，边长尺寸控制在 318.5 ～ 321.5mm 范围内为合格。

b. 形状公差分析。从构件底平面给出的平面度分析，装配后的角钢框架底平面还要与其他构件面接触连接，因此，角钢框架装配成形后一定要将底平面放置在平台上矫平，以保证构件底平面的平面度公差小于1.5mm。

图 14-45　五边形角钢框

　　c. 位置公差分析。若角钢没有扭曲或角钢两边的垂直度符合出厂要求，则在保证图样形状公差平面度的前提下，被测平面（角钢一边）相对于基准平面 A（角钢框底平面）的垂直度公差（1mm）即可得到保证。

　　② 装配现场的设置技巧。装配现场必须设置装配平台或用钢板垫铺平台，以保证构件图样的平面度要求。为避免装配后因构件堆放不当引起的构件变形，要求构件的堆放一定要整齐。

　　在装配场地周围适当位置放置电焊机、气割设备和工具箱，以及装配时所必需的挡铁、样板和模子等。

　　③ 检查零件质量。装配前，除检查角钢的长度和切口尺寸外，还应目测角钢的平直度和两边垂直度，以避免装配后结件有扭曲现象。

　　（3）装配步骤、技能、技巧与诀窍

　　① 在装配平台上划出装配地样的技巧。图 14-45 所示装配图中给定的尺寸为角钢外框线的尺寸，故划装配地样时以外框线为依据，在平台地样

框线的一边应焊上一定数量的定位挡铁，如图 14-46 所示。

②加工成形技巧与诀窍。采用热加工方法，加工角钢框。

a. 先将去除切口的角钢放在焊有定位挡铁地样图的位置线上，然后用火焰加热角钢的弯曲位置线 [图 14-47（a）]，当加热线位置呈樱红色（800～900℃）时，迅速弯曲角钢，注意弯曲时要使角钢的底边紧贴平台。待切口线重合后，用两把锤子垫锤角钢的弯曲线两面，锤击时要保证弯曲线的直线度。最后用成形样板矫正弯曲角后可初步实施定位焊，如图 14-47（b）所示。

图 14-46　平台地样焊定位挡铁

(a)　　　　　　　　　　　　　　　(b)

图 14-47　用火焰加热弯曲角钢
1—角钢；2—焊炬；3—锤子

b. 将弯曲后的角钢转置。另一切口同样用火焰加热弯曲线，待加热温度在 800～900℃ 时，迅速弯曲角钢，两切口线重合后，再用成形样板矫正弯曲角，即可实施定位焊，如图 14-48 所示。

c. 依次顺序加工角钢上的每一接口，最后即可加工出五边形角钢框。

d. 装配后对五边形角钢框的各棱线进行修整。用 12mm 厚的两块钢板焊成 108° 的夹角后，定位到平台上，用专用平锤和锤子修整构件的棱线，如图 14-49 所示。

图 14-48　角钢转置后用火焰加热弯曲

图 14-49　角钢框的各棱线修整

1—钢板；2—专用平锤；3—手锤

③ 测量、检查、矫正技巧与诀窍。先用钢卷尺检查加工后的五边形角钢框边长，再用成形样板检查角钢框的弯曲角，最后将角钢放置于平台上检查其平面度。

经检验若发现角钢的弯曲角度有大有小时，可割开角度大的焊缝，将构件放置平台上锤击弯曲角度小的定位焊缝（图 14-50），待弯曲角度符合要求后，即可重新定位。

经检验若角钢框扭曲，可将角钢框的向上扭曲部分垫起，用大锤锤击翘起处，即可矫平，如图 14-51 所示。锤击时注意不要直接锤击角钢边，以免引起新的变形。

图 14-50　角钢框重新定位

图 14-51　锤击矫平

1—角钢框；2,4—垫铁；3—L 形铁

④ 完全定位。构件经检查、矫正后符合图样要求的，即可完全定位。完全定位时，每条焊缝至少焊接两段定位焊缝。若焊缝缝隙较大，还应在缝隙中添加焊条头或铁条，以免焊后产生较大的收缩应力，而引起框架的扭曲和角变形。

⑤ 清理平台。成批量生产时，框架每次装配后，应及时清理平台表面，否则极易造成角钢平面错位不平。

（4）模子加工五边形角钢框

如图 14-52 所示，这种加工方法适合于大批量生产。

① 加工前准备：先在装配平台上划出装配地样图，同样在地样的角钢位置线上焊上一定数量的定位挡铁，然后将模子用定位焊固定在平台上，使模子的工作面与焊有定位挡铁的角钢位置线平行，如图 14-52 所示。

② 加工成形：采用热加工方法。

a.先用火焰加热角钢弯曲线后，迅速将角钢放置在定位挡铁和模子之间，使弯曲线与模子棱线对齐［图 14-53（a）］。然后迅速弯曲成形，弯曲后用锤子锤击弯曲线的两面，注意不要锤击弯曲线，如图 14-53（b）所示。

b.角钢其余三个接口的装配方法以及加工后的检查、矫正与前述相同。

图 14-52　模子加工五边形角钢框

1—平台；2—模子；3—模子工作面；4—定位挡铁

图 14-53　火焰加热角钢弯曲线

1—平台；2—模子；3—角钢；4—定位挡铁；5—锤子

（5）带孔平台上加工五边形角钢框

模子用螺栓固定于平台上后，将加热后的角钢用羊角卡和定位钢桩固定于模子上，并迅速弯曲成形。成形后，为使角钢的弯曲线突出，应及时用锤子锤击弯曲线的两面，如图 14-54 所示。其余各接口的加工方法完全相同。

图 14-54　带孔平台上加工五边形角钢框

1—螺栓；2—模子；3—角钢；4—孔平台；5—羊角卡；6—钢桩

14.4.4　管道和普通容器类钣金构件的装配制造

（1）圆管的制作

圆管是常见的钣金制品之一。对于直径小于 150mm 的圆管，通常采用 0.5 ～ 1mm 的钢板制作，其接缝常用平式单咬缝连接制作。

如图 14-55（a）所示为外径 ϕ150mm，长度为 100mm 圆管，板厚为 0.5mm，咬缝 5mm，且内平口，其制作步骤如下。

① 按图样尺寸展开放样，连接处放出三倍于咬缝宽度的余量（约 15mm），然后剪切、矫平，并将咬缝处板边折弯，如图 14-55（b）所示。

② 由于板料较薄，可将板料置于圆管上，用手压变成形，如图 14-55（c）所示；也可放在方杠上用木锤敲弯。

③ 将两板边扣合，用木锤敲击压紧，如图 14-55（d）所示，然后用压缝器将咬缝压成内平口，如图 14-55（e）所示，最后进行矫圆、修光，使之达到预定要求。

（2）矩形管的制作

矩形管的尺寸不大时，可用一块钢板制成，其咬缝可采用平式单咬缝，也可采用双折角咬缝；当其尺寸较大时，通常用两块或两块以上的板料制作。如图 14-56（a）所示是采用一块板料制成的矩形管，板厚

0.8mm，咬缝宽度为 6mm，位于管壁中部。矩形管的制作方法如下。

图 14-55　圆管的制作

① 根据矩形管的尺寸放样，连接处放出三倍于咬缝宽度（约 18mm）的余量，并划出折弯线，然后剪切、矫平。

② 咬缝先按立式单咬缝的咬接方法折弯板边，如图 14-56（b）所示，然后将板料置于方杠上，按线折弯成形。

③ 将咬缝扣合，如图 14-56（c）所示，用衬铁压紧，然后用方杠衬垫把立咬缝折弯压紧，如图 14-56（d）所示，最后进行矫形，达到规定的要求。

图 14-56　矩形管的制作

（3）普通容器类铆接制品制作

用薄板制成的容器品种很多，如盘、盆、桶等。如图 14-57（a）所示为用镀锌钢板制作的圆桶，它由桶体和桶底构成，其制作方法如下。

① 按图样尺寸放样，桶体上口放出卷边余量，下部放出的余量等于咬缝宽度，桶底边缘则放出两倍于咬缝宽度的余量，如图 14-57（b）所示，然后剪切、矫平。

② 将桶体上口进行夹丝卷边，连接处板边折弯，然后将桶体弯曲成形，两板边的咬缝扣合、压紧。

③ 将桶体下口向外锤展拔缘，如图 14-57（c）所示；然后再将桶底的周边按线拔缘成直角，如图 14-57（d）所示。

④ 将桶体嵌入桶底凸缘内，扣合凸缘，并压紧，如图 14-57（e）、（f）所示，然后矫形、修光，达到技术要求。

图 14-57　圆桶的制作

（4）三通管的装配制造

以异径斜交三通管的装配为例，说明其装配制造工艺过程如下。

1）装配构件图

异径斜交三通管的装配图如图 14-58 所示。

2）装配前的准备

① 熟悉图样。识读图样，对构件进行简单工艺分析，可知该构件包括通管 1 和插管 2 两个零件。这种构件实际上是两个圆筒体的结构，属于

容器类。

技术要求
1. 焊接时焊接坡口间隙小于1mm。
2. 焊接时进行双面焊。
3. 构件加工后，内外涂刷防锈漆两遍

2	插管	1	Q235	δ10
1	通管	1	Q235	δ10
序号	名称	数量	材料	备注
异径三通管	件数			
	图号			

图 14-58 异径斜交三通管

接口装配工艺较复杂，故装配时既要注意接口间隙的装配，又要保证插管轴线与通管轴线的倾角符合图样要求。

a. 零件之间装配尺寸的分析。图 14-58 中 $\phi 1200_{-2}^{0}$ mm 的这一尺寸，要求插管的上口中心到通管轴线之间的装配尺寸控制在 1198 ～ 1200mm 之间，另外图中（400±2）mm 这一尺寸，要求从插管轴线与通管轴线交点到通管右端的装配尺寸控制在 398 ～ 402mm 之间。

b. 零件之间装配倾角的分析。图 14-58 中要求零件装配后，插管轴线与通管的轴线成 60° 角。

c. 零件外形的分析。图 14-58 中 ϕ（1200±2）mm 这一尺寸要求插管接口装配后，通管的直径尺寸控制在 1198 ～ 1202mm 之间为符合图样要求；图 14-58 中（800±2）mm 这一尺寸，要求通管接口装配后，插管的直径尺寸控制在 798 ～ 802mm 之间为符合图样要求。

② 装配现场设置。装配现场需放置规格较大的槽钢、杠杆夹具和螺

旋夹具等，并在装配现场附近放置电焊机、气割设备和工具箱等。

3）装配步骤与措施

① 插管与通管的装配。插管与通管经过滚板机滚制成形后，经常会出现的缺陷为"接口搭头""接口不合""接口不平""接口扭曲"，如图 14-59 所示。

(a) 圆柱筒体　　(b) 圆柱筒　　(c) 圆柱筒体　　(d) 圆柱筒体
接口搭头　　体接口不合　　接口不平　　接口扭曲

图 14-59　插管与通管装配缺陷形式

a. 接口搭头。接口搭头装配时，先用两筒体的内卡样板测量筒体各处的圆弧曲率，找出筒体圆弧曲率大于样板的曲率处，然后用大锤锤击外壁，使锤击处的圆弧曲率变小，直至与圆弧样板的曲率相符。当筒体各处的圆弧曲率达到标准值时，接口搭头便会自然放开，如图 14-60（a）所示。

(a) 三通管接口搭头　　(b) 接口不合　　(c) 接口不平　　(d) 接口扭曲

图 14-60　三通管接口搭头及缺陷形式
1—圆弧样板；2—角钢；3—钢桩；4—撬杠；5—杠杆夹具

b. 接口不合。在圆筒体纵缝两边的对应处，分别焊上钻有光孔的角钢，然后穿入螺栓，拧上螺母［图 14-60（b）］，随着螺母的逐渐旋紧，即可消除接口不合，还要注意若接口的不合尺寸较大时，应在滚板机上进行滚制加工，直至接口的不合尺寸减小到容易使接口结合为止。

c. 接口不平。将杠杆夹具插在筒体板缝处，由上向下向杠杆施加压力，即可调平接口的不平，如图 14-60（c）所示。

　　d. 接口扭曲。先在筒体接口处的一边焊上一角钢，而另一边焊上一圆钢桩，然后将撬杠放入角钢与圆钢桩之间进行扭转，便可矫正构件的扭曲，若筒体刚度较大，则可用螺旋拉紧器矫正，如图 14-60（d）所示。

　　② 装配前零件的质量检查。装配前除先对两筒体零件的直径尺寸用钢卷尺检查外，还应检查其接口线的质量。

　　③ 总装。先将通管、插管按其表面的两中心线位置进行对接后，用定位样板矫正两管的轴线交角符合要求后（图 14-61），方可初步定位。

　　④ 测量、检查。用钢直尺、钢卷尺和圆弧样板检查通管、插管两管的装配尺寸，经检查符合图样要求后，便可实施完全定位焊，定位焊时，要对称进行焊接，避免焊接缺陷的产生。

图 14-61　三通管总装
1—插管；2—通管；3—槽钢；
4—样板

14.4.5　支承座装配制造实例

（1）支承座铆接件结构图样识图

如图 14-62 所示为一支承座的结构图图样，识读方法和步骤如下。

1）通读

① 首先明确部件图，借助总图（未画出）和部件图的标题栏，可以了解构件的名称为支承座，位置处于设备的下部，其用途为支承主轴。

② 通过图样的主视图了解到构件的轮廓是：由两件槽钢立放在底板上，是这一部分的主体，两块侧板和四块肋板对其构成支承，为保证支承座平稳，底板面积较大。

③ 通过读明细表结合图样，了解到主要零件是两件槽钢和底板。

④ 在技术要求中提到该部件焊后要进行消应力处理，这是由于其用于支承主轴，因此要求其在使用过程中保持稳定。

2）详读和细读

由于该部件结构比较简单，可结合详读和细读一起进行。

① 底板 1 尺寸为 10mm×400mm×900mm，上面开有地脚螺栓孔，用以通过地脚螺栓固定在地基上，其他各件均装焊在底板上。

② 槽钢 3 长度为 580mm-10mm=570mm，立放，凹槽相对安装放于

底板中心线上。以槽钢背部确定装配尺寸，两槽钢相距为480mm。

③ 从左视图纵向看去，侧板2两件夹着槽钢立装焊于底板之上，侧板的长度与底板相同，高度为330mm，两角割去130mm×210mm的斜角。

技术要求
焊后进行消除应力处理。

5		肋板	Q235 $\delta=10$	4	
4		补强圈	Q235 $\delta=8$	2	
3		槽钢	Q235 9×200×75	2	
2		侧板	Q235 $\delta=10$	2	
1		底板	Q235 $\delta=10$	1	
序号	代号	名称	材料规格	数量	备注

图 14-62 支承座结构图样

④ 四块肋板5装焊于侧板外侧与底板的交角处，装焊位置如左视图所示。

⑤ 补强圈4装焊在槽钢上部开孔处。

从该构件的作用和特点来看，应注意以下几点。

a.槽钢3与底板1之间的垂直度很重要，两槽钢直边的间距也很重要，装配时应特别加以注意。

b.所有焊张均为连续焊，为保证支承座牢固，焊脚尺寸应符合图样要求。

c.支承轴座孔 2×ϕ60mm 及其位置高度因牵扯到安装主轴，其位置精度很重要。但由于要采取进一步的机械加工，冷作装配时，只要保证有足够的加工余量即可。

d.技术要求中，要求支承座在焊后进行消除应力处理。因此，支承座在装配、焊接后要进行矫正，矫正的重点是底板和侧板的焊后变形。同时也要检查槽钢间距是否发生变化。

矫正后转下道工序进行消除应力处理和机械加工。

（2）支承座划线、装配工艺过程

支承座可在底板上直接划样、装配，具体如下。

1）划样

首先在底板上划出中心十字线作装配其他零件的基准线。以十字线为基准，划出槽钢、侧板和肋板的位置线，槽钢位置可只划出两槽钢腹板的外轮廓线480mm和宽度200mm，见图14-63（a）。因侧板的内侧与槽钢翼边外侧重合，肋板外侧与槽钢腹板外侧在一条直线上，故不需另行划出，将槽钢外轮廓线延长即可。

(a) 在底上座划线　　　　　　　(b) 装配槽钢

(c) 装配侧板和肋板　　　　　　(d) 装配补强板

图14-63　支承座划线装配示例

2）装配

① 先装配一件槽钢。装配前需将槽钢端部修磨平齐，无毛刺和切割熔渣。沿底板上所划的轮廓线摆好，用定位焊在槽钢腹板外侧中间位置与底板连接处焊一点。然后用90°角尺沿槽钢两翼边检查y方向上的垂直

度，可用手锤沿 y 方向进行锤击修正，找正后再在槽钢腹板外侧均匀地定位焊。然后再用 90° 角尺沿槽钢腹板检查 x 方向上的垂直度，可用手锤沿 x 方向进行锤击修正，找正后再在腹板内侧和两翼边与底板连接处均匀地定位焊，如图 14-63（b）所示。

② 用同样的作法装配第二件槽钢，测量时要兼顾槽钢顶端的间距480mm。

③ 装配侧板。因槽钢的垂直度已矫正好，所以装配侧板比较简单，将侧板周边修磨平齐，沿线靠紧槽钢即可。定位焊时，应先从侧板内侧沿侧板与槽钢接缝处和侧板与底板接缝处均匀焊接，注意每条焊缝的起点和拐角处不要焊接。然后再在侧板外侧定位焊，焊点要避开肋板的位置，如图 14-63（c）所示。

④ 装配肋板。将肋板沿线摆好，在一侧的底边先定位焊一点，用 90° 角尺找正后，再均匀地定位焊。

⑤ 以底板为基准，划出槽钢开孔的位置，割孔并装配上补强圈，完成支承座的装配，如图 14-63（d）所示。经定位焊，检查合格后，即可提供焊接工序进行焊接。

14.4.6 板架类构件的装配制造实例

以悬架的装配为例，说明其装配制造过程如下。

（1）装配构件图

悬架的装配图如图 14-64 所示。

（2）装配前的准备工作

① 熟悉图样。识读图 14-64，对构件作简单工艺分析，可知这种构件由外板 1、垫圈 2、内板 3、方箱侧板 4、方箱上盖板 5、方箱底板 6、肋板 7 和支承板 8 共 11 个零件组成。由图可知，此构件的外形尺寸虽不大，但零件数量较多，且零件之间的连接都是用焊接的方法。有些零件间焊接还需待总装后才能施焊。

另有一些部位整体装配后，还会产生焊接变形，这就给矫正带来困难。因此，为提高生产效率和装配质量，可将构件总体划分为几个部件进行装配，可先对部件施焊，最后再总装。

a. 内、外板装配尺寸的分析。图 14-64 中 64^{+1}_{-2}mm 为内、外板之间内端面的尺寸，装配成形时，其内端面尺寸控制在 62 ～ 65mm 之间为符合图样要求。

技术要求
1.内、外板孔，在总装矫正后加工。
2.零件之间的连接均采用焊条电弧焊。

8	支承板	1		
7	肋板	2		
6	方箱底板	1		
5	方箱上盖板	1		
4	方箱侧板	2	Q235	δ8
3	内板	1		
2	垫圈	2		
1	外板	1		
序号	名称	数量	材料	备注
悬架		件数		
		图号		

图 14-64　悬架的装配图

b. 侧视图 6mm 的尺寸分析。这一尺寸为支承板与外板的焊接尺寸，其作用是焊接时用。

c. 俯视图（110±1）mm 尺寸的分析。这一尺寸为内板孔的中心线到方箱上盖板的距离，所以装配时要保证方箱上盖板到孔中心线尺寸控制在 109～111mm 之间，以保证悬架的工作尺寸。

d. 同轴度公差的分析。被测要素（即内板、孔的中心线）相对基准 A（即外板孔的中心线）的同轴度为 0.05mm，由于位置公差的要求较高，所以孔的加工应在装配后进行。

e. 垂直度公差的分析。被测要素（即内、外板孔的公共轴线）相对基准 B（即外板表面）的垂直度公差为 0.05mm，由于对垂直度要求较高。故钻孔前一定要将构件放平夹紧。

f. 方箱长、宽尺寸的分析。图 14-64 中 160_{-2}^{0}mm 和 90_{-2}^{0}mm 为方箱断面尺寸，装配时要求长度尺寸控制在 158～160mm 之间，而宽度尺寸控制在 88～90mm 之间为符合图样要求。

② 装配现场设置。由于构件外形尺寸较小，所以只需选一块钢板，作装配平台即可。并将装配平台设置在电焊机、气割设备和工具箱附近，还需准备 6mm 厚的几块垫铁，以备总装时使用。

③ 检查零件的质量。装配前检查零件的各部位尺寸，特别是各零件表面的平面度应严格检查，以免装焊后矫正困难。

（3）装配步骤与措施

① 划分部件。为提高生产效率，保证装配质量，可将图 14-64 中的构件部件分为 A、B、C 三个部分进行装配。部件 A 部分由外板 1、支承板 8、肋板 7、垫圈 2 组成。部件 B 部分由内板 3、垫圈 2 组成。部件 C 部分由方箱上盖板 5、方箱侧板 4 和方箱底板 6 组成。

a. 部件 A 部分的装配。先在外板上划出支承板、肋板与垫圈的定位线如图 14-65（a），然后将各零件按定位线装配到外板上［图 14-65（b）］，经检验各部尺寸符合图样要求后即可施焊。

b. 部件 B 部分的装配。在内板上划出垫圈的定位线，并将垫圈按定位线初步定位，如图 14-66 所示。经检查符合图样要求后，即可施焊，焊接后若产生了焊接变形，应在构件装配前进行矫正，以免总装后矫正困难。

c. 部件 C 部分的装配。将方箱侧板放在底板的定位线上固定后，用 90° 角尺矫正两板的垂直度，并可完全定位，最后铺上盖板，即完成 C 部分的装配，如图 14-67 所示。

(a)

(b)

图 14-65　部件 A 部分的装配
1—外板；2—垫圈；3—支承板；4—肋板

图 14-66　部件 B 部分的装配

(a)

(b)

图 14-67　部件 C 部分的装配
1—方箱侧板；2—方箱底板；3—90°角尺；4—方箱上盖板

在总装前进行部件 C 的焊接，为减小焊接变形，每道焊缝应采用断续焊。若部件 C 焊后会产生焊接变形，应先矫正焊接变形后，再加工方箱的另一端。

② 总装。在悬架的外板上划出与方箱连接的位置线，将方箱装配到外板上为初步定位［图 14-68（a）］，再将构件翻转 90°，在方箱上划出内板的位置线后，再装配内板，即完成总装，如图 14-68（b）所示。

(a)

(b)

图 14-68　悬架总装
1—方箱；2，4—90°角尺；3—外板；5—垫铁

③ 测量、检查。悬架总装后，要检查各部分的装配尺寸。经检查符合图样要求后，方可进行完全定位，若有不符之处，应将其剖开重新装配。

14.4.7 压力容器类钣金制品装配制造实例

储油罐为一典型的压力容器钣金制品，以其为例说明其装配制造工艺过程。

（1）储油罐结构图样的识读

如图 14-69 所示为一储油罐的结构图样，是一张比较典型的冷作结构图样。识读方法步骤如下。

1）通读

通过标题栏和图样及技术要求可以看出，这是一个储存油品的储油罐，属于压力容器。

这种结构是两端连接有椭圆封头的圆柱形容器，罐体上部开有各种用途的管口，下部配有用于安装的鞍式支座，管体一端有用于安装液位显示器的接管。

2）详读

对照零件编号和零件明细表，可以看出罐体主要由以下几部分构成。

① 筒体 12 由多节圆筒对接而成。筒体两端与椭圆封头对接，下部焊有鞍式支座，上部开有一系列的孔，焊有各种不同用途的接管。筒体有部件图。

② 封头 13 共两件，都是标准件。其中左边一件开孔焊有液位计接管。

③ 鞍式支座 14 共两件，作为部件提供。

④ 入孔接管 4 与入孔法兰 5 是施工和检修的出入口。装配前将接管与管口法兰焊好，作为部件提供装配。

⑤ 补强板 6 则作为单独零件提供给装配。

⑥ 液位计接管 1、2 的法兰规格相同，管子规格也相同，只是长度不同，也是预先装配焊好提供的部件。

⑦ 接管 7 ～ 10、15 法兰相同而管子长度不同，同样需预先装配焊好后，作为部件提供装配。

3）细读

结合总图、部件图和工艺文件，进一步地查清一些重要的交接关系、装配尺寸等细节。

15	排污接管	20ϕ57mm×3.5mm	1
14	鞍式支座		2
13	封头	Q345 DN2600mm×16mm	2
12	筒体	Q345	1
11	法兰	Q235 PN16MPaD_g50mm	6
10	放空管接管	20ϕ57mm×3.5mm	1
9	安全阀接管	20ϕ57mm×3.5mm	1
8	进料接管	20ϕ57mm×3.5mm	1
7	出料接管	20ϕ57mm×3.5mm	1
6	补强板	Q345	1
5	入孔法兰		1
4	入孔接管		1
3	法兰	Q235 PN16MPaD_g3.2mm	2
2	接管	20ϕ38mm×3.5mm	1
1	接管	20ϕ38mm×3.5mm	1
序　号	名称	材料规格	数量

图 14-69　储油罐结构图

① 标准中规定：相邻焊缝间隔必须大于 50mm。因为筒体 12 在制造时，由于钢板宽度、长度所限，有时要用多节筒体对接而成，必然存在着筒节对接的纵焊缝和环焊缝。在号料和制作筒体这一大部件时，要考虑将这些焊缝安排在合适位置，以免和接管孔焊缝、补强圈焊缝、鞍式支座焊缝重叠或相距太近。

② 技术要求中提到的焊接标准要明确，以备零件焊接时加工焊接坡口，装配时核查焊接坡口和预留焊缝间隙。这些内容往往在结构图样中采用局部放大视图加以表达。如：

图 14-69 中局部放大视图 Ⅰ 表达了入口的接管与管口法兰之间的装配关系和焊接形式。

局部放大视图 Ⅱ 表达了入口的接管与筒体及补强圈的交接关系和焊接形式。

局部放大视图 Ⅲ 则表达了其余同规格接管与筒体的交接关系和焊接形式。

③ 构件的装配尺寸中，标有公差的尺寸是比较重要的尺寸。例如，图中鞍式支座地脚孔的尺寸和罐体中心高度，因与提供给用户的安装尺寸有关，所以应加以保证。至于其他没有标注公差的尺寸，应按图样展示的尺寸基准进行装配。装配过程中和装配后的检查，可按标准公差 IT14 级来作要求。

（2）储油罐圆筒形工件对接与装配工艺

圆筒类构件是铆接钣金结构常见结构形式之一。圆筒类构件在两端接上法兰、盖板或封头后，具有较好的刚度。圆筒类构件用作管道，可减少气、液流动损失；用作容器，可用相同单位质量的材料制取较大容积的结构。

圆筒类构件除了圆筒的卷制和纵缝的对接工艺外，两件或两件以上的圆筒还有环缝对接等工艺。

圆筒对接的质量要求有两点：一是环缝的错边，二是对接后整体的直线度。环缝的错边量可由单节的下料和制作来保证；对接后整体的直线度则要在装配过程中加以控制。

多节圆筒的对接有卧装和立装两种。卧装适用于直径不大和较细长的产品，立装适用于直径较大和较短粗的产品。

1）卧装

卧装的首要条件是要保证各筒节能够获得准确的定位。根据圆筒的形体特点，一条两边等宽、平行的沟槽，便可使圆筒获得定位。

在进行圆筒对接装配时，为了使各节圆筒在同心的同时便于翻转，装配工作常在滚轮架上进行。如图 14-70（a）所示为简易滚轮架示意图，滚轮架每个滚轮的直径要相同，每一对滚轮的横向距离和高低位置要相等，这样才能保证每一个滚轮都处在同一水平面上，为装配圆筒产品的直线度提供保证。

由于各圆筒节有一定质量，加之滚轮的限制，工件获得有效的支承定位，不必再施加外力夹紧。圆筒节的转动可以用手推动或借助于杠杆撬动，也可安装机械驱动。

如果圆筒节的数量较多而单节长度又较短时，就要求有较多的支承滚轮，不利于保证整体的直线度。如图 14-70（b）所示是用是由两根长圆管构成的辊筒式滚架，可有效地解决这一问题。

(a) 在短滚轮架上装配圆筒

(b) 在长辊筒架上装配圆筒　　　　(c) 在长固定型钢上装配圆筒

图 14-70　圆筒环缝的平装示例

如图 14-70（c）所示采用固定型钢作定位支架，是最简单的一种定位方式，用两根直线度符合要求的型钢将其平行固定，便可在其上进行圆筒对接的装配。

筒体对接时的注意事项如下。

① 每一节圆筒在对接前都要经过检查，检查的内容主要有筒体的直径、圆度、焊接坡口等。

② 对接时要严格控制错边量。

③ 要注意各筒节对接的顺序，合理安排每一条焊缝的位置，以免在装配时出现焊缝重叠等问题。

④ 定位焊应遵照相应的焊接规范执行。

2）立装

当圆筒节直径较大、长度较短和钢板厚度相对较薄时，采用立装是一种比较合理的装配方法。

如图 14-71 和图 14-72 所示为圆筒立装的定位和对接，它是一种实际生产中经常应用的简便立装法，其操作方法和注意事项如下。

图 14-71　圆筒环缝的立装定位
1—圆筒节；2—钢直尺或直线卡板；3—垫板

图 14-72　圆筒环缝的立装对接
1—平台；2—螺旋压马；3—松紧螺钉

① 对所要装配的圆筒节进行检查，检查的项目有：圆度、对接口端圆周的平面度。修磨好对接坡口，对微量椭圆变形可在圆筒内加焊支承来找正。最后，划装配基准线。

② 将下圆筒节立放在平台上，放置要平稳。在上口端垫上 2～3 条钢板条，钢板条的厚度应与对缝间隙尺寸相等，宽度可根据圆筒体直径在 30～150mm 之间来选择，以不影响定位焊为原则。长度以能探出圆筒节为准。钢板条间的距离应保证能使上圆筒节放置平稳。

③ 用专用吊具垂直吊起上圆筒节，使其对准下圆筒节，慢慢落在下垫板上。可用短的钢直尺立边或直线卡板来检查、调整四周的错边量，待其均匀后，落下起重机的吊钩，取下吊具。必要时，也可在落下吊钩后，不摘下吊具，让其停在一定高度上直保险作用。

④ 对两圆筒节做直线度检查，可用拉粉线的方法进行，也可用吊线锤的方法进行。检查合格后，就可在环缝四周均匀地进行定位焊了。

如图 14-73 所示为装配圆筒体对接法兰和封头的操作实例，是实际生产中经常采用的装配方法。

(a) 平装圆筒体端部法兰 (b) 平装圆筒体端部封头

(c) 立装圆筒体端部法兰 (d) 立装圆筒体端部封头

图 14-73　压力容器环缝装配示例
1—垫铁；2—90°大角尺；3—吊索；4—法兰；5—圆筒体；6—封头；7—滚轮；8—垫片

如图 14-73（a）所示为平装圆筒体端部法兰的操作实例。装配时，用桥式起重机吊起法兰，法兰下部垫以合适的垫铁 1（可用薄钢板加以调整）。90°角尺在这里既可校准法兰平面的垂直度，也可对法兰起定位作用。环焊缝隙中可以夹厚度与焊缝尺寸相等的铁片来保证间隙。调整工件四周对口错边量均匀合格后，即可在环缝四周均匀地进行定位焊了。

在整个装配过程中，不能卸下桥式起重机的吊索，以防封头倾倒。

如图 14-73（b）所示为在滚轮架上平装圆筒体端部封头的操作实例。装配时，在封头的直边上加焊临时吊耳，用桥式起重机吊起封头，合封头的下直边落在一个滚轮上，以使其与圆筒体保持同轴。若封头与圆筒体的对接错边量不均匀时，可在两侧滚轮上加垫铁予以调整。焊缝的装配间隙仍可用垫片加以保证。

同样，在整个装配过程中，不可卸下桥式起重机吊索，以防封头倾倒。

如图 14-73（c）、（d）所示为立装圆筒体端部法兰、封头的操作实例，其做法与图 14-72 所示的圆筒环缝立装的做法相同。

铆工技能鉴定
考核试题库

扫码在线答题练习

- 专业基础知识

- 工艺装备及零件加工知识

- 职业道德

- 综合练习：初级工

- 综合练习：中级工

参考文献

［1］ 黄祥成，邱言龙，尹述军. 钳工技师手册. 北京：机械工业出版社，1998.

［2］ 邱言龙，李文林，谭修炳. 工具钳工技师手册. 北京：机械工业出版社，1999.

［3］ 邱言龙，陈德全，张国栋. 模具钳工技术问答. 北京：机械工业出版社，2001.

［4］ 机械工业职业教育研究中心. 冷作钣金工技能实战训练（提高版）. 北京：机械工业出版社，2005.

［5］ 夏巨谌. 钣金工手册. 北京：化学工业出版社，2006.

［6］ 王维中. 冷作钣金工. 北京：化学工业出版社，2008.

［7］ 王洪光. 冷作钣金工工作手册. 北京：化学工业出版社，2008.

［8］ 施晓芳. 钣金工快速入门. 北京：北京理工大学出版社，2008.

［9］ 王洪光，张刚三，郎峰丽. 钣金展开技巧与实例. 北京：化学工业出版社，2009.

［10］ 许超. 高级钣金工技术与实例. 南京：江苏科技出版社，2009.

［11］ 陈忠民. 钣金工操作技法与实例. 上海：上海科技出版社，2009.

［12］ 刘光启. 钣金工速查速算手册. 北京：化学工业出版社，2009.

［13］ 杨海明. 冷作钣金工. 北京：化学工业出版社，2009.

［14］ 高忠民. 冷作钣金工技术手册. 北京：金盾出版社，2009.

［15］ 周宇辉. 钣金工简明实用手册. 南京：江苏科技出版社，2009.

［16］ 陈华杰，李宪麟. 简明冷作钣金工手册. 上海：上海科技出版社，2009.

［17］ 周宇辉. 钣金工简明速查手册. 北京：国防工业出版社，2010.

［18］ 邱言龙. 模具钳工实用技术手册. 北京：中国电力出版社，2010.

［19］ 人力资源和社会保障部教材办公室. 冷作钣金工. 北京：中国劳动社会保障出版社，2011.

［20］ 上岗就业百分百系列丛书编委会. 钣金工上岗就业百分百. 北京：机械工业出版社，2011.

［21］ 邢玉晶. 冷作钣金工. 北京：化学工业出版社，2011.

［22］ 李德富，王兵. 钣金展开实用手册. 上海：上海科技出版社，2011.

［23］ 邱言龙. 巧学模具钳工技能. 北京：中国电力出版社，2012.

［24］ 邱言龙，雷振国. 钣金工速查表. 上海：上海科技出版社，2013.

［25］ 邱言龙，雷振国. 模具钳工技术问答. 2版. 北京：机械工业出版社，2013.

［26］ 王兵. 钣金展开放样方法与实例. 上海：上海科技出版社，2014.

［27］ 王兵. 钣金展开下料方法与实例. 上海：上海科技出版社，2014.

［28］ 王兵. 钣金展开计算方法与实例. 上海：上海科技出版社，2014.

［29］ 王兵. 钣金识图作图方法与实例. 上海：上海科技出版社，2014.

［30］ 王良成，丁嘉语. 看图学铆工实用技能. 北京：化学工业出版社，2015.

［31］ 石勇博. 图解铆工入门考证. 北京：化学工业出版社，2015.

［32］ 邱言龙，赵明，雷振国. 巧学钣金工技能. 北京：中国电力出版社，2015.

［33］ 邱言龙，王兵，赵明. 钣金工实用技术手册（上，下册）. 北京：中国电力出版社，2015.

［34］ 邱言龙，雷振国，聂正斌. 焊工快速上手100例. 上海：上海科学技术出版社，2015.

［35］ 邱言龙，雷振国. 冷作工技能鉴定考核试题库. 2版. 北京：机械工业出版社，2015.

［36］ 邱言龙，雷振国. 冷作钣金工必备技能. 北京：机械工业出版社，2016.

［37］ 邱言龙，雷振国，聂正斌. 巧学电焊工技能. 北京：中国电力出版社，2016.

［38］ 邱言龙，雷振国，聂正斌. 巧学气焊工技能. 北京：中国电力出版社，2016.

［39］ 邱言龙. 模具钳工实用技术手册. 2版. 北京：中国电力出版社，2018.